高等学校“十二五”规划教材

# 微型无机及分析化学实验

吴茂英　余倩　主编

化学工业出版社

·北京·

## 内容提要

本书是依据作者多年的研究成果和教学经验整理编写而成的。本书的特色是：使用以微小规格通用仪器为主体的仪器系统，试剂用量平均减少到常规实验的约1/10，实验现象明显可信，测定结果精确度符合要求，操作规范与常量实验基本一致，非常便于在教学中应用实施。本书的实验内容和项目安排与常量实验基本一致，即：绪论，实验室常识，实验基础知识，基本操作训练实验6个，基本理论和常数测定实验7个，元素及其化合物性质实验7个，无机化合物的提纯、提取和制备实验6个，分析化学实验15个，综合性实验8个，设计性实验7个。

本书可作为高等院校化学、化工、材料、环境、生物、食品、制药、医药、农学及相关专业的无机及分析化学实验教材或教学参考书。

**图书在版编目（CIP）数据**

微型无机及分析化学实验/吴茂英，余倩主编.
北京：化学工业出版社，2013.8（2023.2重印）
高等学校“十二五”规划教材
ISBN 978-7-122-17791-9

Ⅰ.微…　Ⅱ.①吴…②余…　Ⅲ.①无机化学-化学实验-高等职业教育-教材②分析化学-化学实验-高等职业教育-教材　Ⅳ.①O61-33②O65-33

中国版本图书馆CIP数据核字（2013）第137791号

---

责任编辑：宋林青　　加工编辑：孙凤英
责任校对：宋　夏　　装帧设计：史利平

---

出版发行：化学工业出版社（北京市东城区青年湖南街13号　邮政编码100011）
印　　装：北京虎彩文化传播有限公司
787mm×1092mm　1/16　印张14¾　字数352千字　彩插1　2023年2月北京第1版第5次印刷

---

购书咨询：010-64518888　　售后服务：010-64518899
网　　址：http://www.cip.com.cn
凡购买本书，如有缺损质量问题，本社销售中心负责调换。

---

**定　　价：39.00元**

# 前　言

20 世纪 80 年代中，美国的一些高等院校为解决实验污染和安全问题，首先研究并尝试开设微型有机化学实验获得成功。进一步的研究和应用实践表明，微型化学实验不但可有效解决实验污染和安全问题，而且有利于节约实验费用，并提高实验教学质量。广东工业大学轻工化工学院于 20 世纪 90 年代中开始探索无机化学实验的微型化，经多年教学实践逐步完善，建立了独特而实用的微型无机化学实验体系并编写出版了《微型无机化学实验》教材(化学工业出版社，2006 年第 1 版、2012 年第 2 版)。在此基础上，我们对分析化学实验的微型化进行了系统研究和探索，结果表明，对于滴定分析，也可建立具有类似特点的实用微型实验体系。本书是以这两项研究成果为基础经整合整理编写而成的。

本书是《微型无机化学实验》的姊妹篇，内容有所不同，但特色和特点相似。

(1) 选材上既注意实验内容的系统性、实验形式的多样性，又注意实验技能锤炼和创新意识引导合理结合，可满足不同专业和层次的教学要求。

(2) 使用以微小规格通用仪器为主体的仪器系统，试剂用量平均减少到常规实验的约 1/10，实验现象明显可信，测定结果精确度符合要求，操作规范与常规实验基本一致，因此，非常便于在教学中应用实施，并具有“既可大大降低实验费用、显著减少实验污染、十分有利于强化培养学生动手能力和认真细致的科学作风，又不影响学生在今后实际工作中对常规化学实验或化工生产体系的适应”的独特教学应用效果。

(3) 使用一种二人共用的阶梯式试剂架，实验用主要药品、材料可一次性上架，既大大减少了实验准备工作量，又显著提高了实验安排的灵活性和实验室的利用率，为实行开放式实验教学提供了有利条件。

本书由吴茂英、余倩主编，郝志峰、李大光、尚红霞、肖楚民、黄宝华、陈世荣、彭进平、杨红梅、彭兰乔等参加编写。全书由吴茂英统稿，吴茂英和余倩审定。本书的编写得到了广东工业大学轻工化工学院领导的大力支持，在此致以衷心感谢。需要表示由衷感谢的还有学院实验中心的周立清、冯晓之和周蓓蕾老师，本书实验体系的研究能顺利实施并完成与他们的支持和协助是分不开的。

在本书的编写中，参考了国内外有关文献、著作和教材，并从中吸取了某些内容，在此特致谢意。

限于编者的水平，书中不妥之处在所难免，敬请读者批评指正。

编　者

2013 年 4 月

# 目 录

# 实验内容

# 绪 论

## 一、本教材实验体系的特点与教学应用效果

资源的有效利用和环境保护是当前两大世界战略性课题。美国的一些大学在 20 世纪 80 年代率先从这一高度审视了常规化学实验的合理性，掀起了化学实验微型化改造的热潮。本教材编者于 20 世纪 90 年代中开始探索无机及分析化学实验的微型化，逐步建立了独具特色而教学应用效果显著的微型无机及分析化学实验体系。教学应用实践充分表明，该微型无机及分析化学实验体系在减少实验试剂消耗、降低实验费用、减轻实验污染、提高实验安排的灵活性和实验室的利用率以及强化学生动手能力和认真细致科学作风的培养等方面均具有非常显著的效果。与此同时，由于其仪器系统主要由微小规格的通用仪器构成，基本保留了常规实验的操作规范，既便于应用实施，又不影响学生在今后实际工作中对常规化学实验或化工生产体系的适应。下面就本教材实验体系的特点与教学应用效果作一简要介绍。

### 1. 特点

(1) 试剂用量

化学实验微型化改造的最基本内容是确定试剂的可能最小用量。从节省试剂和减少废物、污染考虑，试剂用量愈少愈好。但实际上，从实验研究中可以看到，无机及分析化学实验试剂用量所能减少的程度是有限的，受到一些因素的制约。

① 用液体取用仪器（如滴管等）取用试剂，其可控制加液量不能少于 1 滴。

② 测量物理量时，由于仪器规格的限制，要求有一定的试剂用量才能有效进行。例如，用酸度计测量溶液 pH 值时，盛放溶液的容器的口径必须足以放入电极，溶液的高度至少要能浸过玻璃电极的玻璃球。

③ 用于称量质量和测量体积的仪器（台秤、天平、量筒、移液管、滴定管等）的精度是有限的，为使实验结果具有符合要求的精确性，所用试剂必须达到一定数量。例如，用置换法测定摩尔气体常数（$R$），实验原理为：

$$Mg + H_2SO_4 = MgSO_4 + H_2\uparrow$$

$$R=\frac{V(H_2)p(H_2)}{n(H_2)T}=\frac{[p-p(H_2O)]V(H_2)A(Mg)}{m(Mg)T}$$

采用改进的测量装置（见实验 2），并以 1mL 吸量管作量气管，Mg 条的质量可减少到约 0.0003g，$H_2$ 体积的测量仍可达到 3 位有效数字的精度。但是，用普通分析天平称量 Mg 条，精度只有 1 位有效数字，这导致 $R$ 的计算结果也只有 1 位有效数字的精度，这样的结果显然是缺乏可信度的。也就是说，在仪器精度一定的情况下，试剂用量减少，实验结果精度降低。这是化学实验微型化改造必须正确处理的一个基本矛盾。

④ 制备实验中，难以避免的操作损失（如仪器沾附等）也限制了试剂用量所能减少的程度。通常试剂用量减少，操作损失比重增大，产率降低。因此，为获得合理的产率，试剂用量还需达到适当的水平。

尽管存在如上所述的一些制约因素，但根据我们的试验，常规无机及分析化学实验仍有相当大的微型化余地。表1比较了一些典型实验用主要试剂的常规和微型用量。

**表1 几个典型实验主要试剂的常规和微型用量**

| 实验 | 主要试剂 | 常规用量 | 微型用量 |
|---|---|---|---|
| $NH_3$ 和 $NH_4^+$ 的鉴定 | $0.1mol \cdot L^{-1} NH_4Cl$ | 10滴 | 1滴 |
| | $2mol \cdot L^{-1} NaOH$ | 10滴 | 1滴 |
| 难溶硫化物的生成与溶解 | $0.1mol \cdot L^{-1} M(II)SO_4$ | 5滴 | 1滴 |
| 气体常数的测定 | Mg条 | 0.03～0.035g | 0.0030～0.0035g |
| | $3mol \cdot L^{-1} H_2SO_4$ | 3～5mL | 10～15滴 |
| 反应速率、级数的测定 | $0.2mol \cdot L^{-1}$ KI、$(NH_4)_2S_2O_8$ 等 | 共42mL | 共11滴 |
| 硫酸亚铁铵的制备 | 铁屑(粉) | 2g | 0.5g |
| 粗食盐的提纯 | 粗食盐 | 15g | 2g |
| 滴定分析 | 滴定剂 | 约25mL | 约2.5mL |

大多数无机及分析化学实验的试剂用量可减少到常规量的$\frac{1}{10}$～$\frac{1}{5}$或更少，而仍可使实验现象明显、实验结果具有合理的精确性。

（2）仪器配置

一些教材和期刊文献推荐可采用一些特制仪器进行微型化学实验。例如，用塑料井穴板和多用滴管进行微型无机化学实验，井穴板用于代替烧杯、试管、点滴板，而多用滴管用于代替滴管和滴瓶等传统玻璃仪器。本书的编者曾尝试采用这些仪器开设微型无机化学实验，因此对其应用进行了认真细致的试验。结果表明，这些仪器虽有特点，但缺点也是明显的。例如，井穴板存在以下主要缺点：

① 由于制作材料的关系，不适用于加热实验，也不适用于使用 $CCl_4$、$(CH_3)_2CO$ 等有机溶剂的实验；

② 由于井穴深度不够，不利于观察气体的生成；

③ 对 $KMnO_4$ 等试剂有明显的吸附作用，并且难以清洗干净；

④ 不便于进行转移操作；

⑤ 难以做摇荡混合操作，每一实验均须用玻璃棒搅拌混合，玻璃棒又需及时清洗，这不但不方便而且浪费时间；等等。

多用滴管的主要缺点包括：

① 由于不配带盖子，用于储液无法久置，而仅用于滴液还不如普通滴管方便；

② 不适用于储存或取用与制作材料会发生作用或会被吸附的试剂；

③ 清洗不便；等等。

考虑到特制仪器还存在操作规范与常规仪器存在较大差别的问题，我们不得不放弃采用特制微型仪器的方案。经对国内仪器市场进行调查并对各种仪器进行系统的实验研究，我们发现，在绝大多数情况下，采用微小规格的通用仪器并作必要的改进［如滴定实验选用最小分度值为0.02mL的5mL具塞和无塞滴定管（见GB/T 12805—2011）并配液滴体积为

0.004～0.005mL（即 200～250 滴·$mL^{-1}$）的塑料毛细滴嘴作为微型酸式和碱式滴定管］即能实现无机及分析化学实验的微型化。而显然，这样的微型仪器系统既便于应用实施，又不影响学生在今后实际工作中对常规化学实验或化工生产体系的适应，因为它保留了常规实验的操作规范。表 2 列出了本书实验体系所采用的主要微型仪器及其规格。

**表 2　主要微型仪器及其规格**

| 无机化学实验用 | | 分析化学实验用 | |
|---|---|---|---|
| 仪器 | 规格 | 仪器 | 规格 |
| 试管 | (10×75)mm | 滴定管③ | 5mL |
| 烧杯 | 15mL | 移液管 | 2mL |
| 量筒 | 5mL | 容量瓶 | 25mL |
| 吸滤瓶① | 10mL | 锥形瓶 | 50mL |
| 布氏漏斗② | $\phi$20mm | 碘量瓶 | 50 mL |
| 锥形瓶 | 15mL | 量筒 | 10mL |
| 玻璃滴瓶 | 30mL | 烧杯 | 25mL |
| 塑料滴瓶 | 10mL | 试剂瓶 | 50mL |

①磨砂口；②玻璃质，磨砂口；③配液滴体积为 0.004～0.005mL（即 200～250 滴·$mL^{-1}$）的塑料毛细滴嘴。

在本书的实验体系中，常规实验体系中所用的许多仪器（如滴管、酒精灯、漏斗、漏斗架、滴定管架等）可以留用，因此，用本书的微型实验体系改造常规实验体系，只需少量初期投入，而这少量的初期投入可很快由随后的实验费用节省得以补偿。

**2. 教学应用效果**

虽然本教材的微型实验主要只在试剂用量减少和仪器规格缩小两方面不同于常规实验，但其教学应用效果是显著的。

① 大大降低实验费用。微型实验的试剂用量平均减少为常规实验的 1/10 左右，这就大大节省了试剂费用。另一方面，从教学应用中可以注意到，学生在进行微型实验时，由于仪器微小，操作务必十分小心细致，加上微型仪器本身厚质比较大、脆性较小，仪器破损明显减少，而微型仪器的单价又比相应常规仪器低得多，因此，采用微型实验还可明显地节省仪器费用。

② 显著减轻实验污染。微型实验的试剂用量减少，产生的实验废物相应减少，环境污染减轻。根据编者的实践，在有适当的通风条件下，原来在常规实验中“令人头痛”的 $H_2S$、$Cl_2$ 以及 $NO_x$ 等空气污染问题，在微型实验中已可基本解决。可以说，通过微型化改进，无机化学实验室基本实现了无味化。

③ 非常有利于强化培养学生动手能力和认真细致的科学作风。正如前面所提到的，由于微型实验仪器规格小，学生在进行实验时务必小心认真细致操作。实际上，迫使学生不得不小心认真操作的还有试剂用量上的原因。例如实验 $Zn(OH)_2$ 的生成和酸碱性的实验，常规实验一般取 10 滴 0.1mol·$L^{-1}$ $ZnSO_4$ 溶液于试管中，逐滴加入 2 mol·$L^{-1}$ NaOH 溶液，观察沉淀的生成和溶解。在实验中，加入 1～8 滴 NaOH 溶液时均可观察到 $Zn(OH)_2$ 白色沉淀生成。而在微型实验中，$ZnSO_4$ 溶液的用量为 2 滴，滴加 1 滴 NaOH 溶液时可观察到白色沉淀生成，再滴加 1 滴 NaOH 溶液沉淀溶解。这就是说，与常规实验相比，微型实验要求更精确控制试剂加量才能观察到正确的实验现象。在无机合成实验中，微型实验比常规实验更易因操作问题（如沾附过多、蒸发不足或过分等）而导致产率偏低或杂质含量偏高。因此，微型实验明显有利于强化培养学生动手能力和认真细致的科学作风。

④ 大大减轻实验准备工作量。无机及分析化学实验的一个主要特点是试剂品种多，有的实验需用试剂多达 60 多种，全部实验需用试剂超过 120 种。在常规实验中，大多数试剂需用 125mL 滴瓶或 250mL 或更大的试剂瓶盛装，平时存放于试剂柜中，每一实验前将所用试剂搬出摆放到试剂架上，实验后须及时将其搬回试剂柜中以便安排下一实验，实验准备工作量非常大。微型实验试剂用量大大减少，所用试剂可以 30mL 或更小的滴瓶或 60mL 试剂瓶盛装，通过配用一种两人共用的阶梯式试剂架（见图 1），无机及分析化学实验用主要试剂可一次性上架，大大减轻了实验准备工作量。根据我们的实践，原采用常规实验体系时，10 个班的无机及分析化学实验需 2～3 位实验员才能完成任务，而现采用微型实验体系，40 个班的实验只需一位实验员即能应付自如。

⑤ 明显提高了实验安排的灵活性、有利于深化实验教学改革。进行常规实验时，由于试剂必须在实验前搬出并在实验后搬回以便安排下一实验，因此每一实验必须统一集中安排进行，这就限制了实验安排的灵活性和实验室的利用，并且导致实际上无法安排补做或插做实验。采用微型实验，试剂一次性上架，学生可随时到实验室做不同内容的实验，大大提高了实验安排的灵活性和实验室的利用率，有效地解决了补、插做实验的问题，并为实行开放式实验教学、深化实验教学改革创造了基本条件。

⑥ 有利于强化实验管理，培养学生良好的工作习惯。常规实验的仪器规格较大，只能成套固定存放在学生实验台柜筒中，实验时由学生自行取出所需仪器，实验后自行放回。这一管理方式存在一个实际上难以克服的弊端，那就是总有部分不自觉的学生不按要求洗涤仪器或随意将仪器放回到其他位置的柜筒中，损坏仪器也不予汇报、赔补，结果给下一批实验带来很大的不便。微型实验仪器规格微小，可实行实验前分发、实验后点收的强化管理方法，有利于监督学生规范使用仪器，养成良好的工作习惯。

⑦ 有利于充实实验内容，提高教学质量。与常规实验相比，微型实验费用降低，而且完成大多数实验所需的时间明显缩短，因此，在原有的学时和经费条件下，可适当增加实验内容，或引进一些试剂较贵的前沿实验，从而有利于提高教学质量。

图 1　阶梯式试剂架

## 二、无机及分析化学实验的学习要求

### 1. 明确实验目的

化学是实践性很强的一门学科。实验教学是化学教学过程的重要环节，无机及分析化学实验又是化学、化工及相关专业一年级的必修课程，其在化学中具有极其重要的地位。

无机及分析化学实验的主要目的是：使学生通过观察实验现象，了解和认识化学反应的事实，加深对无机及分析化学基本概念和基本理论的理解；掌握无机及分析化学实验的基本操作和技能，以及无机化合物的一般制备和提纯方法；掌握物质组成、性质及含量的重要分析测试方法和实验操作，学会正确处理实验数据和表达实验结果；培养学生独立思考、独立解决问题的能力和良好的实验素质，为学习后继课程、参加实际工作和开展科学研究打下良好基础。

**2. 掌握正确的学习方法**

无机及分析化学实验的学习，除了需明确实验目的和严格遵守实验守则外，还需掌握学习方法，现将学习无机及分析化学实验的方法简介如下。

（1）认真预习

为使实验能够获得良好的结果和较大的收获，必须进行实验前的预习。

① 认真阅读实验教材及其指定的教科书和参考资料。

② 明确实验目的，回答教材中的预习思考题，理解实验原理。

③ 熟悉实验内容，了解基本操作和仪器的使用，以及必须注意的事项。

④ 写出预习报告（内容包括简要的原理、步骤，做好实验的关键，应注意的安全问题等）。

（2）做好实验

实验过程要做到：

① 严守纪律，保持肃静，认真按照实验内容（步骤）和操作规程进行实验，仔细观察现象，真实地做好详细记录；

② 遇到问题，要善于分析，力争自己解决问题，如果观察到的实验现象与理论不符合，先要尊重实验事实，然后加以分析，必要时重复实验进行核对，直到从中取得正确的结论。疑难问题可以与教师讨论。若实验失败，应找出原因，经教师同意，重做实验。

（3）写好实验报告

实验结束后要及时写好实验报告，报告内容大致如下。

① 实验目的、原理和内容。

② 实验记录，包括实验现象、原始数据。

③ 实验结果，包括对实验现象进行分析和解释；对元素及其化合物性质的变化规律进行归纳总结；对原始数据进行处理，以及对实验结果进行讨论；对每个小实验以及全部实验分别得出结论；对实验内容和实验方法提出改进意见等。

不同的实验可采用不同的格式书写实验报告，但务必注意字迹端正、工整清晰，并学会使用既简单明了又确切具体的表达方式。

## 附：实验报告格式示例

**Ⅰ. 测定实验**

班级__________ 学号__________ 姓名__________ 合作者__________

实验时间_____年_____月_____日 教师签名__________ 成绩__________

---

## 【实验目的】实验 10　醋酸电离常数的测定

一、实验目的（全述）

二、实验原理（简述）

三、预习思考题

四、实验步骤（文字叙述）

五、数据记录及计算结果

**表 10-1　pH 法测定 $K^{\ominus}$(HAc) 的实验数据和计算结果**

| 烧杯编号 | $V$(HAc)/mL | $c$(HAc)/mol·$L^{-1}$ | pH | $c(H^{+})$/mol·$L^{-1}$ | $K^{\ominus}$(HAc) | $\alpha$(HAc)/% |
|---|---|---|---|---|---|---|
| 1 | 1.00 | 9.00 | | | | |
| 2 | 2.00 | 8.00 | | | | |
| 3 | 5.00 | 5.00 | | | | |
| 4 | 8.00 | 2.00 | | | | |
| 5 | 10.00 | 0.00 | | | | |

测定温度________，标准 HAc 溶液浓度___________，$K^{\ominus}$（HAc）________。

六、分析讨论

1. HAc 浓度对 HAc 电离度的影响及其原因。

2. 实验结果的相对误差及其产生的原因。

七、谈学习本实验的收获、体会和意见。

## Ⅱ. 性质实验

班级______________　学号______________　姓名______________　合作者___________

实验时间______年______月______日　教师签名____________　成绩___________

---

## 【实验目的】实验 8　单、多相离子平衡

一、实验目的（全述）

二、实验原理（简述）

三、预习思考题

四、实验内容及结果

| 实验步骤 | 预期结果 | 理论依据 | 实际结果 | 异常结果分析 |
|---|---|---|---|---|
| 1. 酸碱解离平衡及同离子效应 | | | | |
| (1) pH 试纸检测溶液 pH 值 | | | | |
| 0.10mol·$L^{-1}$HCl | 1.0 | 强酸，pH＝－lg$c$(HCl) | | |
| 0.10mol·$L^{-1}$HAc | 2.9 | 弱酸，pH＝－lg $\sqrt{K_a^{\ominus}(HAc)c(HAc)}$ | | |
| 0.10mol·$L^{-1}$NaOH | 13.0 | 强碱，pH＝14－lg$c$(NaOH) | | |
| 0.10mol·$L^{-1}$$NH_3·H_2O$ | 11.1 | 弱碱，pH＝14＋lg $\sqrt{K_b^{\ominus}(NH_3·H_2O)c(NH_3·H_2O)}$ | | |
| (2) 2 滴 0.10mol·$L^{-1}$HAc | 无色溶液 | HAc 无色 | | |
| ＋1 滴甲基橙指示剂 | 溶液变红 | 溶液 pH＝2.9，甲基橙呈红色 | | |
| ＋少许 NaAc 晶体 | 溶液变橙红 | $Ac^{-}$同离子效应，溶液 pH 提高，甲基橙向黄色过渡 | | |
| (3)…… | …… | …… | | |

续表

| 实验步骤 | 预期结果 | 理论依据 | 实际结果 | 异常结果分析 |
|---|---|---|---|---|
| 2.…… | | | | |
| 3.盐类水解平衡及其移动<br>……<br>(3)少许 $FeCl_3$ +1mL 蒸馏水，摇匀，分 3 份实验<br>A：比较份<br>B：+1 滴 2.0mol·$L^{-1}$HCl<br>C：小火加热<br>…… | 溶液呈棕黄色<br>溶液颜色偏黄<br>溶液颜色偏红 | $[Fe(H_2O)_6]^{3+}+(1\sim2)H_2O \overset{\triangle}{\rightleftharpoons}$<br>淡紫色<br>$[Fe(OH)_{1\sim2}(H_2O)_{5\sim4}]^{(2\sim1)+}+(1\sim2)H_3^+O$<br>黄～棕红色<br>$H^+$抑制水解<br>加热促进水解 | | |
| ⋮ | | | | |

注：1. 横向画表。

2. 实验步骤要分解为单元操作，并一一对应表述预期结果、理论依据、实际结果及异常结果分析。

五、谈学习本实验的收获、体会和意见。

## Ⅲ. 制备实验

班级________ 学号________ 姓名________ 合作者________

实验时间____年____月____日 教师签名________ 成绩________

**【实验目的】实验 4 硫酸亚铁铵的制备**

一、实验目的（全述）

二、实验原理（简述）

三、预习思考题

四、制备工艺流程图

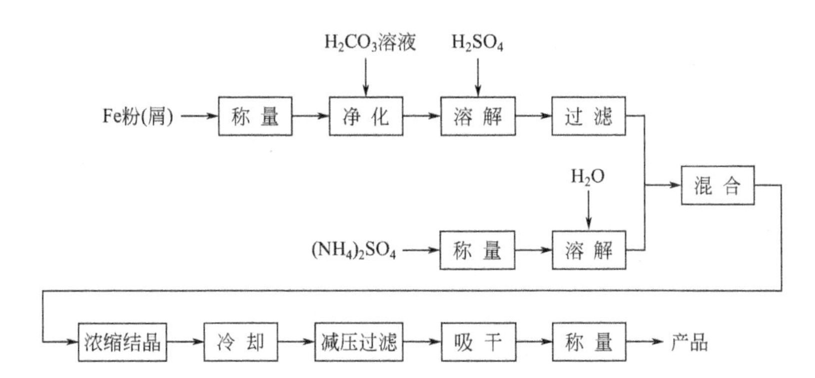


五、实验内容及结果（按性质实验报告格式）

六、实验数据及结果

实验室温度：________℃

Fe 粉（屑）质量：________ g

$(NH_4)_2SO_4$ 质量：________ g

产品颜色：________

产品纯度级别：________

理论产量：________ g

实际产量：________ g

产率：________ %

七、谈学习本实验的收获、体会和意见。

# 实验室常识

## 一、学生实验守则

① 实验前应认真预习，写好实验预习报告，上课时交指导教师检查和签字。

② 遵守纪律，文明礼貌，保持肃静，集中思想，认真操作，积极思考，细致观察，及时如实记录。

③ 爱护各种仪器、设备，节约水电和药品。实验过程中如有仪器破损应填写仪器破损单，经指导教师签字后及时领取补齐，破损仪器酌情赔偿。

④ 实验后，废纸、火柴梗和废液废渣应倒入指定的回收容器中，严禁倒入水槽，以防水槽腐蚀和堵塞。废玻璃应放入废玻璃箱中。

⑤ 使用仪器应注意下列几点。

a. 试剂应按教材规定用量使用，如无规定用量，应适量取用，注意节约。

b. 公用试剂瓶或试剂架上的试剂瓶用过后，应立即盖上原来的瓶盖，并放回原处。公用试剂不得拿走为己所用。试剂架上的试剂应保持洁净，放置有序。

c. 取用固体试剂时，注意勿使其撒落在实验台上。

d. 试剂从瓶中取出后，不应倒回原瓶中。滴管未经洗净时，不准在试剂瓶中吸取溶液，以免带入杂质使瓶中试剂变质。

e. 实验后要回收的药品都应倒入指定的回收瓶内。

⑥ 使用精密仪器时，必须严格按操作规程操作，细心谨慎，避免粗枝大叶而损坏仪器。发现仪器有故障时，应立即停止使用，报告指定教师，及时排除故障。

⑦ 注意安全操作，遵守实验室安全守则。

⑧ 实验后应将仪器洗净，放回原处，清理实验台面。

⑨ 值日生应按规定做好整理、清洁实验室等各项工作。

### 附：值日生职责

① 进实验室后，打开窗户通风；光线不足时，打开电灯照明。

② 待（全班同学）实验结束，整理并清洁实验室。

a. 擦净黑板。

b. 整理并清洁公用仪器、药品，归类摆齐各试剂架上的试剂。

c. 清洗水池，不能留有纸屑及其他杂物。

d. 清洁实验、公共台面，通风柜和窗台。

e. 打扫并拖洗地板，及时将垃圾倒入指定的垃圾桶中。

f. 关好水龙头、窗户和电灯。

③ 请指导教师检查，经同意后方可离开实验室。

## 二、安全守则与事故处理

在无机及分析化学实验中，常常会用到一些易燃、易爆、腐蚀性和有毒的化学药品，所以必须十分重视安全问题，绝不能麻痹大意。在实验前应充分了解每次实验中的安全问题和注意事项。在实验过程中要集中精力，严格遵守操作规程和安全守则，这样，才能避免事故的发生。万一发生了事故，要立即紧急处理。

### （一）安全守则

① 一切易燃、易爆物质的操作都要在离火源较远的地方进行。

② 有毒、有刺激性的气体的操作都要在通风橱内进行。当需要借助于嗅觉判别少量的气体时，绝不能用鼻子直接对着瓶口或试管口嗅闻气体，而应当用手轻轻扇动少量气体进行嗅闻。

③ 加热、浓缩液体的操作要十分小心，不能俯视正在加热的液体，试管在加热操作中管口不能对着自己或别人。浓缩溶液时，特别是有晶体出现之后，要不停地搅拌，不能离开工作岗位，应尽可能戴上防护眼镜。

④ 绝对禁止在实验室饮、食、抽烟。有毒的药品（如铬盐、钡盐、铅盐、砷的化合物、汞及汞的化合物、氰化物等）要严格防止进入口内或接触伤口。剩余的药品或废液不许倒入下水道，应回收集中处理。

⑤ 使用具有强腐蚀性的浓酸、浓碱、洗液时，应避免接触皮肤或溅在衣服上，更要注意保护眼睛，必要时可戴上防护眼镜。

⑥ 水、电、煤气使用完毕应立即关闭。

⑦ 每次实验结束后，应将手洗干净后才能离开实验室。

### （二）意外事故的紧急处理

如果在实验过程中发生了意外事故，可采取以下救护措施。

① 割伤　伤口内若有异物，需先挑出，然后涂上碘酒或贴上“止血贴”，包扎，必要时送医院治疗。

② 烫伤　切勿用水冲洗。可在烫伤处涂上烫伤膏或万金油。

③ 酸或碱腐蚀伤害皮肤时，先用干净的干布或吸水纸揩干，再用大量水冲洗。受酸腐蚀至伤，可用饱和碳酸氢钠或稀氨水冲洗；受碱腐蚀至伤，可用3%～5%醋酸或3%硼酸溶液冲洗，最后再用水冲洗，必要时送医院治疗。

④ 酸（或碱）溅入眼内，应立即用大量水冲洗，再用3%～5%碳酸氢钠溶液或3%硼酸溶液冲洗，然后立即送医院治疗。

⑤ 在吸入刺激性或有毒气体如氯、氯化氢气体时，可吸入少量酒精和乙醚的混合蒸气解毒。因吸入硫化氢气体而感到不适（头晕、胸闷、欲吐）时，立即到室外吸收新鲜空气。

⑥ 万一毒物入口时，可内服一杯含有5～10$cm^3$稀硫酸铜溶液的温水，再将手指伸入咽喉部，促使呕吐，然后立即送医院治疗。

⑦ 不慎触电时，立即切断电源。必要时进行人工呼吸，找医生抢救。

⑧ 起火　要立即灭火，并采取措施防止火势扩展蔓延（如切断电源，移走易燃药品等）。灭火时可根据起火的原因选择合适的方法。

a. 一般起火时，小心用湿布、砂子覆盖燃烧物即可灭火；大火可用水、泡沫灭火器灭火。

b. 活泼金属如 Na、K、Mg、Al 等引起的着火，不能用水、泡沫灭火器、二氧化碳灭火器灭火，只能用砂土、干粉等灭火；有机溶剂着火，切勿使用水、泡沫灭火器灭火，而应该用二氧化碳灭火器、专用防火布、砂土、干粉等灭火。

c. 电器着火时，首先关闭电源，再用防火布、干粉、砂土等灭火，不要用水、泡沫灭火器灭火，以免触电。

d. 当身上衣服着火时，切勿惊慌乱跑，应赶快脱下衣服或用专用防火布覆盖着火处，或就地卧倒打滚，也可以起到灭火的作用。

## 三、化学试剂的规格

实验室常用化学试剂的规格主要有下述三类。

一级：优级纯（保证试剂），符号 G. R.（Guaranted Reagent），瓶签颜色为绿色。

二级：分析纯试剂，符号为 A. R.（Analytical Reagent），瓶签颜色为红色。

三级：化学纯试剂，符号为 C. P.（Chemical Pure），瓶签颜色为蓝色。

此外，还有其他类型的试剂，以满足不同的要求。

固体试剂装在广口瓶内，液体试剂装在细口瓶中，见光易分解的试剂（如硝酸银、高锰酸钾）装在棕色瓶内。每个试剂瓶上都贴有标签，以表明试剂的名称和规格（液体试剂还注明浓度）。

## 四、分析实验室用水及其规格

根据中华人民共和国国家标准 GB/T 6682—2008《分析化学实验室用水的规格及实验方法》的规定，分析化学实验室用水分为三个级别：一级水，二级水和三级水。

一级水用于有严格要求的分析实验，包括对颗粒有要求的实验，如高效液相色谱用水。一级水可用二级水经过石英设备蒸馏或离子交换混合窗处理后，再用 0.2nm 微孔滤膜过滤来制取。

二级水用于无机痕量分析等实验，如原子吸收光谱分析用水。二级水可用多次蒸馏或离子交换等制得。

三级水用于一般的化学分析实验。三级水可用蒸馏或离子交换的方法制得。

分析实验室用水应符合下表所列规格：

| 名称 | | 一级 | 二级 | 三级 |
|---|---|---|---|---|
| pH 值范围(25℃) | | — | — | 5.0 ～ 7.0 |
| 电导率(25℃)/mS·m$^{-1}$ | ≤ | 0.01 | 0.10 | 0.50 |
| 可氧化物质含量(以 O 计)/mg·L$^{-1}$ | ≤ | — | 0.08 | 0.4 |
| 吸光度(254nm，1cm 光程) | ≤ | 0.001 | 0.01 | — |
| 蒸发残渣(105℃±2℃)含量/mg·L$^{-1}$ | ≤ | — | 1.0 | 2.0 |
| 可溶性硅(以 $SiO_2$ 计)含量/mg·L$^{-1}$ | ≤ | 0.01 | 0.02 | — |

注：1. 由于在一级水、二级水的纯度下，难于测定其真实的 pH 值，因此，对一级水、二级水的 pH 值范围不做规定。

2. 由于在一级水的纯度下，难于测定可氧化物质和蒸发残渣，对其限量不做规定。可用其他条件和制备方法来保证一级水的质量。

各级用水均使用密闭的、专用聚乙烯容器。三级水也可使用密闭的、专用玻璃容器。新容器在使用前需用盐酸溶液（20%）浸泡 2～3d，再用待测水反复冲洗，并注满待测水浸泡 6h 以上。

各级用水在储存期间，其沾污的主要来源是容器可溶成分的溶解、空气中的二氧化碳和其他杂质。因此，一级水不可储存，使用前制备。二级水、三级水可适量制备，分别储存在预先经同级水清洗过的相应容器中。

实验室使用的蒸馏水，为保持纯净，蒸馏水瓶要随时加塞，专用虹吸管内外应保持干净。蒸馏水附近不要放浓 HCl 等易挥发的试剂，以防污染。通常用洗瓶取蒸馏水。用洗瓶取水时，不要取出其塞子和玻璃管，也不要把蒸馏水瓶上的虹吸管插入洗瓶内。

通常，普通蒸馏水保存在玻璃容器中，去离子水保存在乙烯塑料容器内，用于痕量分析的高纯水，如二次亚沸石英蒸馏水，则需要保存在石英或聚乙烯塑料容器中。

# 实验基础知识

## 一、常用仪器介绍

| 仪　器 | 规　格 | 作　用 | 注意事项 |
| --- | --- | --- | --- |
| 普通试管 test-tube　离心试管 centrifugal test-tube | 玻璃质。分硬质试管，软质试管；普通试管，离心试管<br>无刻度的普通试管以管口外径(mm)×管长(mm)表示。离心试管以容量($cm^3$)表示 | 普通试管用作少量试剂的反应容器，便于操作和观察。也可用于少量气体的收集<br>离心试管主要用于沉淀分离 | 普通试管可直接用火加热。硬质试管可加热至高温。加热时应用试管夹夹持。加热后不能骤冷<br>离心试管只能用水浴加热 |
| 试管架 test-tube rack | 有木质、铝质和塑料质等<br>有大小不同、形状不一的各种规格 | 盛放试管 | 加热后的试管应以试管夹夹好悬放架上 |
| 试管夹 test-tube clamp | 由木料或粗金属丝、塑料制成。形状各有不同 | 夹持试管 | 防止烧损和锈蚀 |
| 毛刷 hair brush | 以大小和用途表示，如试管刷等 | 洗刷玻璃器皿 | 使用前检查顶部竖毛是否完整，避免顶端铁丝戳破玻璃仪器 |

续表

| 仪器 | 规格 | 作用 | 注意事项 |
|---|---|---|---|
| 烧杯<br>breaker | 玻璃质。分普通型，高型；有刻度，无刻度<br>规格以容量($cm^3$)表示 | 用作较大量反应物的反应容器，反应物易混合均匀<br>也用作配制溶液时的容器或简易水浴的盛水器 | 加热时应置于石棉网上，使受热均匀<br>刚加热后不能直接置于桌面上，应垫以石棉网 |
| 锥形瓶<br>conical flask | 玻璃质。规格以容量($cm^3$)表示 | 反应容器，振荡方便，适用于滴定操作 | 加热时应置于石棉网上，使受热均匀<br>刚加热后不能直接置于桌面上，应垫以石棉网 |
| 普通圆底烧瓶<br>round flask<br>磨口圆底烧瓶<br>ground-in round flask | 玻璃质。有普通型和标准磨口型。规格以容量($cm^3$)表示<br>磨口的还以磨口标号表示其口径大小，如10、14、19等 | 反应物较多，且需长时间加热时常用它作反应容器 | 加热时应放置在石棉网上<br>竖放桌面上时应垫以合适器具，以防滚动而打破 |
| 蒸馏烧瓶<br>distilling flask | 玻璃质。规格以容量($cm^3$)表示 | 用于液体蒸馏，也可用作少量气体的发生装置 | 加热时应放置在石棉网上<br>竖放桌面上时应垫以合适器具，以防滚动而打破 |

续表

| 仪 器 | 规 格 | 作 用 | 注意事项 |
| --- | --- | --- | --- |
| 量筒<br>measuring cylinder | 玻璃质。规格以刻度所能量度的最大容积($cm^3$)表示<br>上口大、下部小的称作量杯 | 用于量度一定体积的液体 | 不能加热<br>不能量热的液体<br>不能用作反应容器 |
| 移液管 吸量管<br>pipette | 玻璃质。移液管为单刻度,吸量管有分刻度<br>规格以刻度最大标度($cm^3$)表示 | 用于精确移取一定体积的液体 | 不能加热<br>用后应洗净,置于吸管架(板)上,以免沾污 |
| 酸式滴定管 碱式滴定管<br>acidic buret basic buret | 玻璃质。分酸式和碱式两种;管身为无色或棕色<br>规格以刻度最大标度($cm^3$)表示 | 用于滴定,或量取较准确体积的液体 | 不能加热或量取热的液体<br>不能用毛刷洗涤内管壁<br>酸、碱管不能互换使用。酸管的玻璃活塞不能互换使用 |
| 容量瓶<br>volumetric flask | 玻璃质。规格以刻度以下的容积($cm^3$)表示<br>有的配以塑料瓶塞 | 用于配制准确浓度的溶液 | 不能加热<br>不能用毛刷洗刷<br>瓶和磨口瓶塞配套使用,不能互换 |

续表

| 仪器 | 规格 | 作用 | 注意事项 |
| --- | --- | --- | --- |
| 称量瓶<br>weighing bottle | 玻璃质。分高型和矮型<br>规格以外径(mm)×瓶高(mm)表示 | 用于准确称取固体样品 | 不能直接用火加热<br>盖与瓶配套,不能互换 |
| 干燥器<br>desiccator | 玻璃质。分普通干燥器和真空干燥器<br>规格以上口内径(mm)表示 | 内放干燥剂,用作样品的干燥和保存 | 小心盖子滑动而打破<br>灼烧过的样品应稍冷后才能放入,在冷却过程要每隔一定时间开一开盖子,以调节器内压力 |
| 坩埚钳<br>crucible tongs | 金属(铁、铜)制品<br>有长短不一的各种规格。习惯上以长度(cm)表示 | 夹持坩埚加热。或往热源(煤气灯、电炉、马弗炉等)中取、放坩埚 | 使用前钳尖应预热;用后钳尖应向上放在桌面或石棉网上 |
| 药匙<br>spatula | 由牛角或塑料制成,有长短各种规格 | 取固体药品用。视所取药品量的多少选用药匙两端的大小 | 不能用于取用灼热的药品。用后洗净、擦干备用 |
| 滴瓶　细口瓶　广口瓶<br>reagent bottle | 玻璃质。带磨口塞或滴管,有无色和棕色<br>规格以容量($cm^3$)表示 | 滴瓶、细口瓶用于盛放液体药品。广口瓶用于盛放固体药品 | 不能直接加热。瓶塞不能互换。盛放碱液时要用橡皮塞,防止瓶塞被腐蚀粘牢 |
| 集气瓶<br>gas-jar | 玻璃质。无塞、瓶口面磨砂,并配毛玻璃盖片<br>规格以容量($cm^3$)表示 | 用于气体收集或气体燃烧实验 | 进行固-气燃烧试验时,瓶底应放少量砂子或水 |
| 表面皿<br>watch glass | 玻璃质<br>规格以口径(mm)表示 | 盖在烧杯上,防止液体溅出,或作其他用途 | 不能用火直接加热 |

续表

| 仪　　器 | 规　　格 | 作　　用 | 注意事项 |
|---|---|---|---|
| 漏斗<br>funnel | 玻璃质或搪瓷质。分长颈、短颈<br>以斗径(mm)表示 | 用于过滤操作以及倾注液体。长颈漏斗特别适用于定量分析中的过滤操作 | 不能用火直接加热 |
| 吸滤瓶和布氏漏斗<br>filter flask and buchner funnel | 布氏漏斗为瓷质，规格以容量($cm^3$)或斗径(cm)表示<br>吸滤瓶为玻璃质，规格以容量($cm^3$)表示 | 两者配套，用于无机制备晶体或粗颗粒沉淀的减压过滤 | 不能用火直接加热 |
| 砂芯漏斗<br>glass sand funnel | 又称烧结漏斗、细菌漏斗<br>漏斗为玻璃质。砂芯滤板为烧结陶瓷<br>其规格以砂芯板孔的平均孔径($\mu$m)和漏斗容积($cm^3$)表示 | 用作细颗粒沉淀以及细菌的分离。也可用于气体洗涤和扩散实验 | 不能用于含氢氟酸、浓碱液及活性炭等物质体系的分离，避免腐蚀而造成微孔堵塞或沾污<br>不能用火直接加热<br>用后应及时洗涤，以防滤渣堵塞滤板孔 |
| 分液漏斗<br>separating funnel | 玻璃质<br>规格以容量($cm^3$)和形状（球形、梨形、筒形、锥形）表示 | 用于互不相溶的液-液分离。也可用于少量气体发生器装置中加液 | 不能用火直接加热。玻璃活塞、磨口漏斗塞子与漏斗配套使用，不能互换 |
| 蒸发皿<br>evaporating basin | 瓷质，也有用玻璃、石英或金属制成的<br>规格以口径(mm)或容量($cm^3$)表示 | 蒸发浓缩液体用。随液体性质不同可选用不同质地的蒸发皿 | 能耐高温但不宜骤冷。蒸发溶液时一般放在石棉网上。也可直接用火加热 |
| 坩埚<br>crucible | 有瓷、石英、铁、镍、铂和玛瑙等<br>规格以容积($cm^3$)表示 | 灼烧固体用。随样品性质不同而选用 | 可直接灼烧至高温<br>灼热的坩埚应置于石棉网上 |
| 泥三角<br>wire triangle | 用铁丝弯成，套以瓷管<br>有大小之分 | 灼热坩埚时放置坩埚用 | 铁丝已断裂的不能使用。灼热的泥三角不能直接置于桌面上 |

续表

| 仪器 | 规格 | 作用 | 注意事项 |
| --- | --- | --- | --- |
| 石棉网<br>asbestors center gauze | 由铁丝编成，中间涂有石棉<br>规格以铁网边长(cm)表示，如16×16、23×23等 | 加热时垫在受热仪器与热源之间，能使受热物体均匀受热 | 用前检查石棉是否完好，石棉脱落的不能使用。不能与水接触或卷折 |
| 铁夹(烧瓶夹)<br>flask clamp<br>铁架(台)<br>ring stand | 铁制品。烧瓶夹也有铝或铜制的 | 用于固定或放置反应容器<br>铁环还可代替漏斗架使用 | 使用前检查各旋钮是否可旋动<br>使用时仪器的重心应处于铁架底盘中部 |
| 三脚架<br>tripod | 铁制品<br>有大小高低之分 | 放置较大或较重的加热容器，作仪器的支承物 | |
| 研钵<br>mortar | 用瓷、玻璃、玛瑙或金属制成<br>规格以口径(mm)表示 | 用于研磨固体物质及固体物质的混合。按固体物质的性质和硬度选用 | 不能用火直接加热<br>研磨时，不能捣碎只能碾压<br>不能研磨易爆物质 |
| 燃烧匙<br>combustion spoon | 铁或铜制品 | 检查物质可燃性，进行固体燃烧试验 | 用后应立即洗净，擦干匙勺 |
| 水浴锅<br>water bath | 铜或铝制品 | 用于间接加热。也可用作粗略控温实验 | 加热时防止锅内水烧干，损坏锅体<br>用后应将水倒出，洗净擦干锅体，使其免受腐蚀 |

续表

| 仪　器 | 规　格 | 作　用 | 注意事项 |
| --- | --- | --- | --- |
| 点滴板<br>spot plate | 透明玻璃质、瓷质。分黑釉和白釉两种<br>按凹穴的多少分为四穴、六穴、十二穴等 | 用作同时进行多个不需分离的少量沉淀反应的容器；根据生成的沉淀以及反应溶液的颜色选用黑、白或透明点滴板 | 不能加热<br>不能用于含氢氟酸溶液或浓碱液的反应 |
| 碘量瓶<br>iodine flask | 玻璃质。瓶塞、瓶颈部为磨砂玻璃<br>规格以容量（$cm^3$）表示 | 主要用作碘的定量反应的容器 | 瓶塞与瓶配套使用 |

## 二、基本操作技术

### 1. 玻璃仪器的洗涤

洗涤方法概括起来有下面几种。

（1）用水刷洗

可以洗去可溶性物质，又可使附着在仪器上的尘土等洗脱下来。

（2）用去污粉或合成洗涤剂刷洗

能除去仪器上的油污。

（3）用浓盐酸洗

可以洗去附着在器壁上的氧化剂，如二氧化锰。

（4）铬酸洗液

将 8g 研细的工业 $K_2Cr_2O_7$ 加入到 100mL 浓 $H_2SO_4$ 中小火加热，切勿加热到冒白烟。边加热边搅动，冷却后储存于细口瓶中。洗涤方法如下：

① 先将玻璃器皿用水或洗衣粉洗刷一遍；

② 尽量把器皿内的水去掉，以免冲稀洗液；

③ 用毕将洗液倒回原瓶内，以便重复使用。

洗液有强腐蚀性，切勿溅在衣物、皮肤上。铬酸洗液有强酸性和强氧化性，去污能力强，适用于洗涤油污及有机物。当洗液颜色变绿时，洗涤效能下降（为什么?），应重新配制。

（5）含 $KMnO_4$ 的 NaOH 水溶液

将 10g $KMnO_4$ 溶于少量水中，向该溶液中注入 100mL 10％NaOH 溶液即成。该溶液适用于洗涤油污及有机物。洗后在玻璃器皿上留下 $MnO_2$ 沉淀，可用浓 HCl 或 $Na_2SO_3$ 溶液将其洗掉。

（6）盐酸-酒精（1∶2）洗涤液

适用于洗涤被有机物染色的比色皿。比色皿应避免使用毛刷和铬酸洗液。

洗净的仪器器壁应能被水润湿，无水珠附着在上面。

用以上方法洗涤后的仪器，经自来水冲洗后，还残留有$Ca^{2+}$、$Mg^{2+}$等离子，如需除掉这些离子，还应用去离子水洗2～3次，每次用水量一般为所洗涤仪器体积的1/4～1/3。

**2. 化学试剂的取用**

（1）固体试剂的取用

固体试剂一般都用药匙取用。药匙的两端为大小两个匙，分别取用大量固体和少量固体。

试剂一旦取出，就不能再倒回瓶内，可将多余的试剂放入指定容器。

（2）液态试剂的取用

① 量筒量取　量筒有5mL、10mL、100mL和1000mL等规格。取液时，先取下瓶塞并将它倒放在桌上，一手拿试剂瓶（注意要让瓶子的标签朝上），然后倒出所需量取的试剂，如图1所示。最后让瓶口在量筒上刮靠一下，再使试剂瓶竖直，以免留在瓶口的液滴流到瓶子外壁。

② 滴管吸取　先用手指紧捏滴管上部的橡皮乳头，赶走其内的空气，然后松开手指，吸入试液，如图2所示。将试液滴入试管等容器时，不得将滴管插入容器内。滴管只能专用，用完后放回原处。一般的滴管一次可取1mL，约20滴试液。

如果需要更准确地量取液态试剂，可用后面介绍的仪器——滴定管和移液管等。

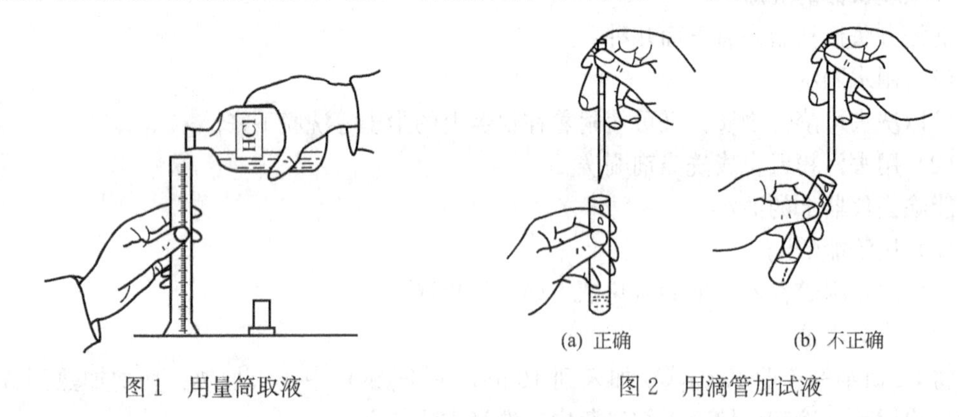


图1　用量筒取液　　　图2　用滴管加试液

**3. 加热方法**

（1）煤气灯

煤气灯的式样虽多，但构造原理基本相同。最常用的煤气灯的构造如图3所示，它由灯座和金属灯管两部分组成。金属灯管下部有螺旋，可与灯座相连，灯管下部还有几个圆孔，为空气的入口。旋转金属灯管可改变圆孔大小，以调节空气的进入量。灯座侧面有煤气的入口，可用橡皮管把它和煤气阀门相连，使煤气导入灯内。另一侧面有螺旋针，用于调节煤气的进入量。松开螺旋针，灯座内进入煤气的孔道放大，煤气的进入量即增加，反之则减少。

使用煤气灯时，先旋转金属灯管，关闭空气入口，擦燃火柴，将燃着的火柴移近灯口时，再打开煤气阀门，把煤气点着。然后调节煤气阀门或灯座上的螺旋针，使火焰保持适当的高度。这时煤气燃烧不完全，并且部分分解产生炭粒，火焰呈黄色（系炭粒发光所产生的颜色），温度不高，旋转金属灯管，调节空气的进入量，使煤气燃烧完全，火焰由黄色变为蓝色，这时的火焰，称为正常火焰（见图4）。正常火焰分为3层。

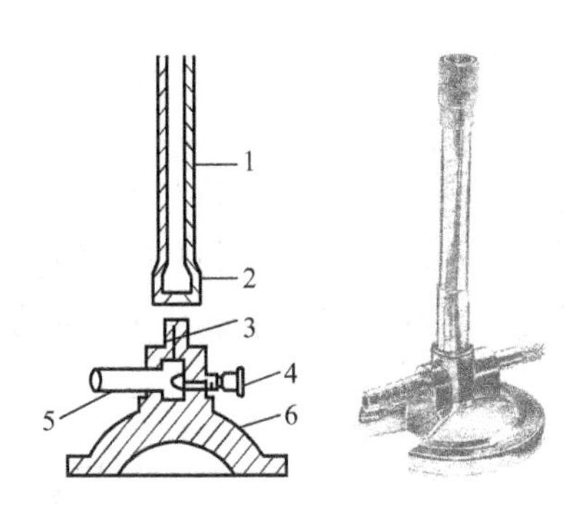


图 3　煤气灯的构造

1—灯管；2—空气入口；3—煤气出口；4—螺旋针；5—煤气入口；6—灯座

焰芯（内层）——煤气与空气混合物并未完全燃烧，温度低，约 300℃。

还原焰（中层）——煤气不完全燃烧，仅燃烧成 CO，这部分火焰具有还原性，故称为“还原焰”，火焰呈淡蓝色，温度较高。

氧化焰（外层）——煤气完全燃烧，过剩的空气使这部分火焰具有氧化性，称“氧化焰”，温度高。最高温度处在还原焰顶端上部的氧化焰中，可达 800～900℃，火焰呈淡紫色。实验时，一般都用氧化焰来加热。

空气和煤气的进入量不合适，会产生不正常的火焰（见图 5）。当煤气和空气的进入量都很大时，火焰临空燃烧，称“临空火焰”。这种火焰不稳定，易熄灭。当煤气量很少而空气量很大时，煤气会在灯管内燃烧，而不是在灯管口燃烧，这时还能听到特殊的嘶嘶声和看到一根细长的火焰，这种火焰叫做“侵入火焰”。它将燃烧灯管，一不小心就会烫伤手指。有时在煤气灯使用过程中，煤气量突然因某原因而减少，这时就会产生侵入火焰。

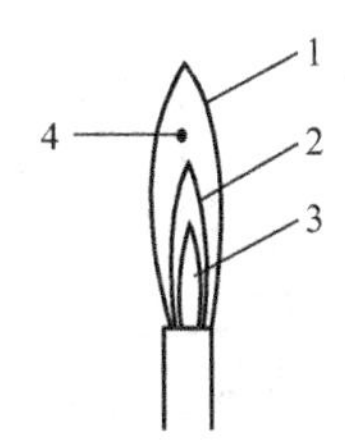


图 4　正常火焰的各部分

1—氧化焰；2—还原焰；3—焰芯；4—最高温度点

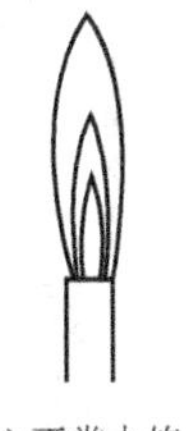

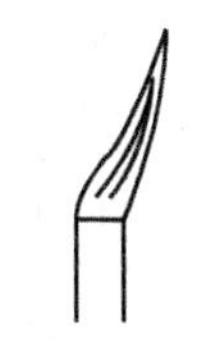

(a) 正常火焰　(b) 临空火焰　(c) 侵入火焰

图 5　各种火焰

无论遇到哪种不正常情况都应立即关闭煤气阀门，待灯管冷却后再重新点燃和调节。

（2）酒精灯

酒精灯的加热温度为 400～500℃，适用于一般性的、温度不太高的实验。

酒精灯为玻璃制品，是由灯帽、灯芯和盛有酒精的灯壶组成。灯的颈口与灯头（带灯芯的瓷质套管）连接是活动的。使用酒精灯时应注意以下几点。

① 灯内酒精不可装得太满，一般不应超过酒精灯容积的 2/3，以免移动时洒出或点燃时受热膨胀而溢出。

② 点燃酒精灯之前，先将灯头提起，用嘴轻轻向灯内吹一下，以赶去其中聚集的酒精蒸气。

③ 点燃酒精灯时，要用火柴引燃（见图 6）。切不能用另一个燃着的酒精灯来引燃，避免灯内的酒精洒在外面，着火而引起事故。

④ 熄灭酒精灯时要用灯帽盖熄火焰，绝不允许用嘴去吹灭。待火焰熄灭片刻，还需将灯帽打开一次，通一通气再罩好，以免下次使用时打不开帽子。

⑤ 添加酒精时，应把火焰熄灭，然后借助于漏斗把酒精加入灯内（见图 7）。灯外不得沾洒酒精。

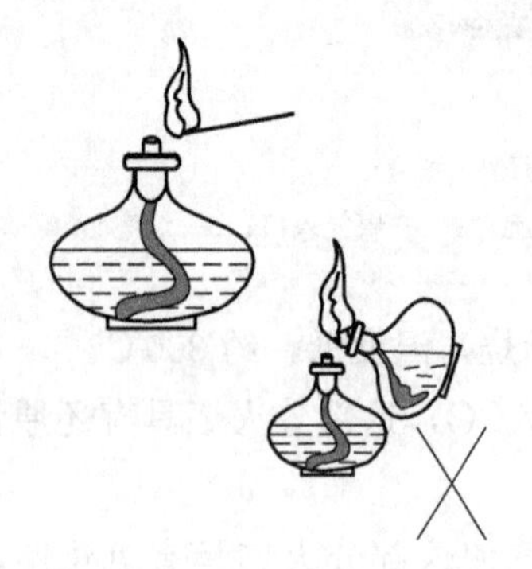

图 6　点燃酒精灯

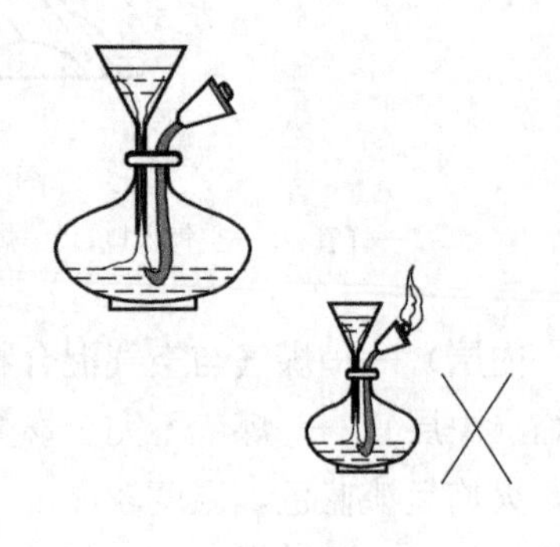

图 7　往酒精灯内添加酒精

（3）酒精喷灯

酒精喷灯是用酒精作燃料的加热器。使用时先将酒精汽化后与空气混合，点燃混合气体，故其火焰温度高，约 900℃。常用于需要温度高的实验。

酒精喷灯有挂式和座式两种（见图 8 和图 9）。

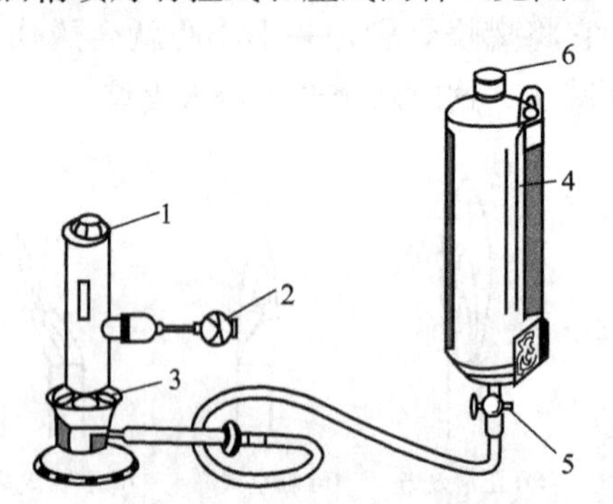


图 8　挂式酒精喷灯的构造

1—灯管；2—空气调节器；3—预热盘；4—酒精储罐；5—开关；6—盖子

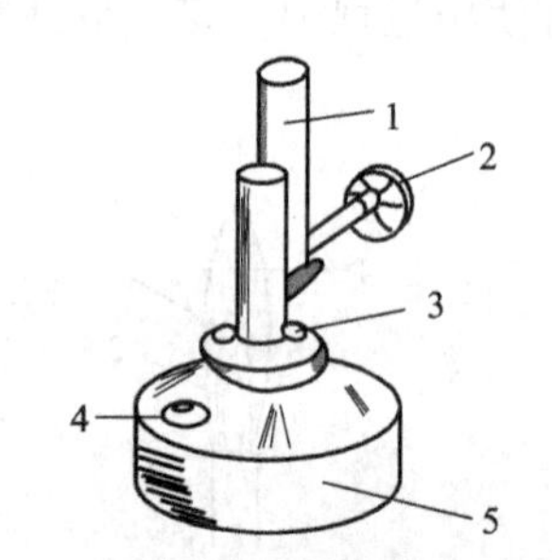


图 9　座式酒精喷灯的构造

1—灯管；2—空气调节器；3—预热盘；4—铜帽；5—酒精壶

这里着重介绍挂式酒精喷灯（见图 8）。其喷灯部分是金属制成的，除灯座外还有预热盆和灯管，灯管处有蒸气开关，预热盆下方有一支管为酒精入口，支管经过橡皮管与酒精储罐相连。使用时，先将储罐悬挂在高处，打开储罐下的开关，在预热盆中注入酒精并点燃，以预热灯管。待盆内酒精将近燃完时，开启蒸气开关，由于灯管已被灼热，进入灯管的酒精即行汽化，酒精蒸气与气孔进来的空气混合，即可在管口点燃。调节灯管处的蒸气开关可控制火焰的大小。使用完毕，关上蒸气开关及储罐下的酒精开关，火焰即自行熄灭。

使用时应注意以下几点。

① 在点燃喷灯前灯管必须充分灼烧，否则酒精在管内不能完全汽化，会导致液态酒精从管口喷出，形成“火雨”，四处洒落酿成危险。这时应立即关闭蒸气开关，重新预热。

② 酒精蒸气喷出口，应经常用特制的金属针穿通，以防阻塞。

③ 不得将储罐内酒精耗尽，当剩余 50mL 左右时应停止使用。如继续使用应添加酒精。不用时，必须将储罐口用盖子盖紧，关好储罐的酒精开关，以免酒精漏失造成后患。

（4）水浴

当要求被加热的物质受热均匀，而温度不超过 100℃时，先把水浴中的水煮沸，用水蒸气来加热，水浴上可放置大小不同的铜圈，以承受各种器皿（见图 10）。

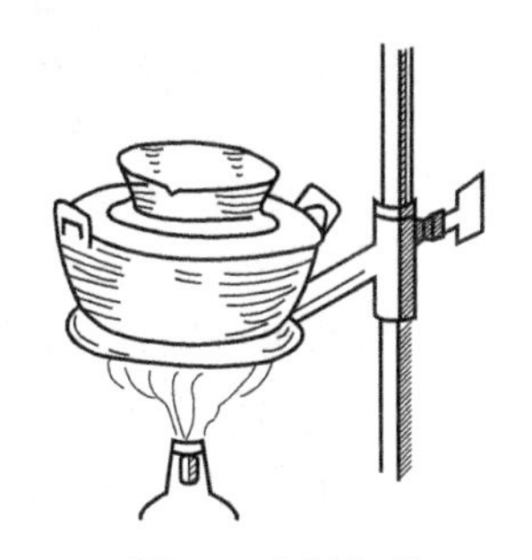

图 10　水浴加热

使用水浴时应注意以下几点。

① 水浴内盛水的量不得超过其容量的 2/3。水量不足时用少量的热水补充，绝对不能把水烧干。

② 应尽量保持水浴的严密，同时尽可能增大器皿的受热面积。

③ 在水浴上受热的蒸发皿不能浸入水里。烧杯或锥形瓶可直接浸入水浴中，但不能触及锅底，以防因受热不均匀而破裂。

在用水浴加热试管、离心管中的液体时，常用的水浴是一定容积的烧杯。内盛蒸馏水（或去离子水），将水加热至沸。

（5）油浴和砂浴

当要求被加热的物质受热均匀，温度又需高于 100℃时，可使用油浴或砂浴。用油代替水浴中的水，即是油浴。砂浴是一个铺有一层均匀细砂的铁盘。先加热铁盘，被加热的器皿放在砂上。若要测量砂浴的温度，可把温度计插入砂中。

（6）电加热

在实验室中还常用电炉（见图 11）、电加热套（见图 12）、管式炉（见图 13）和马弗炉（见图 14）等电器加热。加热温度的高低可通过调节外电阻来控制。管式炉和马弗炉都可加热到 1000℃左右。

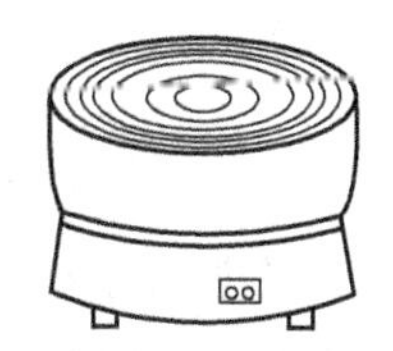

图 11　电炉

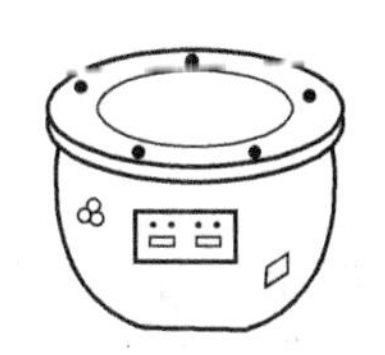

图 12　电加热套

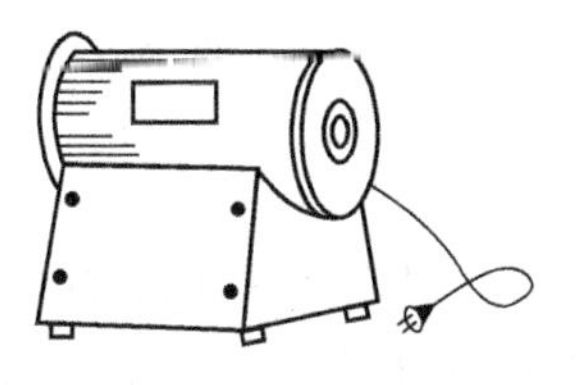

图 13　管式炉

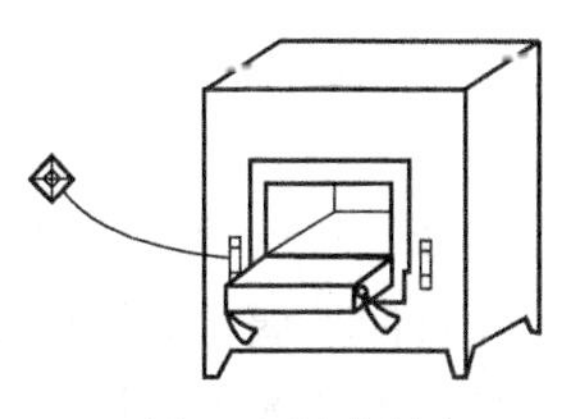

图 14　马弗炉

**4. 玻璃加工操作**

（1）玻璃管（棒）的截断、熔光和缘口

简单的玻璃加工通常是指玻璃管（棒）的截断、熔光、缘口、弯曲、拉伸和塞子钻孔。截断玻璃管（或棒）一般分三步进行。

① 锉痕　操作要点是将要截断的玻璃管（或棒）平放在实验台上，用三角锉的棱（或薄片小砂轮的边）在要截断部位用力向前锉出一条短痕（长度约为玻璃管周长的 1/6），注意不能往复锉动，如图 15 所示。如划痕不明显，可在原划痕处再向前划锉一次。注意划出的凹痕应与玻璃管垂直，这样才能使截断后的玻璃管的截面平整。

② 截断　双手持已有划痕的玻璃管（或棒），划痕向外，两手拇指齐放在划痕的背面向前推折，同时两食指分别向外拉，将玻璃管（棒）截断，如图 16 所示。

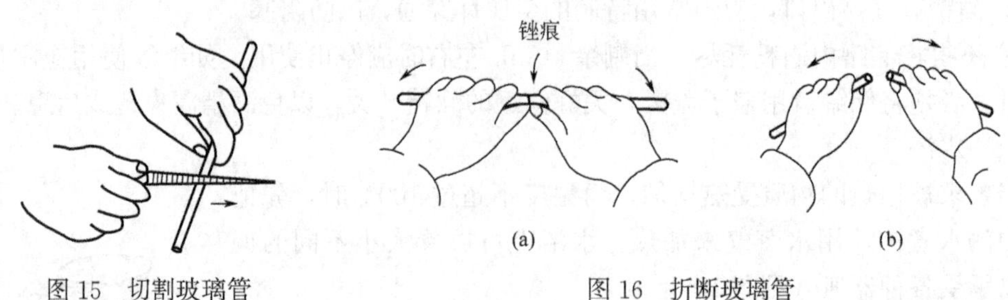


图 15　切割玻璃管　　　　图 16　折断玻璃管

切断粗玻璃管（棒）时，可将锉刀沿管轴转动而切断，截断时应将玻璃管（棒）用布包住，以免划伤手指。

③ 熔光和缘口　新截断的玻璃管（棒）截面很锋利，容易划伤皮肤，且难于插入塞子的圆孔内，所以必须将玻璃管（棒）熔烧（熔光）。方法是将断面插入煤气灯（或酒精喷灯）的氧化焰中缓慢地转动，将断面熔烧至圆滑为止，如图 17 所示。熔光时注意防止烧的时间过长，以免玻璃管口径缩小甚至封死。薄壁的玻璃管可直接熔烧，厚壁的玻璃管要先预热后熔烧。熔烧后的玻璃管应放在石棉网上冷却，不能放在桌上。

管口需套胶皮乳头（如滴管帽）等时，需将管口壁加厚，称为缘口。方法是将玻璃管中插入镊子（应先预热）在火焰上转动，使管口略为扩大。待管口稍向外翻时，迅速将玻璃管放在石棉网上轻轻压平，这样就能得到比较整齐厚实的缘口，如图 18 所示。

图 17　熔光玻璃管　　　　图 18　玻璃管缘口　　　　图 19　加热玻璃管

（2）玻璃管的弯曲

弯曲玻璃管的操作方法是，先用抹布将玻璃管外壁擦净，内壁用棉球擦净（把棉球塞进管口，不要太紧，用铁丝把棉球从另一端拉出）。然后双手持玻璃管，把要弯曲的部位插入氧化焰内（先用小火预热），如图 19 所示。两手用力要均匀，并缓慢均匀地转动玻璃管，以免玻璃管在火焰中扭曲。当玻璃管烧成黄色并且足够软时，移开火焰，稍等 1～2s 待温度均匀后，再准确地把它弯成一定的角度。

弯管时应按“V”形手法正确操作，即两手在上方，玻璃管的弯曲部分在两手中间的下方，如图 20 所示。

120°以上的角度一次弯成。较小的角度，可分几次弯成，先弯成 120°左右的角度，待玻璃管稍冷后，再弯成较小的角度（如 90°）。但玻璃管第二次受热的位置应较第一次受热位置略偏左或偏右一些。需要弯成更小的角度（如 60°、45°）时，应进行第三次加热和弯曲操作。弯管好坏的比较和分析如图 21 所示。

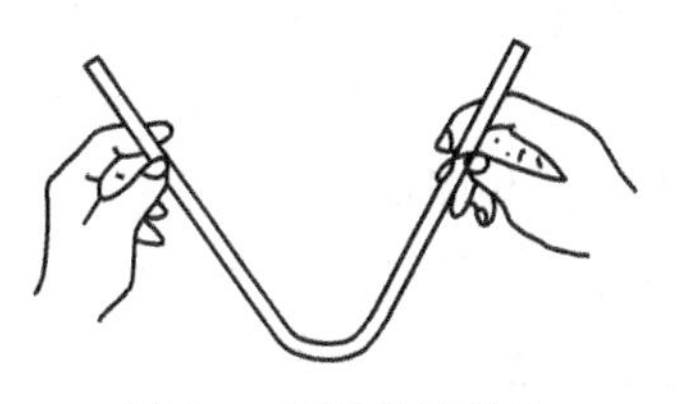

图 20　玻璃管的弯曲

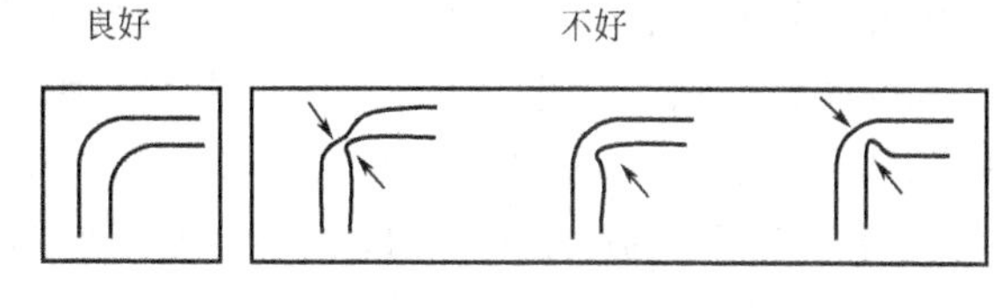


图 21　弯管好坏比较

（3）玻璃管（棒）的拉伸

拉伸玻璃管（棒）一般也分为三步。

① 烧管　拉伸时加热玻璃管（棒）的方法与弯玻璃管相同，只是加热得更软一些。

② 拉管　待玻璃管均匀软化后（即玻璃管烧成红黄色时）将玻璃管轻缓地向内压缩，减短它的长度，使管壁增厚，再移开火焰，顺着水平方向缓缓地拉伸玻璃管至所需的细度（见图 22）。注意不可拉断，拉断的管壁常嫌太薄。拉伸后，右手持玻璃管，将玻璃管下垂片刻。使拉成的毛细管的轴与原玻璃管轴在同一直线上，然后放在石棉网上。在拉伸操作中，应注意使玻璃管受热均匀且受热部位要足够大。如果受热部位不够大，拉得又很快时，得到的是既细又薄的尖管，不符合要求。

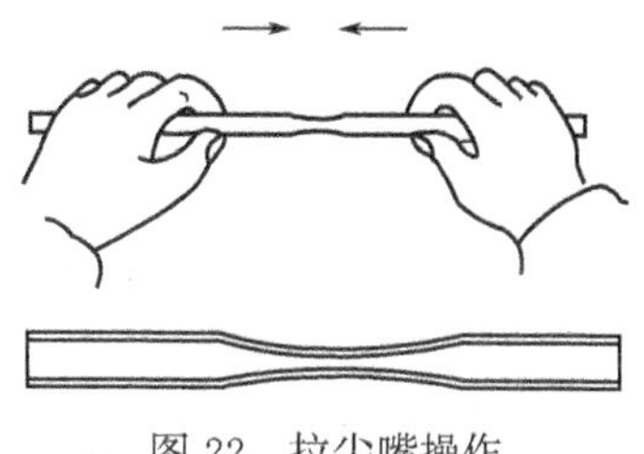

图 22　拉尖嘴操作

③ 熔光和缘口　冷却后按所需长度要求在拉细的部位折断玻璃管（棒），断口熔光即成两个尖嘴。如需制备滴管还需要缘口。

（4）塞子的种类和钻孔

① 塞子的种类　化学实验室常用的塞子有软木塞、橡皮塞和玻璃磨口塞三种。

软木塞不易和有机物作用，但其严密性差，易被酸、碱侵蚀，因此一般只适用于盖无侵蚀性物质的瓶子。

胶皮塞的严密性好，且能耐强碱物质的侵蚀，但它易被强酸和某些有机物质（如汽油、氯仿、苯、丙酮、二硫化碳等）侵蚀。因此装碱液或固体碱的瓶子用橡皮塞最好。

玻璃磨口塞是试剂瓶和某些玻璃仪器的配套塞子，严密性很好，但它易被碱和氢氟酸侵蚀，因此带磨口玻璃塞的瓶子不适用于装碱性物质和氢氟酸等。除标准磨口塞外，一般不同瓶子的磨口塞不能任意调换，否则不能很好密合。

对不同类塞子的选用主要决定于试剂或实验的性质。选择的塞子大小应与装配的试剂瓶或仪器的口径相吻合，以塞进试剂瓶或仪器口的部分稍超过塞子高度的 1/2 为好。

② 塞子的钻孔　装置仪器时常要将软木塞或橡皮塞钻孔。工具是钻孔器（也称打孔器，见图 23）。它是一组直径不同的金属管，管的一端有柄，另一端管口很锋利。另外，每套钻孔器还有一个带柄的捅条，用来捅出进入钻孔器的橡皮或软木。

a. 钻孔器的选择　根据塞子的种类和塞子上所要插入的玻璃棒或温度计等的直径大小，选择合适的钻孔器。若是橡皮塞钻孔，选择一个比要插入玻璃管或温度计直径略粗（不要太粗）的钻孔器，因为橡皮塞有弹性，孔道钻成后略有收缩而使孔径略为变小。若是软木塞钻孔，因其质软而疏松，钻孔器的口径（外径）应比所要插入软木塞的玻璃管口径略细一些。

b. 钻孔　钻孔时在钻孔器前端涂少许润滑剂（如肥皂水、甘油或水等），以减小金属管与塞子间的摩擦。然后把塞子平放在桌面上的一块木板上（避免钻坏桌子），左手按紧塞子，右手持钻孔器的柄，以顺时针方向，边压边钻，如图 24 所示。塞子的钻孔应先由塞子的小端钻入，当钻到塞子的厚度一半时，按反时针方向旋出钻孔器，并用捅条捅出钻孔器中的橡皮或软木，再用同法从塞子大头的一端钻孔。注意要对准小头一端的孔位，直到两端的圆孔贯穿为止（也可以从小的一端一次钻通）。钻孔时要注意使钻孔器与塞子的平面垂直，以免把孔钻斜。最后用水把已钻好的塞子洗净，并把钻孔器擦拭干净。

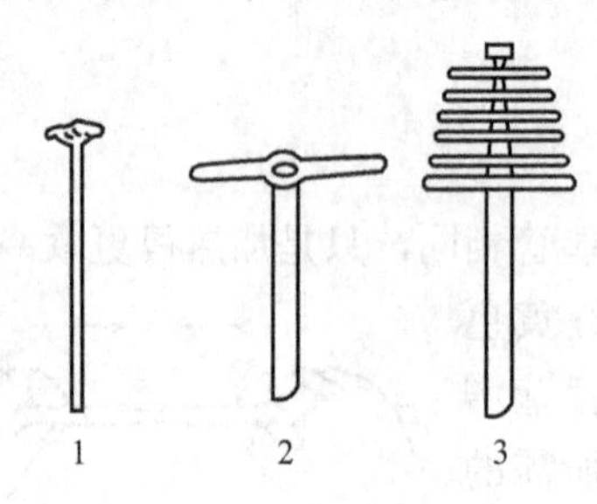


图 23　钻孔器

1—捅条；2—单个钻孔器；3—整套钻孔器

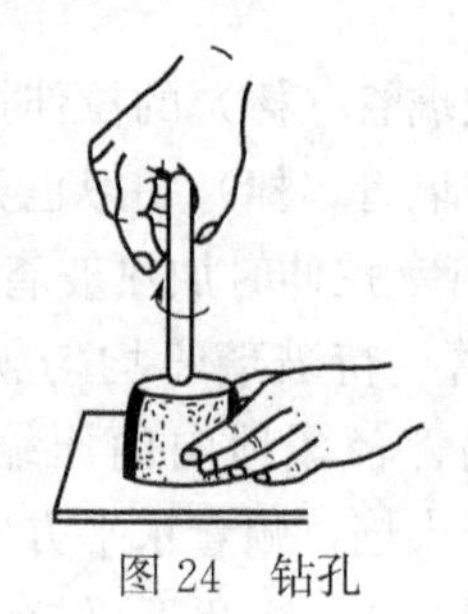

图 24　钻孔

软木塞的钻孔法与胶皮塞相似。不同的是软木塞钻孔前应先用压塞机（见图 25）把软木塞压紧压实一些，以免钻孔时钻裂。

c. 玻璃导管与塞子的连接　将玻璃导管插入已钻孔的塞子，要求导管与塞孔严密套接。如果塞孔太小，可以用圆锉把孔锉大一些至大小合适为止。如果玻璃导管可以毫不费力地插入塞孔，表示塞孔太大，不符合要求。

往塞孔内插入玻璃管时，可用少许水湿润管口，然后手握玻璃管的前半部，把玻璃管慢慢旋入塞孔至合适位置。为了安全，初学者操作时最好垫布。整个操作要注意把塞子拿牢，柔力旋入，切不可用力过猛或手离塞子太远，以免折断玻璃管划破手指（见图 26）。

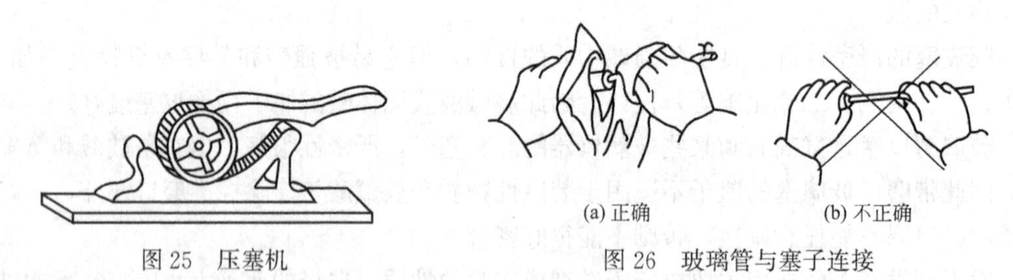


图 25　压塞机　　图 26　玻璃管与塞子连接

**5. 气体的发生、净化、干燥和收集**

(1) 气体的发生

实验室中常用启普发生器来制备 $H_2$、$CO_2$ 和 $H_2S$ 等气体。

$$Zn+2HCl = ZnCl_2+H_2\uparrow$$

$$CaCO_3+2HCl = CaCl_2+H_2O+CO_2\uparrow$$

$$FeS+H_2SO_4 = FeSO_4+H_2S\uparrow$$

启普发生器是由一个葫芦状的玻璃容器、球形漏斗和导气管活塞三部分组成（见图 27）。固体药品放在中间圆球内（可通过中间球体的侧口或上口加入，加入固体的量以不超过球体容积的 1/3 为宜)，放固体前，可在固体下面放些玻璃丝或有孔橡皮块来承受固体，以免固体掉至下部球内。酸液从球形漏斗加入，加酸时应先打开导气管活塞，待加入的酸一旦与固体接触，立即关闭导气管活塞，继续加酸至球形漏斗上部球体的 1/4～1/3 处。使用时只要打开导气管活塞，由于压力差，酸液自动下降而进入中间球内，与固体接触而产生气体。要停止反应时，只要关闭活塞，继续发生的气体会把酸液压入下球及球形漏斗内，使酸液与固体不再接触而停止反应。下次使用时，只要重新打开活塞，又会产生气体，使用十分方便。

当启普发生器内的固体即将用完或酸液浓度降低，产生的气体量不够时，应补充固体或更换酸液。补充固体时，应关闭导气管活塞，使球内酸液压至球形漏斗中，使之与固体脱离接触，然后用橡皮塞塞紧漏斗的上口，拔下导气管上的塞子，从侧口加入固体。更换酸液时，可先关闭导气管活塞，使废液压入球形漏斗中，用移液管把废液吸出，或从下球的侧口放出废液(若从下口放出废液，应先用橡皮塞塞紧球形漏斗口，把发生器仰放在废液缸上，使下口塞附近无酸液，再拔下塞子，使发生器下倾，让废液慢慢流出)。当废液流完后，可从球形漏斗加入新的酸液(更换酸液时，戴上橡皮手套)。

启普发生器不能加热，装入的固体反应物又必须是较大的块粒，不适用于小颗粒或是粉末的固体反应物。所以制备 HCl、$Cl_2$、$SO_2$ 等气体时就不能使用启普发生器，而改用如图 28 所示的气体发生装置。

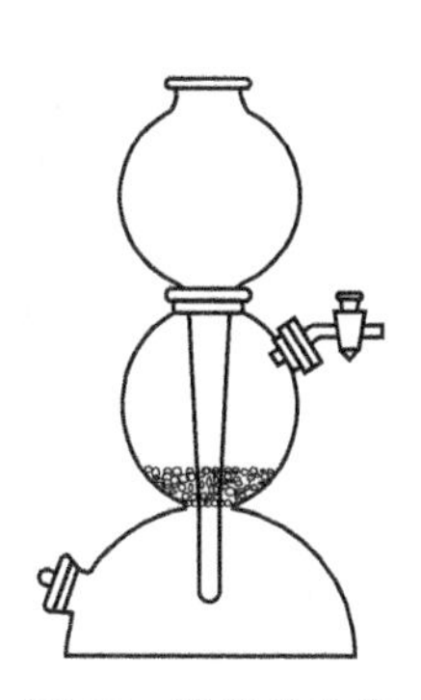

图 27　启普发生器

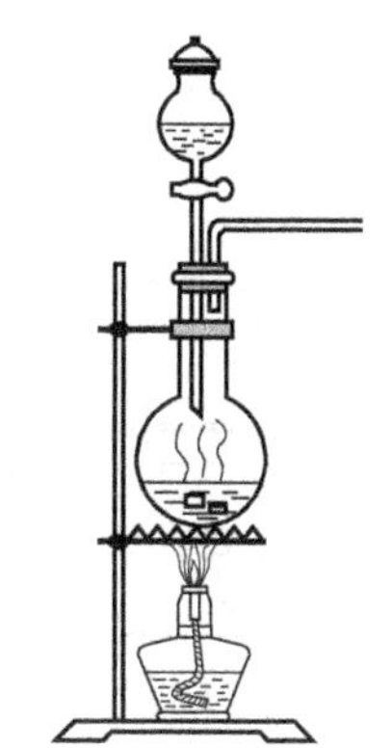

图 28　加热气体发生装置

$$MnO_2 + 4HCl(浓) \xlongequal{\triangle} MnCl_2 + 2H_2O + Cl_2\uparrow$$

$$NaCl + H_2SO_4(浓) \xlongequal{\triangle} NaHSO_4 + HCl\uparrow$$

$$Na_2SO_3 + 2H_2SO_4(浓) \xlongequal{\triangle} 2NaHSO_4 + H_2O + SO_2\uparrow$$

把固体加在蒸馏瓶内，酸液装在分液漏斗中。使用时，打开分液漏斗下面的活塞，使酸液均匀地滴加在固体上，就产生气体。当反应缓慢或不发生气体时，可以微微加热。如加热后仍不起反应，则需更换试剂。

(2) 气体的净化和干燥

实验室制得的气体常常都带有酸雾和水汽，使用时要进行净化和干燥。酸雾可用水或玻璃棉除去；水汽可用浓硫酸、无水氯化钙或硅胶吸收。一般情况下使用洗气瓶(见图 29)、干燥塔(见图 30)或 U 形管(见图 31)等仪器装置进行净化。液体(如水、浓硫酸)装在洗气瓶内，无水氯化钙和硅胶装在干燥塔或 U 形管内；玻璃棉装在 U 形管内。气体中如还有其他杂质，则应根据具体情况分别用不同的洗涤液或固体吸收。具有还原性或碱性的气体如硫化氢、氨气等，不能用浓硫酸来干燥，可分别用氯化钙（对硫化氢）或氢氧化钠（对氨气）进行干燥。注意：氨气不能用无水氯化钙来干燥。

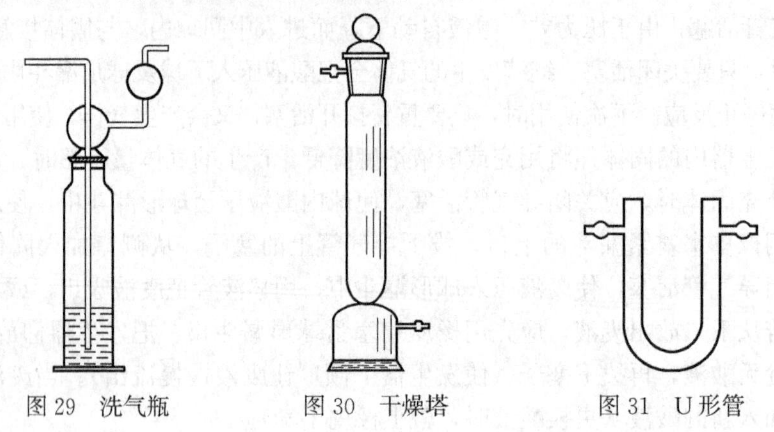

图 29　洗气瓶　　图 30　干燥塔　　图 31　U 形管

（3）气体的收集

① 在水中溶解度很小的气体（如氢气、氧气），可用排水集气法（见图 32）收集。

② 易溶于水而比空气轻的气体（如氨）可按图 33(a) 所示的排气集气法收集。

③ 易溶于水而比空气重的气体（如氯气和二氧化碳）可按图 33(b) 所示的排气集气法收集。

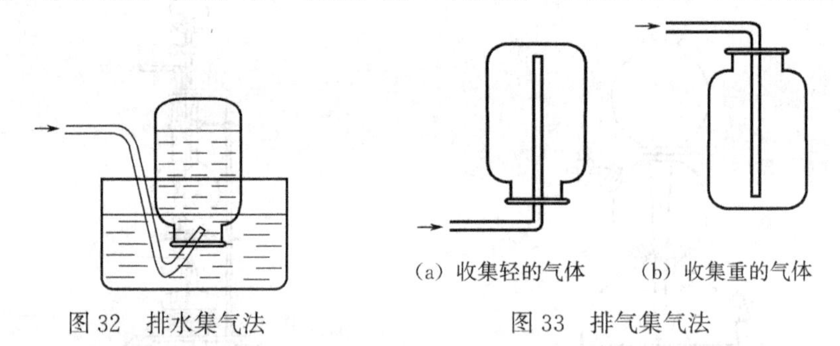

(a) 收集轻的气体　　(b) 收集重的气体

图 32　排水集气法　　图 33　排气集气法

**6. 蒸发浓缩与重结晶**

蒸发浓缩一般在水浴上进行。若溶液太稀，也可先放在石棉网上直接加热蒸发。常用的蒸发器是蒸发皿。皿内盛放液体的量不应超过其容量的 2/3。

重结晶是提纯固体物质的一种方法。把待提纯的物质溶解在适当的溶剂中，经除去杂质离子，滤去不溶物后，进行蒸发浓缩到一定程度，经冷却就会析出溶质的晶体。晶体颗粒大小，决定于溶质溶解度和结晶条件，如果溶液浓度较高、溶质的溶解度小，冷却较快，并不断搅拌溶液，所得晶体较小；如果溶液浓度不高，缓慢冷却，就能得到较大的晶体，这种晶体夹带杂质少，易于洗涤，但母液中剩余的溶质较多，损失较大。

若结晶一次所得物质的纯度不合要求，可加入少量溶剂溶解晶体，经蒸发再进行一次结晶。

**7. 溶液与沉淀的分离**

溶液与沉淀的分离方法有 3 种：倾析法、过滤法和离心分离法。

（1）倾析法

当沉淀的密度较大或结晶的颗粒较大，静置后能沉降至容器底部时，可用倾析法进行沉淀的分离和洗涤。

具体做法是把沉淀上部的溶液倾入另一容器内，然后往盛着沉淀的容器内加入少量洗涤液，充分搅拌后，沉降，倾去洗涤液。如此重复操作3遍以上，即可把沉淀洗净，使沉淀与溶液分离。

（2）过滤法

分离溶液与沉淀最常用的方法是过滤法。过滤时沉淀留在过滤器上，溶液通过过滤器而进入容器中，所得溶液叫做滤液。过滤方法共有3种：常压过滤、减压过滤和热过滤。

① 常压过滤　此法最为简便和常用，使用玻璃漏斗和滤纸进行过滤。

按照孔隙的大小，滤纸可分为快速、中速和慢速3种。快速滤纸孔隙最大。

过滤时，先按图34所示，把圆形滤纸或四方滤纸折叠成4层（方滤纸折叠后还要剪成扇形）。然后将滤纸撕去一角，放在漏斗中（为保证滤纸与漏斗密合，第二次对折时先不要折死，把滤纸展开成锥形，用食指把滤纸按在玻璃漏斗的内壁上，稍微改变滤纸的折叠程度，直到滤纸与漏斗密合为止，此时可把第二次折边折死），滤纸的边缘应略低于漏斗的边缘（见图34）。用水润湿滤纸，并使它紧贴在玻璃漏斗的内壁上。这时如果滤纸和漏斗壁之间仍有气泡，应该用手指轻压滤纸，把气泡赶掉，然后向漏斗中加蒸馏水至几乎达到滤纸边。这时漏斗颈应全部被水充满，而且当滤纸上的水已全部流尽后，漏斗颈中的水柱仍能保留。如形不成水柱，可以用手指堵住漏斗下口，稍稍掀起滤纸的一边，向滤纸和漏斗间加水，直到漏斗颈及锥体的大部分全被水充满，并且颈内气泡完全排出。然后把纸边按紧，再放开下面堵住出口的手指，此时水柱即可形成。在整个过滤过程中，漏斗颈必须一直被液体所充满，这样过滤才能快速。

装置如图35所示。过滤时应注意以下几点：调整漏斗架的高度，使漏斗末端紧靠接收器内壁。先倾倒溶液，后转移沉淀，转移时应使用搅拌棒。倾倒溶液时，应使搅拌棒指向3层滤纸处。漏斗中的液面高度应低于滤纸高度的2/3。

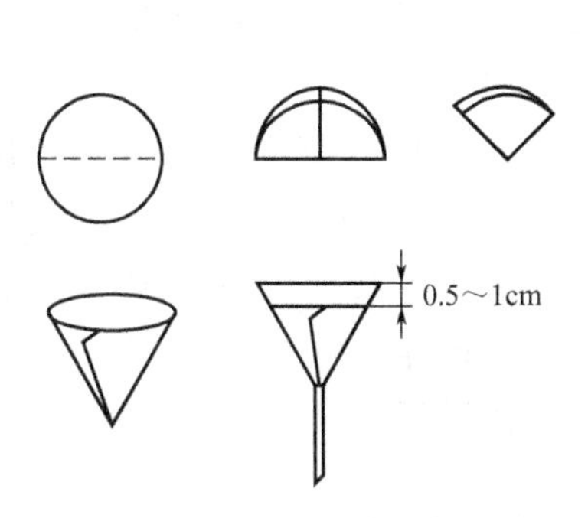

图34　滤纸的折叠方法与安放

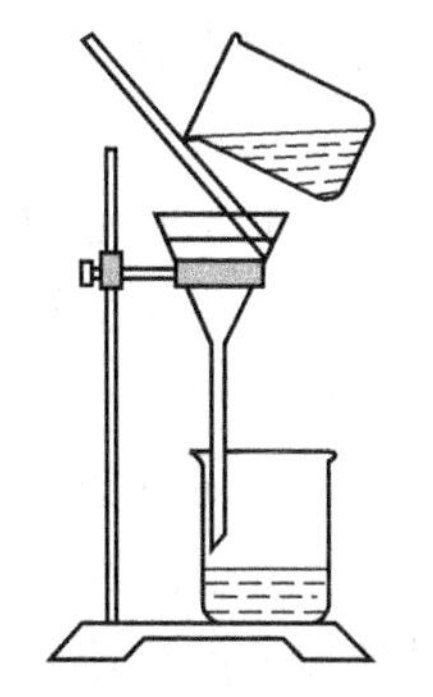
图35　常压过滤装置

如果沉淀需要洗涤，应待溶液转移完毕，将少量洗涤剂倒入沉淀中，然后用搅拌棒充分搅动，静止放置一段时间，待沉淀下沉后，将上方清液倒入漏斗，如此重复洗涤两三遍，最后把沉淀转移到滤纸上。

② 减压过滤（抽滤）　此法可加速过滤，并使沉淀抽吸得较干燥，但不宜过滤胶状沉淀和颗粒太小的沉淀，因为胶状沉淀在快速过滤时易穿透滤纸，颗粒太小的沉淀易在滤纸上形成一层密实的沉淀，使溶液不易透过，反而达不到加速过滤的目的。

减压过滤装置如图36所示，循环水真空泵使吸滤瓶内减压，由于瓶内与布氏漏斗液面上形成压力差，因而加快了过滤速度。安装时应注意使漏斗的斜口与吸滤瓶的支管相对。

布氏漏斗上有许多小孔，滤纸应剪成比漏斗的内径略小，但又能把瓷孔全部盖没的大小。用少量水润湿滤纸，开泵，减压使滤纸与漏斗贴紧，然后开始过滤。

当停止吸滤时，需先拔掉连接吸滤瓶和泵的橡皮管，再关泵，以防倒吸。为了防止倒吸现象，一般在吸滤瓶和泵之间装上一个安全瓶。

洗涤沉淀的方法与常用过滤相同。

③ 热过滤　某些物质在溶液温度降低时，易成结晶析出，为了滤除这类溶液中所含的其他难溶性杂质，通常使用热滤漏斗过滤（见图 37），防止溶质结晶析出。过滤时，把玻璃漏斗放在铜质的热滤漏斗内，热滤漏斗内装有热水，用煤气灯或酒精灯加热热滤漏斗，以维持溶液的温度。

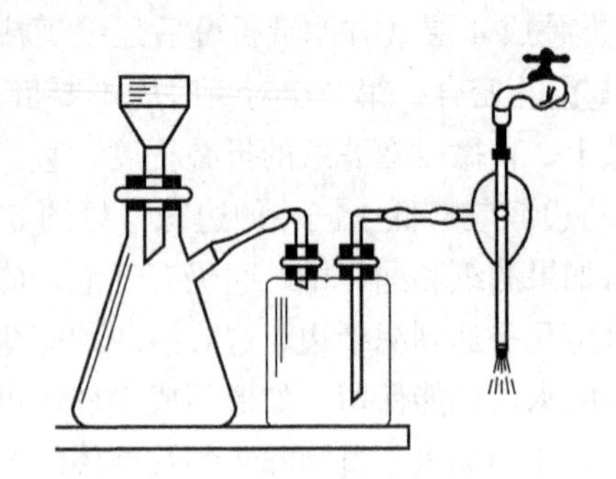

图 36　减压过滤的装置

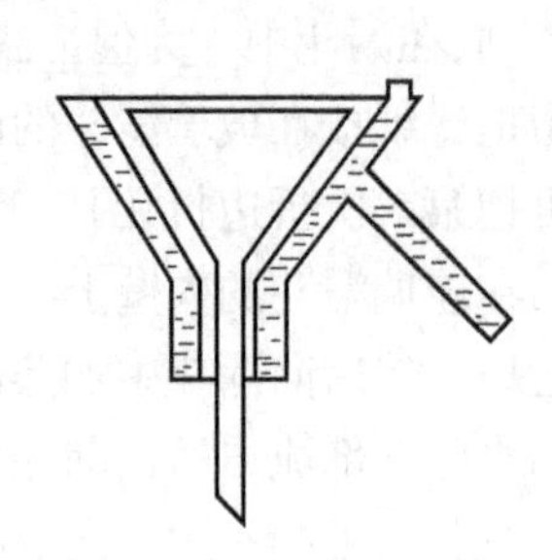

图 37　热过滤用漏斗

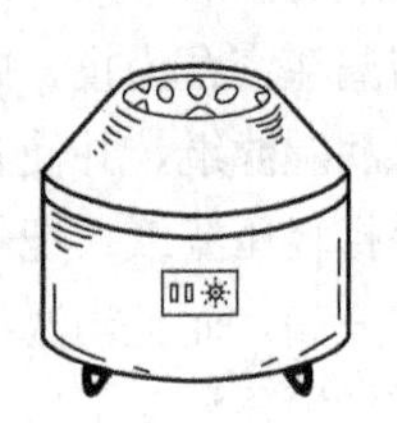

图 38　电动离心机

（3）离心分离法

当被分离的沉淀的量很少时，可把沉淀和溶液放在离心管内，放入电动离心机（见图 38）中进行离心分离。使用离心机时，将盛有沉淀的离心试管放入离心机的试管套内，在与之相对称的另一试管套内也放入相等体积水的离心试管，然后缓慢启动离心机，逐渐加速。停止离心时，应让离心机自然停下，切勿用手强制其停下。

通过离心作用，沉淀紧密地积聚于离心试管的底部，上方得到澄清的溶液。用滴管小心地吸取上方清液，方法是用左手斜持离心试管，右手拿滴管，用手指捏紧滴管的橡皮胶帽以排除其中的空气，然后轻轻地插入清液中（不可使滴管末端接触沉淀），吸取清液。如果沉淀需要洗涤，可以加入少量洗涤液，用尖头搅拌棒充分搅拌，再进行离心分离，如此反复洗涤 2～3 次。洗涤沉淀的洗涤液等于沉淀体积的 2～3 倍即可。

**8. 移液管、容量瓶和滴定管**

（1）移液管（见一、常用仪器介绍）

移液管用来准确地量取一定体积的溶液。它是中间有一膨大部分（称为球部）的玻璃管，管颈上部刻有一标线，此标线是按放出的体积来刻度的。常见的有 5mL、10mL、25mL、50mL 等数种，最常用的是 25mL 的移液管。

另一种移液管带有刻度，叫做吸量管（见一、常用仪器介绍），可量取吸量管以内的试液体积。

移液管的吸液步骤（见图 39）：

① 拇指及中指握住移液管标线以上部位；

② 将移液管下端适当伸入液面，太深或太浅会使外壁沾上过多的试液或容易吸空；

③ 将洗耳球对准移液管上端管口，吸入试液至标线以上约 2cm，迅速用食指代替洗耳

球堵住管口；

④ 取出移液管并靠在盛液容器内壁，然后缓慢转动移液管，使标线以上的试液刚好流至标线刻度；

⑤ 将移液管迅速放入接收容器中。

移液管的放液步骤（见图 40）：

① 使接收容器倾斜而移液管直立，移液管的出口尖端与容器内壁要接触，放开食指，使试液沿容器壁自由流出；

② 待移液管内液体全部流尽后，稍停片刻（约 15s），再取出移液管。

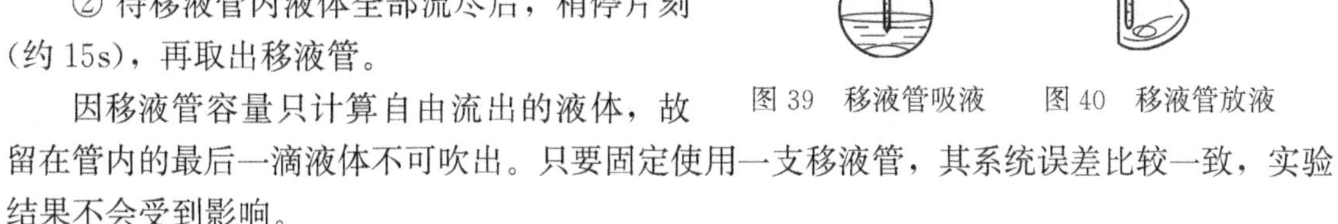

图 39　移液管吸液　　图 40　移液管放液

因移液管容量只计算自由流出的液体，故留在管内的最后一滴液体不可吹出。只要固定使用一支移液管，其系统误差比较一致，实验结果不会受到影响。

（2）容量瓶

容量瓶是一个细颈梨形的平底瓶，带有磨口塞。颈上有标线表明在所指温度下（一般为 20℃），当液体充满到标线时，瓶内液体体积恰好与瓶上所注明的体积相等。

容量瓶是为配制准确浓度的溶液用的，常和移液管配合使用，以把某种物质分为若干等份。通常有 25mL、50mL、100mL、250mL、500mL、1000mL 等数种规格。

在使用容量瓶之前，要先进行以下两项检查：

① 容量瓶容积与所要求的是否一致；

② 检查瓶塞是否严密，不漏水。在瓶中放水到标线附近，塞紧瓶塞，使其倒立 2min，用干滤纸片沿瓶口缝处检查，看有无水珠渗出。如果不漏，再把塞子旋转 180°，塞紧，倒置，试验这个方向有无渗漏。这样做两次检查是必要的，因为有时瓶塞与瓶口不是在任何位置都是密合的。

合用的瓶塞必须妥为保护，最好用绳线把它系在瓶颈上，以防跌碎、沾污或与其他容量瓶搞混。

用容量瓶配制标准溶液时，先将精确称量的试样放在小烧杯中，加入少量溶剂，搅拌使其溶解（若难溶，可盖上表面皿，稍加热，但必须放冷后才能转移）。沿搅拌棒用转移沉淀的操作将溶液定量地移入洗净的容量瓶中（见图 41），然后用洗瓶吹洗烧杯壁 5～6 次，按同法转入容量瓶中。当溶液加到容量瓶中 2/3 处以后，将容量瓶水平方向摇转几周（勿倒转），使溶液大体混匀。然后把容量瓶平放在桌子上，慢慢加水到距标线 1cm 左右，等待 1～2min，使沾附在瓶颈内壁的溶液流下，用滴管伸入瓶颈接近液面处，眼睛平视标线，加水至弯月面下部与标线相切。立即盖好瓶塞，用一只手的食指按住瓶塞，另一只手的手指托住瓶底（见图 42），注意不要

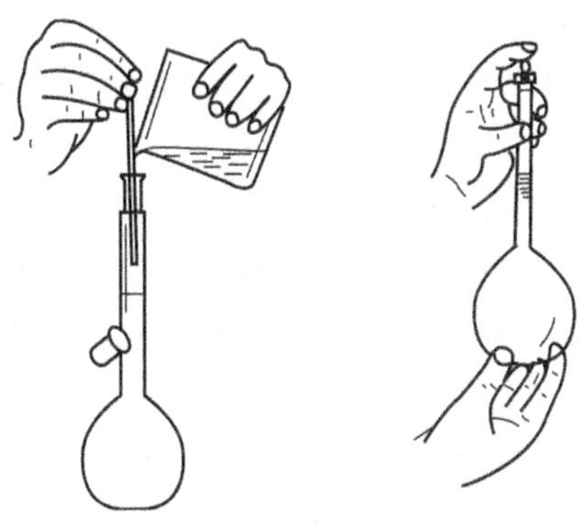

图 41　转移溶液到容量瓶中　　图 42　容量瓶的拿法

用手掌握住瓶身，以免体温使液体膨胀，影响容积的准确（对于容积小于100mL的容量瓶，不必托住瓶底）。随后将容量瓶倒转，使气泡上升到顶，此时可将瓶振荡数次。再倒转过来，促使气泡上升到顶。如此反复10次以上，才能混合均匀。

容量瓶不能久储溶液，尤其是碱性溶液会侵蚀瓶壁，并使瓶塞粘住，无法打开。注意容量瓶不能加热。

(3) 滴定管（见一、常用仪器介绍）

滴定管是用来准确放出不确定量液体的容量仪器。它是用细长而均匀的玻璃管制成的，管上有刻度，下端是一尖嘴，中间有节门用来控制滴定的速度。

滴定管分酸式和碱式两种，前者用于量取对橡皮管有腐蚀作用的液态试剂；后者用于量取对玻璃有腐蚀作用的液体。滴定管容量一般为50mL，刻度的每一大格为1mL，每一大格又分为10小格，故每小格为0.1mL。

酸式滴定管的下端为一玻璃活塞，开启活塞，液体自管内流出。使用前，先取下活塞，洗净后用滤纸将水吸干或吹干，然后在活塞的两头涂一层很薄的凡士林油（切勿堵住塞孔）。装上活塞并按同一方向旋转，使活塞与塞槽接触处呈透明状态，最后装水检验是否漏液。

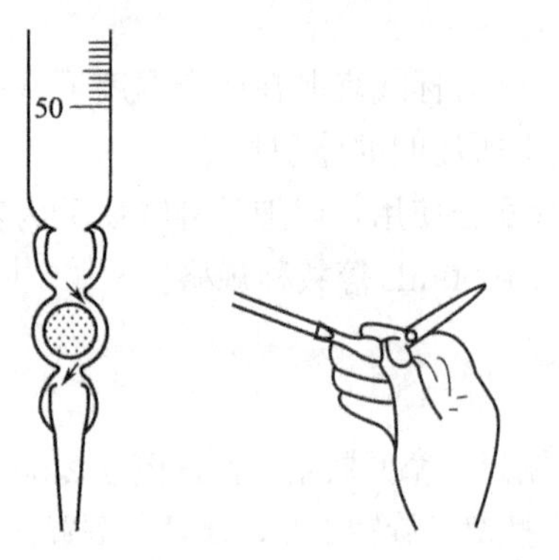

图43 碱式滴定管的下端　　图44 碱式滴定管排气泡法

碱式滴定管的下端用橡皮管连接一支带有尖嘴的小玻璃管。橡皮管内装有一个玻璃圆球（见图43）。用左手拇指和食指轻轻地往一边挤压玻璃球外面的橡皮管，使管内形成缝隙，液体即从滴管滴出。挤压时，手要放在玻璃球的稍上部。如果放在球的下部，则松手后，会在尖端玻璃管中出现气泡。

必须注意，滴定管下端不能有气泡。快速放液，可赶走酸式滴定管中的气泡；轻轻抬起尖嘴玻璃管，并用手指挤压玻璃球，可赶走碱式滴定管中的气泡（见图44）。

酸式滴定管不得用于装碱性溶液，因为玻璃的磨口部分易被碱性溶液侵蚀，使塞子无法转动。碱式滴定管不适宜装对橡皮管有侵蚀性的溶液，如碘、高锰酸钾和硝酸银等。

(4) 仪器洗涤

移液管、容量瓶、滴定管要求容积精确，一般不用刷子机械地刷洗，其内壁的油污最好用浓硫酸-重铬酸钾洗液来清洗，现分别介绍如下。

① 移液管　在上口套上一段橡皮管，用洗耳球将洗液吸入管中超过刻线部分，用夹子夹住，直立浸泡一定时间（也可用洗耳球将洗液吸入管中，用手指堵住上口，平握移液管，不断转动，直到洗液浸润全部内壁），再将洗液放回原瓶。

② 容量瓶　小容量瓶可装满洗液浸泡一定时间。容量大的容量瓶则不必装满，注入约1/3体积洗液，塞紧瓶塞，摇动片刻，使洗液能够完全润湿内壁，隔一段时间再摇动几次即可洗净。

③ 滴定管　可注入10mL左右洗液，两手平握滴定管不断转动，直到洗液把全管内壁润湿，然后将洗液由上口或尖嘴倒回原储存瓶中。若此法不能洗净，需将洗液装满滴定管浸泡。

上述仪器用洗液浸泡后，都需要先用自来水冲洗掉洗液。此时应对着光亮检查一下是否油污已被洗净，内壁水膜是否均匀。如果发现仍有水珠，则应再用洗液浸泡并检查，直到彻底洗净为止。

最后用去离子水（或蒸馏水）洗去自来水。去离子水每次用量约为被洗仪器容量的 1/3 即可，一般洗 2～3 次。

（5）读数

下面以滴定管为例加以说明。在滴定管中的溶液由于附着力和内聚力的作用，形成一个弯月面，弯月面下常有一虚影，此虚影与读数无关。读数时，视线应在弯月面下缘最低处的同一水平位置上（见图 45），以避免视差。因为液面是球面，眼睛位置不同会得到不同的读数。对于常用的 50mL 滴定管，读数应到 0.01mL。

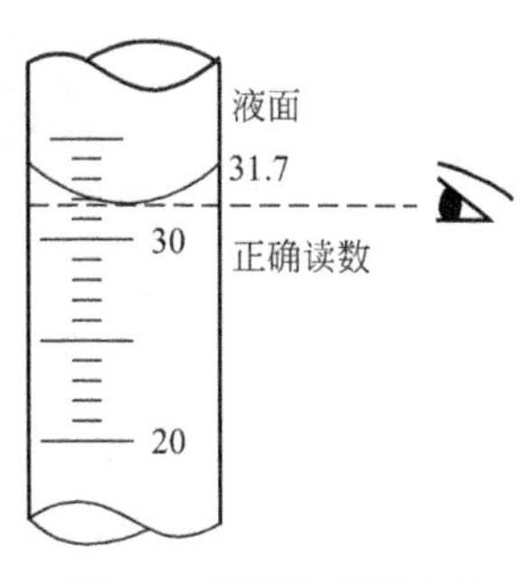

图 45　观测体积的方法

颜色太深的溶液，如碘溶液、高锰酸钾溶液，弯月面很难看清楚，而液面最高点较清楚，所以常读取液面最高点，读时应调节眼睛的位置，使之与液面最高点前后在同一水平位置上。

对于移液管、容量瓶（还包括量筒等）的读数方法，可从滴定管读数方法类推，不再一一介绍。

**9. 用试纸检试溶液及气体的性质**

（1）用试纸检试溶液的性质

常用 pH 试纸检试水溶液的酸碱性。方法是将一小片试纸放在干净的点滴板上，用洗净的玻璃棒蘸取待试溶液滴在试纸上，观察其颜色的变化。用 pH 试纸检验溶液 pH 值时，将试纸所呈现的颜色与标准色板颜色比较，即可知溶液的 pH 值。注意不能把试纸投入被测试液中检试。

（2）用试纸检验气体的性质

常用石蕊试纸或 pH 试纸检验反应所产生气体的酸碱性，用 KI 淀粉试纸检试 $Cl_2$，用 $KMnO_4$ 试纸或 $I_2$-淀粉试纸检试 $SO_2$，用 $Pb(Ac)_2$ 或 $Pb(NO_3)_2$ 试纸检试 $H_2S$ 气体。检验时，试纸用蒸馏水润湿并沾附在干净玻璃棒尖端，移至发生气体的试管口上方（不能接触试管）。观察试纸颜色的变化。在实验中可用碎滤纸片蘸上所需的试剂即可制得试纸。例如，用碎滤纸片蘸上 $Pb(Ac)_2$ 溶液或 $KMnO_4$ 和 $H_2SO_4$ 溶液即制得 $Pb(Ac)_2$ 试纸或 $KMnO_4$ 试纸。

**10. 试管的使用**

（1）往试管中滴加溶液进行反应的方法

往试管中滴加溶液进行反应，溶液的用量根据具体反应而定，一般以 1～3mL 为宜。在滴加溶液时，需随时摇动试管，使加入的每滴溶液都能迅速地与全部溶液均匀混合。

（2）加热试管中的液体

用试管盛液体加热时，液量不能过多，一般以不超过试管容积的 1/3 为宜。试管夹应夹在距试管口 1～2cm 处，然后斜持试管，从液体的上部开始加热，并不断地摇动试管，以免由于局部过热使液体喷出或受热不匀使试管炸裂。加热时，应注意管口不能朝向别人或自己（见图 46）。

(3) 往试管中加入固体

往湿的或口径小的试管中加入固体试剂时，为了避免试剂沾在试管上，可用较硬的干净纸折成小三角，其大小以能放入试管为准，长度比试管稍长些。先用牛角匙将固体试剂放入三角纸内，然后将其送入试管底部，用手轻轻抽出纸条，使纸上试剂全部落入管底（见图 47）。

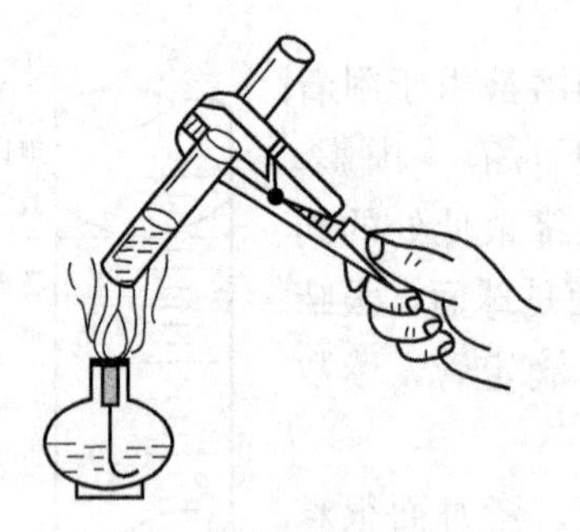

图 46 加热试管中的液体

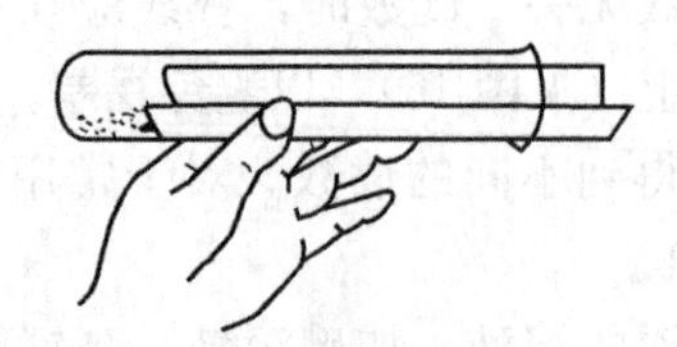

图 47 往试管中加入固体

如果容器的口径足够大，可用牛角匙把固体试剂直接加入容器中。加入块状固体时，应将试管倾斜，使固体沿管壁慢慢滑入试管内，以免撞破管底。

(4) 烤干试管

用试管夹将洗净的试管夹住，使试管口略向下倾斜，移至火焰上方，用小火加热试管底部。当底部烤干后，再移动试管烤中部，并用碎滤纸把凝结在管口的水滴吸去，然后继续烤试管口，直到烤干为止（见图 48）。最后将试管口朝上，再加热片刻，赶尽水汽。烤干后的试管应放在试管架的干燥处，管口向上，待冷却后使用。

(5) 加热试管中的固体

试管可用试管夹夹住或固定在铁架台上加热。为避免凝结在管口上的水珠回流到灼热的管底使试管破裂，应将试管口稍向下倾斜（见图 49）。

图 48 在灯焰上烤干试管

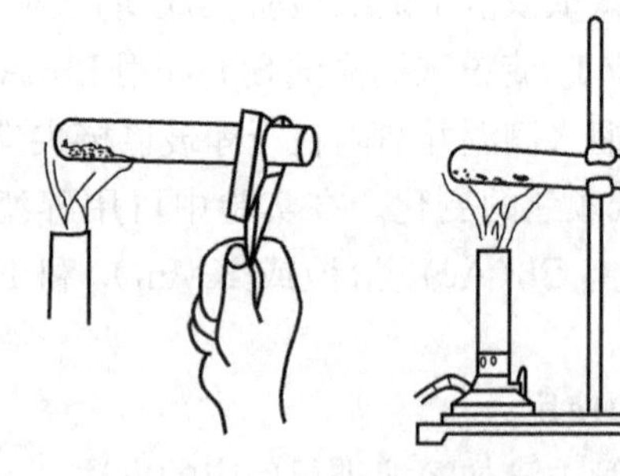

图 49 加热试管中的固体

## 三、常用精密仪器及其使用方法

### 1. 实验室常用称量仪器

(1) 台秤

台秤（见图 50）用于精度不高的称量，一般只能准确到 0.1g。称量前，首先调节托盘下面的螺旋，让指针在刻度板中心附近等距离摆动，此谓调零点。称量时，左盘放称量物，右盘放砝码（10g 或 5g 以下是通过移动游码添加的），增减砝码，使指针也在刻度板中心附近摆动。砝码的总质量就是称量物的质量。

称量时应注意：

① 不能称量热的物体；

② 称量物不能直接放在托盘上，依情况将其放在纸上、表面皿或容器内；

③ 称量完毕，一切复原。

（2）光电天平

光电天平叫光学天平，分为双盘和单盘两种。下述为双盘光电天平，它的最大载重量为200g，可以精确称量到0.1mg。

光电天平的构造见图51。

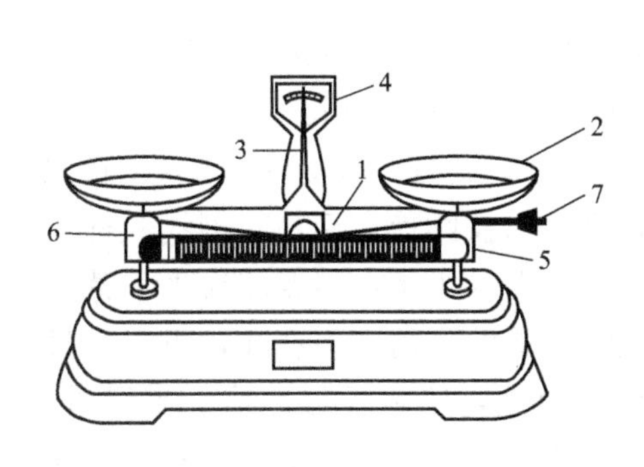


图50 台秤

1—横梁；2—称量盘；3—指针；4—刻度板；5—游码标尺；6—游码；7—平衡调节螺丝

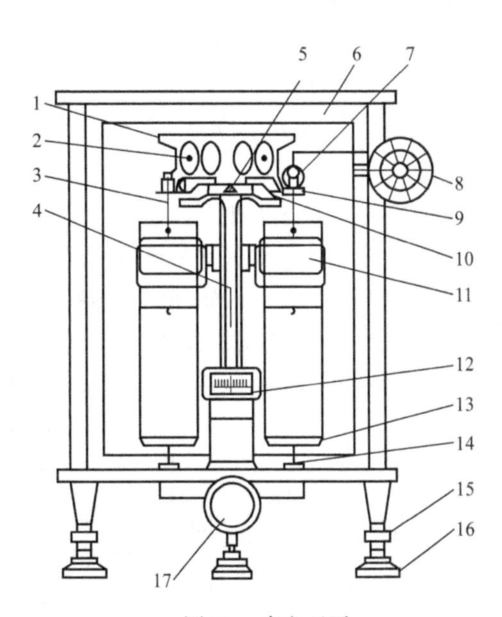


图51 光电天平

1—天平梁；2—平衡螺丝；3—吊耳；4—指针；5—玛瑙刀口；6—天平橱罩；7—环码；8—指数盘；9—支柱；10—托叶；11—空气阻尼器；12—光幕；13—天平盘；14—盘托；15—螺丝脚；16—垫脚；17—升降钮

① 天平梁 是天平的主要部件之一，天平梁上有两个向上的玛瑙刀口，用来悬挂托盘。玛瑙刀口是天平很重要的部件，刀口的好坏直接影响到称量的精确程度。

② 指针 固定在天平梁的中央，天平梁摆动时，指针随着摆动，从光幕上可以读出指针摆动的位置。

③ 升降钮 是控制天平工作状态和休止状态的旋钮。

④ 光幕 通过光电系统使指针下端的标尺放大后，在光幕上可以清楚地读出标尺的刻度。标尺的刻度代表质量，每一大格代表1mg，每一小格代表0.1mg（$10^{-4}$g）。

⑤ 天平盘和天平橱罩 天平左右有两个托盘，左盘放称量物体，右盘放砝码。光电天平是比较精密的仪器，外界条件的变化如空气流动等容易影响天平的称量，为减少这些影响，称量时一定要把橱罩的门关好。

⑥ 砝码与环码 光电天平有砝码和环码。砝码装在盒内，最大质量为100g，最小质量为1g。

在1g以下的是用金属丝做成的环码，安放在光电天平的右上角，加减的方法是用机械加码旋钮来控制，用它可以加10～990mg的质量。10mg以下的质量可直接在光幕上读出。

光电天平使用规则如下。

① 未休止的天平不允许进行任何操作，如加减砝码、环码和物体等。

② 切勿用手直接接触光电天平的部件，取砝码一定要用镊子夹取。使用机械加码旋钮时，一定要轻轻地逐格扭动，以免损坏机械加码装置和使环码掉落！

③ 不能在天平上称量热的或具有腐蚀性的物品。不能在金属托盘上直接称量药品。

④ 称量时，不可超过天平所允许的最大载重量（200g）。

⑤ 每次称量结束后，认真检查天平是否休止，砝码是否齐全地放入盒内，机械加码旋钮是否恢复到零的位置。全部称量完毕后关好天平橱罩，切断电源，把凳子放回天平桌子下面，把天平室整理好。

⑥ 不得任意移动天平位置。如发现天平有不正常情况或在称量过程中发生了故障，要报告教师。

光电天平的使用方法如下。

① 直接称量法　使用天平要认真、仔细，否则容易出错，使称量不准确，或者损坏天平。

称量前应先检查天平，如环码是否跳落，机械加码旋钮是否在零的位置等。

a. 零点的测定　接通电源，轻轻转动升降钮，启动天平，此时灯泡发亮，光幕上可以看到标尺的投影在移动，当投影稳定后，若刻线和标尺上的零恰好重合，此时零点等于零，零点即天平不载重时的平衡点。若空载时天平的平衡点不在零，可以通过调屏拉杆，移动光屏的位置，使刻线与标尺的零线重合。也可以记下读数，此读数也是天平零点，如图52中所指示的+0.4即为零点的位置（此时零点不在零）。

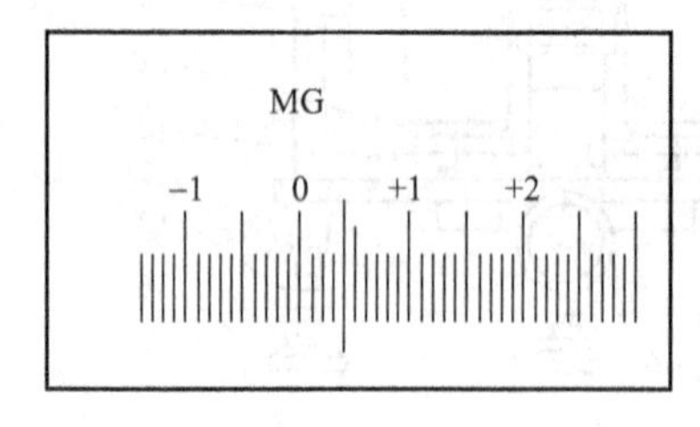

图52　标尺刻度

测得零点后，把升降钮降下，使天平休止。

b. 停点的测定　在称量物体前，可先在台秤上粗称一下物体的质量，以便称量时加放合适的砝码。

把物体放在天平左盘中心（为防止托盘晃动，应该尽可能把物体或砝码放在托盘中心）。在右盘上加放合适的砝码，随后轻轻转动升降钮，观察光幕中标尺移动的方向。若标尺迅速往负数方向移动（即刻线所指数值减小），则表示砝码太重，要减砝码；当标尺往正数方向移动，要加砝码。

当所要加的砝码在1g以下时，关紧天平侧门，用同样方法加减环码，直到刻线与标尺上某一读数相重合为止（此读数最好在−5～+5之间）。记下读数，即停点，亦即天平载重时的平衡点。

称量后，使天平休止，记下砝码和环码质量。

使用光电天平称量物体时一般均称量两次，操作方法如下。

c. 零点测量　第一次测量休止后，再启动，测量，此为第二次，称量两次误差应小于0.2mg，即 $|e'_0-e''_0|<0.2$。

d. 停点测量　同上。

e. 数据记录和计算　零点用 $e_0$ 表示。第一次 $e'_0=$________，第二次 $e''_0=$________，

平均值 $e_0$=________。

停点用 $e_1$ 表示。第一次 $e'_1$=________，第二次 $e''_1$=________，平均值 $e_1$=________。

物体质量(g)=砝码质量+环码质量+(停点 $e_1$－零点 $e_0$)/1000。

f. 称量计算举例　零点、停点及环码读数均见图 53。

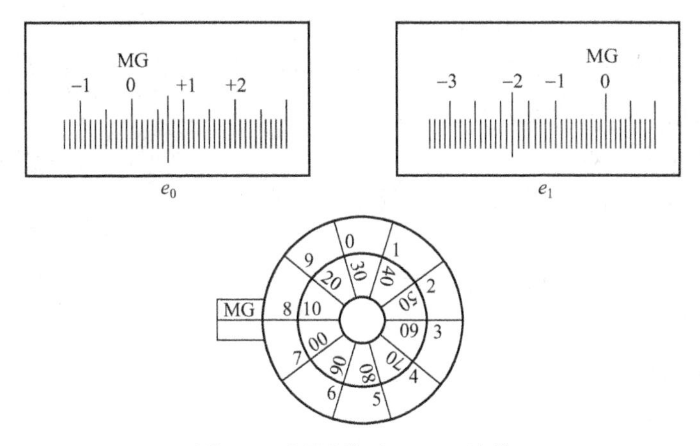


图 53　环码读数及 $e_0$、$e_1$ 读数

天平零点 $e_0$=+0.7mg

天平停点 $e_1$=－1.8mg

砝码质量 10g+2g+1g=13g

环码质量 810mg=0.810g

物体质量=13g+0.810g+(－0.0018－0.0007)g=13.8075g

② 减量法　此法用于称固体粉末状物质。将适量试样装入称量瓶（见图 54）中。称量瓶是带有磨口塞的小玻璃瓶，它的优点在于质量较小，可直接在天平上称量，并有磨口玻璃塞，以防止试样吸收空气中的水分等。

称量步骤如下：先准确称出称量瓶和试样的总质量 $m_1$，然后取出称量瓶（用纸条裹着），如图 55 所示，在容器的上方将称量瓶倾斜，用称量瓶盖轻敲瓶口上部，使试样慢慢落入容器中，当倾出的试样已接近所需要的质量时将瓶竖起，再用称量瓶盖轻敲瓶口上部，使粘在瓶口的试样落下，然后盖好瓶盖。将称量瓶放回天平盘上，称质量为 $m_2$。两次质量之差（$m_1-m_2$）就是试样的质量，这种称量方法叫做减量法。按此法依次进行，可称取多份试样。若从称量瓶中倒出的药品太多，不能再倒回称量瓶中，要重新称量。

图 54　称量瓶　　　　图 55　用称量瓶倒物体的方法

（3）电子分析天平

电子分析天平为较先进的称量仪器，外观如图 56 所示，此类天平操作简便，将天平开启，调零后，可将被称物放于天平称量盘上，其质量从天平面板的屏幕上显示出来。这类天

平还可与计算机相连接进行数据处理，可方便地获得高精度的称量结果。

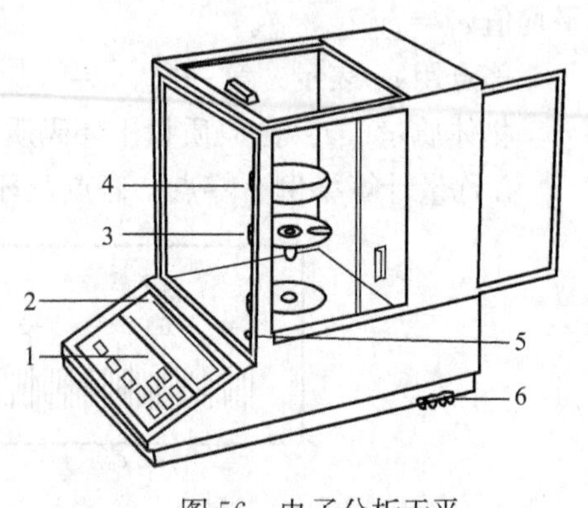

图 56　电子分析天平

1—按键；2—质量显示屏；3—盘托；4—秤盘；5—天平侧门；6—电源插线

**2. 25 型酸度计**

(1) 测定 pH 值

25 型酸度计（见图 57）是用电位法测定溶液 pH 值的一种仪器，与其配套使用的指示电极是玻璃电极（见图 58），参比电极是甘汞电极（见图 59）。

酸度计的操作步骤如下。

① 未接电源前，用电表机械调节螺丝 11 调节电流计指针，使其指在零点（pH=7）。

② 打开电源开关 1，预热 20min 左右。

③ 校正仪器

a. 将温度补偿器 4 放在测定的温度值上；

b. 将 pH-mV 开关 5 转至 pH 挡；

c. 将量程选择开关 6 拨到待测溶液的 pH 值范围（7～0 或 7～14）；

d. 过 1～2min 后，调节零点调节器 7，使指针仍指在 pH 值范围（7～0 或 7～14）；

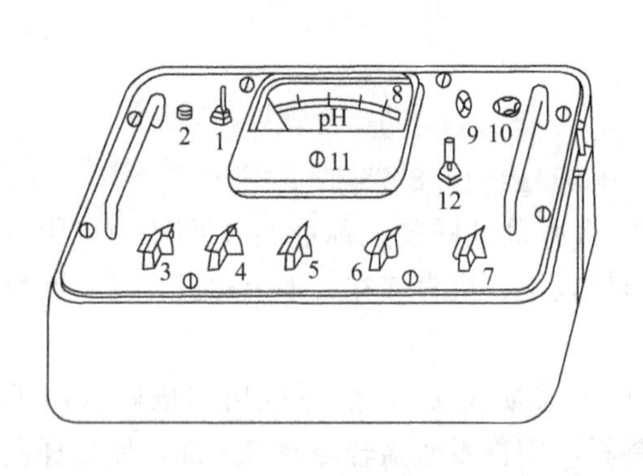

图 57　25 型酸度计

1—电源开关；2—指示灯；3—定位调节器；4—温度补偿器；5—pH-mV 开关；6—量程选择开关；7—零点调节器；8—电流计；9—参比电极接线柱；10—玻璃电极插孔；11—电表机械调节螺丝；12—读数开关

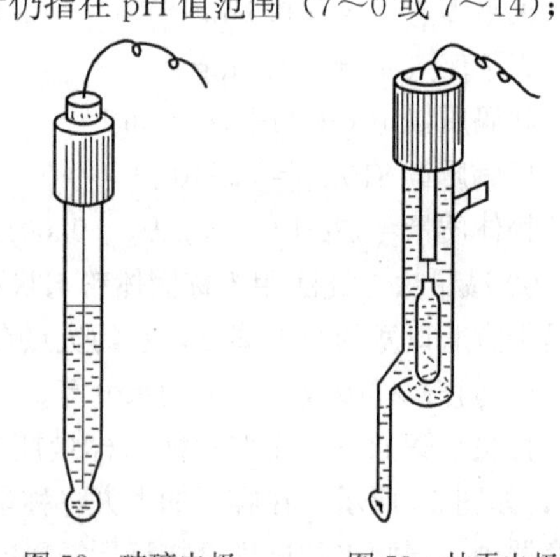
图 58　玻璃电极　　图 59　甘汞电极

e. 将两电极插入已知 pH 值的标准缓冲溶液，揿下读数开关 12，调节定位调节器 3，使指针指在该溶液的 pH 值处。

重复 d、e 操作几次，使指针的指示值稳定。仪器校正后，定位调节器不能再动。

④ 取出电极，用去离子水冲洗后，以擦镜纸或滤纸轻轻吸干残余水，然后插入待测溶液中。揿下读数开关，读出溶液的 pH 值。

⑤ 测量完毕，松开读数开关 12，洗净电极。

玻璃电极的使用与维护如下。

① 玻璃电极的主要部分是下端的玻璃球泡，它由一层较薄的特种玻璃制成，所以切勿与硬物接触。

② 初次使用时，应先将球泡在去离子水中浸 24h 以上；暂不使用时，也要浸在去离子水中。

③ 电极插头上的有机玻璃具有良好的绝缘性能，切勿接触化学试剂或油污。

④ 若玻璃膜上沾有油污，应先浸在酒精中，再放入乙醚或四氯化碳中，然后再移到酒精中，最后用水冲洗干净。

⑤ 在测强碱性溶液时，应快速操作。测完后立刻用水洗净，以免碱液腐蚀玻璃。

⑥ 凡是含氟离子的酸性溶液，不能用玻璃电极测量（为什么?）。

（2）测量电动势

① 把开关 6 指在“0”处，调整电表上的胶木螺丝，使指针指在 pH=7 处。然后打开电源开关，仪器预热 5min。接入电极，电极浸入被测溶液中。

② 把开关 6 指在“7～0”处，开关 5 指在“+mV”或“-mV”处，开关 12 放在放开的位置。

③ 调节 7 使电表指针在 0mV 处，按下读数开关 12，即指示被测电池的电动势。

④ 测完后，冲洗电极，关掉电源。

**3. pHX-3C 型酸度计**

（1）准备工作

① 仪器插入 220V 交流电源，按下电源开关，LED 显示屏显示 000。

② 将已配制的标准缓冲溶液（pH4、pH7、pH9 三种溶液）分别倒入烧杯中，并准备蒸馏水和滤纸片少许。

③ 甘汞电极上下端橡皮塞套应拔去。注意电极内氯化钾溶液中不能有气泡，溶液不能过少，以防断路。并且，溶液中应存有氯化钾晶体，以确保溶液饱和。

④ 将温度电极和甘汞电极以及预先经蒸馏水浸泡的玻璃电极稳妥地装置在电极夹具上，甘汞电极应比玻璃电极下放 2～3mm 以保护球泡，防止破碎。

⑤ 将甘汞电极引线旋紧在参比接线柱上。当需要插入玻璃电极插头时，可将插座外套向前按住，同时插入插头，然后放开外套。必须使插座中的弹子卡住插头末端（带有槽口的插头则卡住槽口），保证接触良好。取出插头时只要向前按动插座外套，插头即能自动弹出。

（2）室温或被测溶液温度的测定

① 将温度电极插头插入温度输入插座，按下℃挡按键，把温度电极插入被测溶液中，待显示屏读数稳定后，显示的数值即是被测溶液的温度，可以为测量 pH 值提供精确的温度参数。

② 按①所述，温度电极不插入被测溶液中，此时显示的数值即为实验室的室温。

（3）用标准缓冲溶液标定仪器

① 按下℃键，用温度电极测出缓冲溶液的温度，然后松开此挡按键。根据缓冲溶液温度，按下 pH 挡按键，将温度补偿钮置于相应位置。旋钮为十进制，每转动一圈为 10℃。

② 将电极插头插入插座。电极浸入蒸馏水中轻轻摇动清洗，然后提起电极用滤纸吸去水滴，将电极插入 pH4 缓冲溶液，待显示值稳定后（20s～3min），调节标定钮使显示值为 4.00（20℃时）。

③ 将电极用蒸馏水清洗吸干后浸入 pH9 缓冲溶液。待读数稳定后，调节斜率补偿使仪器读数为 9.23（20℃）。

④ 重复②、③两步操作，直至两次均相符合。一般来说先用 pH4 定位能迅速完成标定。

⑤ 电极在充分平衡后，才能得到稳定读数，当电极插入溶液后，要得到稳定读数，总有一段滞后时间，平衡时间因电极的性能而异，溶液稳定高，平衡较快，反之平衡较慢。为加快测定时间，也可选用磁力搅拌。

(4) 未知溶液 pH 值的测定方法

① 经过标定的仪器即可用来测定未知溶液的 pH 值。测定时需将稳定补偿钮调到被测溶液温度的相应位置。

② 用蒸馏水清洗电极并用滤纸吸干水滴。然后将电极插入被测溶液，仪器所显示的稳定读数即为该溶液的 pH 值。

**4. DDS-11A 型电导率仪**

电导率仪是测定溶液电导率的仪器，其面板结构如图 60 所示。

电导率仪的使用方法如下。

① 按电导率仪使用说明书的规定选用电极，放在盛有待测溶液的烧杯中数分钟。

② 未打开电源开关前，观察表头指针是否指零。不指零，可调整表头螺丝使指针指零。

③ 将“校正、测量”开关扳在“校正”位置。

④ 打开电源开关，预热 5min，调节“调正”旋钮使表针满度指示。

⑤ 将“高周、低周”开关扳向低周位置。

⑥“量程”扳到最大挡，“校正、测量”开关扳到“测量”位置，选择量程由大至小，至可读出数值。

⑦ 将电极夹夹紧电极胶木帽，固定在电极杆上。选取电极后，调节与之对应的电极常数。

⑧ 将电极插头插入电极插口内，紧固螺丝，将电极插入待测液中。

⑨ 再调节“调正”调节器旋钮使指针满刻度，然后将“校正、测量”开关扳至“测量”位置。读取表针指示数，再乘以量程选择开关所指的倍率，即为被测溶液的实际电导率。将“校正、测量”开关再扳回“校正”位置，看指针是否满刻度。再扳回“测量”位置，重复测定一次，取其平均值。

⑩ 将“校正、测量”开关扳到“校正”位置，取出电极，用蒸馏水冲洗后，放回盒中。

⑪ 关闭电源，拔下插头。

**5. 721 型分光光度计**

721 型分光光度计外形如图 61 所示。

(1) 分光光度计的操作步骤

① 预热仪器。为使测定稳定，将电源开关打开，使仪器预热 20min，为了防止光电管疲劳，不要连续光照。预热仪器和不测定时应将比色皿暗箱盖打开，使电路切断。

② 选择波长。根据实验要求，转动波长调节器，使指针指示所需单色光波长。

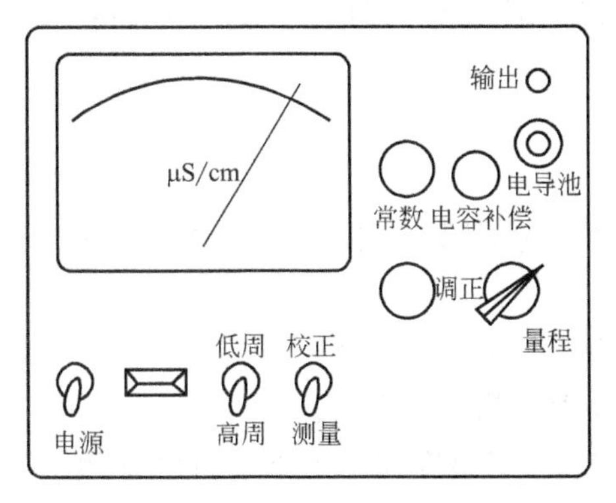


图 60　DDS-11A 型电导率仪的面板结构

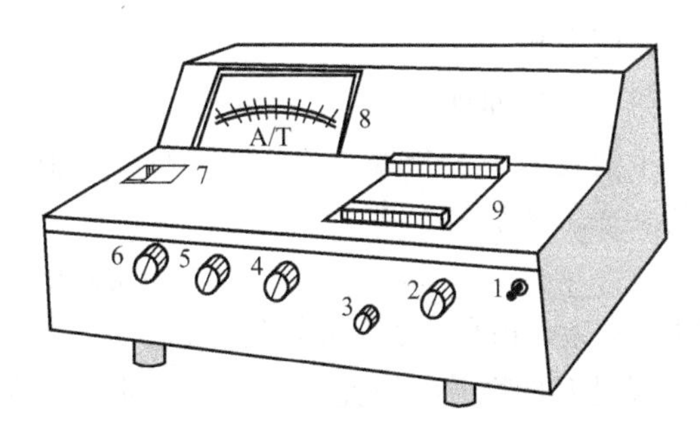


图 61　721 型分光光度计

1—电源开关；2—灵敏度旋钮；3—比色皿拉杆；4—透光率调节旋钮；5—零位旋钮；6—波长选择旋钮；7—波长刻度盘；8—读数表头；9—比色皿暗箱

③ 固定灵敏度挡。根据有色溶液对光的吸收情况，为使吸光度读数为 0.2～0.7，需选择合适的灵敏度。为此，旋动灵敏度挡，使其固定于某一挡，在实验过程中不再变动。一般测量固定在“1”挡。

④ 调节“0”点。轻轻旋动调“0”电位器，使读数表头指针恰好位于透光率为“0”处（此时，比色皿暗箱盖是打开的，光路被切断，光电管不受光照）。

⑤ 调节 $T=100\%$。将盛蒸馏水（或空白溶液或纯溶剂）的比色皿放入比色皿座架中的第一格内，有色溶液放在其他格内，把比色皿暗箱盖子轻轻盖上，转动光量调节器，使透光率 $T=100\%$，即表头指针恰好指在 $T=100\%$处。

⑥ 测定。轻轻拉动比色皿座架拉杆，使有色溶液进入光路，此时表头指针所示为该有色溶液的吸光度 $A$。读数后，打开比色皿暗箱盖。

⑦ 关机。实验完毕，切断电源，将比色皿取出洗净，并将比色皿座架及暗箱用软纸擦净。

（2）注意事项

① 为了防止光电管疲劳，不测定时必须将比色皿暗箱盖打开，使光路切断，以延长光电管使用寿命。

② 比色皿的使用方法。

a. 拿比色皿时，手指只能捏住比色皿的毛玻璃面，不要碰比色皿的透光面，以免沾污和磨损。

b. 清洗比色皿时，一般先用水冲洗，再用蒸馏水洗净。若比色皿被有机物沾污，可用盐酸-乙醇混合洗涤液（1∶2）浸泡片刻，再用水冲洗。不能用碱液或氧化性强的洗涤液洗比色皿，以免损坏。也不能用毛刷清洗比色皿，以免损坏它的透光面。每次做完实验，应立即洗净比色皿。

c. 比色皿外壁的水用擦镜纸或细软的吸水纸吸干，以保护透光面。

d. 测定有色溶液吸光度时，一定要用有色溶液洗比色皿内壁几次，以免改变有色溶液的浓度。另外，在测定一系列溶液的吸光度时，通常要按由稀到浓的顺序测定，以减小测定误差。

e. 在实际分析工作中，通常根据溶液浓度的不同，选用液槽厚度不同的比色皿，使溶液的吸光度控制在 0.2～0.7。

**6. 阿贝折光仪**

(1) 工作原理

单色光从一种介质 A 进入另一种介质 B，即发生折射现象，在一定温度下入射角与折射角的关系服从折射定律

$$n_A \sin\alpha = n_B \sin\beta$$

式中，$\alpha$ 为入射角；$\beta$ 为折射角；$n_A$、$n_B$ 分别为 A、B 介质的折射率。

折射率是物质的特性常数，对一定波长的光，在一定温度和压力下，折射率为一确定的值。

若 $n_A < n_B$（A 为光疏介质，B 为光密介质），根据上式 $\alpha$ 必大于 $\beta$，这时光线由 A 介质进入 B 介质时，则折向法线。对于给定的 A、B 两介质而言，在一定温度下，$n_A$、$n_B$ 均为常数，故当入射角 $\alpha$ 加大时，折射角 $\beta$ 也相应增大，当 $\alpha$ 达到最大值为 90°时，所得的光线折射角 $\beta_c$ 称临界折射角。如图 62 所示，光线从法线左边 A 介质入射 B 介质后，折射线都只能落在临界折射角 $\beta_c$ 之内。若在 M 处置一目镜，则目镜上半明半暗，从上式可知，当固定一种介质 B，即 $n_B$ 一定，则临界折射角 $\beta_c$ 的大小与 $n_A$ 有简单函数关系。阿贝折光仪就是根据这一光学原理设计的。

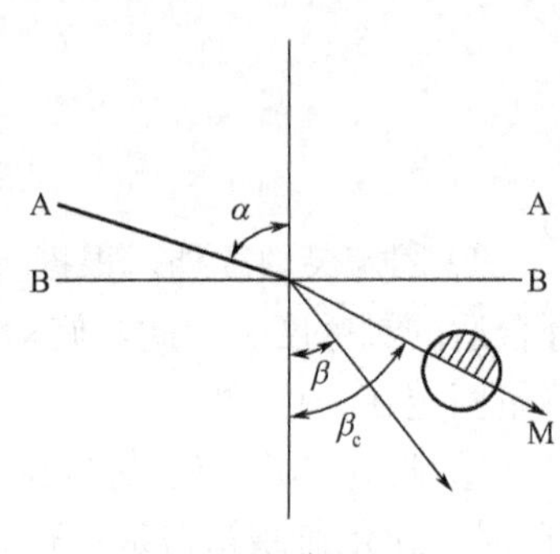

图 62　折射原理图

阿贝折光仪的外形和光程如图 63 和图 64 所示。

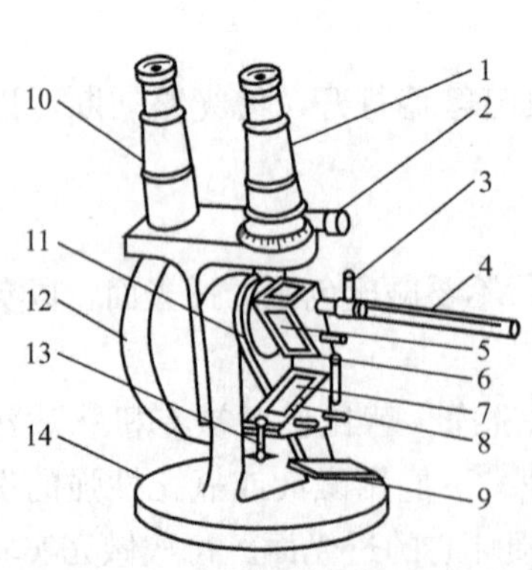

图 63　阿贝折光仪的外形

1—测量目镜；2—消色散手柄；3—循环恒温水接头；4—温度计；5—测量棱镜；6—闭合锁钮；7—辅助棱镜；8—加液槽；9—平面反光镜；10—读数目镜；11—转轴；12—刻度盘罩；13—棱镜锁紧扳手；14—底座

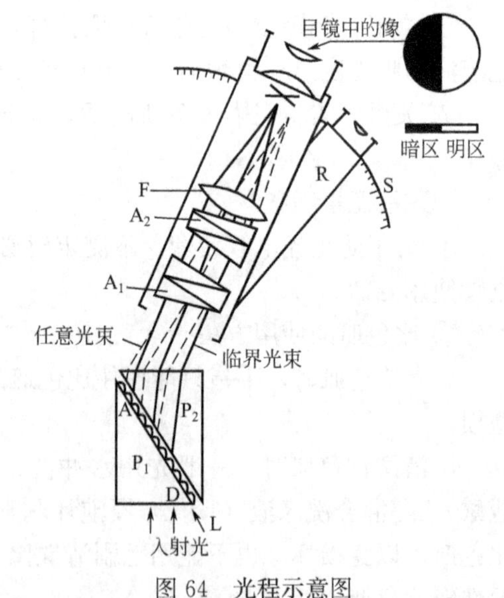

图 64　光程示意图

$P_1$—辅助棱镜；$P_2$—测量棱镜；$A_1$，$A_2$—阿密西棱镜；F—聚焦透镜；L—试样液层；R—转动臂；S—标尺

仪器的核心部分是两块折射率为1.75的玻璃直角棱镜。下面一块是辅助棱镜7（$P_1$），其斜面是磨砂的。上面一块是测量棱镜5（$P_2$），其斜面是高度抛光的。两块棱镜之间留有微小缝隙（0.1～0.15mm），其内可以铺展一层待测液体试样。入射光线经平面反光镜9反射至辅助棱镜7后，在其磨砂斜面上发生漫射，以各种角度通过试样液层，在试样与测量棱镜的界面发生折射，所有折射光线的折射角都落在临界折射角$\beta_c$之内。具有临界折射角$\beta_c$的光线经过测量棱镜$P_2$折射后，通过阿密西（Amici）棱镜（$A_1$、$A_2$）消除色散，再经聚焦后射到目镜上，此时若目镜的位置适当，则在目镜中可看到半明半暗的图像，仪器中刻度盘与棱镜组是同轴的。测量时，转动读数手柄，调节棱镜组的角度，使明暗分界线正好落在目镜十字线的交叉点上，这时从读数标尺上就可读出试样的折射率。阿贝折光仪的标尺上除标有1.300～1.700折射率的数值外，在标尺旁边还有对应不同折射率的20℃糖溶液的质量分数的读数，因此可以直接测定糖溶液的浓度。

为了使用方便，阿贝折光仪的光源是自然光而不是单色光，自然光通过棱镜时，因其不同波长的光的折射率不同而产生色散，使目镜分界线不清晰。为此，在仪器的目镜下方设计一套消色散装置，它由两块相同的可以反向转动的阿密西棱镜组成，调节两棱镜的相对位置就可使色散消失，阿密西棱镜的特点是钠光D线通过后不改变方向，因此所测得的折射率和用钠光D线（589nm）所测得的折射率相同。

因为折射率与温度有关，故在仪器棱镜组外面装有恒温夹套，通以恒温水，以便测定物质在指定温度下的折射率，记作$n_D^t$。压力对折射率的影响甚微，通常不予考虑。

（2）使用方法

① 使阿贝折光仪置于明亮处，但应避免阳光直接照射。将超级恒温槽中的恒温水通入棱镜夹套内，恒温水的温度以棱镜夹套内温度计的读数为准。

② 转动辅助棱镜上的闭合锁钮，向下打开辅助棱镜，用少量丙酮清洗镜面，并用擦镜纸把镜面擦拭干净。

③ 待恒温后，用滴管将数滴待测试样滴于辅助棱镜的磨砂镜面上，使其铺满整个镜面，迅速关闭棱镜，旋上锁钮。如果试样易挥发，可将试样由棱镜间加液槽滴入。

④ 调节反射镜的位置和角度，使入射光线达到最强，转动转轴手柄，使目镜中出现明暗分界线。

⑤ 由于光的色散，在明暗界线处会出现色散，转动消色散手柄，使彩色消失，出现清晰的明暗分界线。

⑥ 再次转动转轴手柄，使明暗分界线正好在十字线的交叉点上。若此时再出现轻微色散，可重调消色散手柄，消除色散。

⑦ 从读数望远镜中读出折射率，其数值应精确至小数点的第四位。

⑧ 测量完毕后，打开棱镜，用擦镜纸擦净镜面。

（3）注意事项

阿贝折光仪是一种精密的光学仪器，使用时应注意以下几点。

① 注意保护棱镜镜面，擦拭镜面时只能用专用的擦镜纸，不能用滤纸或其他纸张。

② 用滴管滴加样品时，滴管口不能与棱镜镜面接触，当用滴管从加液槽加入试样时，应防止管口破损，如万一管口破损，应立即打开棱镜，用擦镜纸将玻璃渣轻轻擦去。

③ 阿贝折光仪的测量范围是1.3000～1.7000。折射率不在此范围的液体，测定时看不

到明暗分界线。

④ 测量时要使两棱镜啮紧，以免两棱镜所夹液层厚度不均匀，影响数据的重复性。若半明半暗出现奇形，是由于棱镜间未充满液体，需补加试液。

⑤ 酸性、碱性太强的液体及氟化物样品不能用此仪器测定，以免腐蚀棱镜。

（4）仪器校正

阿贝折光仪的刻度盘上标尺的零点有时会发生移动，需加以校正。校正方法是用已知折射率的标准玻璃块（仪器附件），将玻璃块的光面用一滴 $\alpha$-溴代萘附着在测量棱镜上，无需合上辅助棱镜，但要打开测量棱镜的背面小窗，使光线从小窗射入。旋转读数手柄，使标尺读数等于玻璃块上注明的折射率，然后用小螺丝刀旋动目镜前凹槽中的调整螺丝，使明暗分界线正好与十字线的交点重合，即校正完毕。

**7. 动槽式**（福廷式）水银气压表

（1）气压表的构造

动槽式水银压力表（以下简称压力表），过去称福廷式水银压力表，其构造如图 65 所示。它由一根一端封闭的玻璃管，装满水银，开口的一端插入水银槽中所构成。其工作原理为：玻璃管内水银受重力作用下降，当作用在水银槽水银面上的大气压强与玻璃管内的水银柱压强相平衡时，水银柱的高度表示大气压。

气压表的主要构成部分如下。

① 感压部分：水银柱，水银槽。

② 基准面调零部分：象牙针，皮囊，皮囊托，槽部调节螺杆。

③ 测量读数部分：主标尺、游尺、齿轮、齿条、游尺调节手柄等。

④ 保护部分：金属外套管、玻璃套管、槽部护筒、附属温度表架等。

⑤ 附属温度表。

（2）气压表的使用

① 读取附属温度表的温度示值，准确到 0.1℃，先读小数，后读整数。

② 旋转槽部调节手柄，上升水银面至象牙针尖与其水银面中的倒影尖端刚好接触为止。若见到象牙针尖扎入水银面，使水银出现小坑状，则必须将水银面降下，重新向上调整水银，以达到上述要求。

③ 用手指轻敲气压表上的玻璃筒，使水银柱顶端形成良好的凸面。

④ 转动游尺调节手柄使游尺的底沿稍高于水银柱顶端，然后缓慢地调节，使游尺底沿正好与水银柱凸顶端面相切。

⑤ 读取靠近游尺零线以上的整数刻度值，再从游尺上找出与主标尺上某一刻线对齐的刻线值，则此刻线值为小数值（准确到小数两位），即为此次观测的气压值。

例如，游尺零刻线在主标尺刻线 1005 以上，而游尺所有刻线都未与主标尺上的刻线对齐，但零刻线以上的第 3、4 两条刻线在主标尺 1011 和 1013 刻线之间，则此时气压表的示值应为 1005.35kPa（见图 66）。

⑥ 观察读数后，应使槽部水银面下降离开象牙针尖 2～3mm。

⑦ 读取的气压示值，经过仪器差修正（数据见产品出厂检定证），即为本地当时的气压值。

**四、误差与数据处理**

化学是一门实验的科学，要进行许多定量的测量，如常数的测定、物质组成的分析以及溶液浓度的分析等。这些测定，有的是直接进行的，有的是根据实验数据推演计算得出的。在处理实验数据以及研究这些测量与计算结果的准确性时，常会遇到误差等有关问题。因此，树立正确的误差和有效数字的概念、掌握分析和处理实验数据的科学方法是十分必要的。下面仅就有关问题介绍一些基础知识。

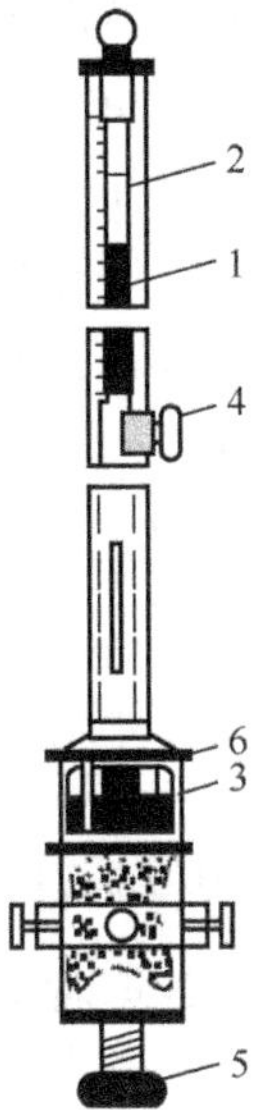

图 65 水银气压表
1—水银柱；2—标尺；3—水银面；4—游尺调节手柄；5—水银面调节手柄；6—象牙针

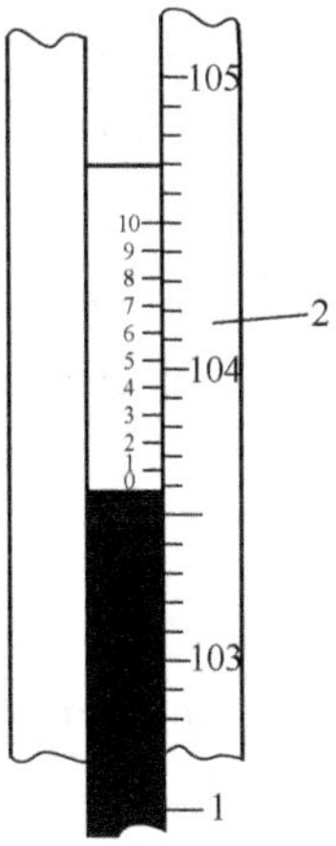

图 66 气压表读数
1—水银柱；2—标尺

**1. 测定中的误差**

(1) 准确度和误差

在定量的分析测定中，对于实验结果的准确度都有一定的要求。可是，绝对准确是不存在的。在实际过程中，即使是技术很熟练的人，用最好的测定方法和仪器，测定出的数值与真实值之间总会产生一定的差值。这种差值越小，实验结果的准确度就越高；反之，则准确度就越低。所以，准确度是表示实验结果与真实值接近的程度。

准确度的高低常用误差来表示。误差有绝对误差和相对误差两种。

绝对误差（$\Delta$）是测量值与真实值之差。例如，称得某 3 个物体的质量分别为 2.3657g、1.5628g、0.2364g。而它们的真实质量分别为 2.3658g、1.5627g 和 0.2365g。则其绝对误差 $\Delta$ 分别为

$$\Delta_1 = 2.3657 - 2.3658 = -0.0001\text{g}$$

$$\Delta_2 = 1.5628 - 1.5627 = +0.0001\text{g}$$

$$\Delta_3 = 0.2364 - 0.2365 = -0.0001\text{g}$$

由此可见，当测定值小于真实值时，绝对误差为负值，表示测定结果偏低；反之，若测定值大于真实值时，则绝对误差为正值，表示测定结果偏高。其中 1、3 两个物体的真实质量相差近 10 倍，而绝对误差却是一样为 −0.0001g。可见绝对误差并没有表明测量误差在真实值中所占的比重。为此引入相对误差的概念。

相对误差（$\delta$）表示绝对误差与真实值之比，即误差在真实值中所占的百分率。故上述 1、3 两次测量的相对误差为

$$\delta_1 = \frac{-0.0001}{2.3658} \times 100\% = -0.004\%$$

$$\delta_2 = \frac{-0.0001}{0.2365} \times 100\% = -0.04\%$$

由此看出，尽管测量的绝对误差相同，但由于被测量的量的大小不同，其相对误差也不同。被测量的量较大时，相对误差较小，测量的准确度较高。

(2) 精密度和偏差

在实际工作中，由于真实值不知道，通常是在同一条件下进行多次正确测量，求出其算

术平均值代替真实值，或者以公认的手册上的数据作为真实值。

在多次测量中，如果每次测量结果的数值比较接近，就说明测定结果的精密度比较高。可见精密度是表示各次测量结果相互接近的程度。

精密度的高低用偏差表示。偏差愈小，精密度愈高。偏差有不同的表示方法。

① 绝对偏差（$d$） 为测得值与平均值之差

$$d_i = x_i - \overline{x}$$

式中，$x_i$ 为个别一次测得结果；$d_i$ 为它的绝对偏差；$\overline{x}$ 为平均值。

② 相对偏差（$d_{r_i}$）

$$d_{r_i} = \frac{d_i}{\overline{x}} \times 100\%$$

式中，$d_{r_i}$ 为第 $i$ 个测得结果中所包含的偏差占平均值的百分数。

由于我们所需要的是整组数据对平均值的离散度，所以常用平均偏差（$\overline{d}$）或平均相对偏差（$\overline{d}_r$）来表示

③ 平均偏差（$\overline{d}$）

$$\overline{d} = \frac{|d_1| + |d_2| + \cdots + |d_n|}{n}$$

式中，$|d_1|$、$|d_2|$、…、$|d_n|$ 分别代表各次测定结果的绝对偏差的绝对值；$n$ 代表测量的次数。

④ 平均相对偏差（$\overline{d}_r$）

$$\overline{d}_r = \frac{\overline{d}}{\overline{x}} \times 100\%$$

由于平均相对偏差代表一组结果偏离平均值程度在所得结果中的影响程度，所以常用以表示精密度。

**【例 1】**

| $x$ | $\|d\|$ |
|---|---|
| 1.234 | 0.002 |
| 1.238 | 0.002 |
| 1.236 | 0 |
| 1.234 | 0.002 |
| 1.235 | 0.001 |
| $\overline{x}=1.236$ | $\overline{d}=0.001$ |

$$\overline{d}_r = \frac{0.001}{1.236} \times 100\% = 0.08\%$$

**【例 2】**

| $x$ | $\|d\|$ |
|---|---|
| 1.226 | 0.010 |
| 1.234 | 0.002 |
| 1.245 | 0.009 |
| 1.239 | 0.003 |
| 1.236 | 0 |
| $\overline{x}=1.236$ | $\overline{d}=0.005$ |

$$\bar{d}_r=\frac{0.005}{1.236}\times100\%=0.40\%$$

由以上两例可见，虽然两组结果的平均值相同，但后一组的精密度不如前一组高。

精密度和准确度的概念不同。测量的精密度高，不一定其准确度也高；同样，测量的准确度高，也不一定其精密度也高。

精密度高是保证准确度高的前提。精密度低的测量，其准确度是不可信的。因为数据波动大，说明在每次测量过程中，引起误差的因素在起变化。或者说，测量条件并非完全一致。

例如，甲、乙、丙、丁4个人用同种方法测量同一样品中某物质的含量（设真实含量为50.37%），测量结果如下。

| 实 验 序 | 甲 | 乙 | 丙 | 丁 |
|---|---|---|---|---|
| 1 | 50.20% | 50.20% | 50.40% | 50.37% |
| 2 | 50.20% | 50.37% | 50.30% | 50.38% |
| 3 | 50.18% | 50.45% | 50.25% | 50.35% |
| 4 | 50.17% | 50.50% | 50.17% | 50.33% |
| 平均值 | 50.19% | 50.38% | 50.28% | 50.36% |

由上表可见，甲测量的精密度很高，但平均值与真实值相差很大，说明准确度低；乙测量的准确度高，但不可信，因为精密度太差；丙测量的精密度和准确度都不高；只有丁的测量结果精密度和准确度都高。

必须说明的是误差和偏差的含义也不同。误差以真实值为基准，偏差以平均值为基准。但严格说来，任何量的真实值都是未知的。通常所说的“真实值”是采用各种方法进行多次平均测量所得到的相对可靠的平均值。因此，用这一平均值代替真实值计算误差，实际得到的也是一种偏差。故有时不严格区分误差和偏差。

（3）误差产生的原因

误差产生的原因很多，一般分为系统误差和偶然误差两大类。

① 系统误差　是测量过程中某种经常性的原因引起的。这些误差对测量结果的影响比较固定，会在同一条件下的多次测量中反复显示出来，使测量结果系统偏高或偏低。例如，用未经校正的砝码称量时，由于砝码的值不准确，故在多次测量中使误差重复出现且误差大小不变。另外，在观测条件改变时，误差按某一确定的规律变化，这种测量误差也称为系统误差，它对测量结果的影响并不是固定的。例如，标准溶液的浓度会因其体积随温度变化而改变，而且有确定的规律，因此，对于浓度的变化，可进行适当的校正。总之，对于系统误差，不论是固定或不固定的，如能找到其来源，就可设法加以控制或消除。

系统误差主要来源于以下几个方面。

a. 方法误差　由测量方法引入的误差。例如，借助于从溶液中形成沉淀的方法确定某元素的含量时，由于沉淀物有一定的溶解度而造成的损失所带来的误差，就是方法误差。

b. 仪器误差　仪器本身的制造精度有限而产生的误差。

c. 试剂误差　由试剂或试液（包括常用溶剂——水）引入一些对测量有干扰的杂质所造成的误差。

d. 人员误差　由实验人员的生理缺陷和生理定势所引入的误差。例如，有的人对颜色的变化不甚敏感，在比色或光度的测量中引起的误差。测量者个人的习惯和偏向引起的误差。例如，有的人读数常偏高或偏低。

② 偶然误差　是由某些难以觉察的偶然原因所造成的误差。例如，外界条件（温度、湿度、振动和气压等）波动引起瞬间微小变化；或者实验仪器性能（灵敏度）的微小变化，以及实验者对各份试样处理的微小差别等。由于引起误差的原因是偶然性的，就单个误差值的出现情况而言是可变的，有时大，有时小，有时正，有时负，因此，既不可预料也没有确定的规律，它随具体的偶然因素的不同而不同。但是在相同条件下，对同一个量进行大量重复测量而得到的一系列偶然误差来说，则显示出如下的统计分布规律：

a. 绝对值相等的正误差和负误差出现的机会相等；

b. 绝对值大的误差比绝对值小的误差出现的机会大；

c. 误差超出一定范围的机会很小。

根据上述特点可知，在同一测量条件下，随着测量次数的增加，偶然误差的算术平均值将趋近于零。也就是说，多次测量结果的算术平均值更接近于真实值。

从以上分析可以看出，系统误差和偶然误差对测量结果所产生的影响是不同的。精密度是反映偶然误差大小的程度，而准确度是反映系统误差大小的程度。但在实际测量中，往往两类误差对测量结果都有影响。因此，采用一个新的概念来反映系统误差和偶然误差总和大小的程度，称为精确度。

此外，还由于实验人员粗心，不遵守操作规程，以致造成不应有的过失。例如，器皿未洗净、试液丢失、试剂误用、记录及运算错误等。如果已发现有错误的测量，应该取消，不能参与总测量结果的计算。因此，对于初学者来说，从一开始就必须严格遵守操作规程，养成一丝不苟的良好科学实验习惯。

（4）提高实验精确度的方法

虽然误差在定量实验中总是客观存在的，但必须设法尽量减少。减小误差的方法有以下几方面。

① 选择合适的测量方法　各种测量方法的相对误差和灵敏度是不同的（灵敏度是在测量的条件下所能测得的最小值）。例如，重量法和仪器测量法，前者相对误差比较小（一般为±0.2%），但灵敏度低；后者相对误差比较大（一般为±2%），但灵敏度高。因此，测量含量较高的元素可用重量法，而测量含量低的元素时，重量法的灵敏度一般达不到要求，应采用灵敏度高的仪器测量法。

② 减少测量误差　应根据不同的方法、不同的仪器和不同的要求确定待测量的最小实验量。在重量法中，主要操作是称量。由于一般分析天平称量的绝对误差为±0.0002g。如果使测量时的相对误差在0.1%以下，试样的质量就不能太小。因为

$$\text{相对误差}=\frac{\text{绝对误差}}{\text{试样质量}}\times 100\%$$

$$\text{试样质量}=\frac{\text{绝对误差}}{\text{相对误差}}\times 100\%$$

$$=\frac{0.0002\text{g}}{0.1\%}\times 100\%=0.2\text{g}$$

此时要求试样必须在0.2g以上。

不同的测量任务要求的准确度不同。如用仪器测量法称取试样 0.5g，试样的称量误差不大于 0.5g×2%=0.01g 即行，不必要强调称准到 0.0001g。

③ 减小偶然误差　在系统误差很小的情况下，平行测量的次数越多，所得的平均值就越接近真实值。偶然误差对平均值的影响也就越小。通常要求平行测量 2～4 次以上，以获得较准确的测量结果。

④ 改进实验方法　为消除固定性的系统误差（即其数值和符号在测量时总是保持恒定的系统误差），常采用交换抵消法，即进行两次测量，在这两次测量中将某些测量条件（如被测物所处的位置等）相互交换，使产生系统误差的原因对两次测量的结果起相反的作用，从而使系统误差抵消。例如，通过交换被测物与砝码的位置，取两次称量结果的平均值作为被测物的质量，可以抵消等臂天平由于实际不等臂而引起的系统误差。

⑤ 对照实验　用标准件、标准样品做对照实验。校测后以修正值的方式加入测量值中，以消除系统误差。

也常用空白实验的方法，来减小系统误差。即从试样测量结果中扣除空白值，就得到比较可靠的结果。

此外，对于仪器不准所引起的系统误差，可通过校准仪器来减小其影响。例如，砝码、滴定管和移液管等的校正。

**2. 有效数字**

在定量实验中，为了使结果可靠，要准确地测量，正确地读数、记录和计算数据。

（1）有效数字概念

在实验中，我们使用的仪器所标出的刻度的精确程度总是有限的。例如 50mL 量筒，最小刻度为 1mL，在两刻度间可再估计一位，所以，实际测量读数能读至 0.1mL，如 34.5mL 等。若为 50mL 滴定管，最小刻度为 0.1mL，再估计一位，可读至 0.01mL，如 24.78mL 等。总之，在 34.5mL 与 24.78mL 这两个数字中，最后一位是估计出来的，是不准确的。通常把只保留最后一位不准确数字，而其余数字均为准确数字的这种数字称为有效数字。也就是说，有效数字是实际上能测出的数字。

由上述可知，有效数字与数学上的数有着不同的含义。数学上的数只表示大小。有效数字则不仅表示量的大小而且反映了所用仪器的准确程度。例如，“取 NaCl 6.5g”，这不仅说明 NaCl 质量 6.5g，而且标明用感量 0.1g（或 0.5g）的托盘天平称就可以了。若是取 NaCl 6.5000g，则表明一定要在分析天平上称。

这样的有效数字还表明了称量误差。对感量 0.1g 的托盘天平，称 6.5g NaCl，绝对误差为 0.1g，相对误差为

$$\frac{0.1}{6.5}\times 100\%=2\%$$

对感量为 0.0001g 的分析天平称 6.5000g NaCl，绝对误差为 0.0001g，相对误差为

$$\frac{0.0001}{6.5000}\times 100\%=0.002\%$$

所以，记录测量数据时，不能随意取舍数字位数，因为这会夸大或缩小了准确度。例如，用分析天平称 6.5000g NaCl 后，若记成 6.50g，则相对误差就由 0.002%夸大到

$$\frac{0.01}{6.5000}\times 100\%=0.2\%$$

因此，有效数字的位数与仪器的准确度有关。高于或低于仪器的准确度都是不恰当的。

“0”的作用是值得注意的，“0”在数字中起的作用是不同的，有时是有效数字，有时则不是，这与“0”在数字中的位置有关。

下面一组数据的有效数字如下

| 0.0275 | 2.0065 | 6.5000 | 0.0030 | 54000 |
|---|---|---|---|---|
| 三位 | 五位 | 五位 | 两位 | 不确定 |

“0”在数字前，仅表示小数点的位置，不属于有效数字。小数点的位置与测量所用的单位有关。如测得某物质量27.5g，如果换算为以kg为单位，则得0.0275kg，单位的变换并不引起有效数字的增减。因0.0275仍为三位有效数字。

“0”在数字中间是有效数字，故2.0065为五位有效数字。

“0”在小数的数字后也是有效数字。如6.5000中3个“0”都是有效数字，而0.0030中“3”之前3个“0”不是有效数字，“3”后面的“0”为有效数字，所以6.5000为五位有效数字，而0.0030只有2位有效数字。

以“0”结尾的正整数，有效数字的位数不定。如54000可能是两位、三位、四位、五位，这种数应根据有效数字情况改写为指数形式。如为两位，则写成$5.4\times10^{4}$；如为三位，则写成$5.40\times10^{-4}$，等等。

此外常数不算作有效数字。在计算过程中，常数所取的位数不应小于参加运算的各数据的最小位数。总之，要能正确判别与书写有效数字。

下面列出了一些数字，并指出了它们的有效数字位数。

| | | |
|---|---|---|
| 6.5000 | 46009 | 五位有效数字 |
| 23.14 | 0.06010% | 四位有效数字 |
| 0.0173 | $1.56\times10^{-10}$ | 三位有效数字 |
| 48 | 0.000050 | 两位有效数字 |
| 0.002 | $5\times10^{5}$ | 一位有效数字 |
| 54000 | 100 | 有效数字位数不定 |

(2) 有效数字的运算规则

① 加法和减法　在计算几个数字相加或相减时，所得的和或差的有效数字位数，应以小数点后位数最小的数为准。

例如，将2.0113、31.25及0.357三个数相加时，见下式（可疑数以？标出）

$$
\begin{array}{r}
2.011\overset{?}{3} \\
31.2\overset{?}{5} \\
+\ \ 0.35\overset{?}{7} \\
\hline
33.6\overset{?}{1}\overset{?}{8}\overset{?}{3}\rightarrow 33.62
\end{array}
$$

可见，小数点后位数最少的数31.25中的5已是可疑，相加后使得和33.6183中的1也可疑。所以再多保留几位已无意义，也不符合有效数字只保留一位可疑数字的原则，这样相加后，按“四舍六入五取双”的规则处理，结果应是33.62。

为了看清加减法应保留的位数，上例采用了先运算后取舍的方法。但是，在一般情况下，也可先取舍后运算。即

$$\begin{array}{r} 2.0113\rightarrow 2.01 \\ 31.25\rightarrow 31.25 \\ +0.357\rightarrow 0.36 \\ \hline 33.62 \end{array}$$

② 乘法和除法　在计算几个数相乘或相除时，其积或商的有效数字位数应以有效数字位数最少的数为准。如 1.312 与 23 相乘时

$$\begin{array}{r} 1.31\overset{?}{2} \\ \times \quad 2\overset{?}{3} \\ \hline \overset{?}{3}\overset{?}{9}\overset{?}{3}\overset{?}{6} \\ 2\ 62\overset{?}{4}\ \ \\ \hline 3\overset{?}{0}.\overset{?}{1}\overset{?}{7}\overset{?}{6} \end{array}$$

显然，由于 23 中的 3 是可疑的，就使得积 30.176 中的 0 也可疑。所以保留两位即可，其余按“四舍六入五取双”处理，结果就是 30。

同加减一样，也可先取舍后运算。即

$$\begin{array}{r} 1.312\rightarrow\ 1.3 \\ 23\rightarrow\times 23 \\ \hline 39 \\ 26\ \ \\ \hline 29.9\rightarrow 30 \end{array}$$

另外，对于第一位的数值等于或大于 8 的数，则有效数字的总位数可多算一位。例如，9.15 虽然只有三位数字，但第一位数大于 8，所以运算时可看作四位。

③ 对数　进行对数运算时，对数值的有效数字只由尾数部分的位数决定。首数部分为 10 的幂数，不是有效数字。

例如，2345 为四位有效数字，其对数 lg2345＝3.3701，尾数部分仍保留四位，首数“3”不是有效数字。不能记成 lg2345＝3.370，这只是三位有效数字，就与原数 2345 的有效数字位数不一致了。

在化学中对数运算很多，如 pH 值的计算，若 $[H^+]=4.9\times10^{-11}$，这是两位有效数字，所以 $pH=-\lg[H^+]=10.31$，有效数字仍只有两位。反过来，由 pH＝10.31 计算 $[H^+]$，也只能记作 $[H^+]=4.9\times10^{-11}$ 而不能记成 $4.989\times10^{-11}$。

④ 使用计算器　进行运算时，虽然计算器能显示出许多位数，但在运算结果取数时，必须注意保留适当的有效数字的位数。这是因为测量结果数值计算的准确度不应该超过测量的准确度。

**3. 化学实验中的数据表示与处理**

为了表示实验结果和分析其中的规律，需要对实验数据进行归纳和处理。实验结果的表

示和归纳方法主要有三种，即列表法、作图法和数学方程法。在无机化学实验中主要用前两种方法。

（1）列表法

在无机化学实验中，最常用的表为函数表，将自变量 $x$ 和因变量 $y$ 一一对应排列成表格，以表示二者的关系。列表时应注意以下几点。

① 表格名称　每一表格均有简明的名称。

② 行名和量纲　将表格分成若干行，每一变量应占表格中一行，每一行的第一列写上该行变量的名称及量纲。

③ 有效数字　每一行所记的数字，应注意其有效数字，并将小数点对齐，数值按大小有序排列。用指数表示数据时，为简便起见，可将指数放在行名旁。

④ 自变量的选择　自变量的选择有一定灵活性，通常选择较简单的变量作为自变量，如温度、时间和浓度等。自变量最好是均匀地增加。如果实际测定结果并不这样，可以先将测定数据作图，由图上读出均匀等间隔增加的一套自变量新数据，再作表。

列表法的优点是简单，但不能表示出各数值间连续变化的规律和实验数值范围内任意自变量和因变量的对应关系，故一般常与作图法配合使用。

（2）作图法

利用图形表达实验结果，能直观地表现出各变量之间的关系。例如数据中的极大、极小、转折点，周期性等。并能利用图形作进一步的处理，求得斜率、截距、内插值、外推值、切线等。另外，根据多次测试的数据所描绘的图像，一般只有"平均"的意义，从而也可以发现和消除一些偶然误差。所以图解法在数据处理上是一种重要的方法。

下面简单介绍作图的步骤和方法。

① 坐标纸、坐标轴的分度选择　最常用的坐标纸是直角坐标纸，有时根据需要也用对数坐标纸。坐标纸大小选择要合适。既不要太小，以致影响原数据的有效位数，又不要太大而超过原数据的精密度。习惯上以横坐标表示自变量，纵坐标表示因变量。

坐标轴的分度（即每条坐标线所代表的数值大小）要考虑以下几点。

a. 能表示出全部有效数字，图中读出的物理量的精密度应与测量的精密度一致。通常可采取读数的绝对误差在图纸上相当于 0.5～1 个小格（最小分度），即 0.5～1mm。例如，用分度为 1℃温度计测量温度时，读数可能有 0.1℃的误差，则选择的比例尺寸应使 0.1℃相当于 0.5～1 小格。

b. 坐标标度应取容易读数的分度，即每单位坐标格子应代表 1、2 或 5 的倍数，而不要采用 3、6、7、9 的倍数。而且应把数字标示在图纸逢五或逢十的粗线上。

c. 坐标的原点不一定要为变量的零点，要考虑图纸的充分利用。因此，常用低于最低值的某一整数作起点，而将高于最高值的某一整数作终点，使图形占满整张坐标纸。如果作直线或接近于直线的曲线，则应使直线与横坐标的夹角在 45°左右。

d. 分度确定后，画上坐标轴，在轴旁注明该轴变量的名称及单位，并在纵轴的左面和横轴的下面，每隔一定距离写明该处变量的值，以便于作图和读数。

② 根据数据作点　把对应于各组数据的点画到坐标纸上，每一个点不仅要表示出测出的数据，还要能表示该数据的误差范围。如果自变量和因变量的误差范围接近，习惯上就用圆点符号⊙表示，圆心表示测得的数据，圆的半径为误差范围。如果两者的误差范围相差较

大，则可在点的周围用矩形框出它的误差范围。

如果在同一图中要画出几组不同的数据，则各组的点应该用不同的符号标出。代表某一读数的点可用“⊙、○、●、×、□、■、△、▲”等不同符号表示。绝不可只用一小点“·”表示。

③作曲线　根据坐标纸上各点的分布情况作曲线。作曲线时，不一定需要全部通过各个点，只要不在线上的点均匀地分布在线的两侧附近即可，作出的曲线应是光滑的，它不应具有含意不清的不连续点或奇异点（见图 67）。

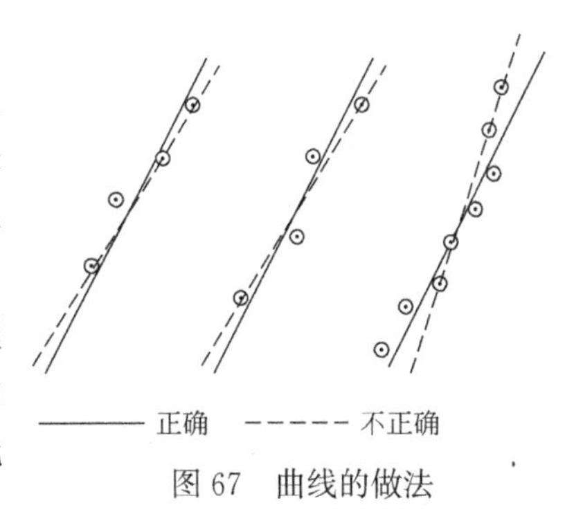


图 67　曲线的做法

如果发现有个别点远离曲线，又不能判断被测物理量在此区域会发生突变，就要分析一下是否有偶然性的过失误差，如属这一情况时可不考虑这点。但不可毫无理由地随意把某些点丢弃不顾。

④ 求直线的斜率　求直线的斜率时，要从线上取点。对于直线 $y=mx+b$，其斜率 $m=\frac{y_2-y_1}{x_2-x_1}$。即将两个点（$x_1, y_1$）、（$x_2, y_2$）的坐标值代入即可算出。为了减少误差，所取两点不宜相隔太近。特别要注意的是，所取的点必须在线上，不能取实验中的两组数据代入计算（除非这两组数据代表的点恰在线上且相距足够远）。计算时应注意是两点坐标差之比，不是纵横坐标线段长度之比，因为纵横坐标的比例尺可能不同，以线段长度之比求斜率，必然导出错误的结果。

直线的斜率与截距可用最小二乘法求出。此法计算虽然烦琐，但结果准确。对于直线 $y=mx+b$，其 $m$ 和 $b$ 可由下列公式算出

$$m=\frac{\sum x\sum y-n\sum xy}{(\sum x)^2-n\sum x^2},\quad b=\frac{\sum xy\sum x-\sum y\sum x^2}{(\sum x)^2-n\sum x^2}$$

# 实验内容

- 第一部分　基本操作训练实验
- 第二部分　基本理论及常数测定实验
- 第三部分　元素及其化合物性质实验
- 第四部分　提纯、提取和制备实验
- 第五部分　分析化学实验
- 第六部分　综合性实验
- 第七部分　设计性实验

# 第一部分　基本操作训练实验

## 实验1　分析天平的使用和称量练习

### 【实验目的】

1. 了解分析天平的构造和使用方法。

2. 初步掌握分析天平的称量方法。

3. 了解在称量中如何运用有效数据。

### 【实验原理】

1. 分析天平的使用方法

（1）电光分析天平

电光分析天平的构造和使用方法见“实验基础知识”部分的相关内容。

（2）电子天平

电子天平是最新一代的天平，是根据电磁力平衡原理，直接称量，全量程不需砝码。放上称量物后，在几秒钟内即达到平衡，显示读数，称量速度快，精度高。电子天平的支承点用弹性簧片取代机械天平的玛瑙刀口，用差动变压器取代升降枢装置，用数字显示代替指针刻度式。因而，电子天平具有使用寿命长、性能稳定、操作简便和灵敏度高的特点。此外，电子天平还具有自动校正、自动去皮、超载指示、故障报警等功能以及具有质量电信号输出功能，且可与打印机、计算机联用，进一步扩展其功能，如统计称量的最大值、最小值、平均值及标准偏差等。由于电子天平具有机械天平无法比拟的优点，尽管其价格较贵，但也会越来越广泛地应用于各个领域并逐步取代机械天平。图1-1为常见的电子天平。

电子天平按结构可分为上皿式和下皿式两种。秤盘在支架上面为上皿式，秤盘吊挂在支架下面为下皿式。目前，广泛使用的是上皿式电子天平。尽管电子天平种类繁多，但其使用方法大同小异，具体操作可参看各仪器的使用说明书。下面以上海天平仪器厂生产的FA1604型电子天平为例，简要介绍电子天平的使用方法。

① 水平调节　观察水平仪，如水平仪水泡偏移，需调整水平调节脚，使水泡位于水平仪中心。

② 预热　接通电源，预热至规定时间后，开启显示器进行操作。

③ 开启显示器　轻按ON键，显示器全亮，约2s后，显示天平的型号，然后是称量模式0.0000g。注意读数时应关上天平门。

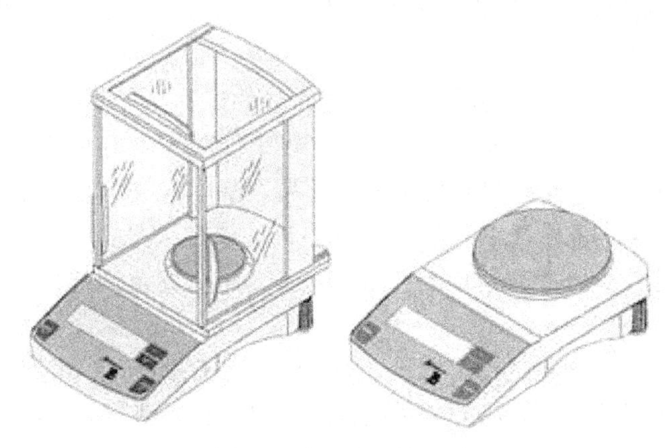

图 1-1　常见的电子天平

④ 天平基本模式的选定　天平通常为“通常情况”模式，并具有断电记忆功能。使用时若改为其他模式，使用后一经按 OFF 键，天平即恢复通常情况模式。称量单位的设置等可按说明书进行操作。

⑤ 校准　天平安装后，第一次使用前，应对天平进行校准。因存放时间较长、位置移动、环境变化或未获得精确测量，天平在使用前一般都应进行校准操作。本天平采用外校准（有的电子天平具有内校准功能），由 TAR 键清零及 CAL 键、100g 校准砝码完成。

⑥ 称量　按 TAR 键，显示为零后，置称量物于秤盘上，待数字稳定即显示器左下角的“0”标志消失后，即可读出称量物的质量值。

⑦ 去皮称量　按 TAR 键清零，置容器于秤盘上，天平显示容器质量，再按 TAR 键，显示零，即去除皮重。再置称量物于容器中，或将称量物（粉末状物或液体）逐步加入容器中直至达到所需质量，待显示器左下角“0”消失，这时显示的是称量物的净质量。将秤盘上的所有物品拿开后，天平显示负值，按 TAR 键，天平显示 0.0000 g。若称量过程中秤盘上的总质量超过最大载荷（FA1604 型电子天平为 160 g）时，天平仅显示上部线段，此时应立即减小载荷。

⑧ 清洁　称量结束后，按 OFF 键关闭电源，将天平及工作台面以及工作间清理干净，并按要求记录天平使用情况。若较短时间内还使用天平（或其他人还使用天平），一般不用按 OFF 键关闭显示器。实验全部结束后，关闭显示器，切断电源，若短时间内（例如 2 h 内）还使用天平，可不必切断电源，再用时可省去预热时间。若当天不再使用天平，应拔下电源插头。

注意：天平工作时一定要关上玻璃门；零点显示稳定后即可进行称量；称量时要确定所称物品的质量在仪器允许的称量范围内；所称物品不可直接放入秤盘中，一定要放在称量纸或洁净干燥的玻璃容器中进行称量；称量易挥发和具有腐蚀性的物品时，要盛放在密闭的容器中，以免腐蚀和损坏电子天平。

2. 分析天平的称量方法

使用分析天平进行称量的常用方法有直接称量法、固定质量称量法、递减称量法。见图 1-2。

(1) 直接称量法

此法是将称量物直接放在天平盘上直接称量物体的质量。例如，称量小烧杯的质量，容量器皿校正中称量某容量瓶的质量，重量分析实验中称量某坩埚的质量等，都使用这种称量法。

（2）固定质量称量法

此法又称增量法，此法用于称量某一固定质量的试剂（如基准物质）或试样。这种称量操作的速度较慢，适于称量不易吸潮、在空气中能稳定存在的粉末状或小颗粒（最小颗粒应小于 0.1 mg，以便容易调节其质量）样品。基本操作方法是：使用一干燥的器皿（小烧杯、表面皿）或一张称量纸（将其叠成小铲）放在天平盘上并称取其质量，然后用药勺先加入比所需质量略少的试样，再逐渐增加试样，直至试样质量与所指定的质量数值相等。

注意：若不慎加入试剂超过指定质量，当用电子天平称量时，可用药勺轻轻取出多余试剂，当用光电分析天平称量时，必须先关闭升降旋钮，然后用药勺轻轻取出多余试剂，操作时要避免将试样撒落于天平盘等容器以外的地方；要求严格时，取出的多余试剂应弃去，不要放回原试剂瓶中。

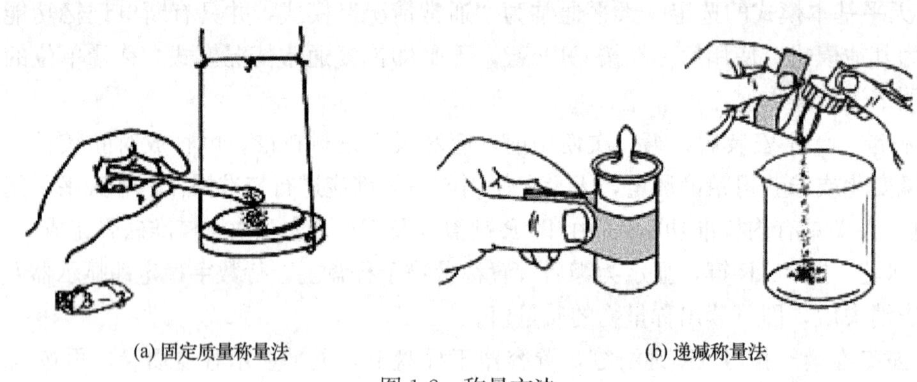

(a) 固定质量称量法　　(b) 递减称量法

图 1-2　称量方法

（3）递减称量法

又称减量法，此法用于称量一定质量范围的在空气中易吸水、易氧化或易与 $CO_2$ 等反应的样品或试剂。由于称取试样的质量是由两次称量之差求得，故也称差减法。

称量步骤如下：从干燥器中用纸带（或纸片）夹住称量瓶后取出称量瓶（注意：不要让手指直接触及称瓶和瓶盖），用纸片夹住称量瓶盖柄，打开瓶盖，用药勺加入适量试样（一般为称一份试样量的整数倍），盖上瓶盖，称出加试样后称量瓶的准确质量。然后，将称量瓶从天平上取出，在接收容器的上方倾斜瓶身，用称量瓶盖轻敲瓶口上部使试样慢慢落入容器中，瓶盖始终不要离开接收器上方。当倾出的试样接近所需量（可从体积上估计或试重得知）时，一边继续用瓶盖轻敲瓶口，一边逐渐将瓶身竖直，使沾附在瓶口上的试样落回称量瓶，然后盖好瓶盖，准确称量其质量。两次质量之差，即为试样的质量。按上述方法连续递减，可称量多份试样。有时一次很难得到合乎质量范围要求的试样，可重复上述称量操作 1～2 次。

3. 分析天平使用注意事项

① 不得用天平称量热的物品。

② 药品不得直接放在天平盘中称量，须用容器或称量纸放置后称量。

③ 砝码不得用手移动，必须用镊子夹取移动。

④ 分析天平使用时要特别注意保护玛瑙刀口；取放称量物、加减砝码之前必须先关上天平；平衡读数后应及时关上天平，缩短玛瑙刀口工作时间，延长分析天平使用寿命。

【仪器、药品及材料】

1. 仪器

分析天平，台秤，小烧杯，锥形瓶，称量瓶。

2. 药品

重铬酸钾（$K_2Cr_2O_7$）。

【实验步骤】

1. 称量前准备

在每次称量前都应按顺序认真做好以下准备工作：

① 取下天平罩，叠好放在固定位置；

② 检查天平是否正常；

③ 用毛刷清扫天平盘。

2. 直接称量法称量练习

先在台秤上粗称一个洁净、干燥的小烧杯的质量（准确到 0.1g），然后在分析天平上精确称量其质量（准确到 0.0001g）。

3. 固定质量称量法称量练习

在上述分析天平上已称好质量的小烧杯中，用药勺慢慢加入 $K_2Cr_2O_7$，直至其质量为 0.5000g。

4. 递减称量法称量练习

在分析天平上用递减称量法准确称量 3 份质量为 0.4～0.6g 的 $K_2Cr_2O_7$ 于锥形瓶中。

5. 称量后检查

每次做完实验后，都必须做好如下检查工作：

① 检查天平是否关好；

② 检查天平盘内的砝码及物品是否已取出，盘上和底座上如有脏物应用毛刷刷净；

③ 检查砝码盒内的砝码及砝码镊子是否齐全、复原；

④ 检查圈码有无脱落，读数转盘是否回零位；

⑤ 检查天平罩是否罩好；

⑥ 检查天平室内的电源是否已切断。

【数据记录与处理】

1. 直接称量法

$m$（小烧杯）= ____________ g。

2. 固定质量称量法

$m$（小烧杯+试样）= ____________ g。

3. 递减称量法

| 记录项目 | 称量序号 | | |
|---|---|---|---|
| | 1 | 2 | 3 |
| 倾出前：$m_1$（称样瓶+试样）/g | | | |
| 倾出后：$m_2$（称样瓶+试样）/g | | | |
| $m$（试样）/g | | | |

【预习思考题】

1.分析天平的灵敏度越高，是不是称量的准确度也越高？为什么？

2.使用电光分析天平时，为什么要强调轻开轻关天平旋钮？为什么必须先关闭旋钮，方可取放称量物品、加减砝码和圈码？否则会引起什么后果？

3.使用光电分析天平时，砝码和物品要放在天平盘的中央，为什么？

4.读数时如果天平门没关好，会引起什么后果？

5.用递减称量法称量时，称量瓶及瓶盖必须用纸带（或纸片）夹住操作，为什么？

# 实验 2　摩尔气体常数的测定

【实验目的】

1.了解分析天平的基本原理和构造，学会正确的称量方法。

2.了解置换法测定摩尔气体常数的原理及方法。

3.加深理解理想气体状态方程和分压定律。

【实验原理】

镁等活泼金属可与稀硫酸（或盐酸）反应置换出氢气

$$Mg+H_2SO_4 = MgSO_4+H_2\uparrow$$

这是一个定量进行的反应。因此，将一定质量［$m(Mg)$］的金属镁与过量的稀硫酸反应，则

$$n(H_2)=n(Mg)=m(Mg)/M(Mg)$$

本实验采用的装置（图 2-1）可以测量由反应产生的含有饱和水蒸气的氢气在室温（$T$）和大气压（$p$）下的体积（$V$）。因此，根据理想气体状态方程和分压定律，摩尔气体常数 $R$ 可按下式计算

$$R=\frac{V(H_2)p(H_2)}{n(H_2)T}=\frac{[p-p(H_2O)]VM(Mg)}{m(Mg)T}$$

式中，$p(H_2O)$ 为室温下水的饱和蒸气压。

【仪器、药品及材料】

1.仪器

分析天平，吸量管（10mL），量筒（100mL），小试管（10mm×75mm），止水夹。测定装置见图 2-1。

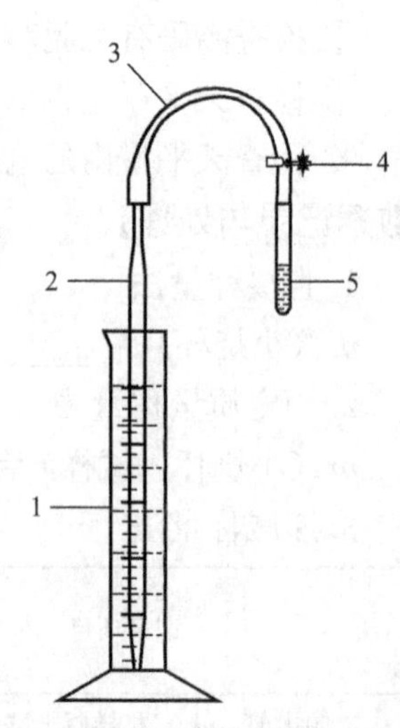

图 2-1　气体常数测定装置

1—量筒；2—吸量管；3—胶管；4—止水夹；5—小试管

2.药品

金属镁条，$H_2SO_4$（3.0mol·$L^{-1}$）。

3.材料

医用胶管，砂纸。

【实验步骤】

1.用分析天平准确称取两份已擦去表面氧化膜的镁条，每份质量为 0.0030～0.0050g。

2.将吸量管放进盛有约 100mL 水的量筒中，用一小段医用胶管将吸量管与小试管连接，然后将吸量管提起一段距离后固

定。如果吸量管内水面只在开始时稍有下降，以后维持不变（观察 3～5min），即表明装置不漏气。如果水面不断下降，应检查原因并排除，直至确认不漏气为止。

3. 取下小试管和胶管，在小试管中加入 10～15 滴 3.0mol·$L^{-1}$ $H_2SO_4$，套上胶管，再在胶管上套上止水夹，然后从胶管的另一端放进镁条，小心套上吸量管。调节吸量管的高度，使吸量管和量筒内的水面处于同一水平，读取吸量管内水面的读数。

4. 松开胶管上的止水夹（并将其夹在小试管口上），让镁条落入小试管的 $H_2SO_4$ 溶液中，这时反应随即开始，吸量管内水面开始下降。为了不使吸量管内压力增加而造成漏气，在水面下降的同时，应慢慢提起吸量管，使吸量管和量筒内的水面基本保持在同一水平。

5. 反应完毕后，待小试管中溶液冷至室温，将止水夹夹回胶管原位，调节吸量管和量筒内的水面处于同水平，读取吸量管内水面的读数。

【数据记录及处理】

1. 数据记录　将实验数据记录于表 2-1。

表 2-1　实验数据记录

| 项　　目 | 1# | 2# | 项　　目 | 1# | 2# |
|---|---|---|---|---|---|
| 镁条质量 $m(Mg)/g$ | | | 室温 $t$/℃ | | |
| 反应前吸量管内水面的读数 $V_1$/mL | | | 大气压 $p$/Pa | | |
| 反应后吸量管内水面的读数 $V_2$/mL | | | 室温时水的饱和蒸气压 $p(H_2O)$/Pa | | |

2. 计算 $R$ 值及其平均值。

3. 计算相对误差，分析误差产生的原因。

【预习思考题】

1. 实验中稀硫酸的用量是否需要准确量取？
2. 吸量管内气体的压力是否等于氢气的压力？为什么？
3. 为何要在吸量管和量筒内液面处于同一水平时读体积数？
4. 如果装置漏气，将造成怎样的误差？

# 实验 3　氯化钠的提纯

【实验目的】

1. 运用已经学过的一些化学知识提纯氯化钠。

2. 掌握溶解、普通过滤、加热、减压过滤、沉淀洗涤、蒸发、浓缩、结晶、干燥等基本操作。

【实验原理】

化学试剂或医药用的 NaCl 都是以粗盐为原料提纯的。粗盐中含有钙、镁、钾离子和硫酸根等可溶性杂质及泥沙等不溶性杂质，选择适当试剂可使 $Ca^{2+}$、$Mg^{2+}$、$SO_4^{2-}$ 这些离子生成难溶化合物的沉淀而被除去。首先在食盐中加入 $BaCl_2$ 溶液，除去 $SO_4^{2-}$，再在溶液中加入 $Na_2CO_3$ 溶液，除去 $Ca^{2+}$、$Mg^{2+}$ 和过量的 $Ba^{2+}$。

$$SO_4^{2-} + Ba^{2+} = BaSO_4 \downarrow$$

$$Ca^{2+} + CO_3^{2-} \longrightarrow CaCO_3 \downarrow$$

$$Ba^{2+} + CO_3^{2-} \longrightarrow BaCO_3 \downarrow$$

$$2Mg^{2+} + CO_3^{2-} + 2OH^- \longrightarrow Mg(OH)_2 \cdot MgCO_3 \downarrow$$

过量的 $Na_2CO_3$ 溶液用 HCl 中和，粗盐中的 $K^+$ 和这些沉淀剂不起作用，仍留在溶液中，由于 KCl 的溶解度大于 NaCl 的溶解度，而且在粗盐中含量较少，所以在蒸发和浓缩食盐溶液时，NaCl 先结晶出来，而 KCl 则留在溶液中。利用上面这些方法和步骤，达到提纯氯化钠的目的。

**【仪器、药品及材料】**

1. 仪器

台秤，小烧杯（25mL），量筒（10mL），普通漏斗，漏斗架，蒸发皿（30mL），布氏漏斗（20mm），吸滤瓶（10mL），石棉网，酒精灯，洗耳球，三脚架等。

2. 药品

酸：HCl（$2.0mol \cdot L^{-1}$）；碱：NaOH（$2.0mol \cdot L^{-1}$）；盐：$BaCl_2$（$1.0mol \cdot L^{-1}$），$Na_2CO_3$（$1.0mol \cdot L^{-1}$），$(NH_4)_2C_2O_4$（$0.5mol \cdot L^{-1}$）；其他：镁试剂。

3. 材料

pH 试纸，滤纸。

**【实验步骤】**

1. 粗盐的溶解

在台秤上称取 2.0g 粗食盐，放入小烧杯中，加 8.0mL 蒸馏水，加热搅拌使粗食盐溶解（不溶性杂质沉于底部）。

2. 除 $SO_4^{2-}$

加热溶液到近沸，在不断搅拌下逐滴加入 $1.0mol \cdot L^{-1}$ $BaCl_2$ 溶液约 0.5mL（即 10 滴），继续小火加热，使沉淀颗粒长大而易于过滤。

将烧杯从石棉网上取下，待沉淀下沉后，在上层清液中加 1 滴 $BaCl_2$ 溶液，如果有浑浊，表示 $SO_4^{2-}$ 尚未除尽，需要再加 $BaCl_2$ 溶液来除 $SO_4^{2-}$；如果不浑浊，表示 $SO_4^{2-}$ 已除尽，用普通漏斗过滤，弃去沉淀。

3. 除 $Mg^{2+}$、$Ca^{2+}$、$Ba^{2+}$ 等阳离子

将上一步骤得到的溶液加热至沸，边搅拌边加入 5 滴 $2.0mol \cdot L^{-1}$ NaOH 溶液和 15 滴 $1.0mol \cdot L^{-1}$ $Na_2CO_3$ 溶液，观察白色沉淀的生成，同上法用 $Na_2CO_3$ 溶液检验沉淀是否完全，用普通漏斗过滤，弃去沉淀。

4. 用 HCl 调整酸度除去 $CO_3^{2-}$

往滤液中滴加 $2.0mol \cdot L^{-1}$ 的 HCl 溶液，充分搅拌，并用玻璃棒蘸取滤液在 pH 试纸上检验，直到溶液呈微酸性（pH≈5～6）为止。

5. 蒸发浓缩

将溶液转移到蒸发皿中，小火或蒸汽浴蒸发，至溶液表面明显出现一层晶膜（**注意**：切不可将溶液蒸干!）。

6. 结晶、减压过滤、干燥

令浓缩液冷却至室温，用布氏漏斗减压过滤，用滤纸将结晶吸干，将晶体移至蒸发皿内

用小火烘干，冷却后称量，计算收率。

7. 产品纯度的检验

取 0.5g 提纯前和提纯后的食盐，分别溶解于 3mL 蒸馏水中，然后各分成三份，盛于小试管中，对照检查它们的纯度。

① $SO_4^{2-}$ 的检验：加入 1 滴 $1.0mol \cdot L^{-1} BaCl_2$ 溶液，观察有无 $BaSO_4$ 沉淀产生。

② $Ca^{2+}$ 的检验：加入 2 滴 $0.5mol \cdot L^{-1}$ $(NH_4)_2C_2O_4$ 溶液，观察有无 $CaC_2O_4$ 沉淀生成。

③ $Mg^{2+}$ 的检验：加入 2 滴 $2.0mol \cdot L^{-1} NaOH$ 溶液，使溶液呈碱性，再加入 1 滴镁试剂（对硝基偶氮间苯二酚），如有蓝色沉淀产生，表示有 $Mg^{2+}$ 存在。

【预习思考题】

1. 在加入沉淀剂将 $SO_4^{2-}$、$Mg^{2+}$、$Ca^{2+}$、$Ba^{2+}$ 转入沉淀以除去的时候，加热与不加热对分离操作各有何影响？

2. 在除去 $SO_4^{2-}$、$Mg^{2+}$、$Ca^{2+}$ 时，为什么要先加入 $BaCl_2$ 溶液，然后再加入 $Na_2CO_3$ 溶液？

3. 提纯后的食盐溶液浓缩时为什么不能蒸干？

# 实验 4　硫酸亚铁铵的制备

【实验目的】

1. 了解复盐硫酸亚铁铵的特征和制法。

2. 练习使用微型仪器进行水浴加热，常压和减压过滤的方法。

3. 学习一种检验产品中杂质 $Fe^{3+}$ 含量的方法——目视比色法。

【实验原理】

硫酸亚铁铵 $(NH_4)_2Fe(SO_4)_2 \cdot 6H_2O$ 俗称摩尔盐，是一种复盐，为绿色晶体，较硫酸亚铁稳定，在空气中不易被氧化，易溶于水，但难溶于乙醇。$(NH_4)_2Fe(SO_4)_2 \cdot 6H_2O$ 的溶解度比组成它的简单盐的溶解度小得多，见表 4-1。

**表 4-1　不同温度下 $(NH_4)_2Fe(SO_4)_2 \cdot 6H_2O$ 及其组分盐的溶解度**

单位：$g \cdot 100gH_2O^{-1}$

| 温度/℃ | 10 | 20 | 30 | 50 | 70 |
|---|---|---|---|---|---|
| $(NH_4)_2SO_4$ | 73.0 | 75.4 | 78.0 | 84.5 | 91.0 |
| $FeSO_4 \cdot 6H_2O$ | 20.5 | 26.6 | 33.2 | 48.6 | 56.0 |
| $(NH_4)_2Fe(SO_4)_2 \cdot 6H_2O$ | 18.1 | 21.2 | 24.5 | 31.3 | 38.5 |

本实验采用如下方法制备硫酸亚铁铵。

① 将铁粉（屑）与稀硫酸作用，得到硫酸亚铁溶液。

$$Fe + H_2SO_4 = FeSO_4 + H_2\uparrow$$

为阻止 $Fe^{2+}$ 在溶液中被氧化或发生水解，常使硫酸适当过量。

② 将所得到的 $FeSO_4$ 溶液与等物质的量的 $(NH_4)_2SO_4$ 饱和溶液作用，通过浓缩、结晶，可得到溶解度较小的复盐硫酸亚铁铵晶体。

$$FeSO_4 + (NH_4)_2SO_4 + 6H_2O = (NH_4)_2Fe(SO_4)_2 \cdot 6H_2O$$

本实验采用目视比色法确定产品的杂质含量。目视比色法是确定物质中杂质含量和产品级别的一种简便快速方法。使离子在一定的条件下与某一被称为显色剂的溶液作用，生成带色的溶液，与已知杂质含量的带色溶液进行比较，可确定杂质含量的范围。本实验采用KSCN作显色剂目视比色确定产品中杂质 $Fe^{3+}$ 的含量范围。

**【仪器、药品及材料】**

1.仪器

台秤或天平，锥形瓶（15mL），烧杯（15mL，50mL），普通漏斗，漏斗架，抽滤瓶（10mL），布氏漏斗（20mm），洗耳球，蒸发皿（30mm），比色管（25mL），吸量管（2mL），酒精灯。

2.药品

铁粉（或铁屑），$Na_2CO_3$（1.0mol·$L^{-1}$），$H_2SO_4$（3.0mol·$L^{-1}$），KSCN（1.0mol·$L^{-1}$），HCl（1.0mol·$L^{-1}$），$(NH_4)_2SO_4$(s)，95%乙醇。

**【实验步骤】**

1.硫酸亚铁铵的制备

（1）铁粉（或屑）的净化——除去油污

称取一定量的铁粉于锥形瓶中，加入1.0mol·$L^{-1}$ $Na_2CO_3$ 溶液2.0mL，加热煮沸5min，以除去铁粉表面的油污，用倾泻法除去碱液。用蒸馏水洗涤铁粉至中性（若铁粉干净可省去此步）。用无水乙醇洗涤，晾干备用。

（2）硫酸亚铁的制备

称取0.5g预处理过的铁粉于锥形瓶中，加入5.0mL 3.0mol·$L^{-1}$ $H_2SO_4$，于水浴中加热10～15min，反应开始时注意温度不应过高，防止因反应过于激烈，使溶液冒出。在加热过程中为防止 $FeSO_4$ 晶体析出（由于水分的蒸发，浓度增大），可适当补充些蒸馏水（不宜过多）。当反应进行到铁粉基本溶解后，要求溶液的pH值不大于1。趁热将溶液过滤在蒸发皿中。如滤纸上有结晶析出，可用数滴3.0mol·$L^{-1}$ $H_2SO_4$ 洗涤滤纸，洗液合并到蒸发皿中。未反应完的铁粉用滤纸吸干后称量，计算已被溶解的铁量。

（3）硫酸亚铁铵的制备

根据反应中溶解的铁量，或生成硫酸亚铁的理论产量，计算制备硫酸亚铁铵所需硫酸铵固体的量（考虑到硫酸亚铁在过滤等操作过程中的损失，其用量大致可按计算得到的理论量的80%计算）。称取固体硫酸铵，配成饱和溶液（用水量可根据溶解度计算），加入蒸发皿中，用玻璃棒搅拌均匀后，在蒸汽浴中加热浓缩，到溶液表面刚刚出现薄薄的结晶为止（注意浓缩过程中不宜搅动）。从蒸汽浴中取下蒸发皿，静置自然冷却至室温，有硫酸亚铁铵晶体析出。减压过滤，用少量（约1.0mL）95%乙醇洗涤晶体，抽干。取出晶体，用滤纸吸去晶体中残留的水和乙醇，回收滤液。称量晶体质量，计算产率。

$$产率=\frac{实际产量}{理论产量}\times 100\%$$

2. $Fe^{3+}$ 的痕量分析

在普通天平上称取0.50g硫酸亚铁铵样品（自制）于25mL比色管中，用自配0.1mol·$L^{-1}$ HCl（用经煮沸除去溶解氧的蒸馏水稀释1.0mol·$L^{-1}$ HCl溶液，配制得50mL溶液备用）10mL溶解晶体，再加入0.5mL（约10滴）1.0mol·$L^{-1}$ KSCN溶液，最后加入自配的稀 HCl 至刻度，摇匀，与标准色阶进行目视比色，参照表 4-2 确定产品等级。

**表 4-2　不同等级 $(NH_4)_2Fe(SO_4)_2 \cdot 6H_2O$ 中 $Fe^{3+}$ 的含量**

| 规　　格 | 一级 | 二级 | 三级 |
|---|---|---|---|
| $Fe^{3+}$ 的含量/$mg \cdot g^{-1}$ | <0.1 | 0.1～0.2 | 0.2～0.4 |

3. 标准色阶的配制（由实验室统一配制）

用吸量管吸取 $Fe^{3+}$ 含量为 0.1000$mg \cdot mL^{-1}$ 的溶液 0.50mL、1.00mL、2.00mL，分别置于三支 25mL 比色管中，分别加入 1.0$mol \cdot L^{-1}$KSCN 溶液 0.5mL，用自配 0.1$mol \cdot L^{-1}$ HCl 溶液稀释到刻度，摇匀，备用。

**【预习思考题】**

1. 为什么硫酸亚铁铵制备过程中须保持体系呈微酸性？

2. 在制取硫酸亚铁时，为什么不能直接加热而需用水浴加热来溶解铁粉？为什么反应初时温度不应过高？为什么产品溶液不能直接加热而需用蒸汽浴加热进行浓缩，且不宜搅动？

3. 本实验中，固体硫酸铵的理论需要量为多少？配成饱和溶液需要多少毫升的水？

4. 检验产品时，为什么需用煮沸过的蒸馏水？若用未经煮沸的蒸馏水，对检验结果有何影响？

# 实验 5　容量玻璃仪器的洗涤和校正

**【实验目的】**

1. 掌握容量玻璃仪器的洗涤方法和操作。

2. 了解容量玻璃仪器校正的意义，掌握容量玻璃仪器的校正方法。

**【实验原理】**

1. 容量玻璃仪器的洗涤

分析化学实验中使用的玻璃仪器在使用前必须洗净。洗净的容量仪器，其内壁应能被水均匀润湿而无小水珠。

（1）滴定管的洗涤

滴定管的外侧可用洗洁精刷洗，管内无明显油污的滴定管可直接用自来水冲洗，或用洗涤剂泡洗，但不可刷洗，以免划伤内壁，影响体积的准确测量。若有油污不易洗净，可采用铬酸洗液洗涤。对于 5mL 酸式滴定管，可倒入铬酸洗液 1mL 左右，把管子横过来，两手平端滴定管转动，直至洗涤液沾满管壁，直立，将铬酸洗液从管尖放出；对于碱式滴定管，则需将橡皮管取下，用小烧杯接在管下部，然后倒入铬酸洗液。铬酸洗液用后仍倒回原瓶内，可继续使用。用铬酸洗液洗过的滴定管先用自来水充分洗净后，再用适量蒸馏水荡洗 3 次，管内壁如不挂水珠，则可使用。

值得注意的是：碱式滴定管的玻璃尖嘴及玻璃珠用铬酸洗液洗过后，要用自来水冲洗几次后再装好，然后，用自来水和蒸馏水洗涤滴定管并使其从管尖放出，并且改变捏的位置，使玻璃珠各部位都得到充分洗涤。

（2）容量瓶的洗涤

倒入少许铬酸洗液摇动或浸泡，铬酸洗液倒回原瓶。先用自来水充分洗涤后，再用适量蒸馏水荡洗 3 次。

(3) 移液管的洗涤

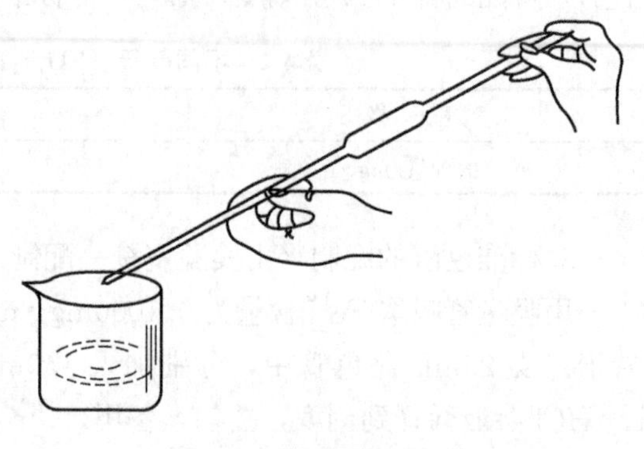

图 5-1　移液管洗涤操作

用洗耳球吸取少量铬酸洗液于移液管中，横放并转动（图 5-1），至管内壁均沾上洗涤液，直立，将洗涤液自管尖放回原瓶。用自来水充分洗净后，再用蒸馏水淋洗 3 次。

常用洗涤液的配制和使用方法如下。

① 重铬酸钾-浓硫酸洗液：称取化学纯重铬酸钾 100g 于烧杯中，加入 100mL 水，微加热，使其溶解。把烧杯放于冷水浴中冷却后，慢慢加入浓硫酸，边加边用玻璃棒搅拌，防止硫酸溅出，开始混合时有沉淀析出，硫酸加到一定量，沉淀可逐渐溶解，加硫酸定容至溶液总体积为 1000mL。该洗液是强氧化剂，但氧化作用比较慢，直接接触器皿数分钟至数小时才有作用，取出后要用自来水充分冲洗 7～10 次，最后用纯水淋洗 3 次。

② 肥皂洗涤液、碱洗涤液、合成洗涤剂洗涤液：配制一定浓度，主要用于油脂和有机物的洗涤。

③ 氢氧化钾-乙醇洗涤液（$100g \cdot L^{-1}$）：称取 100g 氢氧化钾，用 50mL 水溶解后，加工业乙醇至 1L。它适合洗涤油垢、树脂等。

④ 酸性草酸或酸性羟胺洗涤液：称取 10g 草酸或 1g 盐酸羟胺，溶于 10mL 盐酸（1＋4）中。该洗涤液可洗涤氧化性物质，对沾污在器皿上的氧化剂，酸性草酸洗涤液作用慢，而羟胺洗涤液作用快且易洗净。

⑤ 硝酸洗涤液：常用 7％或 14％浓度，主要用于浸泡清洗测定金属离子的器皿。一般浸泡过夜，取出用自来水冲洗，再用去离子水或双蒸水冲洗。

2. 容量玻璃仪器的校正

滴定管、移液管和容量瓶是分析实验室常用的容量玻璃仪器，这些容量玻璃仪器都具有刻度和标称容量，此标称容量是 20℃时以水的体积来标定的。合格产品的容量误差应小于或等于国家标准规定的容量允差。但由于不合格产品的流入、温度的变化、试剂的腐蚀等原因，容量玻璃仪器的实际容积与它所标称的容积往往不完全相符，有时甚至会超过分析所允许的误差范围，若不进行容量校正就会引起分析结果的系统误差。因此，在准确度要求较高的分析工作中，必须对容量玻璃仪器进行校正。

容量玻璃仪器的校正是技术性很强的工作，操作要正确、规范。校正不当和使用不当都是产生容量误差的主要原因，其误差可能超过允差或量器本身固有误差，而且校正不当的影响将更有害。所以，校正时必须仔细、正确操作，使校正误差减至最小。凡是使用校正值的，其校正次数不可少于 2 次，两次校准数据的偏差应不超过该量器容量允差的 1/4，并以其平均值为校正结果。

由于玻璃具有热胀冷缩的特性，在不同的温度下容量玻璃仪器的体积也有所不同。因此，校正容量玻璃仪器时，必须规定一个共同的温度值，这一规定温度值为标准温度。国际标准和我国标准都规定以 20℃为标准温度，即在校正时都将容量玻璃仪器的容积校正到 20℃时的实际容积，或者说，量器的标称容量都是指 20℃时的实际容积。

如果对校正的精确度要求很高，并且温度超出（20±5)℃，大气压力及湿度变化较大，则应根据实测空气压力、温度求出空气密度，利用下式计算 20℃的实际容量：

$$V_{20}=(I_L-I_E)[1/(\rho_W-\rho_A)]\times(1-\rho_A/\rho_B)[1-\gamma(t-20)]$$

式中 $I_L$——盛水容器的天平读数，g；

$I_E$——空容器的天平读数，g；

$\rho_W$——温度 $t$ 时纯水的密度，$g\cdot mL^{-1}$；

$\rho_A$——空气密度，$g\cdot mL^{-1}$；

$\rho_B$——砝码密度，$g\cdot mL^{-1}$；

$\gamma$——量器材料的体热膨胀系数，$℃^{-1}$；

$t$——校正时所用纯水的温度，℃。

（上式引自 GB/T 12810—91《实验室玻璃仪器——玻璃量器容量的校准和使用法》。$\rho_W$ 和 $\rho_A$ 可从有关手册中查到，$\rho_B$ 可用砝码的统一名义密度值 $8.0g\cdot mL^{-1}$，$\gamma$ 值则依据量器材料而定）。

产品标准中规定玻璃量器采用钠钙玻璃（体热膨胀系数为 $25\times10^{-6}K^{-1}$）或硼硅玻璃（$10\times10^{-6}K^{-1}$）制造，温度变化对玻璃体积的影响很小。用钠钙玻璃制造的量器在 20℃时校正与 27℃时使用，由玻璃材料本身膨胀所引起的容量误差只有 0.02%（相对），一般均可忽略。

容量玻璃仪器常采用两种校正方法：相对校正（相对法）和绝对校正（称量法）。

（1）相对校正

在分析化学实验中，经常利用容量瓶配制溶液，用移液管取出其中一部分进行测定，最后分析结果的计算并不需要知道容量瓶和移液管的准确体积数值，只需知道二者的体积比是否为准确的整数，即要求两种容器体积之间有一定的比例关系。此时对容量瓶和移液管可采用相对校正法进行校正。例如，25mL 移液管量取液体的体积应等于 250mL 容量瓶量取体积的 10%。此法简单易行，应用较多，但必须在这两件仪器配套使用时才有意义。

（2）绝对校正

绝对校正是测定容量玻璃仪器的实际容积。常用的校正方法为衡量法，又叫称量法。即用天平称量被校正的容量玻璃仪器量入或量出纯水的表观质量，再根据当时水温下的表观密度计算出该量器在 20℃时的实际容量。

由质量换算成容积时，需考虑三方面的影响：温度对水的密度的影响；温度对玻璃器皿容积胀缩的影响；在空气中称量时空气浮力对质量的影响。

从数据表查得的不同温度下水的密度均为真空中水的密度，而实际称量水的质量是在空气中进行的，因此必须进行空气浮力的校正。由于玻璃容器的容积亦随着温度的变化而变化，如果校正不是在 20℃时进行的，还必须加以玻璃容器随温度变化的校正值。此外还应对称量的砝码进行温度校正。

为了工作方便起见，将不同温度下真空中水的密度 $\rho_t$ 值和其在空气中的总校正值 $\rho_t$（空）列于表 5-1。

**表 5-1　不同温度下的 $\boldsymbol{\rho}_t$ 和 $\boldsymbol{\rho}_t$（空）**

| 温度 $t$/℃ | $\rho_t$/g·mL$^{-1}$ | $\rho_t$(空)/g·mL$^{-1}$ | 温度 $t$/℃ | $\rho_t$/g·mL$^{-1}$ | $\rho_t$(空)/g·mL$^{-1}$ |
|---|---|---|---|---|---|
| 5 | 0.99996 | 0.99853 | 18 | 0.96860 | 0.99749 |
| 6 | 0.99994 | 0.99853 | 19 | 0.99841 | 0.99733 |
| 7 | 0.99990 | 0.99852 | 20 | 0.99821 | 0.99715 |
| 8 | 0.99985 | 0.99849 | 21 | 0.99799 | 0.99695 |
| 9 | 0.99978 | 0.99845 | 22 | 0.99777 | 0.99676 |
| 10 | 0.99970 | 0.99839 | 23 | 0.99754 | 0.99655 |
| 11 | 0.99961 | 0.99833 | 24 | 0.99730 | 0.99634 |
| 12 | 0.99950 | 0.99824 | 25 | 0.99705 | 0.99612 |
| 13 | 0.99938 | 0.99815 | 26 | 0.99679 | 0.99588 |
| 14 | 0.99925 | 0.99804 | 27 | 0.99652 | 0.99566 |
| 15 | 0.99910 | 0.99792 | 28 | 0.99624 | 0.99539 |
| 16 | 0.99894 | 0.99773 | 29 | 0.99595 | 0.99512 |
| 17 | 0.99878 | 0.99764 | 30 | 0.99565 | 0.99485 |

根据表 5-1 可计算出任意温度下一定质量的纯水所占的实际容积。

例如，25℃时由滴定管放出 10.10mL 水，其质量为 10.08g，由上表可知，25℃时水的密度为 0.99612g·mL$^{-1}$，故这一段滴定管在 20℃时的实际容积为：$V_{20℃}=10.08/0.9961=10.12$mL。滴定管这段容积的校正值为 10.12－10.10＝＋0.02mL。

移液管、滴定管、容量瓶等的实际容积都可应用表 5-1 中的数据通过称量法进行校正。

温度对溶液体积的影响可按以下方法校正。

上述容量器皿是以 20℃为标准来校正的，严格来讲只有在 20℃时使用才是正确的。但实际使用不是在 20℃时，则容量器皿的容积以及溶液的体积都会发生改变。由于玻璃的膨胀系数很小，在温度相差不太大时，容量器皿的容积改变可以忽略，则量取的液体的体积亦需进行校正。表 5-2 给出了不同温度下每 1000mL 水溶液换算到 20℃时的体积校正值。

已知一定温度下的校正值 $\Delta V$，可按下式将量器在该温度下量取的体积 $V_T$ 换算成为 20℃时的体积 $V_{20℃}$：

$$V_{20℃}=V_T(1+\Delta V/1000)(\text{mL})$$

**表 5-2　不同温度的水或稀溶液换算为 20℃时的体积校正值**

| 温度 $T$/℃ | 体积修正值 $\Delta V$ /mL·L$^{-1}$ | | 温度 $T$/℃ | 体积修正值 $\Delta V$ /mL·L$^{-1}$ | |
|---|---|---|---|---|---|
| | 纯水、0.01mol·L$^{-1}$ 溶液 | 0.1mol·L$^{-1}$溶液 | | 纯水、0.01mol·L$^{-1}$ 溶液 | 0.1mol·L$^{-1}$ 溶液 |
| 5 | +1.5 | +1.7 | 20 | 0 | 0 |
| 10 | +1.3 | +1.45 | 25 | −1.0 | −1.1 |
| 15 | +0.8 | +0.9 | 30 | −2.3 | −2.5 |

欲更详细、更全面了解容量仪器的校正，可参考 JJG 196—2006《常用玻璃量器检定规程》。

【仪器、药品及材料】

分析天平，酸式/碱式滴定管（50mL/5mL），移液管（25mL，2mL），容量瓶（250mL，50mL），小烧杯，温度计（公用，精度 0.1℃），碘量瓶（250mL，25mL），洗耳球。

【实验步骤】

1. 容量器皿的洗涤

洗涤滴定管、移液管和容量瓶。

2. 容量器皿的校正

（1）滴定管的校正

以 5mL 滴定管的校正为例，方法如下。

准备好待校正已洗净的滴定管并注入与室温达平衡的蒸馏水至零刻度以上（可事先用烧杯盛蒸馏水，放在天平室内，并且杯中插有温度计，测量水温，备用），记录水温（$t$,℃）。

调至零刻度后，从滴定管中以正确操作放出一定质量的纯水于已称重且外壁洁净、干燥的 50mL 碘量瓶中（切勿将水滴在磨口上）。每次放出的纯水的体积叫表观体积。5mL 滴定管每次按每分钟约 1mL 的流速，放出 1mL［要求在（1±0.01）mL 范围内］（应记录至小数点后几位?）。

盖紧瓶塞，用同一台分析天平称其质量并称准确至 mg 位（为什么?）。直至放出 5mL 水。每两次质量之差即为滴定管中放出水的质量。

以此水的质量除以由表 5-1 查得实验温度下经校正后水的密度 $\rho_t$（空），即可得到所测滴定管各段的真正容积。并从滴定管所标示的容积和所测各段的真正容积之差，求出每段滴定管的校正值和总校正值。每段重复一次，两次校正值之差不得超过 0.002mL，结果取平均值。

测量数据按表 5-3 样式记录和计算，同时将所得结果绘制成以滴定管读数为横坐标，以校正值为纵坐标的校正曲线。

**表 5-3　滴定管(5mL)的校正**

| 滴定管读数/mL | 水的表观容积/mL | 瓶＋水的质量/g | 水质量/g | 实际容积/mL | 校正值/mL | 累积校正值/mL |
|---|---|---|---|---|---|---|
| 0.002 | | | | | | |
| 1.004 | | | | | | |
| 2.000 | | | | | | |
| 2.998 | | | | | | |
| 4.004 | | | | | | |
| 4.996 | | | | | | |

注：校正时水的温度为 25℃，对应温度时水的密度为 0.99612g·mL$^{-1}$。

（2）移液管的校正

以 2mL 移液管的校正为例，具体如下。

将 2mL 移液管洗净，吸取纯水调节至刻度，将移液管中水放出至已称重的锥形瓶中，再称量，根据水的质量计算在此温度时它的真正容积。重复一次，对同一支移液管两次校正值之差不得超过 0.002mL，否则重做校准。测量数据按表 5-4 记录和计算。

表 5-4　移液管的校正

| 移液管标称容积/mL | 瓶质量/g | 瓶与水的质量/g | 水质量/g | 实际容积/mL | 校正值/mL |
|---|---|---|---|---|---|
| | | | | | |

注：校正时水的温度为________℃，对应温度时水的密度为________$g \cdot mL^{-1}$。

（3）容量瓶的校正

容量瓶应定期进行校正，校正方法如下。

将容量瓶洗净、晾干，在分析天平上称定质量，加水，使弯月面至容量瓶的标线处，再称定质量，两次称量的差即为瓶中水的质量，根据水在该温度下的密度，即可计算出容量瓶的容积。实际容积与标示容积之差应小于允差。

【注意事项】

1. 校正容量器皿所用的蒸馏水应预先放在天平室，使其与天平室的温度达到平衡。

2. 待校正的容量瓶等器皿应预先洗净晾干。

3. 从滴定管放水至容量瓶时，水滴不能滴在容量瓶的外壁，否则校正的体积不准确。

4. 校正滴定管时，可用磨口锥形瓶（碘瓶）或用锥形瓶加盖。称量用具具塞锥形瓶不得用手直接拿取。

【预习思考题】

1. 为什么要进行容器器皿的校正？影响容量器皿体积刻度不准确的主要因素有哪些？

2. 为什么在校正滴定管的称量只要称到毫克位？

3. 利用称量水法进行容量器皿校正时，为何要求水温和室温一致？若两者有稍微差异时，以哪一温度为准？

4. 本实验从滴定管放出纯水于称量用的锥形瓶中时应注意些什么？

5. 滴定管有气泡存在时对滴定有何影响？应如何除去滴定管中的气泡？

# 实验 6　溶液的配制

【实验目的】

1. 了解和学习实验室常用溶液的配制方法。

2. 学习容量瓶和移液管的使用方法。

【实验原理】

无机化学实验通常配制的溶液有一般溶液和标准溶液。溶液的配制有如下基本方法。

1. 一般溶液的配制

（1）直接水溶法

对于易溶于水而不发生水解的固体试剂，如 NaOH、$H_2C_2O_4$、$KNO_3$、NaCl 等，配制其溶液时，可用托盘天平称取一定量的固体于烧杯中，加入少量蒸馏水，搅拌溶解后稀释至所需体积，再转移入试剂瓶中。

（2）介质水溶法

对于易溶但易水解的固体试剂，如 $FeCl_3$、$SbCl_3$、$BiCl_3$ 等，配制其溶液时，可称取一定量的固体，加入适量一定浓度的酸（或碱）使之溶解，再以蒸馏水稀释，摇匀后转入试剂瓶。

在水中溶解度较小的固体试剂，在选用合适的溶剂溶解后，稀释，摇匀转入试剂瓶。例

如固体 $I_2$，可先用 KI 水溶液溶解。

(3) 稀释法

对于液体试剂，如盐酸、$H_2SO_4$、$HNO_3$、HAc 等，配制其溶液时，先用量筒量取所需量的浓溶液，然后稀释至所需浓度。配制 $H_2SO_4$ 溶液时，需特别注意，应在不断搅拌下将浓 $H_2SO_4$ 缓慢地倒入水中，切不可倒转操作。

一些容易见光分解或易发生氧化还原反应的溶液，要防止在保存期内失效。如 $Sn^{2+}$ 及 $Fe^{2+}$ 溶液应分别放入一些 Sn 粒和 Fe 屑。$AgNO_3$、$KMnO_4$、KI 等溶液应储于干净的棕色瓶中。容易发生化学腐蚀的溶液应储于合适的容器中，如塑料容器。

2. 标准溶液的配制

已知准确浓度的溶液称为标准溶液。配制标准溶液的方法有两种，直接法和标定法。

(1) 直接法

用分析天平准确称取一定量的基准试剂（如邻苯二钾酸氢钾 $KHC_8H_4O_4$、硼砂 $Na_2B_4O_7 \cdot 10H_2O$ 等）于烧杯中，加入适量的去离子水溶解，然后转入试剂瓶，再用去离子水稀释至刻度，摇匀。其准确浓度可由称量数据和溶液体积求得。

(2) 标定法

不符合基准试剂条件的物质，不能用直接法配制标准溶液，但可先配成近似浓度的溶液，然后用基准试剂或标准溶液标定它的浓度。

当需要配制较稀标准溶液时，可用移液管准确吸取其浓溶液至适当的容量瓶中配制。

**【仪器、药品及材料】**

1. 仪器

托盘天平，分析天平，容量瓶（10mL，20mL），吸量管（1mL），移液管（1mL），滴瓶烧杯（20mL）。

2. 药品

浓 $H_2SO_4$，浓 HCl，浓 $HNO_3$，NaCl（s，1.000mol·$L^{-1}$），NaOH（s），$FeSO_4 \cdot H_2O$，$KHC_8H_4O_4$（A. R.），$Na_2B_4O_7 \cdot 10H_2O$（A. R.）。

**【实验步骤】**

1. 酸、碱溶液的配制

① 配制 6mol·$L^{-1}$NaOH 溶液 10mL，储于滴瓶中。

② 配制 3mol·$L^{-1}$ 硫酸、6mol·$L^{-1}$ 盐酸、6mol·$L^{-1}$ 硝酸溶液各 10mL，分别储于滴瓶中。

2. 盐溶液的配制

配制 1mol·$L^{-1}$NaCl、$FeSO_4$ 溶液各 10mL，分别储于滴瓶中。

3. 标准溶液的配制

(1) 邻苯二甲酸氢钾溶液的配制

准确称取约 0.4000g 邻苯二甲酸氢钾晶体于小烧杯中，加入少量蒸馏水使其完全溶解，然后小心移至 10mL 容量瓶中，再用少量蒸馏水淋洗烧杯及玻璃棒，并将每次淋洗的水全部转入容量瓶中，最后用蒸馏水稀释到刻度，充分摇匀，计算其准确浓度。

（2）硼砂溶液的配制

准确称取约0.3800g硼砂晶体，按以上操作配制溶液，计算其准确浓度。

（3）NaCl标准溶液的稀释

用已知浓度为1.000mol·$L^{-1}$的NaCl溶液配制0.1000mol·$L^{-1}$的NaCl溶液10mL。

**【预习思考题】**

1.配制有明显热效应的溶液时，应注意哪些问题?

2.用容量瓶配制标准溶液时，是否可用托盘天平称取基准试剂?

**【注释】** 基准试剂

基准试剂（或基准物质）是组成与化学式完全相符，纯度高，储存稳定，参与化学反应时能按反应式定量进行的物质。它可用于直接配制标准溶液或标定溶液的准确浓度。

基准物邻苯二甲酸氢钾（$C_6H_4 \cdot COOH \cdot COOK$），含有一个可与$OH^-$作用的$H^+$，可用于标定碱的浓度，其反应原理如下

$$C_6H_4 \cdot COOH \cdot COOK + NaOH = C_6H_4 \cdot COONa \cdot COOK + H_2O$$

实验前应于383K左右干燥至恒重。

基准物硼砂$Na_2B_4O_7 \cdot 10H_2O$用于标定酸的浓度，其反应原理为

$$Na_2B_4O_7 + 2H^+ + 5H_2O = 4H_3BO_3 + 2Na^+$$

可见1mol的硼砂可被2mol的酸完全中和。硼砂储于室温下装有NaCl和蔗糖饱和溶液的干燥器中。

# 第二部分　基本理论及常数测定实验

## 实验7　化学反应速率、级数与活化能的测定

**【实验目的】**

1. 加深对化学反应速率、反应级数和活化能等概念的理解。

2. 了解过二硫酸铵氧化碘化钾反应速率的测定原理和方法，学会求算反应级数和活化能的数据处理方法。

**【实验原理】**

在水溶液中过二硫酸铵和碘化钾反应的方程式为

$$(NH_4)_2S_2O_8+3KI = (NH_4)_2SO_4+K_2SO_4+KI_3$$

其离子方程式为

$$S_2O_8^{2-}+3I^- = 2SO_4^{2-}+I_3^- \tag{1}$$

该反应的速率方程式为

$$v=-\frac{dc(S_2O_8^{2-})}{dt}=k[c(S_2O_8^{2-})]^{\alpha}[c(I^-)]^{\beta} \tag{2}$$

式中，$v$ 为瞬时反应速率，若 $c(S_2O_8^{2-})$、$c(I^-)$ 为起始浓度，则 $v$ 表示起始速率；$k$ 为反应速率常数；$\alpha$ 和 $\beta$ 为反应级数。

由于 $dt$ 内的 $dc(S_2O_8^{2-})$ 实际上无法直接测定，故本实验以 $\Delta t$ 代替 $dt$、$\Delta c(S_2O_8^{2-})$ 代替 $dc(S_2O_8^{2-})$ 进行近似计算。若 $\Delta t$ 较小，有关的实验结果也将有较高的准确性。

为了能够测出一定时间间隔 $\Delta t$ 内的 $\Delta c(S_2O_8^{2-})$，需在混合 $(NH_4)_2S_2O_8$ 和 KI 的同时，加入一定体积已知浓度的 $Na_2S_2O_3$ 溶液和作为指示剂的淀粉溶液。这样，在反应（1）进行的同时，还进行着下列反应

$$2S_2O_3^{2-}+I_3^- = S_4O_6^{2-}+3I^- \tag{3}$$

这个反应进行得非常快，几乎瞬间即可完成，而反应（1）比反应（3）慢得多，因此由反应（1）生成的 $I_3^-$ 立即与 $S_2O_3^{2-}$ 反应，生成无色的 $S_4O_6^{2-}$ 和 $I^-$。所以在反应的开始阶段看不到 $I_2$ 与淀粉作用而显蓝色。但是，一旦 $Na_2S_2O_3$ 耗尽，反应（1）继续生成的 $I_3^-$ 就与淀粉作用而使溶液显蓝色。

从反应（1）和反应（3）的关系可以看出，$S_2O_8^{2-}$ 减少的量为 $S_2O_3^{2-}$ 的一半。由于在 $\Delta t$ 内 $S_2O_3^{2-}$ 基本全部耗尽，故存在下列关系

$$\Delta c(S_2O_8^{2-})=\frac{1}{2}\Delta c(S_2O_3^{2-})=\frac{1}{2}[0-c(S_2O_3^{2-})_{始}]=-\frac{1}{2}c(S_2O_3^{2-})_{始} \tag{4}$$

因此，由实验记下反应开始至溶液出现蓝色所需的时间 $\Delta t$ 即可求出反应速率

$$v=-\frac{\Delta c(S_2O_8^{2-})}{\Delta t}=\frac{c(S_2O_3^{2-})_{始}}{2\Delta t} \tag{5}$$

求算 $\alpha$、$\beta$ 值的方法如下。保持 $c(I^-)$ 不变，将式（2）两边取对数，则

$$\lg v=\alpha\lg c(S_2O_8^{2-})_{始}+常数 \tag{6}$$

由实验测定 $(NH_4)_2S_2O_8$ 初始浓度不同时的 $v$，以 $\lg v$ 对 $\lg c(S_2O_8^{2-})_{始}$ 作图可得一直线，其斜率即为 $\alpha$。

同样，保持 $c(S_2O_8^{2-})$ 不变，将式（2）两边取对数，则

$$\lg v=\beta\lg c(I^-)_{始}+常数 \tag{7}$$

由实验测定 KI 初始浓度不同时的 $v$，以 $\lg v$ 对 $\lg c(I^-)_{始}$ 作图可得一直线，其斜率即为 $\beta$。

已知反应级数，则由式（2）可求得反应速率常数 $k$。

反应的活化能 $E_a$ 可根据阿伦尼乌斯公式（8）求算

$$\lg k=-\frac{E_a}{2.303RT}+B \tag{8}$$

式中，$R$ 为摩尔气体常数；$B$ 为常数项。

由实验测出不同温度下反应（1）的 $k$，以 $\lg k$ 对 $1/T$ 作图，可得一直线，其斜率为 $-E_a/(2.303R)$，由此便可求出 $E_a$。

**【仪器、药品及材料】**

1. 仪器

试管（10mm×75mm），试管架，秒表，温度计，恒温水浴或水浴加热装置。

2. 药品

$(NH_4)_2S_2O_8$❶（$0.20mol\cdot L^{-1}$），KI（$0.20mol\cdot L^{-1}$），$KNO_3$（$0.20mol\cdot L^{-1}$），$(NH_4)_2SO_4$（$0.20mol\cdot L^{-1}$），$Na_2S_2O_3$（$0.010mol\cdot L^{-1}$），淀粉溶液（0.2%）。

**【实验内容】**

1. 浓度对反应速率的影响

取 7 支干燥洁净的小试管作为反应管，从 1～7 编号。按表 7-1 所示的量（滴）顺序滴加 a～e 各溶液到各试管中，充分摇荡试管，使溶液混合均匀。然后，按表 7-1 所示的量分别滴加（迅速!）f 溶液到指定反应试管中，同时按动秒表并不断摇动试管。注意观察，当溶液刚出现蓝色时，立刻按停秒表，记录反应时间（以秒为单位）和室温。

按上述同样操作，逐一测出各反应试管中溶液的反应时间，记录数据。

2. 温度对反应速率的影响

按表 7-1 中试管 1 的用量，把 KI、$Na_2S_2O_3$、淀粉和 $KNO_3$ 溶液分别加到编号 8 的反应试管（应干燥洁净）中，将其与盛 $(NH_4)_2S_2O_8$ 溶液的滴瓶一起置于恒温水浴中进行水浴

---

❶ 实验要求 $(NH_4)_2S_2O_8$ 与淀粉溶液是新配制的，且 $(NH_4)_2S_2O_8$ 溶液的 pH 值应大于 3，否则，$(NH_4)_2S_2O_8$ 已部分分解，不能使用。KI 溶液应为无色透明溶液，如已呈浅黄色，则表示有 $I_2$ 析出，不能使用。所用试剂如混有少量 $Cu^{2+}$、$Fe^{3+}$ 等杂质，对反应有催化作用，必要时可加几滴 $0.10mol\cdot L^{-1}$ EDTA 溶液以消除这些金属离子的影响。

加热。调节水浴温度使之高出室温 10℃，待反应试管和滴瓶中溶液达到此温度时，迅速滴加 4 滴 $(NH_4)_2S_2O_8$ 溶液到反应试管中，计时并不断摇动试管，记下溶液刚出现蓝色所需的反应时间。

**表 7-1　浓度对反应速率的影响**

| 试管编号 | | 1 | 2 | 3 | 4 | 5 | 6 | 7 |
|---|---|---|---|---|---|---|---|---|
| 试剂用量/滴 | a. 0.20mol·$L^{-1}$KI | 1 | 2 | 3 | 4 | 4 | 4 | 4 |
| | b. 0.010mol·$L^{-1}$$Na_2S_2O_3$ | 2 | 2 | 2 | 2 | 2 | 2 | 2 |
| | c. 0.2%淀粉 | 1 | 1 | 1 | 1 | 1 | 1 | 1 |
| | d. 0.20mol·$L^{-1}$$KNO_3$ | 3 | 2 | 1 | — | — | — | — |
| | e. 0.20mol·$L^{-1}$$(NH_4)_2SO_4$ | — | — | — | — | 1 | 2 | 3 |
| | f. 0.20mol·$L^{-1}$$(NH_4)_2S_2O_8$ | 4 | 4 | 4 | 4 | 3 | 2 | 1 |
| 起始浓度/mol·$L^{-1}$ | $I^-$ | | | | | | | |
| | $S_2O_8^{2-}$ | | | | | | | |
| | $S_2O_3^{2-}$ | | | | | | | |
| 反应时间 $\Delta t$/s | | | | | | | | |
| $v$/mol·$L^{-1}$·$s^{-1}$ | | | | | | | | |
| $\lg v$ | | | | | | | | |
| $\lg c(I^-)$ | | | | | | | | |
| $\lg c(S_2O_8^{2-})$ | | | | | | | | |

再用相同量试剂和操作方法，在编号 9 的反应试管中测量温度高于室温 20℃时反应所需的时间，实验数据记录于表 7-2 中。

**表 7-2　温度对反应速率的影响**

| 试管编号 | 1 | 8 | 9 | 试管编号 | 1 | 8 | 9 |
|---|---|---|---|---|---|---|---|
| 反应温度 $T$/K | | | | $k/(\text{mol}\cdot L^{-1})^{1-\alpha-\beta}\cdot s^{-1}$ | | | |
| 反应时间 $\Delta t$/s | | | | $1/T$/$K^{-1}$ | | | |
| 反应速率 $v$/mol·$L^{-1}$·$s^{-1}$ | | | | $\lg k$ | | | |

## 【数据处理与讨论】

1. 求算反应级数和速率常数

根据【实验原理】所述的方法，由实验数据完成表 7-1 的各项计算，然后按式（6）、式（7）作图，求出 $\alpha$ 和 $\beta$。将 $\alpha$、$\beta$ 和一定浓度时的 $v$ 代入式（2）求出 $k$，并求出 $k$ 的平均值。

2. 求算反应的活化能

根据【实验原理】所述的方法，由实验数据完成表 7-2 的各项计算，然后按式（8）作 $\lg k$-$1/T$ 图，求出活化能。

列表示出上述计算结果并讨论。

## 【预习思考题】

1. 根据化学方程式，是否能确定反应级数？

2. 若不用 $S_2O_8^{2-}$，而用 $I^-$ 或 $I_3^-$ 的浓度变化来表示反应速率，则反应速率常数 $k$ 是否一样？

3. 实验中为什么可以由反应溶液出现蓝色的时间长短来计算反应速率？反应溶液出现蓝色后，反应是否就终止了？

4. 下列操作情况对实验结果有何影响？

① 先加 $(NH_4)_2S_2O_8$ 溶液，最后加 KI 溶液；

② 没有迅速连续加入 $(NH_4)_2S_2O_8$ 溶液；

③ 本实验 $Na_2S_2O_3$ 的用量过多或者过少。

# 实验 8　单、多相离子平衡

**【实验目的】**

1. 加深理解弱电解质在溶液中的酸碱解离平衡及其移动。

2. 学习缓冲溶液的配制并了解其缓冲作用。

3. 加深理解盐类水解反应、水解平衡及其移动。

4. 加深理解难溶电解质的多相离子平衡及溶度积规则。

5. 学习酸碱指示剂和 pH 试纸的使用。

6. 学习 pH 计和离心机的使用。

**【实验原理】**

1. 酸碱解离平衡

若 AB 为弱酸或弱碱，则在水溶液中存在下列酸碱解离平衡

$$AB \rightleftharpoons A^+ + B^-$$

达到平衡时，未解离分子的浓度与解离生成的离子浓度之间存在如下关系

$$\frac{[c(A^+)/c^\ominus][c(B^-)/c^\ominus]}{c(AB)/c^\ominus}=K_i^\ominus(\text{解离常数})$$

在此平衡体系中，若加入含相同离子的强电解质，即增加 $A^+$ 或 $B^-$ 的浓度，则平衡向生成 AB 分子的方向移动，弱电解质 AB 的解离度降低，这种作用叫作同离子效应。

2. 缓冲溶液

弱酸及其盐（如 HAc 和 NaAc）或弱碱及其盐（如 $NH_3 \cdot H_2O$ 和 $NH_4Cl$）的混合溶液，当外加少量酸、碱或稀释时，pH 值变化不大，这种作用称为缓冲作用，这种混合溶液叫作缓冲溶液，其 pH 值可按下列公式近似计算。

$$pH=pK_a^\ominus+\lg\frac{c(\text{弱酸盐})/c^\ominus}{c(\text{弱酸})/c^\ominus}(\text{弱酸-弱酸盐体系})$$

或

$$pH=pK_w^\ominus-pK_b^\ominus-\lg\frac{c(\text{弱碱盐})/c^\ominus}{c(\text{弱碱})/c^\ominus}(\text{弱碱-弱碱盐体系})$$

3. 盐类水解

盐类水解是由组成盐的离子和水电离出来的 $OH^-$ 或 $H^+$ 作用，生成弱酸或弱碱的过程。水解反应往往使溶液呈酸性或碱性。弱酸强碱盐（如 NaAc）溶液呈碱性；强酸弱碱盐（如 $NH_4Cl$）溶液呈酸性；弱酸弱碱盐溶液的酸碱性视生成的弱酸和弱碱的相对强度而定，例如，$NH_4Ac$ 溶液几乎呈中性，而 $(NH_4)_2S$ 溶液则呈碱性。盐类的水解是可逆反应，水解度一般不大，其大小主要取决于盐类的本性及温度、浓度等外界条件。水解生成的弱酸或弱碱越弱、水解产物的溶解度越小，盐的水解度就越大。

一种水解呈酸性的盐和另一种水解呈碱性的盐相混合时，两者的水解会相互促进而加剧。水解是吸热反应，加热能促进水解作用。

4.多相离子平衡和溶度积规则

在难溶电解质（$A_mB_n$）的饱和溶液中，未溶解固体和溶解后形成的离子间存在多相离子平衡

$$A_mB_n(s) \rightleftharpoons mA^{n+} + nB^{m-}$$

$$[c(A^{n+})/c^{\ominus}]^m[c(B^{m-})/c^{\ominus}]^n = K_{sp}^{\ominus}(\text{溶度积常数})$$

比较离子积 $Q_c$ 和溶度积 $K_{sp}^{\ominus}$ 可以判断沉淀的生成和溶解。

$Q_c > K_{sp}^{\ominus}$，溶液过饱和，有沉淀析出；

$Q_c = K_{sp}^{\ominus}$，溶液正好饱和；

$Q_c < K_{sp}^{\ominus}$，溶液未饱和，固体溶解。

上述关系称溶度积规则。

当在含有两种或两种以上的离子的溶液中逐渐加入某种共同的沉淀剂时，这些离子将按 $Q_c$ 达到 $K_{sp}^{\ominus}$ 时所需沉淀剂离子浓度由小到大的次序先后生成沉淀析出，这种现象称为分步沉淀。

根据平衡移动原理，借助于某一试剂的作用，可将一种难溶电解质转化为另一种难溶电解质，这一过程称为沉淀的转化。一般来说，溶解度大的难溶电解质容易转化为溶解度小的难溶电解质。例如，锅炉水垢的主要成分是 $CaSO_4$，其结构致密且难溶于稀酸，为了有效地清除垢层，可首先用 $Na_2CO_3$ 将 $CaSO_4$ 沉淀转化为 $CaCO_3$ 沉淀，然后用稀酸清洗。

5.盐效应

在一定温度下，当在弱电解质溶液或难溶电解质溶液中加入易溶的非同离子强电解质（主要指盐）时，由于溶液离子强度提高使离子活度系数下降，因此，弱电解质的电离度或难溶电解质的溶解度将提高，这种现象称为“盐效应”。

**【仪器、药品及材料】**

1.仪器

pH计，玻璃电极，甘汞电极，离心机，微型离心管，小试管（10mm×75mm），小烧杯（50mL），小玻璃棒，量筒（25mL），酒精灯，试管夹，表面皿。

2.药品

酸：HCl（$0.10mol \cdot L^{-1}$，$2.0mol \cdot L^{-1}$），HAc（$0.10mol \cdot L^{-1}$）。

碱：NaOH（$0.10mol \cdot L^{-1}$），$NH_3 \cdot H_2O$（$0.10mol \cdot L^{-1}$）。

盐：NaCl（$0.10mol \cdot L^{-1}$），NaAc（$0.10mol \cdot L^{-1}$），$Na_2CO_3$（饱和），$NaHCO_3$（$0.10mol \cdot L^{-1}$），$Na_2SO_4$（$0.10mol \cdot L^{-1}$，$0.50mol \cdot L^{-1}$），$Na_3PO_4$（$0.10mol \cdot L^{-1}$），$Na_2HPO_4$（$0.10mol \cdot L^{-1}$），$NaH_2PO_4$（$0.10mol \cdot L^{-1}$），$Na_2SiO_3$（10%），KCl（$0.010mol \cdot L^{-1}$，$1.0mol \cdot L^{-1}$），KI（$0.010mol \cdot L^{-1}$），$K_2CrO_4$（$0.10mol \cdot L^{-1}$），$NH_4Cl$（$0.10mol \cdot L^{-1}$），$NH_4Ac$（$0.10mol \cdot L^{-1}$），$(NH_4)_2CO_3$（$0.10mol \cdot L^{-1}$），$MgCl_2$（$0.10mol \cdot L^{-1}$），$CaCl_2$（$0.50mol \cdot L^{-1}$），$BiCl_3$（$0.10mol \cdot L^{-1}$），$Pb(NO_3)_2$（$0.10mol \cdot L^{-1}$，$0.50mol \cdot L^{-1}$），$Pb(Ac)_2$（$0.010mol \cdot L^{-1}$），$AgNO_3$（$0.10mol \cdot L^{-1}$），$Al_2(SO_4)_3$（$0.10mol \cdot L^{-1}$）。

固体：$NaNO_3$，$FeCl_3$，NaAc，$NH_4Ac$。

其他：酚酞（1%），甲基橙（0.1%）。

3.材料

pH 试纸。

**【实验内容】**

1.酸碱解离平衡与同离子效应

① 用 pH 试纸分别检测 $0.10mol \cdot L^{-1}$ HCl、HAc、NaOH、$NH_3 \cdot H_2O$ 溶液的 pH 值，与理论计算值比较。

② 在两支小试管中各加入 2 滴 $0.10mol \cdot L^{-1}$ HAc 和 1 滴甲基橙指示剂，摇匀，观察溶液的颜色。然后在其中一支小试管中加入少许 NaAc 晶体，摇匀，观察溶液颜色的变化。

③ 参照实验②的方法，选择合适的试剂和指示剂，验证 $NH_3 \cdot H_2O$ 溶液的同离子效应。

2.缓冲溶液

① 在 50mL 小烧杯中加入 15mL $0.10mol \cdot L^{-1}$ HAc 和 15mL $0.10mol \cdot L^{-1}$ NaAc，搅匀，用 pH 计测定溶液的 pH 值。然后，在溶液中加入 10 滴 $0.10mol \cdot L^{-1}$ HCl，搅匀，用 pH 计测定其 pH 值；再加入 20 滴 $0.10mol \cdot L^{-1}$ NaOH，搅匀，用 pH 计测定其 pH 值。

② 在 50mL 小烧杯中加入蒸馏水 30mL，用 pH 计测定其 pH 值。然后，加入 10 滴 $0.10mol \cdot L^{-1}$ HCl，搅匀，用 pH 计测定其 pH 值；再加入 20 滴 $0.10mol \cdot L^{-1}$ NaOH，搅匀，用 pH 计测定其 pH 值。

比较实验①和②的结果，可得出什么结论？

3.盐类水解平衡及其移动

① 用 pH 试纸分别检测 $0.10mol \cdot L^{-1}$ NaAc、$NH_4Cl$、$NH_4Ac$、$(NH_4)_2CO_3$、NaCl 溶液和蒸馏水的 pH 值。

② 用 pH 试纸分别检测 $0.10mol \cdot L^{-1}$ $Na_3PO_4$、$Na_2HPO_4$、$NaH_2PO_4$ 溶液的 pH 值。

③ 在一支小试管中加入少许（约米粒大小）$FeCl_3$，加入 1mL 蒸馏水，摇匀，观察溶液的颜色。然后，将溶液分成三份，一份留作比较，另一份加 1 滴 $2.0mol \cdot L^{-1}$ HCl，摇匀，第三份用小火加热，分别观察溶液颜色的变化。

④ 在一支小试管中加入 1 滴 $0.10mol \cdot L^{-1}$ $BiCl_3$ 溶液，逐滴加入蒸馏水，摇匀，观察白色沉淀的产生。然后，逐滴加入 $2.0mol \cdot L^{-1}$ HCl，摇匀，至白色沉淀刚好溶解为止，再逐滴加入蒸馏水稀释，摇匀，观察现象。

⑤ 在一支小试管中加入 1 滴 10% $Na_2SiO_3$ 和 2 滴 $1.0mol \cdot L^{-1}$ $NH_4Cl$，摇匀，观察现象（如何检验 $NH_3$ 的生成？）

⑥ 参照实验⑤设计一实验，验证 $Al_2(SO_4)_3$ 和 $NaHCO_3$ 溶液的相互水解。

4.沉淀的生成和溶解

① 在三支小试管中各加入 1 滴 $0.50mol \cdot L^{-1}$ $Pb(NO_3)_2$，然后在其中一支小试管中加入 1 滴 $1.0mol \cdot L^{-1}$ KCl，另一支小试管中加入 1 滴 $0.010mol \cdot L^{-1}$ KCl，第三支小试管中加入 1 滴 $0.010mol \cdot L^{-1}$ KI，摇匀，观察现象。

② 在两支小试管中各加入 3 滴 $0.10mol \cdot L^{-1}$ $MgCl_2$ 和 3 滴 $2.0mol \cdot L^{-1}$ $NH_3 \cdot H_2O$，摇匀，观察现象。然后在其中一支小试管中加入 1 滴 $2.0mol \cdot L^{-1}$ HCl，另一支小试管中加入

2 滴 1.0mol·$L^{-1}$ $NH_4Cl$，摇匀，观察现象。

③ 在一支小试管中加入 1 滴 0.010mol·$L^{-1}$ $Pb(Ac)_2$、1 滴 0.10mol·$L^{-1}$ KI 和 5 滴蒸馏水，摇匀，观察现象。然后加入少量固体 $NaNO_3$，摇匀，观察现象。

5.分步沉淀

在一支小试管中加入 1 滴 0.10mol·$L^{-1}$ $AgNO_3$、2 滴 0.10mol·$L^{-1}$ $Pb(NO_3)_2$ 和 8 滴蒸馏水，摇匀，逐滴加入 0.10mol·$L^{-1}$ $K_2CrO_4$（每加 1 滴后均需充分摇荡至物料颜色不变为止），观察颜色变化。

6.沉淀的转化

① 在两支微型离心管中各加入 4 滴 0.50mol·$L^{-1}$ $CaCl_2$ 和 4 滴 0.50mol·$L^{-1}$ $Na_2SO_4$，用小玻璃棒搅拌至生成白色沉淀，离心分离，弃去清液。在一支离心管中加入 4 滴 2.0mol·$L^{-1}$ HCl，摇匀，观察沉淀是否溶解；在另一支离心管中加入 4 滴饱和 $Na_2CO_3$，搅拌几分钟，使沉淀转化，离心分离，弃去清液，用蒸馏水洗涤沉淀 1～2 次，然后加入 4 滴 2.0mol·$L^{-1}$ HCl，搅拌，观察现象。

② 在一支小试管中加入 1 滴 0.10mol·$L^{-1}$ $Pb(NO_3)_2$ 和 1 滴 0.10mol·$L^{-1}$ $Na_2SO_4$，摇匀，观察白色沉淀生成，然后加入 1 滴 0.10mol·$L^{-1}$ $K_2CrO_4$，摇匀，观察沉淀颜色的变化。

**【预习思考题】**

1. 0.10mol·$L^{-1}$ HCl、HAc、NaOH、$NH_3·H_2O$ 溶液的理论 pH 值为多少？

2. 15mL 0.10mol·$L^{-1}$ HAc 和 15mL 0.10mol·$L^{-1}$ NaAc 混合溶液的理论 pH 值为多少？先后在混合溶液中加入 10 滴 0.10mol·$L^{-1}$ HCl 和 20 滴 0.10mol·$L^{-1}$ NaOH，溶液的理论 pH 值各为多少？

3. $Na_2HPO_4$、$NaH_2PO_4$ 均为酸式盐，为什么前者的水溶液呈弱碱性，而后者的水溶液却呈弱酸性？

4. 为什么一种水解呈酸性的盐和另一种水解呈碱性的盐相混合时，两者的水解会相互加剧？

5. $BiCl_3$ 溶液能否通过将固体 $BiCl_3$ 直接溶解于蒸馏水中得到？应当如何配制？

6. 1 滴 0.50mol·$L^{-1}$ $Pb(NO_3)_2$ 分别与 1 滴 1.0mol·$L^{-1}$ KCl、1 滴 0.010mol·$L^{-1}$ KCl 和 1 滴 0.010mol·$L^{-1}$ KI 反应，是否有沉淀生成？通过计算说明。

7. 什么叫盐效应？

# 实验 9 氧化还原反应

**【实验目的】**

1. 加深理解温度、浓度和催化剂对氧化还原反应速率的影响。

2. 加深理解电极电势与氧化还原反应的关系。

3. 加深理解浓度对电极电势的影响。

4. 了解介质对氧化还原反应的影响。

5. 学习用 pH 计粗略测量原电池电动势的方法。

**【实验原理】**

1.氧化还原反应与电极电势

氧化还原反应是电子从还原剂转移到氧化剂的过程。物质得失电子能力的大小或者说氧化、还原性强弱，可用其相应电对（表示为氧化态/还原态，如 $Cu^{2+}/Cu$、$Fe^{3+}/Fe^{2+}$）电极电势的相对高低来衡量。一个电对的电极电势（还原电势）代数值越大，其氧化态物质的氧化性越强，还原态物质的还原性越弱，反之亦然。所以，通过比较电极电势，可以判断氧化还原反应进行的方向。例如，$\varphi^{\ominus}(I_2/I^-)=+0.535V$，$\varphi^{\ominus}(Fe^{3+}/Fe^{2+})=+0.771V$，$\varphi^{\ominus}(Br_2/Br^-)=+1.08V$，所以下列两个反应中，反应（1）向右进行，反应（2）则向左进行。也就是说，$Fe^{3+}$可以氧化$I^-$而不能氧化$Br^-$，反过来，$Br_2$可以氧化$Fe^{2+}$，而$I_2$则不能。即氧化性$Br_2>Fe^{3+}>I_2$，还原性$I^->Fe^{2+}>Br^-$。

$$2Fe^{3+}+2I^- \rightleftharpoons I_2+2Fe^{2+} \tag{1}$$

$$2Fe^{3+}+2Br^- \rightleftharpoons Br_2+2Fe^{2+} \tag{2}$$

如果在某一水溶液体系中同时存在多种氧化剂（或还原剂），都能与所加入的还原剂（或氧化剂）发生氧化还原反应，那么，氧化还原反应首先发生在电极电势差值较大的两个电对所对应的氧化剂和还原剂之间。

2.浓度对电极电势的影响

当氧化剂和还原剂所对应的电极电势相差较大时，通常可通过比较标准电极电势$\varphi^{\ominus}$来判断氧化还原反应进行的方向，若两者相差不大，则应考虑浓度对电极电势的影响。浓度与电极电势的关系（25℃）可用能斯特方程表示。

$$\varphi=\varphi^{\ominus}+\frac{0.0592}{n}\lg\frac{[\text{氧化型}]}{[\text{还原型}]}$$

式中，$n$为电极反应中转移的电子数。以$Fe^{3+}/Fe^{2+}$电对为例

$$\varphi(Fe^{3+}/Fe^{2+})=\varphi^{\ominus}(Fe^{3+}/Fe^{2+})+\frac{0.0592}{1}\lg\frac{c(Fe^{3+})/c^{\ominus}}{c(Fe^{2+})/c^{\ominus}}$$

任何能引起氧化型或还原型浓度改变的因素，例如加入沉淀剂或配位剂等，将导致电极电势的变化，从而对氧化还原反应产生影响。

3.介质对氧化还原反应的影响

有些反应特别是含氧酸根参加的氧化还原反应，由于有$H^+$或$OH^-$参加，介质的酸碱性对反应的进行产生影响。例如对于电极反应

$$MnO_4^-+8H^++5e \rightleftharpoons Mn^{2+}+4H_2O$$

$$\varphi(MnO_4^-/Mn^{2+})=\varphi^{\ominus}(MnO_4^-/Mn^{2+})+\frac{0.0592}{5}\lg\frac{[c(MnO_4^-)/c^{\ominus}][c(H^+)/c^{\ominus}]^8}{c(Mn^{2+})/c^{\ominus}}$$

介质酸性提高，即$H^+$浓度增大，将使电极电势提高，从而使$MnO_4^-$的氧化性增强。

介质的酸碱性有时还影响氧化还原反应的产物。例如，$MnO_4^-$在酸性介质中被还原为$Mn^{2+}$（浅红至无色）。

$$MnO_4^-+8H^++5e \rightleftharpoons Mn^{2+}+4H_2O$$

在中性或弱碱性介质中被还原为$MnO_2$（褐色）。

$$MnO_4^-+2H_2O_2+3e \rightleftharpoons MnO_2\downarrow+4OH^-$$

在强碱性介质中则被还原为$MnO_4^{2-}$（绿色）。

$$MnO_4^-+e \rightleftharpoons MnO_4^{2-}$$

4.氧化还原性的相对性

中间价态化合物既可得到电子而被还原，也可失去电子而被氧化，其氧化还原性具有相对性。例如，$H_2O_2$常用作氧化剂而被还原为$H_2O$（或$OH^-$）。

$$H_2O_2 + 2H^+ + 2e \rightleftharpoons 2H_2O \qquad \varphi^\ominus = +1.776V$$

但当遇到强氧化剂如 $KMnO_4$（酸性介质中）时，$H_2O_2$ 则作为还原剂被氧化而放出氧气。

$$O_2 + 2H^+ + 2e \rightleftharpoons 2H_2O_2 \qquad \varphi^\ominus = +0.682V$$

5. 电极电势测量

单独的电极电势是无法测量的，实验上只能测量两个电对组成的原电池的电动势（$E$）。通过实验测量原电池的电动势，根据定义 $E = \varphi_+ - \varphi_-$ 可以确定各电对的电极电势相对值。准确的电动势必须用对消法在电位差计上测量。如果实验仅是为了比较，只需知道电极电势的相对值，也可以用 pH 计进行粗略测量。

**【仪器、药品及材料】**

1. 仪器

pH 计，铜电极，锌电极，盐桥（含饱和 KCl 溶液），试管（10mm×75mm），小烧杯（10mL），量筒（10mL），小玻璃棒，水浴加热装置，试管夹，酒精灯。

2. 药品

酸：$H_2SO_4$（$3.0mol \cdot L^{-1}$），HAc（$2.0mol \cdot L^{-1}$），$H_2C_2O_4$（$0.10mol \cdot L^{-1}$）。

碱：NaOH（$2.0mol \cdot L^{-1}$，$6.0mol \cdot L^{-1}$），$NH_3 \cdot H_2O$（浓）。

盐：$Na_2SO_4$（$0.10mol \cdot L^{-1}$），$Na_2SiO_3$（$0.50mol \cdot L^{-1}$），KI（$0.10mol \cdot L^{-1}$），KBr（$0.10mol \cdot L^{-1}$），$KIO_3$（$0.10mol \cdot L^{-1}$），$KMnO_4$（$0.010mol \cdot L^{-1}$），$FeCl_3$（$0.10mol \cdot L^{-1}$），$SnCl_2$（$0.10mol \cdot L^{-1}$），$Pb(NO_3)_2$（$0.05mol \cdot L^{-1}$，$0.10mol \cdot L^{-1}$），$ZnSO_4$（$1.0mol \cdot L^{-1}$），$CuSO_4$（$1.0mol \cdot L^{-1}$），$FeSO_4$（$0.1mol \cdot L^{-1}$），KSCN（$0.1mol \cdot L^{-1}$）。

其他：$H_2O_2$（3%），$CCl_4$，Zn 片，纯 Zn 粉，$I_2$ 水，$Br_2$ 水。

3. 材料

蓝色石蕊试纸。

**【实验内容】**

1. 温度、浓度、催化剂对氧化还原反应速率的影响

（1）温度的影响

在两支小试管中各加入 2 滴 $0.010mol \cdot L^{-1}$ $KMnO_4$ 和 1 滴 $3.0mol \cdot L^{-1}$ $H_2SO_4$，将其中一支小试管放入水浴中加热几分钟，取出，同时在两支小试管中各滴加 2 滴 $0.10mol \cdot L^{-1}$ $H_2C_2O_4$，观察两支小试管中的溶液哪个先退色。

（2）浓度的影响

在一支小试管中加入 3 滴蒸馏水和 1 滴 $0.050mol \cdot L^{-1}$ $Pb(NO_3)_2$，另一支加入 4 滴 $0.050mol \cdot L^{-1}$ $Pb(NO_3)_2$，再各加入 6 滴 $2.0mol \cdot L^{-1}$ HAc，摇匀，逐滴加入 8 滴 $0.50mol \cdot L^{-1}$ $Na_2SiO_3$，摇匀，用蓝色石蕊试纸检查溶液是否呈酸性，然后在约 90℃水浴中加热，当试管中出现半透明胶冻时，从水浴中取出试管，然后同时往两支小试管中插入相同质量的锌片至半透明胶冻的中部，观察并比较两支小试管中“铅树”的生长速度（保留至实验结束）。

（3）催化剂的影响

在两支小试管中分别加入 5 滴 $0.010mol \cdot L^{-1}$ $KMnO_4$ 和 1 滴 $3.0mol \cdot L^{-1}$ $H_2SO_4$，在其中一支小试管中加入 1 滴 $0.10mol \cdot L^{-1}$ $FeCl_3$，摇匀。然后，在两支小试管中同时加入少量纯 Zn 粉，观察并比较两支试管的变化。

2. 电极电势与氧化还原反应的关系

① 在小试管中加入 2 滴 0.10mol·$L^{-1}$KI 和 2 滴 0.10mol·$L^{-1}$$FeCl_3$，摇匀，观察现象。再加入与水相同体积的 $CCl_4$，充分振荡后，观察 $CCl_4$ 层的颜色。

② 用 0.10mol·$L^{-1}$KBr 代替 0.10mol·$L^{-1}$KI 进行同样的实验，观察现象。

根据①、②的实验结果，定性地比较 $Br_2/Br^-$、$I_2/I^-$、$Fe^{3+}/Fe^{2+}$ 三个电对电极电势的相对大小，指出哪个电对的氧化态物质是最强的氧化剂，哪个电对的还原态物质是最强的还原剂。

③ 在两支小试管中分别加入 $I_2$ 水和 $Br_2$ 水各 2 滴，再各加入 1 滴 0.10mol·$L^{-1}$$FeSO_4$，充分振荡。然后加入与水溶液等体积的 $CCl_4$，充分振荡，观察结果。

根据①、②、③的实验结果，说明电极电势与氧化还原反应方向的关系。

④ 在一支小试管中加入 2 滴 0.10mol·$L^{-1}$$FeCl_3$ 和 1 滴 0.010mol·$L^{-1}$$KMnO_4$，摇匀，逐滴加入 0.10mol·$L^{-1}$$SnCl_2$，不断振荡，至溶液紫红色刚好退去而呈黄色，加入 1 滴 0.10mol·$L^{-1}$KSCN，观察现象，继续滴加 0.10mol·$L^{-1}$$SnCl_2$，观察溶液颜色的变化。

3. 介质对氧化还原反应的影响

① 对反应方向的影响　在一支小试管中加入 3 滴 0.10mol·$L^{-1}$KI 和 1 滴 0.10mol·$L^{-1}$$KIO_3$，搅匀，观察现象。然后加入 1 滴 3.0mol·$L^{-1}$ $H_2SO_4$，摇匀，观察变化情况，再逐滴加入 2.0mol·$L^{-1}$NaOH 并摇匀，观察变化情况。

② 对反应产物的影响　在三支小试管中各加入 1 滴 0.010mol·$L^{-1}$$KMnO_4$，然后在其中一支小试管中加入 1 滴 3.0mol·$L^{-1}$ $H_2SO_4$，另一小试管中加入 1 滴蒸馏水，第三支小试管中加入 2 滴 6.0mol·$L^{-1}$NaOH，再分别向各小试管中加入 2 滴 0.10mol·$L^{-1}$$Na_2SO_3$，观察反应现象。

4. 氧化还原性的相对性

① 在一支小试管中加入 2 滴 0.10mol·$L^{-1}$KI、1 滴 3.0mol·$L^{-1}$ $H_2SO_4$ 和 2 滴 3% $H_2O_2$，摇匀，再加入与水相等体积的 $CCl_4$，充分振荡，观察现象。

② 在一支小试管中加入 1 滴 0.010mol·$L^{-1}$$KMnO_4$、1 滴 3.0mol·$L^{-1}$ $H_2SO_4$ 和 3 滴 3%$H_2O_2$，观察反应现象。

根据①、②的实验结果，指出 $H_2O_2$ 在反应中各起什么作用。

5. 浓度对电极电势的影响

① 在一个 10mL 烧杯中加入 5mL 1.0mol·$L^{-1}$$CuSO_4$，在另一个 10mL 烧杯中加入 5mL 1.0mol·$L^{-1}$$ZnSO_4$，然后在 $CuSO_4$ 溶液中放入一铜片，在 $ZnSO_4$ 溶液中放入一锌片，组成两个电极。用一个盐桥将它们连接起来，通过导线将铜电极接入 pH 计的正极，把锌电极通过"接续头"插入 pH 计的负极插孔，测定原电池的电动势。

② 在 $CuSO_4$ 溶液中滴加浓氨水并搅拌，至生成的沉淀完全溶解，并形成深蓝色溶液，测量原电池的电动势。

③ 在 $ZnSO_4$ 溶液中滴加浓氨水并搅拌，至生成的沉淀完全溶解，测量原电池的电动势。

比较并解释上述实验的结果。

## 【预习思考题】

1. 查阅《无机化学》教材，说明①$Br_2$ 和 $I_2$ 的聚集态和颜色；②$Br_2$ 和 $I_2$ 在水和有机溶剂中的溶解度；③$Br_2$ 和 $I_2$ 溶于有机溶剂时所形成溶液的颜色。

2.在等浓度的 $FeCl_3$ 和 $KMnO_4$ 混合溶液中逐滴加入 $SnCl_2$ 溶液，$Fe^{3+}$ 和 $MnO_4^-$ 哪个先被还原？通过比较 $\varphi^{\ominus}(Fe^{3+}/Fe^{2+})$、$\varphi^{\ominus}(MnO_4^-/Mn^{2+})$ 和 $\varphi^{\ominus}(Sn^{4+}/Sn^{2+})$ 说明。

3.在碱性介质中发生如下歧化反应

$$3I_2+6OH^- \rightleftharpoons IO_3^- +5I^- +3H_2O$$

要使上述反应逆向进行，应采取什么措施？

4.在 Cu-Zn 原电池的 Cu 半电池中滴加浓氨水，至生成的沉淀完全溶解，原电池的电动势如何变化（忽略体积变化）？为什么？再在 Zn 半电池中滴加浓氨水至生成的沉淀完全溶解，原电池的电动势又如何变化（忽略体积变化）？为什么？

# 实验 10　醋酸电离常数的测定

## 【实验目的】

1. 了解弱酸电离常数的测定方法。
2. 学习 pH 计的使用和中和滴定操作。
3. 加深对电离平衡基本概念的理解。

## Ⅰ　pH 值法

## 【实验原理】

醋酸是弱电解质，在水溶液中存在下列电离平衡

$$\mathrm{HAc} \rightleftharpoons \mathrm{H^+ + Ac^-}$$

其电离常数[1]为

$$K_i^{\ominus}=\frac{c(\mathrm{H^+})c(\mathrm{Ac^-})}{c(\mathrm{HAc})} \tag{1}$$

设 HAc 的起始浓度为 $c$，如果忽略水的电离，则平衡时溶液中 $c(\mathrm{H^+}) \approx c(\mathrm{Ac^-})$，式（1）可改写为

$$K_i^{\ominus}=\frac{c^2(\mathrm{H^+})}{c-c(\mathrm{Ac})} \tag{2}$$

严格地说，离子浓度应用离子活度代替，式（1）应修正为

$$K_a^{\ominus}=\frac{a(\mathrm{H^+})a(\mathrm{Ac^-})}{a(\mathrm{HAc})} \tag{3}$$

或

$$K_a^{\ominus}=\frac{c(\mathrm{H^+})f(\mathrm{H^+})c(\mathrm{Ac^-})f(\mathrm{Ac^-})}{c(\mathrm{HAc})f(\mathrm{HAc})} \tag{4}$$

在弱酸的稀溶液中，如果不存在其他强电解质，由于溶液中离子强度（$I$）很小，$a \approx c$，此时活度系统 $f \approx 1$，$K_i^{\ominus} \approx K_a^{\ominus}$。

$K_i^{\ominus}$ 称为浓度电离常数，$K_a^{\ominus}$ 称为活度电离常数，$K_i^{\ominus}$ 不随溶液浓度改变，但随温度的变化略有改变。根据上述理论，配制一系列已知浓度的醋酸溶液，用 pH 计测定其 pH 值，然后由 $\mathrm{pH}=-\lg c(\mathrm{H^+})$ 计算出 $c(\mathrm{H^+})$，则根据式（2）可求得一系列 $K_i^{\ominus}$ 值，其平均值即为该测定温度下的醋酸电离常数。

---

[1] 为简洁起见，表达式中略去 $c^{\ominus}$。

【仪器、药品及材料】

1. 仪器

pH 计，小烧杯（25mL），吸量管（10mL），小玻璃棒。

2. 药品

标准 HAc 溶液（$0.1000mol \cdot L^{-1}$，由实验室标定）。

【实验步骤】

1. 配制系列已知浓度的醋酸溶液

准备 5 个洁净的 25mL 小烧杯，编号，按表 10-1 的用量用吸量管准确移取标准的 $0.1000mol \cdot L^{-1}$ HAc 溶液和蒸馏水于小烧杯中，搅匀，配制成不同浓度的醋酸溶液。

**表 10-1　pH 法测定 $K^{\ominus}$(HAc) 的实验数据和计算结果**

| 烧杯编号 | $V$(HAc)/mL | $V(H_2O)$/mL | $c$(HAc)/$mol \cdot L^{-1}$ | pH | $c(H^+)$/$mol \cdot L^{-1}$ | $K^{\ominus}$(HAc) | $\alpha$(HAc)/% |
|---|---|---|---|---|---|---|---|
| 1 | 1.00 | 9.00 | | | | | |
| 2 | 2.00 | 8.00 | | | | | |
| 3 | 5.00 | 5.00 | | | | | |
| 4 | 8.00 | 2.00 | | | | | |
| 5 | 10.00 | 0.00 | | | | | |

测定温度：_____℃；标准 HAc 溶液浓度：____ $mol \cdot L^{-1}$；$\overline{K}^{\ominus}$(HAc) =_____。

2. HAc 溶液 pH 值的测定

用 pH 计按由稀到浓的次序测定 1～5 号 HAc 溶液的 pH 值，及时记录所测 pH 值。

【数据处理】

1. 根据式（2）计算 HAc 的 $K_i^{\ominus}$ 值，并计算 $K_i^{\ominus}$ 的平均值。

2. 计算醋酸的电离度（$\alpha$），说明 HAc 浓度对 HAc 电离度的影响。

3. 求算相对误差并分析误差产生的原因［文献值：$K^{\ominus}(HAc)=1.76\times10^{-5}$］。

【预习思考题】

1. 不同浓度 HAc 溶液的电离度（$\alpha$）是否相同？电离常数（$K_i^{\ominus}$）是否相同？

2. 配制和测定不同浓度 HAc 溶液的 pH 时，为什么要按由小到大的顺序进行？

3. 若 HAc 溶液的浓度很稀，能否用近似公式 $K_i^{\ominus}=\frac{c^2(H^+)}{c(HAc)}$ 计算电离常数？为什么？

## Ⅱ　半中和法（缓冲溶液法）

【实验原理】

醋酸电离常数的表达式为

$$K_i^{\ominus}=\frac{c(H^+)c(Ac^-)}{c(HAc)} \tag{1}$$

当溶液的离子强度较大时，应修正为

$$K_a^{\ominus}=\frac{a(H^+)a(Ac^-)}{a(HAc)} \tag{2}$$

在 HAc-NaAc 缓冲溶液中，离子强度较大，此时活度系统已不等于 1，必须考虑因离子强度引起的浓度与活度的差异，根据式（2）计算 $K_a^{\ominus}$ 值。

中性分子组分 HAc 的活度系数 $f(HAc)\approx1$，因此

$$K_a^{\ominus}=\frac{c(H^+)f(H^+)c(Ac^-)f(Ac^-)}{c(HAc)\times 1} \tag{3}$$

用pH计测得溶液的pH值，实际上就反映了$H^+$的有效浓度，即$H^+$的活度值，因此式（2）可表示为

$$K_a^{\ominus}=\frac{a(H^+)c(Ac^-)f(Ac^-)}{c(HAc)\times 1} \tag{4}$$

$$pK_a^{\ominus}=pH-\lg\frac{c(Ac^-)}{c(HAc)}-\lg f(Ac^-) \tag{5}$$

对于1∶1的HAc-NaAc缓冲溶液，$c(Ac^-)\approx c(HAc)$，则

$$pK_a^{\ominus}=pH-\lg f(Ac^-) \tag{6}$$

溶液的离子强度可按下式计算

$$I=1/2\sum c_i z_i^2 \tag{7}$$

式中，$c_i$、$z_i$分别为溶液第$i$种离子的浓度和电荷数。根据式（7）求得溶液的离子强度（HAc-NaAc缓冲溶液由于存在同离子效应，HAc电离的贡献可忽略不计），从表10-2可查得$Ac^-$的活度系数。

**表10-2　不同离子强度时$Ac^-$的活度系数**

| $I/mol\cdot L^{-1}$ | 0.0005 | 0.001 | 0.005 | 0.01 | 0.05 | 0.1 |
|---|---|---|---|---|---|---|
| $f(Ac^-)$ | 0.975 | 0.964 | 0.928 | 0.902 | 0.820 | 0.775 |

## 【仪器、药品及材料】

1. 仪器

pH计，小烧杯（25mL），移液管（5mL，10mL），碱式滴定管（5mL），锥形瓶（20mL）。

2. 药品

标准NaOH溶液（0.2000mol·L$^{-1}$，由实验室标定），HAc溶液（0.1000mol·L$^{-1}$），酚酞（1%）。

## 【实验步骤】

1. HAc溶液浓度的标定

用移液管准确移取5mL 0.1000mol·L$^{-1}$HAc溶液于20mL锥形瓶中，补加少量蒸馏水，加入1滴酚酞指示剂，用标准的0.2000mol·L$^{-1}$NaOH溶液滴定至溶液刚刚出现粉红色并在30s内不退色为止。记录滴定至终点时所消耗的NaOH体积（mL）。

重复上述操作，至两次相差不超过0.025mL为止。

2. HAc-NaAc缓冲溶液的配制及其pH值的测定

用移液管准确移取10mL 0.1000mol·L$^{-1}$HAc溶液于25mL小烧杯中，用碱式滴定管准确加入半中和所需要的0.2000mol·L$^{-1}$NaOH溶液，搅匀，用pH计测定缓冲溶液的pH值。同上操作，测量另一份缓冲溶液的pH值。

## 【数据处理】

1. 计算HAc-NaAc缓冲溶液中NaAc的浓度和溶液的离子强度，根据表10-2查出相应的$f(Ac^-)$。

2. 根据式（6）计算测定温度下的$K_a^{\ominus}(HAc)$和平均值（$K_a^{\ominus}$的文献值为$1.76\times10^{-5}$），填入表10-3，计算相对误差并分析误差产生的原因。

表 10-3　半中和法测定 $K_a^\ominus$（HAc）的实验数据和计算结果

| 缓冲溶液编号 | $c(NaOH)/mol \cdot L^{-1}$ | pH | $I$ | $f(Ac^-)$ | $K_a^\ominus(HAc)$ | $K_a^\ominus(HAc)$平均值 |
|---|---|---|---|---|---|---|
| 1 | | | | | | |
| 2 | | | | | | |

测定温度_____℃；标准 NaOH 浓度_____ $mol \cdot L^{-1}$；HAc 浓度_____ $mol \cdot L^{-1}$。

【预习思考题】

1. 离子强度的大小与什么因素有关？
2. 为什么在方法Ⅱ中必须用活度，而在方法Ⅰ中则可以直接用浓度计算醋酸的电离常数？

# 实验 11　电导法测定硫酸钡的溶度积常数

【实验目的】

1. 通过测定 $BaSO_4$ 的溶度积常数，加深对溶度积概念的理解。
2. 了解用电导法测定难溶电解质溶度积的方法。
3. 练习制备硫酸钡沉淀及其饱和溶液的基本操作。
4. 学习电导仪的使用。

【实验原理】

难溶电解质溶度积的测定，实际上是测定在一定条件下饱和溶液中各种离子的浓度。常用的方法有观察法、目视比色法、分光光度法、电动势法、电导法等。

本实验采用电导法。首先介绍电导率（$\kappa$）和摩尔电导（$\Lambda$）及其关系。电解质导电能力大小，通常以电阻 $R$ 或电导 $G$ 来表示。在国际单位制（SI）中，电导率的单位是 S，称为西门子，$S=A \cdot V^{-1}$（A 为安培，V 为伏特）。

1. 电导率

若导体具有均匀截面，其电导与界面积（$A$）成正比，与长度（$L$）成反比，即

$$G=\kappa A/L \tag{1}$$

式中，$\kappa$ 为比例常数，即电导率。当 $A=1m^2$、$L=1m$ 时，$\kappa=1$。可见，$\kappa$ 表示长 1m，截面积为 $1m^2$ 的导体的电导，单位为 $S \cdot m^{-1}$。对电解质而言，$\kappa$ 就是电极面积为 $1m^2$，相距为 1m 时，$1m^3$ 溶液的电导。

2. 摩尔电导率

在相距 1m 的两个平行电极之间，放置含有 1mol 电解质的溶液，此溶液的电导称为摩尔电导率，用 $\Lambda_m$ 表示，单位为 $S \cdot m^2 \cdot mol^{-1}$。因为电解质的量规定为 1mol，故电解质溶液的体积随溶液的浓度而改变。若溶液的浓度为 $c(mol \cdot m^{-3})$，则含有 1mol 电解质溶液的体积为

$$V=1/c \quad (m^3 \cdot mol^{-1})$$

这样，摩尔电导率 $\Lambda_m$ 与电导率 $\kappa$ 的关系为

$$\Lambda_m=\kappa V=\kappa/c \quad (S \cdot m^2 \cdot mol^{-1}) \tag{2}$$

在使用摩尔这个单位时，必须明确指出其基本单元。基本单元可以是分子、原子、电子、离子或是这些粒子的特定组合。因而，表示电解质的摩尔电导率时，应标明基本单元。例如，若采用 $1/2BaCl_2$ 为基本单元，则 $\Lambda_m(BaCl_2)=2\Lambda_m(1/2BaCl_2)$。

当溶液无限稀释时，正负离子之间的影响趋于零，$\Lambda_m$ 可认为到达最大值，用 $\Lambda_\infty$ 表示，称极限摩尔电导。实验证明：当溶液无限稀释时，每种电解质的 $\Lambda_\infty$ 可以认为是两种离子的摩尔电导率的简单加和，即

$$\Lambda_\infty = \Lambda_\infty(+) + \Lambda_\infty(-) \tag{3}$$

3. 难溶电解质硫酸钡的溶度积

在硫酸钡的饱和溶液中，存在下列平衡

$$BaSO_4(s) \rightleftharpoons Ba^{2+}(aq) + SO_4^{2-}(aq)$$

在一定的温度下，其溶度积为

$$K_{sp}^{\ominus}(BaSO_4) = [c(Ba^{2+})/c^{\ominus}][c(SO_4^{2-})/c^{\ominus}] \tag{4}$$

由于硫酸钡的溶解度很小，它的饱和溶液可近似地看成无限稀释的溶液，则

$$\Lambda_\infty(BaSO_4) = \Lambda_\infty(Ba^{2+}) + \Lambda_\infty(SO_4^{2-}) \tag{5}$$

式中，$\Lambda_\infty(Ba^{2+})$ 和 $\Lambda_\infty(SO_4^{2-})$ 可查阅物理化学手册❶。因此，只要测得硫酸钡饱和溶液的电导率 $\kappa(BaSO_4)$ [或电导 $G(BaSO_4)$ ] 即可采用式（2）计算出硫酸钡饱和溶液的摩尔浓度（即溶解度）$c(BaSO_4)$。即

$$c(BaSO_4) = \frac{\kappa(BaSO_4)}{\Lambda_\infty(BaSO_4)}(mol \cdot m^{-3}) = \frac{\kappa(BaSO_4)}{1000\Lambda_\infty(BaSO_4)}(mol \cdot L^{-1}) \tag{6}$$

则

$$K_{sp}^{\ominus}(BaSO_4) = [c(Ba^{2+})/c^{\ominus}][c(SO_4^{2-})/c^{\ominus}] = \left[\frac{\kappa(BaSO_4)}{1000\Lambda_\infty(BaSO_4)}\right]^2 \tag{7}$$

应注意的是，测得的硫酸钡饱和溶液的电导率 $\kappa$(BaSO$_4$ 溶液) [或电导 $G$(BaSO$_4$ 溶液) ] 都包括了水电离出的 $H^+$ 和 $OH^-$ 的 $\kappa(H_2O)$ [或 $G(H_2O)$ ]，所以

$$\kappa(BaSO_4) = \kappa(BaSO_4\ 溶液) - \kappa(H_2O) \tag{8}$$

或

$$G(BaSO_4) = G(BaSO_4\ 溶液) - G(H_2O) \tag{8'}$$

将式（8）代入式（7）得

$$K_{sp}^{\ominus}(BaSO_4) = \left[\frac{\kappa(BaSO_4\ 溶液) - \kappa(H_2O)}{1000\Lambda_\infty(BaSO_4)}\right]^2 \tag{9}$$

由式（1）、式（8′）和式（9）也可得

$$K_{sp}^{\ominus}(BaSO_4) = \left\{\frac{[G(BaSO_4\ 溶液) - G(H_2O)]L/A}{1000\Lambda_\infty(BaSO_4)}\right\}^2 \tag{10}$$

式中，$L/A$ 为电导池常数或电极常数。因为在电导池中，电极距离和面积是一定的，所以对每一电极来说，$L/A$ 为常数。如 DDS-11A 电导率仪的每一电极上都标明了电极常数之值。

---

❶ 25℃时，无限稀释的 $\frac{1}{2}c(Ba^{2+})$、$\frac{1}{2}c(SO_4^{2-})$ 的摩尔电导率为

$\Lambda_\infty(1/2Ba^{2+}) = 63.64 \times 10^{-4} S \cdot m^2 \cdot mol^{-1}$

$\Lambda_\infty(1/2SO_4^{2-}) = 79.8 \times 10^{-4} S \cdot m^2 \cdot mol^{-1}$

$$\Lambda_\infty(BaSO_4) = 2\Lambda_\infty(\frac{1}{2}BaSO_4) = 2[\Lambda_\infty(\frac{1}{2}Ba^{2+}) + \Lambda_\infty(\frac{1}{2}SO_4^{2-})]$$
$$= 2 \times (63.64 + 79.8) \times 10^{-4} S \cdot m^2 \cdot mol^{-1} = 286.88 \times 10^{-4} S \cdot m^2 \cdot mol^{-1}$$

【仪器、药品及材料】

1. 仪器

电导率仪或电导仪，天平，离心机，烧杯（50mL），量筒（50mL），普通过滤装置，药匙。

2. 药品

$BaCl_2$（A. R.），$Na_2SO_4 \cdot 10H_2O$（A. R.）。

【实验步骤】

1. 硫酸钡沉淀的制备

分别称取 0.21g $BaCl_2$ 和 0.32g $Na_2SO_4 \cdot 10H_2O$ 晶体，将称得的晶体分别放于两个50mL干净的烧杯中，各加入蒸馏水 20mL，搅拌使其溶解（必要时可微热）。将盛有 $Na_2SO_4$ 溶液的小烧杯加热，在搅拌下缓慢将 $BaCl_2$ 溶液滴加到 $Na_2SO_4$ 溶液中，直至 $BaCl_2$ 溶液加完后，再继续加热至沸 3～5min，静置，陈化（陈化的时间应多于 15min）。

将陈化后的硫酸钡沉淀的上清液弃去，用近沸纯水采取离心分离或倾泻法洗涤沉淀至无氯离子（即按 2 的方法配制的硫酸钡饱和溶液的电导率不变）为止。即制得纯净的硫酸钡沉淀。

2. 硫酸钡饱和溶液的制备

将制得的硫酸钡沉淀置于 50mL 的烧杯中，加入 25mL 蒸馏水[1]，加热 3～5min（注意不断搅拌），静置冷却至室温，过滤。滤液备测定用。

3. 测定电导率或电导

① 按规定的使用方法，用电导率仪或电导仪测定硫酸钡饱和溶液的电导率 $\kappa$ 或电导 $G$。

② 取 20mL 制备硫酸钡饱和溶液时的纯水，测定其电导率 $\kappa$ 或电导 $G$（测定时的操作要迅速）。

【数据记录及处理】

表 11-1 数据记录及计算结果

| 室温/℃ | $\kappa(BaSO_4$ 溶液$)/S \cdot m^{-1}$ | $\kappa(H_2O)/S \cdot m^{-1}$ | $K_{sp}^{\ominus}(BaSO_4)$ |
|---|---|---|---|
| | | | |

【预习思考题】

1. 制备硫酸钡沉淀时应注意什么？
2. 制备好的硫酸钡为什么要陈化？
3. 如何正确使用电导仪？

# 实验 12 分光光度法测定 $[Ti(H_2O)_6]^{3+}$、$[Cu(H_2O)_6]^{2+}$ 和 $[Cu(NH_3)_6]^{2+}$ 的分裂能

【实验目的】

1. 初步了解分光光度法测定配合物分裂能的原理和方法。

2. 了解配合物的吸收光谱。

---

[1] 本实验所用纯水的电导率 $\kappa(H_2O) < 5\times10^{-4} S \cdot m^{-1}$ 或 $5\mu S \cdot m^{-1}$ 时，可使 $K_{sp}^{\ominus}(BaSO_4)$ 测定值接近文献值（$1.1\times10^{-10}$，天津大学，无机化学，高等教育出版社）。

3. 通过实验进一步认识配体对配合物分裂能的影响。

4. 学习分光光度计的使用方法。

## 【实验原理】

过渡金属离子的 d 轨道在配体晶体场的影响下，会发生能级的分裂。以配离子 $[Ti(H_2O)_6]^{3+}$ 为例，在八面体场的影响下，$Ti^{3+}$ 的五条简并 d 轨道分裂为能量较低的三重简并 $t_{2g}$ 轨道和能量较高的二重简并 $e_g$ 轨道。$e_g$ 与 $t_{2g}$ 轨道的能级差称为 d 轨道的分裂能（$\Delta_o$ 或 10Dq）。配离子 $[Ti(H_2O)_6]^{3+}$ 的中央体 $Ti^{3+}$（$3d^1$）仅有一个 3d 电子，基态时，该电子处于能量较低的 $t_{2g}$ 轨道，它可以通过吸收一定波长的可见光而跃迁到能量较高的空 $e_g$ 轨道上，这种跃迁称 d-d 跃迁。d-d 跃迁所吸收的可见光的能量应等于 $e_g$ 和 $t_{2g}$ 轨道间的能级差（$E_{e_g}-E_{t_{2g}}$），即 $\Delta_o$ 或 10Dq。

$$E_{光}=h\nu=\frac{hc}{\lambda}=E_{e_g}-E_{t_{2g}}=\Delta_o$$

式中，$h$ 为普朗克常数，$6.626\times10^{-34}\,J\cdot s=3.336\times10^{-11}\,cm^{-1}\cdot s$；$c$ 为光速，$2.9979\times10^{10}\,cm\cdot s^{-1}$；$E$ 为可见光的能量，$cm^{-1}$；$\nu$ 为频率，$s^{-1}$；$\lambda$ 为波长，nm。

因为 $$hc=3.336\times10^{-11}\,cm^{-1}\cdot s\times2.9979\times10^{10}\,cm\cdot s^{-1}=1$$

所以 $$\Delta_o=\frac{1}{\lambda}(nm^{-1})=\frac{1}{\lambda}\times10^7(cm^{-1})$$

波长 $\lambda$ 值可通过吸收光谱求得：选取一定浓度的 $[Ti(H_2O)_6]^{3+}$ 溶液，用分光光度计测出不同波长下的吸光度 $A$，以 $A$ 为纵坐标、$\lambda$ 为横坐标作图可得吸收曲线，曲线峰值对应的波长 $\lambda_{max}$ 为 $[Ti(H_2O)_6]^{3+}$ 的最大吸收波长，即

$$\Delta_o=\frac{1}{\lambda_{max}}\times10^7(cm^{-1})$$

对于配合离子 $[Cu(H_2O)_6]^{2+}$ 和 $[Cu(NH_3)_6]^{2+}$，$Cu^{2+}$ 在极性分子 $H_2O$、$NH_3$ 的作用下，其 d 轨道同样也发生分裂，得到 $e_g$ 和 $t_{2g}$ 轨道组，其电子排布为 $t_{2g}^6e_g^3$，它们的吸收光谱和 $[Ti(H_2O)_6]^{3+}$ 相似，只是吸收峰的波长不同。在这两个配离子中，由于与 $Cu^{2+}$ 配合的配体不同，产生的分裂能 $\Delta_o$ 也不同。相对于配体 $H_2O$ 来说，配体 $NH_3$ 属于强场配体，配合物的分裂能较大，所以在配离子的吸收光谱中，后者的吸收峰向较高的频率移动（蓝移）。同理，$[Cu(H_2O)_6]^{2+}$、$[Cu(NH_3)_6]^{2+}$ 的分裂能 $\Delta_o$ 也可以通过吸收光谱求得。

## 【仪器、药品及材料】

1. 仪器

可见分光光度计，比色管（10mL），滴管。

2. 药品

$TiCl_3$（15%～20%），$CuSO_4$（$0.1mol\cdot L^{-1}$），$NH_3\cdot H_2O$（浓）。

## 【实验步骤】

1. 溶液配制

取两支比色管，其中一支加入 2.0mL 15%～20% $TiCl_3$，用蒸馏水稀释至 10mL；另一支加入 1.0mL $0.1mol\cdot L^{-1}$ $CuSO_4$，用浓氨水稀释至 10mL，备用。

2. 不同波长时溶液吸光度的测定

在波长范围 360～830nm 内，以蒸馏水为参比，每隔 10nm 波长分别测定以上两种溶液和

$0.1mol\cdot L^{-1}CuSO_4$ 的吸光度，在吸收峰前后20nm处可使波长间隔为5nm或2.5nm进行测定。

【数据记录及处理】

1. 数据记录

见表12-1。

**表12-1 不同波长时的吸光度**

| 波长/nm | | 360 | 370 | | | | | | | |
|---|---|---|---|---|---|---|---|---|---|---|
| $A$ | $[Ti(H_2O)_6]^{3+}$ | | | | | | | | | |
| | $[Cu(H_2O)_6]^{2+}$ | | | | | | | | | |
| | $[Cu(NH_3)_6]^{2+}$ | | | | | | | | | |

2. 吸收曲线绘制

依实验得到的波长($\lambda$)和对应的吸光度($A$)分别绘出 $[Ti(H_2O)_6]^{3+}$、$[Cu(H_2O)_6]^{2+}$、$[Cu(NH_3)_6]^{2+}$ 等离子的吸收曲线。

3. 配离子分裂能（$\Delta_o$）的计算

在吸收曲线上找到最高峰所对应的波长 $\lambda_{max}$，计算各离子的分裂能（$\Delta_o$）。

【预习思考题】

1. 影响配离子分裂能的主要因素是什么？$[Cu(H_2O)_6]^{2+}$ 和 $[Cu(NH_3)_6]^{2+}$ 存在分裂能差别的主要原因是什么？

2. 配合物溶液的浓度对测定吸光度和计算分裂能有无影响？

3. 使用分光光度计应注意什么？

4. 完成一次测定后，需立即把比色皿洗净（尤其是测定 $[Ti(H_2O)_6]^{3+}$ 配离子），为什么？

# 实验13 磺基水杨酸合铁(Ⅲ)配合物的组成与稳定常数的测定

【实验目的】

1. 了解分光光度法测定配合物的组成及配合物的稳定常数的原理和方法。

2. 学习分光光度计的使用方法及有关数据的处理。

【实验原理】

分光光度法是测定配合物组成的一种十分有效的方法。一束波长一定的单色光通过有色溶液时，一部分被有色物质吸收，有色物质对光的吸收程度，可用该物质的吸光度 $A$（也称光密度或消光度）表示，它与有色溶液的液层厚度 $b$ 和浓度 $c$ 的乘积成正比。这一规律称为朗伯-比耳定律，其数学表达式为

$$A=\varepsilon bc$$

式中，$b$ 的单位为cm；$c$ 的单位为 $mol\cdot L^{-1}$；$\varepsilon$ 为摩尔吸光系数，波长一定时，它是有色物质的一个特征常数。

若入射光的波长、温度及比色皿厚度均一定，则 $A$ 只与有色溶液的浓度成正比。

设中心离子和配位体在给定条件下反应，只生成一种有色配离子或配合物，则此溶液的吸光度与有色配离子或配合物的浓度成正比，通过对溶液吸光度的测定，可以求出该配离子

的组成和稳定常数。下面介绍一种常用的测定方法——等摩尔系列法。

保持溶液中中心离子的浓度与配位体的浓度之和不变，配制一系列中心离子和配位体浓度比不同的混合溶液，测定其吸光度。以吸光度对摩尔分数作图，则从图上可求出吸光度的最大值。显然，与此最大值相对应的溶液的组成即是配合物的组成，因为只有在组成与配合物组成一致的溶液中，形成的配合物的浓度最大，因而其对光的吸收也最大。若形成的配合物不够稳定，离解使曲线转折点不够明显，则可能过横坐标的两个端点向曲线作切线，切线交点对应的溶液的组成即为配合物组成，如图 13-1 所示，切线交点对应的溶液的组成为：

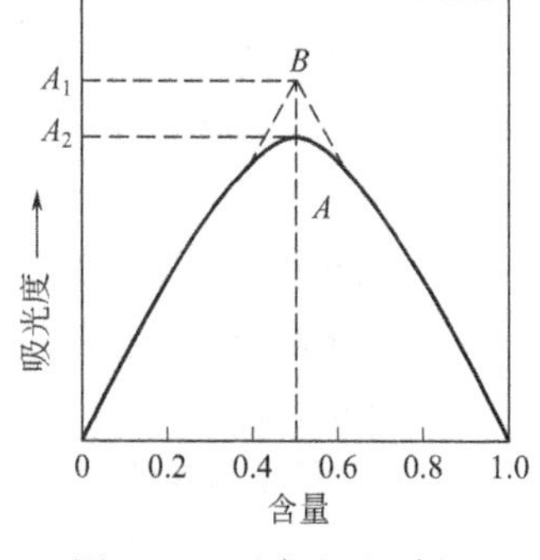

图 13-1　吸光度-组成图

总物质的量＝配位体物质的量＋中心离子物质的量

配合物摩尔分数＝配位体物质的量/总物质的量＝0.5

中心离子摩尔分数＝中心离子物质的量/总物质的量＝0.5

配位数 $n$＝配位体物质的量/中心离子摩尔分数＝0.5/0.5＝1

即该配合物的组成为 ML。

最大吸光度值 $A_1$ 可被认为是 M 和 L 全部形成配合物时的吸光度，由于配离子有一部分离解，其浓度要稍小一些，所以实验测得的最大吸光值为 $A_2$。因此配离子的离解度 $\alpha$ 可表示为

$$\alpha=\frac{A_1-A_2}{A_1}$$

再根据 1∶1 组成配合物的关系式即可求出稳定常数 $K^{\ominus}$。

$$\mathrm{M} \quad + \quad \mathrm{L} \rightleftharpoons \mathrm{ML}$$

平衡浓度　　$c\alpha$　　$c\alpha$　　$c-c\alpha$

$$K^{\ominus}=\frac{c(\mathrm{ML})/c^{\ominus}}{[c(\mathrm{M})/c^{\ominus}][c(\mathrm{L})/c^{\ominus}]}=\frac{1-\alpha}{c\alpha^2}$$

式中，$c$ 为吸光度达到最大值时（即 A 点）溶液中中心离子的总（摩尔）浓度。

磺基水杨酸与 $Fe^{3+}$ 形成的螯合物的组成因溶液 pH 不同而不同：pH 为 2～3 时，生成紫红色的螯合物（1∶1 型）；pH 为 4～9 时，生成红色的螯合物（1∶2 型）；pH 为 9～11.5 时，生成黄色的螯合物（1∶3 型）；pH＞12 时，有色螯合物被破坏而生成 Fe$(OH)_3$ 沉淀。

**【仪器、药品及材料】**

1. 仪器

分光光度计，吸量管（10mL），容量瓶（100mL），烧杯（50mL）。

2. 药品

$HClO_4$（0.01mol·L$^{-1}$），磺基水杨酸（$H_3L$）（0.0100mol·L$^{-1}$）[1]，硫酸高铁铵（0.0100mol·L$^{-1}$）[1]。

**【实验步骤】**

1. 系列溶液的配制

① 配制 0.0010mol·L$^{-1}$ $Fe^{3+}$ 和磺基水杨酸溶液　准确吸取 10.00mL 0.0100mol·L$^{-1}$

[1] 用 0.01mol·L$^{-1}$ $HClO_4$ 作溶剂配制。

$Fe^{3+}$溶液于100mL容量瓶中，用0.01mol·$L^{-1}$ $HClO_4$ 溶液稀释至刻度，摇匀备用。用同法配制0.0010mol·$L^{-1}$ 磺基水杨酸溶液。

② 配制系列溶液　用三支10mL吸量管按表13-1中列出的体积，分别吸取0.01mol·$L^{-1}$ $HClO_4$、0.0010mol·$L^{-1}$ $Fe^{3+}$溶液和0.0010mol·$L^{-1}$ 磺基水杨酸溶液，一一注入已编号的11个干燥的50mL小烧杯中，摇匀。

2. 测定系列溶液的吸光度

用分光光度计在500nm波长下，以蒸馏水为参比，测定系列溶液的吸光度，将测得的数据记入下表。

## 【数据记录及处理】

1. 将实验数据记录于表13-1。

**表13-1　磺基水杨酸合铁（Ⅲ）溶液的吸光度**

| 序号 | $V$(0.01mol·$L^{-1}$ $HClO_4$)/mL | $V$(0.001mol·$L^{-1}$ $Fe^{3+}$)/mL | $V$(0.001mol·$L^{-1}$ 磺基水杨酸)/mL | 磺基水杨酸摩尔分数 | 吸光度 $A$ |
|---|---|---|---|---|---|
| 1 | 10.0 | 10.0 | 0.0 | | |
| 2 | 10.0 | 9.0 | 1.0 | | |
| 3 | 10.0 | 8.0 | 2.0 | | |
| 4 | 10.0 | 7.0 | 3.0 | | |
| 5 | 10.0 | 6.0 | 4.0 | | |
| 6 | 10.0 | 5.0 | 5.0 | | |
| 7 | 10.0 | 4.0 | 6.0 | | |
| 8 | 10.0 | 3.0 | 7.0 | | |
| 9 | 10.0 | 2.0 | 8.0 | | |
| 10 | 10.0 | 1.0 | 9.0 | | |
| 11 | 10.0 | 0.0 | 10.0 | | |

2. 数据处理

以吸光度为纵坐标对磺基水杨酸的体积分数作图，从图中找出最大吸收峰，求出配离子的组成和稳定常数。

## 【预习思考题】

1. 用等摩尔系列法测定配合物组成时，为什么说溶液中的离子与配位体的物质的量之比正好与配离子组成相同时，配离子的浓度最大？

2. 在测定吸光度时，如果温度变化较大，对测得的稳定常数有何影响？

3. 实验中，每个溶液的pH值是否一样？如不一样对结果有何影响？

4. 在使用比色皿时，操作上有哪些应注意之处？

# 第三部分　元素及其化合物性质实验

## 实验 14　s 区重要化合物的性质

### 【实验目的】

1. 了解钾、钠、镁、钙、钡等单质、氧化物和氢氧化物的性质，对个别单质及化合物进行实验。

2. 通过实验比较钾、钠、镁、钙、钡等有关盐类的溶解性。

3. 初步掌握活泼金属使用时的安全措施。

### 【理论概要】

s 区元素的单质都是较活泼的金属，特别是碱金属，其熔点、沸点和硬度都较低，密度也较小，是典型的轻金属。例如，钾和钠在空气中易被氧化，用小刀可以切割块状的金属，新鲜的金属表面可以看到银白色的金属光泽，但与空气接触后，由于在表面生成一层氧化膜而使颜色变暗。金属钠在空气中燃烧可以直接得到过氧化钠，也可与水发生激烈的作用，因而一般储存在煤油中。碱土金属的活泼性较碱金属稍差，如金属镁与冷水反应很慢，但在加热时反应加快。

碱金属的氢氧化物易溶于水，固体碱具有很强的吸湿性，极易潮解，因此固体 NaOH 是常用的干燥剂。碱土金属的氢氧化物在水中的溶解度一般都不大，同族元素的氢氧化物的溶解度从上到下加大，这是由于随着离子半径的加大，阳离子与阴离子之间的吸引力逐渐减小，容易被水分子拆开的缘故。

碱金属的盐类一般都易溶于水，但也有一些锂盐和少数具有较大阴离子的盐，如 $Na[Sb(OH)_6]$、$KHC_4H_4O_6$、$KClO_4$ 等较难溶于水。碱土金属盐的重要特征是其微溶性，除氯化物、硝酸盐、硫酸镁、铬酸镁易溶于水外，其余的碳酸盐、硫酸盐、草酸盐和铬酸盐等都难溶。

碳酸铵溶液与镁盐溶液只有在煮沸或持久放置时才能生成白色碱式碳酸镁沉淀。如果有强酸的铵盐存在，则无沉淀生成。因为当碳酸铵加入时，高浓度的铵离子将减少溶液中的碳酸根离子的浓度，以致不能达到碳酸镁的溶度积。

碱金属、钙、锶、钡等挥发性盐在无色的火焰中灼烧时，能使火焰呈现出一定的颜色，这叫“焰色反应”。碱金属和几种碱土金属的焰色如表 14-1 所示。利用焰色反应，可以根据火焰的颜色定性鉴别这些元素的存在。

**表 14-1　碱金属和几种碱土金属的焰色**

| 离子 | $Li^+$ | $Na^+$ | $K^+$ | $Rb^+$ | $Cs^+$ | $Ca^{2+}$ | $Sr^{2+}$ | $Ba^{2+}$ |
|---|---|---|---|---|---|---|---|---|
| 焰色 | 红 | 黄 | 紫 | 紫红 | 紫红 | 橙红 | 洋红 | 黄绿 |

【仪器、药品及材料】

1. 仪器

镊子，瓷坩埚，带玻璃棒的镍丝，钴玻璃，酒精灯，小试管（10mm×75mm），小烧杯（50mL），小玻璃棒，试管夹，漏斗。

2. 药品

酸：HCl（2.0mol·$L^{-1}$，浓），HAc（2.0mol·$L^{-1}$）。

碱：NaOH（1.0mol·$L^{-1}$），$NH_3 \cdot H_2O$（1.0mol·$L^{-1}$）。

盐：LiCl（0.10mol·$L^{-1}$，1.0mol·$L^{-1}$），$MgCl_2$（0.10mol·$L^{-1}$），$CaCl_2$（0.10mol·$L^{-1}$，1.0mol·$L^{-1}$），$BaCl_2$（0.10mol·$L^{-1}$，1.0mol·$L^{-1}$），NaCl（0.10mol·$L^{-1}$，1.0mol·$L^{-1}$，饱和），$Na_2CO_3$（0.10mol·$L^{-1}$，0.50mol·$L^{-1}$），$K_2CrO_4$（0.10mol·$L^{-1}$），$Na_2HPO_4$（0.10mol·$L^{-1}$），$Na_2SO_4$（1.0mol·$L^{-1}$），$Na_3[Co(NO_2)_6]$（0.10mol·$L^{-1}$），$(NH_4)_2C_2O_4$（饱和），$K[Sb(OH)_6]$（饱和），酒石酸氢钾（饱和），$NH_4Cl$（饱和），KCl（1.0mol·$L^{-1}$），$SrCl_2$（1.0mol·$L^{-1}$）。

其他：金属钠，镁条，pH 试纸，砂纸。

【试验内容】

1. 金属钠与氧气及水的作用

用镊子取出米粒大小的金属钠，用滤纸擦干表面的煤油，进行如下实验。

① 把一块金属钠放到盛有 30mL 水的 50mL 烧杯中（为了安全，最好事先准备一个合适的漏斗，当金属钠放入水后，立即将漏斗盖在烧杯上），观察反应情况，检查反应后所得溶液的酸碱性。

② 把一块金属钠放到瓷坩埚内微热至开始燃烧后，立即停止加热。观察产物的颜色和状态。冷却后把产物放到盛有少量水的试管中，立即检验管口有无氧气放出。并检验所得溶液的酸碱性和氧化还原性。

解释以上所观察到的实验现象。

2. 金属镁与水的作用

取两小段镁条，用砂纸擦去表面的氧化物，分别放入两支加有少量水的小试管中，观察在室温和加热时的反应情况，并检查溶液的酸碱性。

3. 碱土金属氢氧化物的性质

（1）氢氧化镁的性质

在三支小试管中各加入 2 滴 0.10mol·$L^{-1}$ $MgCl_2$ 溶液，再各逐滴加入 1～3 滴 1.0mol·$L^{-1}$ NaOH 溶液，观察生成的 $Mg(OH)_2$ 的颜色和状态。然后分别逐滴加入饱和 $NH_4Cl$、2.0mol·$L^{-1}$ HCl、2.0mol·$L^{-1}$ NaOH 溶液，观察现象，并加以解释。

（2）碱土金属氢氧化物的溶解度

① 在三支小试管中分别加入 2 滴 0.10mol·$L^{-1}$ $MgCl_2$、$CaCl_2$、$BaCl_2$，再各加入 4 滴 1.0mol·$L^{-1}$ NaOH 溶液，摇匀。观察现象并加以解释。

② 用 1.0mol·$L^{-1}$ $NH_3 \cdot H_2O$ 代替 NaOH 进行上述实验。

通过比较，得出碱土金属氢氧化物溶解度变化的情况。

4. 碱金属和碱土金属盐类的溶解性

（1）钠的微溶性盐

在一支小试管中加入 5 滴 1.0mol·$L^{-1}$ NaCl 溶液和 5 滴饱和 $K[Sb(OH)_6]$ 溶液，放置

数分钟，观察生成沉淀的颜色和形状。

$$Na^{+}+K[Sb(OH)_6] = K^{+}+Na[Sb(OH)_6]\downarrow$$

如无沉淀生成，可用玻璃棒摩擦试管内壁，放置后再观察。实验时应保持溶液呈微碱性，因为在酸性条件下会产生白色无定形锑酸沉淀，干扰对 $Na[Sb(OH)_6]$ 的判断。$Na[Sb(OH)_6]$ 沉淀的特点是呈颗粒形的晶状，密度较大，很快沉到试管底部或结晶在试管壁上。可以在饱和 $K[Sb(OH)_6]$ 溶液中加入1滴 2.0mol·L$^{-1}$ HCl 溶液来进行对比。

（2）钾的微溶性盐

① 在一支小试管中加入4滴 1.0mol·L$^{-1}$ KCl 溶液，再加入5滴饱和酒石酸氢钠 $NaHC_4H_4O_6$ 溶液，放置数分钟，如无沉淀生成，可用玻璃棒摩擦试管内壁，放置后再观察。

$$KCl+NaHC_4H_4O_6 = KHC_4H_4O_6\downarrow+NaCl$$

② 在一支小试管中加入2滴 1.0mol·L$^{-1}$ KCl 和2滴 $Na_3[Co(NO_2)_6]$ 溶液，会观察到黄色 $K_2Na[Co(NO_2)_6]$ 沉淀。

（3）碱土金属碳酸盐的溶解性

① 自行设计实验，将 0.1mol·L$^{-1}$ $MgCl_2$、$CaCl_2$、$BaCl_2$ 溶液（各取少量溶液1～2滴）分别与少量 0.10mol·L$^{-1}$ $Na_2CO_3$ 溶液作用，观察沉淀的生成。再将所得沉淀分别与 2.0mol·L$^{-1}$ 的 HAc 及 HCl 溶液进行反应，解释观察到的现象。

② 于三支小试管中分别滴入2滴 0.10mol·L$^{-1}$ $MgCl_2$、$CaCl_2$、$BaCl_2$ 溶液，然后分别在每支试管中加入1滴 2.0mol·L$^{-1}$ $NH_3\cdot H_2O$ 和1滴 2.0mol·L$^{-1}$ $NH_4Cl$ 溶液，摇匀，再加入2滴 0.50mol·L$^{-1}$ $Na_2CO_3$ 溶液，观察现象，进行解释。

**注意：**可能会生成 $[Mg(CO_3)_2]^{2-}$ 而溶解。

（4）碱土金属草酸盐的溶解性

分别用少量的 0.10mol·L$^{-1}$ $MgCl_2$、$CaCl_2$、$BaCl_2$ 溶液与少量饱和 $(NH_4)_2C_2O_4$ 溶液作用，观察沉淀的生成，并试验其分别与 2.0mol·L$^{-1}$ HAc 及 HCl 溶液作用，解释现象。

（5）碱土金属铬酸盐的溶解性

分别试验 0.10mol·L$^{-1}$ $MgCl_2$、$CaCl_2$、$BaCl_2$ 溶液与 0.10mol·L$^{-1}$ $K_2CrO_4$ 溶液作用，观察现象。并试验沉淀分别与 2.0mol·L$^{-1}$ HAc 及 HCl 溶液作用，解释观察到的现象。

（6）磷酸铵镁的生成（可用作 $Mg^{2+}$ 的鉴定）

于一支小试管中滴入2滴 0.10mol·L$^{-1}$ $MgCl_2$ 溶液、1滴 2.0mol·L$^{-1}$ HCl 和 0.20mol·L$^{-1}$ $Na_2HPO_4$ 溶液，再滴加 2.0mol·L$^{-1}$ $NH_3\cdot H_2O$，观察 $Mg(NH_4)PO_4$ 白色沉淀的生成。

$$Mg^{2+}+HPO_4^{2-}+NH_3 = MgNH_4PO_4\downarrow$$

（7）碱土金属硫酸盐的生成

于三支小试管中分别滴入2滴 0.10mol·L$^{-1}$ $MgCl_2$、$CaCl_2$、$BaCl_2$ 溶液，然后再各加入3滴 1.0mol·L$^{-1}$ $Na_2SO_4$ 溶液，观察沉淀的生成。

5.焰色反应

将镍丝先蘸浓 HCl，在氧化火焰中烧（可反复几次）至火焰无色，则镍丝已清洗好可蘸取待试验溶液，再在火焰上灼烧，观察火焰的不同颜色。如上清洗后，再进行下一种溶液的实验。

先后测试 1.0mol·L$^{-1}$ LiCl、KCl、NaCl、$CaCl_2$、$SrCl_2$、$BaCl_2$，火焰的颜色分别为红色、紫色、黄色、砖红（橙红）、洋红、黄绿色。观察钾盐的火焰时，可用钴玻璃滤光后再观察。

【预习思考题】

1. 为什么 $BaSO_4$、$BaCrO_4$、$BaCO_3$ 在 HAc 和 HCl 溶液中的溶解情况不同？

2. 用 $Na_3[Co(NO_2)_6]$ 与钾盐反应时，溶液的不同酸碱性会有什么影响？

3. 用 $(NH_4)_2CO_3$ 沉淀 $Ba^{2+}$ 时，为什么需先加入氨水？

4. 在取用金属 Na，并进行其与 $H_2O$ 和 $O_2$ 作用时，应注意什么安全问题？

5. 为什么碱金属和碱土金属单质一般都宜放在煤油中保存？它们的化学活泼性如何递变？

6. 在进行小试管加热溶液的操作中，应注意哪些问题？

# 实验 15 p区重要非金属化合物的性质

【实验目的】

通过实验加深理解 p 区重要非金属化合物的性质及其规律。

1. 卤素单质氧化性，卤素阴离子和卤化氢的还原性及其递变规律。

2. 过氧化氢、硫化氢及硫化物的性质。

3. 次氯酸盐和氯酸盐的氧化性及酸度对它们氧化性的影响。

4. 亚硫酸、硫代硫酸、亚硝酸及其盐的性质。

5. 掌握 $S^{2-}$、$S_2O_3^{2-}$、$SO_3^{2-}$、$NH_4^+$、$NO_2^-$、$NO_3^-$、$PO_4^{3-}$ 的鉴定方法。

6. 了解氯、溴、氯酸盐、硫化氢、氮的氧化物等毒性及安全知识。

【理论概要】

p 区重要非金属化合物性质简介。

1. 含氧酸及其盐的性质见表 15-1。

2. 硫化氢和硫化物的性质见表 15-2。

【仪器、药品及材料】

1. 仪器

离心机，微型离心管，小烧杯（50mL），小试管（10mm×75mm），小玻璃棒，试管夹，酒精灯等。

2. 药品

酸：HCl（$2.0mol \cdot L^{-1}$，$6.0mol \cdot L^{-1}$，浓），$H_2SO_4$（$3.0mol \cdot L^{-1}$，浓），$HNO_3$（$6.0mol \cdot L^{-1}$，浓），HAc（$2.0mol \cdot L^{-1}$），$H_2S$（饱和），王水（新鲜配制）。

碱：NaOH（$2.0mol \cdot L^{-1}$）。

盐：$Na_2S$（$0.10mol \cdot L^{-1}$），$Na_2SO_3$（$0.10mol \cdot L^{-1}$），$Na_2S_2O_3$（$0.10mol \cdot L^{-1}$），$NaNO_2$（$0.10mol \cdot L^{-1}$，饱和），$Na_3PO_4$（$0.10mol \cdot L^{-1}$），KI（$0.10mol \cdot L^{-1}$），$KMnO_4$（$0.010mol \cdot L^{-1}$），$KClO_3$（$0.10mol \cdot L^{-1}$），$KNO_3$（$0.10mol \cdot L^{-1}$），$NH_4Cl$（$0.10mol \cdot L^{-1}$），$FeCl_3$（$0.10mol \cdot L^{-1}$），$(NH_4)_2MoO_4$（$0.10mol \cdot L^{-1}$），$AgNO_3$（$0.10mol \cdot L^{-1}$），$FeSO_4$（$0.10mol \cdot L^{-1}$），$ZnSO_4$（$0.10mol \cdot L^{-1}$，饱和），$CuSO_4$（$0.10mol \cdot L^{-1}$），$CdSO_4$（$0.10mol \cdot L^{-1}$），$Hg(NO_3)_2$（$0.10mol \cdot L^{-1}$），KBr（$0.10mol \cdot L^{-1}$），$MnSO_4$（$0.10mol \cdot L^{-1}$），$BaCl_2$（$0.10mol \cdot L^{-1}$）。

其他：$H_2O_2$（3%），$Na_2[Fe(CN)_5NO]$（1%），$K_4[Fe(CN)_6]$（$0.10mol \cdot L^{-1}$），$CCl_4$(l)，$Cl_2$ 水，$I_2$ 水，淀粉溶液（2%），Zn(s)，$MnO_2$(s)，对氨基苯磺酸（1%），$\alpha$-萘胺（0.1%），奈斯勒试剂，碱性品红。

**表 15-1　p 区重要含氧酸及其盐的性质**

| 族 | 物质 | 氧化值 | 主要性质 | 反应举例 |
|---|---|---|---|---|
| ⅦA | 次氯酸盐 | +1 | 有强氧化性，漂白性 | $ClO^- + Cl^- + 2H^+ = Cl_2\uparrow + H_2O$<br>$ClO^- + Mn^{2+} + 2OH^- = MnO_2\downarrow$(棕色)$+ Cl^- + H_2O$ |
| | 氯酸盐 | +5 | 在酸性介质中具有强氧化性 | $ClO_3^- + 6I^- + 6H^+ = Cl^- + 3I_2 + 3H_2O$ |
| ⅥA | 亚硫酸及其盐 | +4 | 1. 既有氧化性又有还原性，但以还原性为主 | $5H_2SO_3 + 2MnO_4^- = 5SO_4^{2-} + 2Mn^{2+} + 4H^+ + 3H_2O$<br>$H_2SO_3 + 2H_2S = 3S\downarrow + 3H_2O$ |
| | | | 2. 亚硫酸的热稳定性差，易分解 | $H_2SO_3 = SO_2\uparrow + H_2O$ |
| | 硫代硫酸及其盐 | +2 | 1. 具有还原性，与强氧化剂（如 $Cl_2$、$Br_2$ 等）作用被氧化成硫酸盐；与较弱氧化剂（如 $I_2$）作用被氧化为连四硫酸盐 | $S_2O_3^{2-} + 4Cl_2 + 5H_2O = 2SO_4^{2-} + 8Cl^- + 10H^+$<br>$2S_2O_3^{2-} + I_2 = S_4O_6^{2-} + 2I^-$ |
| | | | 2. 硫代硫酸极不稳定，易分解 | $S_2O_3^{2-} + 2H^+ = H_2S_2O_3 = S\downarrow + SO_2\uparrow + H_2O$ |
| ⅥA | 硫酸及其盐 | +6 | 1. 浓 $H_2SO_4$ 具有强氧化性 | $2NaBr(s) + 2H_2SO_4$(浓)$= SO_2\uparrow + Br_2 + Na_2SO_4 + 2H_2O$ |
| | | | 2. 浓 $H_2SO_4$ 具有强吸水性和脱水性 | $C_{12}H_{22}O_{11} \xrightarrow{浓 H_2SO_4} 12C + 11H_2O$ |
| | | | 3. 稀 $H_2SO_4$、硫酸盐无氧化性 | 在氧化还原反应中，常选用稀 $H_2SO_4$ 作为反应的酸性介质 |
| | 过二硫酸盐 | +6<br>结构中有—O—O—链 | 1. 过硫酸盐的热稳定性差，加热易分解 | $K_2S_2O_8 \xrightarrow{\triangle} K_2SO_4 + SO_2\uparrow + O_2\uparrow$ |
| | | | 2. 具有强氧化性 | $2Mn^{2+} + 5S_2O_8^{2-} + 8H_2O \xrightarrow[Ag^+]{\triangle} 2MnO_4^- + 10SO_4^{2-} + 16H^+$ |
| ⅤA | 亚硝酸及其盐 | +3 | 1. 亚硝酸极不稳定，易分解 | $2HNO_2 \rightleftharpoons N_2O_3$(蓝色)$+ H_2O$<br>‖<br>$NO\uparrow + NO_2\uparrow$<br>(棕色) |
| | | | 2. 既有氧化性又有还原性，但以氧化性为主。亚硝酸盐溶液在酸性介质中才显氧化性 | $2NO_2^- + 2I^- + 4H^+ = 2NO\uparrow + I_2 + 2H_2O$<br>$2MnO_4^- + 5NO_2^- + 6H^+ = 2Mn^{2+} + 5NO_3^- + 3H_2O$ |

**表 15-2　硫化氢和硫化物的性质**

| 物质 | 性质 | 举例 |
|---|---|---|
| 硫化氢 | 有毒，有强还原性和弱酸性 | $H_2S + 2Fe^{3+} = 2Fe^{2+} + S\downarrow + 2H^+$<br>$2H_2S + O_2 = 2S\downarrow + 2H_2O$<br>$2H_2S + 3O_2 = 2SO_2\uparrow + 2H_2O$ |

续表

| 物质 | 性质 | 举例 |
| --- | --- | --- |
| 硫化物 | 除碱金属(包括 $NH_4^+$)的硫化物外,大多数硫化物难溶于水,并具有特征的颜色,根据硫化物在酸中溶解情况,可分为四类 | |
| | 1. 溶于稀酸(HCl)的硫化物 | ZnS(白色)、MnS(肉色)、FeS(黑色)等 |
| | 2. 难溶于稀酸(HCl),易溶于较浓 HCl 的硫化物 | CdS(亮黄色)、PbS(黑色)等 |
| | 3. 难溶于稀 HCl、浓 HCl,易溶于 $HNO_3$ 的硫化物 | CuS(黑色)、$Ag_2S$(黑色) |
| | 4. 在 $HNO_3$ 中也难溶,而溶于王水的硫化物 | HgS(黑色) |

3. 材料

滤纸条。

**【实验内容】**

1. $H_2S$ 的还原性

在小试管中加入 1 滴 0.010mol·$L^{-1}$ $KMnO_4$，用 2 滴 3.0mol·$L^{-1}$ $H_2SO_4$ 酸化，再滴加 $H_2S$ 水溶液，观察现象。

自行设计实验，验证 $H_2S$ 与 $FeCl_3$ 的反应。

2. $H_2O_2$ 的性质

(1) $H_2O_2$ 的氧化还原性

① 取 1 滴 0.10mol·$L^{-1}$KI 溶液，用 1 滴 3.0mol·$L^{-1}$ $H_2SO_4$ 酸化，逐滴加入 3% $H_2O_2$，观察现象。

② 用 0.010mol·$L^{-1}$ $KMnO_4$、3.0mol·$L^{-1}$ $H_2SO_4$ 和 3%$H_2O_2$ 自行设计实验，验证 $H_2O_2$ 的还原性。

③ 在一支微型离心管中，加入 2～3 滴 $H_2O_2$ (3%)，加 1 滴 2.0mol·$L^{-1}$ NaOH 使溶液呈碱性，再加 1～2 滴 0.10mol·$L^{-1}$ $MnSO_4$，观察有何现象？离心分离，弃去清液，往沉淀中加 1～2 滴 3.0mol·$L^{-1}$ $H_2SO_4$ 酸化，再逐滴加入 3%$H_2O_2$，观察又有何变化？试对以上实验现象做出解释。

(2) $H_2O_2$ 的分解反应

往盛有 5 滴 3%$H_2O_2$ 的小试管中加入少量 $MnO_2$ 作催化剂，观察反应现象。

3. 硫化物的溶解性

① 在微型离心管中加入 2 滴 0.10mol·$L^{-1}$ $ZnSO_4$ 溶液，滴加 2～3 滴 0.10mol·$L^{-1}$ $Na_2S$，观察现象。离心分离，弃去清液，洗涤沉淀两次，在沉淀中滴加 2.0mol·$L^{-1}$ HCl 数滴，用小玻璃棒搅拌，观察沉淀是否溶解。

② 在两支微型离心管中各加入 2 滴 0.10mol·$L^{-1}$ $CdSO_4$，再各加入 2～3 滴 0.10mol·$L^{-1}$ $Na_2S$，观察沉淀的生成和颜色。离心分离并洗涤后，分别试验沉淀在 2.0mol·$L^{-1}$ HCl 和 6.0mol·$L^{-1}$ HCl 中的溶解情况。

③ 同上操作，用少量 0.10mol·$L^{-1}$ $CuSO_4$ 和 $Na_2S$、自制少量 CuS 沉淀，分别实验其

在 6.0mol·$L^{-1}$ HCl 和浓 $HNO_3$ 中的溶解情况。

④ 取 1 滴 0.10mol·$L^{-1}$ $Hg(NO_3)_2$，制取少量 HgS 沉淀，并试验其在浓 $HNO_3$ 或王水（3∶1 的浓 HCl 和浓 $HNO_3$ 混合溶液）中的溶解情况。

根据以上实验结果，比较四种硫化物的溶解性。

4.氯、硫、氮的含氧酸及其盐的性质

（1）次氯酸盐和氯酸盐的氧化性

① NaClO 的制备　取 $Cl_2$ 水 1mL（约 20 滴），加入 10 滴 2.0mol·$L^{-1}$ NaOH 使溶液呈碱性，并保留溶液做下面实验。

② NaClO 的氧化性和漂白性　取部分上述制备的 NaClO 溶液，加入数滴浓 HCl，观察现象。并用 KI-淀粉试纸（在滤纸条上各滴 1 滴 0.1mol·$L^{-1}$ KI 和淀粉溶液而得）检验所放出的气体。

另取少量 NaClO 溶液，逐滴加入 0.10mol·$L^{-1}$ $MnSO_4$，观察棕色 $MnO_2$ 沉淀的生成。

往 NaClO 溶液中，逐滴加入品红溶液，观察品红退色。

③ $KClO_3$ 的氧化性　采用 0.10mol·$L^{-1}$ $KClO_3$、0.10mol·$L^{-1}$ KI 和 3.0mol·$L^{-1}$ $H_2SO_4$ 设计一个实验，验证 $KClO_3$ 在酸性介质中才具有强氧化性的事实（必要时可加热溶液），写出实验步骤并解释现象。

（2）硫代硫酸、亚硝酸的生成和分解

① 取 5 滴 0.10mol·$L^{-1}$ $Na_2S_2O_3$ 溶液，滴加几滴 3.0mol·$L^{-1}$ $H_2SO_4$，观察现象，并用 $KMnO_4$ 试纸（自制）检验逸出的气体。

② 取 5 滴饱和 $NaNO_2$ 溶液，滴加几滴 3.0mol·$L^{-1}$ $H_2SO_4$，观察溶液的颜色和液面上方气体的颜色，并解释。

（3）$Na_2S_2O_3$ 的还原性

以 $I_2$ 水、$Cl_2$ 水为氧化剂，试验 $Na_2S_2O_3$ 的还原性并验证氧化剂氧化性的强弱对 $Na_2S_2O_3$ 被氧化产物的影响。

（4）亚硫酸及其盐的氧化还原性

① 取 2～3 滴 0.10mol·$L^{-1}$ $Na_2SO_3$ 溶液，用 3.0mol·$L^{-1}$ $H_2SO_4$ 酸化，再滴加几滴饱和 $H_2S$ 水，观察现象。

② 以 $I_2$ 水为氧化剂，试验 $Na_2SO_3$ 的还原性。

（5）亚硝酸盐的氧化还原性

① 在小试管中加入 1 滴 0.10mol·$L^{-1}$ $FeSO_4$ 溶液，用 1 滴 3.0mol·$L^{-1}$ $H_2SO_4$ 酸化，然后滴加 0.10mol·$L^{-1}$ $NaNO_2$，观察现象。

② 设计：用 $KMnO_4$ 在酸性介质中与 $NaNO_2$ 反应，验证 $NO_2^-$ 的还原性。

5. $S^{2-}$、$S_2O_3^{2-}$、$SO_3^{2-}$、$NH_4^+$、$NO_2^-$、$NO_3^-$、$PO_4^{3-}$ 的鉴定

（1）$S^{2-}$ 的鉴定

在小试管中加入 1 滴 0.10mol·$L^{-1}$ $Na_2S$，再加入 1 滴 1% $Na_2[Fe(CN)_5NO]$ 溶液，观察现象。

（2）$S_2O_3^{2-}$ 的鉴定

在小试管中加入 1 滴 0.10mol·$L^{-1}$ $Na_2S_2O_3$ 溶液，再加入 1～2 滴 0.10mol·$L^{-1}$ $AgNO_3$，观察沉淀颜色由白→黄→棕→黑。

(3) $SO_3^{2-}$ 的鉴定

在小试管中加入饱和 $ZnSO_4$ 和 0.10mol·L⁻¹ $K_4[Fe(CN)_6]$ 溶液各1滴，再加1滴 $Na_2[Fe(CN)_5NO]$ 溶液，最后加1滴 0.10mol·$L^{-1}$ $Na_2SO_3$，摇匀，出现红色表示有 $SO_3^{2-}$ 存在。

(4) $NH_4^+$ 的鉴定

取1滴 0.10mol·$L^{-1}$ $NH_4Cl$，加入1滴奈斯勒试剂，观察现象。

(5) $NO_2^-$ 的鉴定

取1滴 0.10mol·$L^{-1}$ $NaNO_2$ 溶液于小试管中，加入2滴 0.02mol·$L^{-1}$ $Ag_2SO_4$ 溶液，若有沉淀生成，离心分离。在清液中加入少量 $FeSO_4$ 固体，摇荡溶解后，加入2滴 2.0mol·$L^{-1}$ HAc 溶液，若溶液呈棕色，表示有 $NO_2$ 存在。

**注意**：$NO_2^-$ 浓度过大时，生成黄色溶液或析出褐色沉淀。

(6) $NO_3^-$ 的鉴定

在小试管中加入2滴 0.1mol·$L^{-1}$ $FeSO_4$，再加入1滴 0.1mol·$L^{-1}$ $KNO_3$ 溶液，摇匀后，将试管斜持，沿试管壁慢慢滴入5滴浓 $H_2SO_4$，由于浓 $H_2SO_4$ 相对密度较水溶液大，溶液分成两层，观察浓 $H_2SO_4$ 和溶液层交接处棕色环的出现。

**注意**：$NO_2^-$ 可发生类似反应，$Br^-$、$I^-$ 存在时生成游离的溴和碘，与环的颜色相似，妨碍鉴定。

(7) $PO_4^{3-}$ 的鉴定

在小试管中加入1滴 $Na_3PO_4$ 溶液（0.1mol·$L^{-1}$）和1滴 $HNO_3$（6.0mol·$L^{-1}$），再加2～3滴钼酸铵试剂（0.1mol·$L^{-1}$），在水浴上微热到40～45℃，观察黄色沉淀的产生。

**【预习思考题】**

1. 氧化还原反应中，能否用 $HNO_3$、HCl 作为反应的酸性介质？为什么？
2. 用 KI 淀粉试纸检验 $Cl_2$ 时，试纸先呈蓝色；当在 $Cl_2$ 中时间较长时，蓝色又退去，为什么？
3. $Na_2S_2O_3$ 分别被 $I_2$ 和 $Br_2$ 氧化的产物是什么？如何区别？写出有关反应式。
4. 长期放置的 $H_2S$、$Na_2S$ 和 $Na_2SO_3$ 溶液会发生什么变化？写出有关反应式和现象。
5. 为什么在碱性条件下 $H_2O_2$ 可以将 $Mn^{2+}$ 氧化为 $MnO_2$，而在酸性条件下 $MnO_2$ 又反过来将 $H_2O_2$ 氧化，如何理解？
6. 进行本实验需要注意哪些安全问题？

# 实验16　p区重要金属化合物的性质

**【实验目的】**

1. 加深理解 Sb、Bi、Sn、Pb 氢氧化物的酸碱性、盐类的水解性、溶解性、氧化还原性及其递变规律。

2. 加深理解 Sb、Bi、Sn、Pb 的硫化物、硫代酸及其盐的特性。

3. 了解 $Sb^{3+}$、$Bi^{3+}$、$Sn^{2+}$、$Pb^{2+}$ 等离子的鉴定方法。

**【理论概要】**

p区重要金属化合物性质简介。

1. Sb、Bi、Sn、Pb 氢氧化物的酸碱性见表 16-1。

2. Sb(Ⅲ)、Bi(Ⅲ)、Sn(Ⅱ) 的还原性和 Bi(Ⅴ)、Pb(Ⅳ) 的氧化性见表 16-2。

3. As(Ⅲ)、As(Ⅴ)、Sb(Ⅲ)、Sb(Ⅴ)、Bi(Ⅲ)、Sn(Ⅱ)、Sn(Ⅳ)、Pb(Ⅱ) 硫化物的性质见表 16-3。

**表 16-1　Sb、Bi、Sn、Pb 氢氧化物的酸碱性**

| Sb、Bi 氢氧化物 | | Sn、Pb 氢氧化物 | |
|---|---|---|---|
| $Sb(OH)_3$（白色）<br>两性 | $H_3SbO_4$（白色）<br>两性，偏酸性 | $Sn(OH)_2$（白色）<br>两性 | $Sn(OH)_4$（白色）<br>两性，以酸性为主 |
| $Bi(OH)_3$（白色）<br>弱碱性 | $Bi_2O_5 \cdot H_2O$（红色）<br>（不稳定，易分解为 $Bi_2O_3$）弱酸性 | $Pb(OH)_2$（白色）<br>两性，以碱性为主 | $Pb(OH)_4$（棕色）<br>两性，以酸性为主 |
| 碱性增强（↓）<br>酸性　增强（→） | | 碱性增强（↓）<br>酸性　增强（→） | |

**表 16-2　Sb(Ⅲ)、Bi(Ⅲ)、Sn(Ⅱ) 的还原性和 Bi(Ⅴ)、Pb(Ⅳ) 的氧化性**

| 物　质 | 氧化还原性递变规律 | 举　例 |
|---|---|---|
| Sb(Ⅲ)、Bi(Ⅲ)和Bi(Ⅴ) | 还原性减弱（→）<br>Sb(Ⅲ)：既有氧化性又有还原性，但均较弱<br>$\varphi^{\ominus}(Sb^{3+}/Sb)=0.212V$<br>$\varphi^{\ominus}(SbO_3^-/SbO_2^-)=-0.59V$<br>Bi(Ⅲ)：有弱还原性<br>$\varphi^{\ominus}(NaBiO_3/Bi^{3+})=1.8V$<br>Sb(Ⅴ)：在酸性介质中有氧化性，但氧化性不强。如 $H_3SbO_4$ 可氧化浓 HCl 生成 $Cl_2$<br>Bi(Ⅴ)：在酸性介质中有强氧化性<br>氧化性增强（→） | 1. Sb(Ⅲ)氧化还原性<br>$2Sb^{3+}+3Sn = 2Sb\downarrow+3Sn^{2+}$<br>（黑）<br>鉴定 $Sb^{3+}$ 的反应<br>$[Sb(OH)_4]^- +2[Ag(NH_3)_2]^+ +2OH^- = [Sb(OH)_6]^- +2Ag\downarrow +4NH_3\uparrow$<br>2. Bi(Ⅲ)的还原性和 Bi(Ⅴ)的氧化性<br>$Bi(OH)_3+Cl_2+3OH^-+Na^+ = NaBiO_3\downarrow$（棕黄色）$+2Cl^-+3H_2O$<br>$NaBiO_3+6HCl$（浓）$= BiCl_3+NaCl+Cl_2\uparrow+3H_2O$<br>$5NaBiO_3+2Mn^{2+}+14H^+ = 2MnO_4^-+5Na^++5Bi^{3+}+7H_2O$<br>鉴定 $Mn^{2+}$ 的重要反应 |
| Sn(Ⅱ)和Pb(Ⅳ) | 还原性减弱（→）<br>Sn(Ⅱ)：$\varphi^{\ominus}(Sn^{4+}/Sn^{2+})=0.15V$<br>$\varphi^{\ominus}(Sn^{2+}/Sn)=-0.136V$<br>Pb(Ⅱ)：$\varphi^{\ominus}(PbO_2/Pb^{2+})=1.46V$<br>$\varphi^{\ominus}(Pb^{2+}/Pb)=-0.16V$<br>Sn(Ⅳ)　Pb(Ⅳ)<br>氧化性增强（→） | 1. $2HgCl_2+Sn^{2+}+4Cl^- = Hg_2Cl_2\downarrow+[SnCl_6]^{2-}$<br>（适量）（白色）<br>$Hg_2Cl_2+Sn^{2+}+4Cl^- = 2Hg\downarrow+[SnCl_6]^{2-}$<br>（过量）（黑）<br>鉴定 $Sn^{2+}$ 和 $Hg^{2+}$ 的重要反应<br>2. $3[Sn(OH)_4]^{2-}+2Bi^{3+}+6OH^- = 2Bi\downarrow+3[Sn(OH)_6]^{2-}$<br>（黑）<br>鉴定 $Bi^{3+}$ 的重要反应<br>3. $PbO_2+4HCl$（浓）$= PbCl_2+Cl_2\uparrow+2H_2O$ |

**表 16-3　硫化物的性质**

<table>
<tr><td>物　质</td><td>$As_2S_3$<br>（黄色）</td><td>$Sb_2S_3$<br>（橙色）</td><td>$Bi_2S_3$<br>（黑褐色）</td><td>SnS<br>（褐色）</td><td>PbS<br>（黑色）</td><td>$As_2S_5$<br>（黄色）</td><td>$Sb_2S_5$<br>（橙红色）</td><td>$SnS_2$<br>（黄色）</td></tr>
<tr><td rowspan="2">性　质</td><td colspan="5">难溶于水和非氧化性稀酸，易溶于浓 HCl 和 $HNO_3$</td><td colspan="3" rowspan="2">难溶于水和非氧化性稀酸，易溶于浓 HCl、$HNO_3$ 和碱金属硫化物</td></tr>
<tr><td colspan="2">易溶于碱金属硫化物生成硫代酸盐</td><td colspan="3">难溶于碱金属硫化物</td></tr>
</table>

4. $Pb^{2+}$ 盐的溶解性

$Pb^{2+}$ 盐除 $Pb(NO_3)_2$ 和 $Pb(Ac)_2$ 易溶外，一般均难溶于水。分析化学上用此特性作为 $Pb^{2+}$ 鉴定和分离的基础。例如

$Pb^{2+}+2Cl^- = PbCl_2\downarrow$（白色）（易溶于热水、$NH_4Ac$ 和浓 HCl）

$Pb^{2+}+SO_4^{2-} = PbSO_4\downarrow$（白色）（易溶于热浓 $H_2SO_4$ 和 $NH_4Ac$）

$Pb^{2+}+CrO_4^{2-} = PbCrO_4\downarrow$（黄色）（易溶于稀 $HNO_3$、浓 HCl 和浓 NaOH）

$Pb^{2+}+2I^- = PbI_2\downarrow$（红黄色）（易溶于浓 KI）

$Pb^{2+}+CO_3^{2-} = PbCO_3\downarrow$（白色）（易溶于稀酸）

**【仪器、药品及材料】**

1. 仪器

离心机，微型离心管，小烧杯（50mL），小试管（10mm×75mm），小玻璃棒，滴管，试管夹，表面皿，酒精灯等。

2. 药品

酸：HCl（2.0mol·L$^{-1}$，6.0mol·L$^{-1}$，浓），$H_2SO_4$（3.0mol·L$^{-1}$），$HNO_3$（6.0mol·L$^{-1}$，浓），$H_2S$（饱和）。

碱：NaOH（2.0mol·L$^{-1}$，6.0mol·L$^{-1}$），$NH_3\cdot H_2O$（6.0mol·L$^{-1}$）。

盐：$Na_2S$（0.10mol·L$^{-1}$），$Na_2SO_4$（0.10mol·L$^{-1}$），NaCl（0.1mol·L$^{-1}$），KI（0.10mol·L$^{-1}$，2.0mol·L$^{-1}$），$K_2CrO_4$（0.10mol·L$^{-1}$），$AgNO_3$（0.10mol·L$^{-1}$），$HgCl_2$（0.10mol·L$^{-1}$），$MnSO_4$（0.10mol·L$^{-1}$），$SbCl_3$（0.10mol·L$^{-1}$），$BiCl_3$（0.1mol·L$^{-1}$），$Bi(NO_3)_3$（0.1mol·L$^{-1}$），$SnCl_2$（0.10mol·L$^{-1}$），$SnCl_4$（0.10mol·L$^{-1}$），$Pb(NO_3)_2$（0.10mol·L$^{-1}$），$NH_4Ac$（饱和）。

其他：$Cl_2$ 水，$NaBiO_3$(s)，$PbO_2$(s)，Sn 片，淀粉溶液。

3. 材料

滤纸条。

**【实验内容】**

1. 氢氧化物的生成和性质

在两支小试管中各加入 2 滴 0.10mol·L$^{-1}$ $SbCl_3$，再分别滴加 1～2 滴 2.0mol·L$^{-1}$ NaOH，观察沉淀的生成。然后在一支试管中逐滴加入 2.0mol·L$^{-1}$ HCl，在另一支中逐滴加入 2.0mol·L$^{-1}$ NaOH，观察沉淀是否溶解，从而对 $Sb(OH)_3$ 的酸碱性给予说明。

同上操作，用 0.1mol·L$^{-1}$ $Bi(NO_3)_3$、$SnCl_2$、$Pb(NO_3)_2$ 和 2.0mol·L$^{-1}$ NaOH，自制少量的 $Bi(OH)_3$、$Sn(OH)_2$ 和 $Pb(OH)_2$ 沉淀，并分别试验它们在酸、碱中的溶解情况。

**注意**：试验 $Pb(OH)_2$ 的酸碱性时应该采用什么酸，为什么？

取 1 滴 0.10mol·L$^{-1}$ $SbCl_3$，加少量水至有沉淀生成。逐滴加入 2.0mol·L$^{-1}$ HCl 使沉

淀刚好溶解，再加水又有何变化？试用盐类水解的观点给予解释。

以 $BiCl_3$ 溶液代替 $SbCl_3$ 重复上述实验，观察并解释现象。

2. Sb(Ⅲ) 的氧化、还原性

① 在一小片光亮的 Sn 片（或 Sn 箔）上，加 1 滴 $0.10mol \cdot L^{-1}$ $SbCl_3$，观察 Sn 片表面颜色的变化。此反应可以作为鉴定 $Sb^{3+}$ 的特征反应。

② 在一支小试管中加入 1 滴 $0.10mol \cdot L^{-1}$ $SbCl_3$，再逐滴加入 $6.0mol \cdot L^{-1}$ NaOH 至生成的沉淀又溶解。在另一支小试管中加入 2 滴 $0.1mol \cdot L^{-1}$ $AgNO_3$，再加入 $1.0mol \cdot L^{-1}$ $NH_3 \cdot H_2O$ 至生成沉淀溶解为止。然后将两支小试管的溶液混合均匀，观察有何现象。

3. Bi(Ⅲ) 的还原性和 Bi(Ⅴ) 的氧化性

① 在小试管中加入 3 滴 $0.1mol \cdot L^{-1}$ $Bi(NO_3)_3$，再加入 2～3 滴 $6.0mol \cdot L^{-1}$ NaOH 及少许 $Cl_2$ 水，在水浴上加热，观察棕黄色沉淀的生成。用滴管将其转入微型离心管中，离心分离并洗涤沉淀，将所得沉淀与浓 HCl 反应，观察现象和鉴别气体产物。

② 在小试管中加入 1 滴 $0.1mol \cdot L^{-1}$ $MnSO_4$，用 3～4 滴 $6.0mol \cdot L^{-1}$ $HNO_3$ 酸化（能否用 HCl 酸化，为什么?），然后加入少量的 $NaBiO_3$ 固体，观察溶液颜色的变化。

4. Sn(Ⅱ) 的还原性和 Pb(Ⅳ) 的氧化性

(1) Sn(Ⅱ) 的还原性

① 在小试管中加入 2 滴 $0.10mol \cdot L^{-1}$ $HgCl_2$，再逐滴加入 $0.10mol \cdot L^{-1}$ $SnCl_2$ 溶液（每加入 1 滴溶液均要摇匀），注意观察沉淀颜色的变化。此反应可以作为鉴定 $Sn^{2+}$ 和 $Hg^{2+}$ 的特征反应。

② 自制少量 $Na_2[Sn(OH)_4]$ 溶液（如何制备?），然后滴加 1 滴 $0.10mol \cdot L^{-1}$ $BiCl_3$，观察现象并解释。此反应可作为鉴定 $Bi^{3+}$ 的特征反应。

(2) $PbO_2$ 的氧化性

① 取少量 $PbO_2$ 固体，加入几滴浓 HCl，观察现象并检验气体产物。

② 用 $0.10mol \cdot L^{-1}$ $MnSO_4$ 作还原剂，设计一个实验说明 $PbO_2$ 的氧化性（反应必须在酸化和加热下进行；还原剂 $MnSO_4$ 的用量切不可多加，为什么?）

5. 难溶性铅盐的生成

① 在微型离心管中分别制备少量 $PbI_2$、$PbCrO_4$、$PbCl_2$ 和 $PbSO_4$ 沉淀（采用试剂浓度均为 $0.10mol \cdot L^{-1}$，并严格控制用量不超过 1～2 滴），观察沉淀的颜色。此反应也可作为鉴定 $Pb^{2+}$ 的特征反应。

② 试验 $PbI_2$ 沉淀在 $2.0mol \cdot L^{-1}$ KI 中的溶解情况。

③ 试验 $PbCrO_4$ 沉淀分别在 $6.0mol \cdot L^{-1}$ $HNO_3$ 和 $6.0mol \cdot L^{-1}$ NaOH 中的溶解情况。

④ 试验 $PbCl_2$ 沉淀在热水和浓 HCl 中的溶解情况。

⑤ 试验 $PbSO_4$ 沉淀在饱和 $NH_4Ac$ 中的溶解情况。

6. Sb(Ⅲ)、Bi(Ⅲ)、Sn(Ⅱ)、Sn(Ⅳ)、Pb(Ⅱ) 的硫化物和硫代酸盐

(1) Sb(Ⅲ)、Sn(Ⅳ) 的硫化物及硫代酸盐的生成和性质

在两支微型离心管中分别加入 $0.10mol \cdot L^{-1}$ $SbCl_3$ 和 $0.10mol \cdot L^{-1}$ $SnCl_4$ 各 3 滴，再各加入数滴饱和 $H_2S$ 水溶液，观察生成沉淀的颜色（必要时可进行水浴加热）。离心分离，在沉淀物中各加入 5～6 滴 $0.10mol \cdot L^{-1}$ $Na_2S$，并用玻璃棒搅均匀，观察沉淀是否溶解？

再往溶液中滴加 2.0mol·$L^{-1}$ HCl，观察现象。

（2）Bi(Ⅲ)、Sn(Ⅱ)、Pb(Ⅱ) 的硫化物

自制备少量 Bi(Ⅲ)、Sn(Ⅱ)、Pb(Ⅱ) 的硫化物，观察沉淀的颜色。离心分离后，在沉淀中各加入适量的 0.10mol·$L^{-1}$ $Na_2S$，观察沉淀是否溶解？

根据以上实验结果，比较 $Sb_2S_3$、$Bi_2S_3$、SnS、$SnS_2$ 的酸碱性。

7. 有关 $Sb^{3+}$、$Bi^{3+}$、$Sn^{2+}$、$Pb^{2+}$ 离子的鉴定

请参照本实验中的 2①，4（1）①和②以及 5①。

【预习思考题】

1. 实验内容 3②和 4（2）②中，为什么要取少量的 $MnSO_4$ 溶液？若加入的 $Mn^{2+}$ 过多对实验有何影响？
2. 分别比较 Sn(Ⅱ)、Pb(Ⅱ) 的还原性和 Sn(Ⅳ)、Pb(Ⅳ) 的氧化性的相对大小，并举例说明。
3. 如何检验气体 $Cl_2$ 的生成？
4. Sb 和 Bi 的硫化物的酸碱性与氢氧化物的酸碱性有何异同？
5. Sb、Bi、Sn、Pb 等化合物均有毒性，使用操作上应该注意什么？实验后废液应如何处理？

# 实验 17　d 区重要化合物的性质（一）

【实验目的】

1. 了解铬和锰的各种常见化合物的生成和性质。
2. 掌握铬和锰各种氧化态之间的转化条件。
3. 掌握 $Cr^{3+}$、$Mn^{2+}$ 的鉴定方法。

【理论概要】

1. 铬的重要化合物的特性

（1）Cr(Ⅲ)、Cr(Ⅵ) 的氧化物及其水合物的酸碱性

见表 17-1。

表 17-1　Cr(Ⅲ)、Cr(Ⅵ) 的氧化物及其水合物的酸碱性

| 氧化态 | +3 | +6 |
|---|---|---|
| 氧化物 | $Cr_2O_3$(绿色) | $CrO_3$(橙红色) |
| 氧化物的水合物 | $Cr(OH)_3$(灰绿色)<br>$Cr(OH)_3+3H^+ = Cr^{3+}+3H_2O$<br>(蓝紫色)<br>$Cr(OH)_3+OH^- = [Cr(OH)_4]^-$<br>(亮绿色)<br>$[Cr(OH)_4]^-$ 热稳定性差，加热完全水解，生成水合氧化铬沉淀<br>$2[Cr(OH)_4]^-+(x-3)H_2O \xlongequal{\triangle} Cr_2O_3 \cdot xH_2O+2OH^-$ | $H_2CrO_4$(黄色)　$H_2Cr_2O_7$(橙色)<br>$2CrO_4^{2-}+2H^+ \rightleftharpoons Cr_2O_7^{2-}+H_2O$<br>(黄色)　(橙色)<br>溶液中 $Cr_2O_7^{2-}$ 和 $CrO_4^{2-}$ 相对含量，视溶液的酸度而定。酸性溶液中，以 $Cr_2O_7^{2-}$ 为主 |
| 酸碱性 | 两性 | 酸性 |

（2）Cr(Ⅲ) 化合物的还原性和 Cr(Ⅵ) 化合物的氧化性

Cr 的元素电极电势图

$\varphi_A^\ominus/V$:　　　　$Cr_2O_7^{2-} \xrightarrow{1.33} Cr^{3+} \xrightarrow{-0.74} Cr$

$\varphi_B^\ominus/V$:　　　　$CrO_4^{2-} \xrightarrow{-0.12} Cr(OH)_4^- \xrightarrow{-1.3} Cr$

从 Cr 的元素电极电势图可得以下结论。

① 酸性介质中，氧化值为+6 的 $Cr_2O_7^{2-}$ 有强氧化性，能被还原为 $Cr^{3+}$；碱性介质中，氧化值为+6 的 $CrO_4^{2-}$ 一般不显氧化性，例如

$$K_2Cr_2O_7+14HCl(浓) \xlongequal{\triangle} 2CrCl_3+3Cl_2\uparrow+7H_2O+2KCl$$

② 强碱性介质中，氧化值为+3 的 $[Cr(OH)_4]^-$ 有较强的还原性，易被中等强度的氧化剂氧化为 $CrO_4^{2-}$，例如

$$2[Cr(OH)_4]^-+3H_2O_2+2OH^- \xlongequal{} 2CrO_4^{2-}+8H_2O$$

③ 在酸性溶液中，$Cr^{3+}$ 的还原性较弱，只有像 $K_2S_2O_8$ 或 $KMnO_4$ 等强氧化剂才能将 $Cr^{3+}$ 氧化为 $Cr_2O_7^{2-}$，例如

$$2Cr^{3+}+3S_2O_8^{2-}+7H_2O \xlongequal{\triangle} Cr_2O_7^{2-}+6SO_4^{2-}+14H^+$$

重铬酸盐的溶解度较铬酸盐的溶解度大，因此，向重铬酸盐溶液中加 $Ag^+$、$Pb^{2+}$、$Ba^{2+}$ 等离子时，通常生成铬酸盐沉淀，例如

$$Cr_2O_7^{2-}+4Ag^++H_2O \xlongequal{} 2Ag_2CrO_4\downarrow(砖红色)+2H^+$$

$$Cr_2O_7^{2-}+2Ba^{2+}+H_2O \xlongequal{} 2BaCrO_4\downarrow(黄色)+2H^+$$

在酸性溶液中，$Cr_2O_7^{2-}$ 与 $H_2O_2$ 反应生成深蓝色过氧化物 $CrO_5$，它不稳定，会很快分解为 $Cr^{3+}$ 和 $O_2$。若被萃取到乙醚或戊醇中则因生成加合物而稳定得多，主要反应为

$$Cr_2O_7^{2-}+4H_2O_2+2H^+ \xlongequal{} 2CrO(O_2)_2(深蓝色)+5H_2O$$

$$CrO(O_2)_2+(C_2H_5)_2O \xlongequal{} CrO(O_2)_2\cdot(C_2H_5)_2O(深蓝色)$$

$$4CrO(O_2)_2+12H^+ \xlongequal{} 4Cr^{3+}+7O_2\uparrow+6H_2O$$

此反应可用来鉴定 Cr(Ⅲ) 或 Cr(Ⅵ)。

2.锰的重要化合物的性质

(1) 锰的氧化物及其水合物的性质

见表 17-2。

**表 17-2　锰的氧化物及其水合物的性质**

| 氧化态 | +2 | +4 | +6 | +7 |
|---|---|---|---|---|
| 氧化物 | MnO(绿色) | $MnO_2$(棕色) | | $Mn_2O_7$ |
| 氧化物的水合物 | $Mn(OH)_2$(白色) | $MnO(OH)_2$(棕黑色) | $H_2MnO_4$(绿色) | $HMnO_4$(紫红色) |
| 酸碱性 | 碱性(中强) | 两性 | 酸性 | 强酸性 |
| 氧化还原稳定性 | 不稳定,易被空气中的氧氧化为 MnO(OH),进而氧化为 $MnO(OH)_2$<br>$4Mn(OH)_2+O_2 \xlongequal{} 4MnO(OH)+2H_2O$<br>$4MnO(OH)+O_2+2H_2O \xlongequal{} 4MnO(OH)_2$ | 稳定 | 极不稳定,易发生歧化反应 | 极不稳定,易分解<br>$2Mn_2O_7 \xlongequal{} 4MnO_2\downarrow+3O_2\uparrow$<br>$4HMnO_4 \xlongequal{} 4MnO_2\downarrow+3O_2\uparrow+2H_2O$ |

(2) 氧化还原性

Mn 的元素电势图

$\varphi_A^{\ominus}/V$：

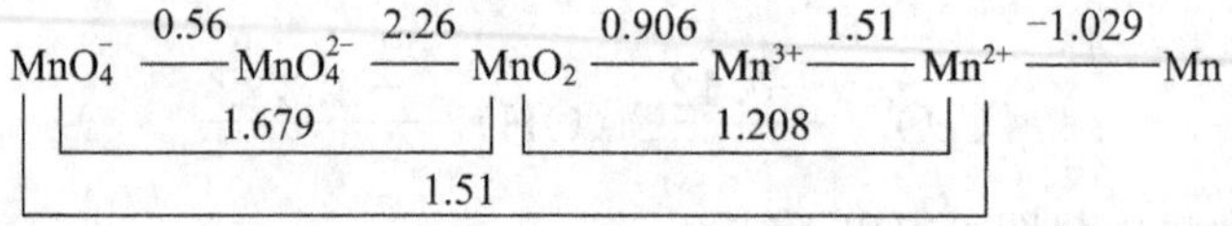

$$MnO_4^- \overset{0.56}{\text{———}} MnO_4^{2-} \overset{2.26}{\text{———}} MnO_2 \overset{0.906}{\text{———}} Mn^{3+} \overset{1.51}{\text{———}} Mn^{2+} \overset{-1.029}{\text{———}} Mn$$

$$MnO_4^- \underset{1.679}{\text{——————}} MnO_2 \qquad MnO_2 \underset{1.208}{\text{——————}} Mn^{2+} \qquad MnO_4^- \underset{1.51}{\text{——————}} Mn^{2+}$$

$\varphi_B^{\ominus}/V$：

$$MnO_4^- \overset{0.564}{\text{———}} MnO_4^{2-} \overset{0.60}{\text{———}} MnO_2 \overset{-0.1}{\text{———}} Mn(OH)_3 \overset{-0.40}{\text{———}} Mn(OH)_2 \overset{-1.47}{\text{———}} Mn$$

$$MnO_4^- \underset{0.59}{\text{——————}} MnO_2$$

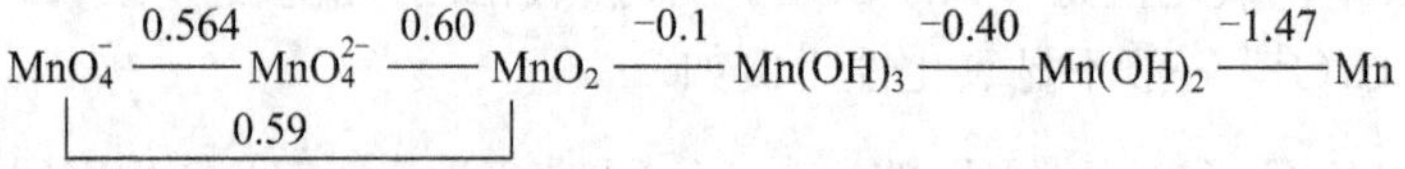

从 Mn 的元素电势图可得以下结论。

① 在酸性介质中，$Mn^{3+}$和 $MnO_4^{2-}$ 均不稳定，易发生歧化反应。

$$3MnO_4^{2-}+4H^+ = 2MnO_4^- + MnO_2 + 2H_2O$$

在中性或弱碱性介质中，$Mn^{3+}$、$MnO_4^-$ 也能发生歧化反应，但趋势较小，速度较慢。$MnO_4^{2-}$ 只能较稳定地存在于强碱性介质中。

② 在碱性介质中，$Mn(OH)_2$ 不稳定，易被空气中的氧氧化为 $MnO(OH)_2$。但在酸性介质中 $Mn^{2+}$则很稳定，不易被氧化，也不易被还原。只有在高酸度的溶液中与强氧化剂［如 $NaBiO_3$、$PbO_2$、$(NH_4)_2S_2O_8$ 等］作用时，才能被氧化为 $MnO_4^-$。

$$5NaBiO_3+2Mn^{2+}+14H^+ = 2MnO_4^-+5Bi^{3+}+5Na^++7H_2O$$

$$5PbO_2+2Mn^{2+}+4H^+ = 2MnO_4^-+5Pb^{2+}+2H_2O$$

上述反应可用于鉴定 $Mn^{2+}$。

③ 在酸性介质中，$MnO_2$ 有强氧化性，作氧化剂时，一般被还原为 $Mn^{2+}$。

$$MnO_2+4HCl(浓) \overset{\triangle}{=} MnCl_2+Cl_2\uparrow+2H_2O$$

实验室常用此反应制取少量氯气。

在碱性介质中，强氧化剂能把 $MnO_2$ 氧化成绿色的 $MnO_4^{2-}$。

$$2MnO_4^-+MnO_2+4OH^- = 3MnO_4^{2-}+2H_2O$$

④ $KMnO_4$ 具有强氧化性，特别是在酸性介质中，其氧化能力更强。$KMnO_4$ 作为氧化剂，还原产物因介质酸碱性的不同而异，其规律是

| 介质酸碱性 | 酸　性 | 中　性 | 碱　性 |
|---|---|---|---|
| 还原产物 | $Mn^{2+}$ | $MnO_2$ | $MnO_4^{2-}$ |

**【仪器、药品及材料】**

1. 仪器

离心机，微型离心管，小试管（10mm×75mm），表面皿，小玻璃棒，滴管，试管夹。

2. 药品

酸：$HNO_3$（6.0mol·$L^{-1}$），$H_2SO_4$（3.0mol·$L^{-1}$），HCl（2.0mol·$L^{-1}$，6.0mol·$L^{-1}$，浓），$H_2S$（饱和）。

碱：NaOH（2.0mol·$L^{-1}$，6.0mol·$L^{-1}$），$NH_3\cdot H_2O$（2.0mol·$L^{-1}$）。

盐：$Pb(NO_3)_2$（0.10mol·$L^{-1}$），$AgNO_3$（0.10mol·$L^{-1}$），$BaCl_2$（0.10mol·$L^{-1}$），$MnSO_4$（0.10mol·$L^{-1}$，0.50mol·$L^{-1}$），$Na_2SO_3$（0.10mol·$L^{-1}$），$CrCl_3$（0.10mol·$L^{-1}$），$K_2CrO_4$（0.10mol·$L^{-1}$），$K_2Cr_2O_7$（0.10mol·$L^{-1}$），$KMnO_4$（0.010mol·$L^{-1}$），

$Cr_2(SO_4)_3$（0.10mol·$L^{-1}$），$Na_2S$（0.10mol·$L^{-1}$），KI（0.10mol·$L^{-1}$），$Pb(Ac)_2$（0.10mol·$L^{-1}$）。

固体：$(NH_4)_2S_2O_8$，$NaBiO_3$，$MnO_2$。

其他：乙醚，$H_2O_2$（3%），淀粉溶液。

3. 材料

pH 试纸，滤纸条。

**【实验内容】**

1. Cr 的化合物

（1）$Cr(OH)_3$ 的生成和性质

用少量 0.10mol·$L^{-1}$ $CrCl_3$ 溶液和 2.0mol·$L^{-1}$ NaOH 溶液制备适量 $Cr(OH)_3$ 沉淀，并验证：

① $Cr(OH)_3$ 呈两性；

② $[Cr(OH)_4]^-$ 热稳定性差，加热完全水解。

（2）Cr(Ⅲ）的还原性和 Cr(Ⅵ）的氧化性

① 在小试管中加入 2 滴 0.10mol·$L^{-1}$ $CrCl_3$ 溶液和过量的 6.0mol·$L^{-1}$ NaOH 溶液使生成 $[Cr(OH)_4]^-$，然后加入 2 滴 $H_2O_2$ 溶液（3%），微热，观察溶液颜色变化。保留溶液备［(2) ⑤］实验用。

② 在小试管中加入 1～2 滴 0.10mol·$L^{-1}$ $CrCl_3$ 溶液，用 1～2 滴 3.0mol·$L^{-1}$ $H_2SO_4$ 酸化，再滴加数滴 $H_2O_2$ 溶液（3%）（**注意**：由于 $H_2O_2$ 的浓度会因长期放置分解而降低，故需根据实验情况决定加入量），微热，观察溶液颜色有无变化。

③ 在小试管中加入 2～3 滴 0.10mol·$L^{-1}$ $CrCl_3$ 溶液，用 2～3 滴水稀释，加入少量固体 $(NH_4)_2S_2O_8$，微热，观察溶液颜色变化。

根据实验比较 Cr(Ⅲ）被氧化为 $Cr_2O_7^{2-}$ 和 $CrO_4^{2-}$ 的条件，$Cr^{3+}$ 与 $[Cr(OH)_4]^-$ 还原性的相对强弱。

④ 在酸化的 0.10mol·$L^{-1}$ $K_2Cr_2O_7$ 中，滴加 $H_2S$（饱和）溶液，有何现象？

⑤ $Cr^{3+}$ 的鉴定　取实验 1（2）①所制得的 $CrO_4^{2-}$ 溶液 2～3 滴，加入 0.5mL 乙醚和几滴 $H_2O_2$（3%），再慢慢滴加 3.0mol·$L^{-1}$ $H_2SO_4$ 酸化，摇动试管，乙醚层出现深蓝色，表示有 $Cr^{3+}$ 存在。

（3）$Cr_2O_7^{2-}$ 与 $CrO_4^{2-}$ 的相互转化

① 在 0.10mol·$L^{-1}$ $K_2Cr_2O_7$ 溶液中逐滴加入 2.0mol·$L^{-1}$ NaOH，然后再逐滴加入 1.0mol·$L^{-1}$ $H_2SO_4$ 溶液，观察溶液颜色的变化。

② 用 0.10mol·$L^{-1}$ $Pb(NO_3)_2$、$AgNO_3$、$BaCl_2$、$K_2CrO_4$ 溶液制备适量 $PbCrO_4$、$Ag_2CrO_4$、$BaCrO_4$ 沉淀，观察各沉淀物的颜色。

③ 在表面皿上用 pH 试纸测定 0.10mol·$L^{-1}$ $K_2Cr_2O_7$ 溶液的 pH 值，然后用两支小试管在 $K_2Cr_2O_7$ 溶液中分别加入 0.10mol·$L^{-1}$ 的 $AgNO_3$、$BaCl_2$ 溶液，观察沉淀的颜色，并测试溶液的 pH 值。解释溶液 pH 变化的原因。

（4）$Cr^{3+}$ 在 $Na_2S$ 溶液中的完全水解

在 0.10mol·$L^{-1}$ $Cr_2(SO_4)_3$ 中加入 0.10mol·$L^{-1}$ $Na_2S$ 溶液，观察现象，检验逸出的气体

[用自制 $Pb(Ac)_2$ 试纸]。

2. Mn 的化合物

(1) $Mn(OH)_2$ 的生成和性质

用少量 0.10mol·$L^{-1}$ $MnSO_4$ 和 2.0mol·$L^{-1}$ NaOH 制备适量 $Mn(OH)_2$ 沉淀（不能摇动）。在空气中放置一段时间后，观察沉淀颜色的变化。

(2) MnS 的生成和性质

在 0.10mol·$L^{-1}$ $MnSO_4$ 溶液中滴加 $H_2S$ 溶液（饱和），有无沉淀生成？再逐滴加入 2mol·$L^{-1}$ $NH_3 \cdot H_2O$ 溶液，摇荡试管，有无沉淀生成？

(3) Mn(Ⅱ) 的还原性和 Mn(Ⅳ)、Mn(Ⅶ) 的氧化性

用固体 $MnO_2$、浓 HCl、0.10mol·$L^{-1}$ $KMnO_4$ 和 $MnSO_4$ 溶液设计一组实验，验证 $MnO_2$、$KMnO_4$ 的氧化性。

(4) $MnO_4^{2-}$ 的生成和性质

① 取 1 滴 0.010mol·$L^{-1}$ $KMnO_4$ 加入 0.5mL 6.0mol·$L^{-1}$ NaOH，再加入一小匙 $MnO_2$(s)，加热，搅动，离心分离，观察上层清液的颜色。

② 取上述实验所得的上层清液，分盛于两支小试管中，在一支小试管中加少量水，另一支试管用 3.0mol·$L^{-1}$ $H_2SO_4$ 酸化，观察现象。说明 $MnO_4^{2-}$ 稳定存在的介质条件。

(5) 溶液酸碱性对 $MnO_4^-$ 还原产物的影响

在 3 支小试管中各加入 1～2 滴 0.010mol·$L^{-1}$ $KMnO_4$，再分别加入 2～3 滴 3.0mol·$L^{-1}$ $H_2SO_4$、6.0mol·$L^{-1}$ NaOH 和 $H_2O$，然后各加入 2～3 滴 0.10mol·$L^{-1}$ $Na_2SO_3$，观察各试管中发生的变化。

(6) $Mn^{2+}$ 的鉴定

取 2 滴 0.10mol·$L^{-1}$ $MnSO_4$ 和 2～3 滴 6.0mol·$L^{-1}$ $HNO_3$，加少量 $NaBiO_3$(s)，摇荡试管，离心分离，上层清液呈紫色，表示有 $Mn^{2+}$ 存在。

**【预习思考题】**

1. 如何用实验确定 $Cr(OH)_3$ 和 $Mn(OH)_2$ 的酸碱性？$Mn(OH)_2$ 在空气中为什么会变色？

2. 在 $Cr^{3+}$ 溶液中加 $Na_2S$，能否得到 $Cr_2S_3$？为什么？如何检验 $H_2S$ 气体的生成？

3. 在 $Mn^{2+}$ 溶液中通入 $H_2S$，能否得到 MnS 沉淀？怎样才能得到 MnS 沉淀？

4. 怎样存放 $KMnO_4$ 溶液？为什么？

5. 为什么铬酸洗液能洗涤仪器？使用时应注意些什么？红色的铬酸洗液使用一段时间后，变为绿色就失效了，为什么？

6. 本实验中用到试剂乙醚，其性质上有何特点，在使用操作上应注意什么问题？

# 实验 18　d 区重要化合物的性质（二）

**【实验目的】**

1. 掌握 Fe(Ⅱ)、Co(Ⅱ)、Ni(Ⅱ) 化合物的还原性和 Fe(Ⅲ)、Co(Ⅲ)、Ni(Ⅲ) 化合物的氧化性及其变化规律。

2. 掌握 Fe、Co、Ni 重要配合物的生成和性质。

3. 掌握 $Fe^{2+}$、$Fe^{3+}$、$Co^{2+}$、$Ni^{2+}$ 等离子分离、鉴定的原理和方法。

## 【理论概要】

1. 铁系元素的氧化还原性

铁系元素的电势图

$\varphi_A^\ominus/V$：

$$Fe^{3+} \xrightarrow{0.77} Fe^{2+} \xrightarrow{-0.440} Fe$$

$$Co^{3+} \xrightarrow{1.80} Co^{2+} \xrightarrow{-0.29} Co$$

$$Ni^{3+} \xrightarrow{>1.84} Ni^{2+} \xrightarrow{-0.25} Ni$$

$\varphi_B^\ominus/V$：

$$FeO(OH) \xrightarrow{-0.56} Fe(OH)_2 \xrightarrow{-0.877} Fe$$

$$CoO(OH) \xrightarrow{0.20} Co(OH)_2 \xrightarrow{-0.73} Co$$

从铁系元素的电势图可得以下结论。

① 在酸性介质中，Fe(Ⅲ)、Co(Ⅲ)、Ni(Ⅲ) 均有氧化性，其氧化性的递变规律是 Fe(Ⅲ) <Co(Ⅲ) <Ni(Ⅲ)。

与 $O_2/H_2O$ 电对的电极电势值 [$\varphi_A^\ominus(O_2/H_2O)=1.23V$] 比较可以看出，在铁系元素中，只有 $Fe^{3+}$ 在水溶液中是稳定的，能形成稳定的氧化值为+3 的简单盐，而 $Co^{3+}$、$Ni^{3+}$ 在水溶液中则不能稳定存在，易被还原为 $Co^{2+}$、$Ni^{2+}$。

② 在碱性介质中，M(Ⅱ) (M 代表 Fe、Co、Ni) 的还原性大于在酸性介质中 M(Ⅱ) 的还原性，递变规律是

| | 还原性减弱 → | | |
|---|---|---|---|
| 还原性增强 ↓ | $Fe^{2+}$ | $Co^{2+}$ | $Ni^{2+}$ |
| | $Fe(OH)_2$ | $Co(OH)_2$ | $Ni(OH)_2$ |

③ 与 $O_2/H_2O$、$O_2/OH^-$ 电对的电极电势 [$\varphi_A^\ominus(O_2/H_2O)=1.23V$，$\varphi_B^\ominus(O_2/OH^-)=0.40V$] 比较可以看出，在酸性或碱性介质中，Fe(Ⅱ) 可被空气中的氧氧化，但在碱性介质中更易被氧化；Co(Ⅱ) 在酸性溶液中是稳定的，但在碱性介质中则可被空气中的氧所氧化，只是反应速度较缓慢；Ni(Ⅱ) 则在酸性或碱性介质中均能稳定存在。

$Fe^{2+}$、$Co^{2+}$ 和 $Ni^{2+}$ 都有颜色，$Fe^{2+}(aq)$ 呈浅绿色，$Co^{2+}(aq)$ 呈粉红色，$Ni^{2+}(aq)$ 呈绿色，而 $Fe^{3+}(aq)$ 呈浅紫色（由于水解生成 $[Fe(H_2O)_5(OH)]^{2+}$ 而使溶液呈棕黄色)。

2. 铁系元素的配合物

铁系元素的阳离子都是很好的配合物形成体，可以形成多种配合物，重要的配合物有氨配合物、氰配合物、硫氰配合物和羟基配合物等。由于铁系元素的很多配合物有特殊颜色，有些配合物不但有特殊颜色而且溶解度很小，稳定性高，因此在分析化学上常利用铁系元素配合物的特殊性质作为离子鉴定和分离的基础。

例如，$K_4[Fe(CN)_6]\cdot 3H_2O(s)$ 为黄色，俗名黄血盐，$K_3[Fe(CN)_6]$固体为深红色，俗名赤血盐，它们分别与 $Fe^{3+}$ 或 $Fe^{2+}$ 形成蓝色沉淀。

$Fe^{3+}$ 与 $SCN^-$ 形成血红色的配合物

$$Fe^{3+}+nSCN^- \rightleftharpoons [Fe(SCN)_n]^{3-n} \quad (n=1\sim6 \text{ 均为红色})$$

此反应用来检验 $Fe^{3+}$ 的存在。

$Co^{2+}$与$SCN^-$反应生成［$Co(SCN)_4$］$^{2-}$（蓝色），它在水溶液中不稳定，在丙酮或戊醇等有机溶剂中较为稳定，此反应用来鉴定$Co^{2+}$的存在。

$Ni^{2+}$与丁二酮肟反应得到玫瑰红色的内配盐，此反应需在弱碱性条件下进行，酸度过大不利于内配盐的生成，碱度过大则生成$Ni(OH)_2$沉淀，适宜条件是pH＝5～10，此反应十分灵敏，常用来鉴定$Ni^{2+}$的存在。

由于氧化态（或还原态）离子形成稳定的配离子的结果，对氧化态（或还原态）物质起到稳定作用，使氧化还原电对发生改变，因此同一氧化态的Fe、Co、Ni的配离子的氧化还原稳定性与其简单离子的氧化还原稳定性有较大的差异。其规律是：同种配体与$M^{3+}$、$M^{2+}$形成的配离子，若$M^{3+}$的配离子比$M^{2+}$的配离子稳定，则此电对的$\varphi^\ominus$值比$\varphi^\ominus(M^{3+}/M^{2+})$小，其结果使$M^{3+}$配离子的氧化性小于$M^{3+}$的氧化性，反之，$\varphi^\ominus$值增大，结果使$M^{3+}$配离子的氧化性大于$M^{3+}$的氧化性。［$Co(NH_3)_6$］$^{3+}$、［$Fe(CN)_6$］$^{3-}$就属于前一种情况。$Co^{2+}$的稳定性好，能稳定地存在于水溶液中，但［$Co(NH_3)_6$］$^{2+}$则不稳定，易被空气中的氧所氧化。

$$4[Co(NH_3)_6]^{2+}(\text{土黄色})+O_2+2H_2O \xlongequal{} 4[Co(NH_3)_6]^{3+}(\text{红棕色})+4OH^-$$

［$Ni(NH_3)_6$］$^{2+}$在空气中是稳定的，只有用强氧化剂才能使之变为［$Ni(NH_3)_6$］$^{3+}$。

$$2[Ni(NH_3)_6]^{2+}+Br_2 \xlongequal{} 2[Ni(NH_3)_6]^{3+}+2Br^-$$

## 【仪器、药品及材料】

1. 仪器

离心机，微型离心管，小试管（10mm×75mm），长吸管，试管夹，酒精灯。

2. 药品

酸：$H_2SO_4$（3.0mol·L$^{-1}$），HCl（浓）。

碱：NaOH（2.0mol·L$^{-1}$，6.0mol·L$^{-1}$），$NH_3·H_2O$（2.0mol·L$^{-1}$，6.0mol·L$^{-1}$）。

盐：$KMnO_4$（0.010mol·L$^{-1}$），$FeSO_4$（0.10mol·L$^{-1}$），$K_4[Fe(CN)_6]$（0.10mol·L$^{-1}$），KSCN（0.10mol·L$^{-1}$），$CoCl_2$（0.50mol·L$^{-1}$），$NiSO_4$（0.10mol·L$^{-1}$），KI（0.010mol·L$^{-1}$），$K_3[Fe(CN)_6]$（0.10mol·L$^{-1}$），$FeCl_3$（0.10mol·L$^{-1}$），$NH_4Cl$（1.0mol·L$^{-1}$），NaF（1.0mol·L$^{-1}$）。

固体：$(NH_4)_2Fe(SO_4)_2·6H_2O$，KSCN。

其他：$H_2O_2$（3%），$I_2$水，$Br_2$水，淀粉溶液，丙酮，$CCl_4$，丁二酮肟。

3. 材料

淀粉KI试纸（自制）。

## 【实验内容】

1. Fe(Ⅱ)、Co(Ⅱ)、Ni(Ⅱ)化合物的还原性

(1) Fe(Ⅱ)化合物的还原性

① 取A、B两支小试管，在A管中加入5滴蒸馏水和1～2滴3.0mol·L$^{-1}$ $H_2SO_4$溶液，煮沸以赶走溶解的氧气，待冷却后，加入少量$(NH_4)_2Fe(SO_4)_2·6H_2O(s)$，使之溶解；在B管中加入0.5mL 6.0mol·L$^{-1}$ NaOH溶液，煮沸，待冷却后用长吸管吸取一半该溶液［留一半备实验(2)用］，迅速将滴管插入A管溶液底部，慢慢挤出NaOH溶液（**注意**：整个操作都要避免将空气带入溶液），观察产物的颜色和状态。摇动后放置一段时间，观察沉淀颜色的变化。

② 取0.010mol·L$^{-1}$ $KMnO_4$溶液1～2滴，用3.0mol·L$^{-1}$ $H_2SO_4$溶液1～2滴酸化，然后滴加0.10mol·L$^{-1}$ $FeSO_4$溶液，有何变化？再加2滴0.10mol·L$^{-1}$ $K_4[Fe(CN)_6]$溶液，又有何变化？

③ 取2～3滴0.10mol·L$^{-1}$ $FeSO_4$溶液，用1～2滴3.0mol·L$^{-1}$ $H_2SO_4$溶液酸化后，

加入 $H_2O_2$（3%）溶液数滴，微热，观察溶液颜色的变化。再加 1 滴 0.10mol·$L^{-1}$ KSCN 溶液，又有何变化？

④ 在碘水中加 1 滴淀粉溶液，再逐滴加入 0.10mol·$L^{-1}$ $FeSO_4$ 溶液，有无变化？

⑤ 用 0.10mol·$L^{-1}$ $K_4[Fe(CN)_6]$ 溶液代替 $FeSO_4$ 溶液重复上述实验，看有何现象？

（2）Co(Ⅱ) 化合物的还原性

在 A、B 两支小试管中各加入 5 滴 0.50mol·$L^{-1}$ $CoCl_2$ 溶液，煮沸，分别滴加实验 1（1）①赶去氧气的 NaOH 溶液数滴，观察现象。然后分别转移到微型离心管中，离心分离，弃去清液，将 A 管中的沉淀放置片刻，观察沉淀颜色的变化；B 管中加入数滴 $H_2O_2$（3%）溶液，观察沉淀颜色的变化，离心分离，弃去清液，保留沉淀备实验 2（2）用。

（3）Ni(Ⅱ) 化合物的还原性

在 A、B 两支小试管中各加入 5 滴 0.10mol·$L^{-1}$ $NiSO_4$ 溶液，逐滴加入 2.0mol·$L^{-1}$ NaOH 溶液数滴，观察沉淀颜色。然后在一支试管中加入 3% $H_2O_2$ 数滴，另一支试管中加入 2～3 滴 $Br_2$ 水，摇荡试管，观察现象有何不同？离心分离，弃去清液，保留沉淀备实验 2（3）用。

2. Fe(Ⅲ)、Co(Ⅲ)、Ni(Ⅲ) 化合物的氧化性

① Fe(Ⅲ) 化合物的氧化性

a. 根据 1（1）①自制少许 FeO(OH) 沉淀，然后加入少许浓 HCl，观察现象。再加入 0.5mL $CCl_4$ 和 1～2 滴 0.10mol·$L^{-1}$ KI 溶液，观察 $CCl_4$ 层颜色的变化。

b. 在 0.10mol·$L^{-1}$ $FeCl_3$ 溶液中滴加 0.010mol·$L^{-1}$ KI 溶液，再加 2 滴淀粉溶液，观察现象。

c. 用 $K_3[Fe(CN)_6]$（0.10mol·$L^{-1}$）溶液代替 $FeCl_3$ 溶液重复上面实验，看有无变化？

② 取实验 1（2）制得的 CoO(OH) 沉淀，加入少许浓 HCl，用淀粉 KI 试纸检验逸出气体。

③ 取实验 1（3）制得的 NiO(OH) 沉淀，加入少许浓 HCl，用淀粉 KI 试纸检验逸出气体。

3. Fe、Co、Ni 的配合物的生成和性质

① 在 3 支小试管中分别加入 1 滴下列溶液：0.10mol·$L^{-1}$ $FeSO_4$，0.10mol·$L^{-1}$ $CoCl_2$，0.10mol·$L^{-1}$ $NiSO_4$，再各加入 2 滴 2.0mol·$L^{-1}$ $NH_3·H_2O$ 溶液，有何现象？摇荡后静置片刻，又有何变化？

②在 A、B、C 三支小试管中分别加入 2 滴下列溶液：0.10mol·$L^{-1}$ $FeCl_3$，0.10mol·$L^{-1}$ $CoCl_2$，0.10mol·$L^{-1}$ $NiSO_4$，并各加入 1 滴 1.0mol·$L^{-1}$ $NH_4Cl$ 溶液，然后加过量的 6.0mol·$L^{-1}$ $NH_3·H_2O$ 溶液，再在 B、C 试管中加几滴溴水，摇荡后观察现象。

③ 在 0.10mol·$L^{-1}$ $K_4[Fe(CN)_6]$ 溶液中滴加 0.10mol·$L^{-1}$ $FeCl_3$ 溶液，观察现象。在 0.1mol·$L^{-1}$ $K_3[Fe(CN)_6]$ 溶液中，滴加 0.10mol·$L^{-1}$ $FeSO_4$ 溶液，观察现象。

④ 在 1 滴 0.10mol·$L^{-1}$ $FeCl_3$ 溶液中加入 1 滴 0.10mol·$L^{-1}$ KSCN 溶液，有何现象？再滴加 1.0mol·$L^{-1}$ NaF 溶液，有何变化？

⑤ 取 2 滴 0.10mol·$L^{-1}$ $CoCl_2$ 溶液，加少量 KSCN（s），再加入几滴丙酮，观察现象。

⑥ 取 1 滴 0.10mol·$L^{-1}$ $NiSO_4$ 溶液，加 2 滴 2.0mol·$L^{-1}$ $NH_3·H_2O$ 溶液，再加 1 滴丁二酮肟，观察现象。

**【预习思考题】**

1. 制取 $Fe(OH)_2$ 时为什么要先将有关溶液煮沸？

2. 比较 Fe 组元素 $M(OH)_2$ 的颜色、溶解性、酸碱性和还原性等。

3. 怎样从 FeO(OH)、CoO(OH)、NiO(OH) 制得 $FeCl_2$、$CoCl_2$、$NiCl_2$？

4. 怎样鉴别 $Fe^{2+}$、$Fe^{3+}$、$Co^{2+}$、$Ni^{2+}$ 等离子？

# 实验 19　ds 区重要化合物的性质

## 【实验目的】

1. 掌握 Cu、Ag、Zn、Cd、Hg 氢氧化物的酸碱性和热稳定性。
2. 掌握 Cu、Ag、Zn、Cd、Hg 常见配合物的性质。
3. 掌握 Cu(Ⅰ) 和 Cu(Ⅱ) 等重要化合物的性质及相互转化的条件。
4. 了解 $Cu^{2+}$、$Ag^{+}$、$Zn^{2+}$、$Cd^{2+}$、$Hg^{2+}$ 等离子的鉴定方法。

## 【理论概要】

ds 区重要化合物的性质简介。

1. Cu、Ag、Zn、Cd、Hg 氢氧化物的酸碱性和热稳定性

① ⅠB 族元素氢氧化物的酸碱性和热稳定性见表 19-1。

② ⅡB 族元素氢氧化物的酸碱性和热稳定性见表 19-2。

**表 19-1　ⅠB 族元素氢氧化物的酸碱性和热稳定性**

| 物　质 | CuOH(黄色) | $Cu(OH)_2$(浅蓝色) | AgOH(白色) |
|---|---|---|---|
| 溶解性 | 难溶于水 | 难溶于水 | 难溶于水 |
| 酸碱性 | 中强碱 | 两性(以碱性为主)，易溶于酸和浓的强碱溶液 | 两性 |
| 热稳定性 | 不稳定，微热即脱水为 $Cu_2O$<br>$2CuOH \xlongequal{微热} Cu_2O + H_2O$(暗红色) | 稳定性较差，受热易脱水为 CuO<br>$Cu(OH)_2 \xlongequal{80\sim90℃} CuO + H_2O$(黑色) | 很不稳定，在常温下立即脱水为 $Ag_2O$<br>$2AgOH = Ag_2O + H_2O$(褐色)<br>实验证明：只有 $Ag^+$ 盐与 $0.1mol \cdot L^{-1}$ 氨水作用或可溶性 $Ag^+$ 盐的酒精溶液与强碱在低于 −45℃ 条件下反应才能制得 AgOH |
| | 热稳定性下降 → | | |

**表 19-2　ⅡB 族元素氢氧化物的酸碱性和热稳定性**

| 物　质 | $Zn(OH)_2$(白色) | $Cd(OH)_2$(白色) | HgO(黄色) |
|---|---|---|---|
| 溶解性 | 难溶于水 | 难溶于水 | 难溶于水 |
| 酸碱性 | 两性 | 碱性 | 碱性 |
| 热稳定性 | 较稳定，热分解温度为 877℃<br>$Zn(OH)_2 = ZnO + H_2O$(白色) | 热稳定性差，分解温度为 197℃<br>$Cd(OH)_2 = CdO + H_2O$(棕色) | $Hg(OH)_2$ 很不稳定，到目前为止，在可溶性 $Hg^{2+}$ 盐溶液中加碱得到的是氧化物沉淀，而不是氢氧化汞<br>$Hg^{2+} + 2OH^- = HgO + H_2O$ |
| | 热稳定性下降 → | | |

2. Cu(Ⅰ)、Cu(Ⅱ)、Ag(Ⅰ)、Zn(Ⅱ)、Cd(Ⅱ)、Hg(Ⅰ)、Hg(Ⅱ) 的氧化还原性

Cu、Ag、Cd、Hg 的元素电极电势图如下

$\varphi_A^\ominus/V$：

$$Cu^{2+} \xrightarrow{0.17} Cu^+ \xrightarrow{0.52} Cu \quad (Cu^{2+}/Cu: 0.34)$$

$$Hg^{2+} \xrightarrow{0.907} Hg_2^{2+} \xrightarrow{0.792} Hg \quad (Hg^{2+}/Hg: 0.854)$$

$$Ag^+ \xrightarrow{0.799} Ag$$

$$Zn^{2+} \xrightarrow{-0.76} Zn$$

$$Cd^{2+} \xrightarrow{-0.403} Cd$$

从电势图可得以下结论。

① $Cu^{2+}$、$Ag^+$、$Hg^{2+}$、$Hg_2^{2+}$ 和对应的化合物均具有氧化性，是中强氧化剂，而 $Zn^{2+}$、$Cd^{2+}$ 及其对应的化合物一般不显氧化性，例如

$$2Cu^{2+}+4I^- = 2CuI\downarrow +I_2$$

（白色）

$$2Ag^+ +Mn^{2+}+4OH^- = 2Ag\downarrow +MnO(OH)_2\downarrow +H_2O$$

分析化学上利用此反应来鉴定 $Ag^+$ 或 $Mn^{2+}$。

② $\varphi^\ominus(Cu^{2+}/Cu^+)<\varphi^\ominus(Cu^+/Cu)$，所以在水溶液中 $Cu^+$ 极不稳定，易发生歧化反应

$$2Cu^+ \rightleftharpoons Cu^{2+}+Cu \qquad K=1.48\times10^6$$

由于上述歧化反应的平衡常数很大，且反应速度又快，所以可溶性的 Cu(Ⅰ) 化合物溶于水即迅速发生歧化反应，即 Cu(Ⅰ) 的氧化还原稳定性差。根据平衡移动原理，只有形成难溶性 $Cu^+$ 的化合物或稳定的 $Cu^+$ 配合物时，Cu(Ⅰ) 才是稳定的。例如，在热的浓盐酸或 NaCl-HCl 体系中，用铜粉还原 $CuCl_2$ 并用水稀释时，发生如下反应

$$Cu^{2+}+Cu+4Cl^- \xlongequal{\triangle} 2[CuCl_2]^-$$

（土黄色）

$$2[CuCl_2]^- \xlongequal{稀释} 2CuCl\downarrow +2Cl^-$$

（白色）

③ $\varphi^\ominus(Hg^{2+}/Hg_2^{2+})>\varphi^\ominus(Hg_2^{2+}/Hg)$，在溶液中 $Hg_2^{2+}$ 不发生歧化反应，但 $Hg^{2+}$ 可氧化 Hg 为 $Hg_2^{2+}$。

$$Hg^{2+}+Hg \rightleftharpoons Hg_2^{2+} \qquad K\approx70$$

从反应的平衡常数看，平衡时 $Hg^{2+}$ 基本上转变为 $Hg_2^{2+}$。但根据平衡移动原理，如果促使上述体系中 $Hg^{2+}$ 形成难溶性的物质或难电离的配合物，以降低溶液中 $Hg^{2+}$ 的浓度，则上述平衡就能移向左方，导致 $Hg_2^{2+}$ 发生歧化反应，例如

$$Hg_2Cl_2+2NH_3\cdot H_2O = Hg(NH_2)Cl\downarrow +Hg\downarrow +NH_4Cl+2H_2O$$

（白色）

$$Hg_2^{2+}+S^{2-} = HgS\downarrow +Hg\downarrow$$

3. $Cu^{2+}$、$Ag^+$、$Zn^{2+}$、$Cd^{2+}$、$Hg^{2+}$ 都是很好的配合物形成体，可以形成多种配合物。

**【仪器、药品及材料】**

1. 仪器

离心机，微型离心管，小烧杯（50mL），小试管（10mm×75mm），小玻璃棒，酒精灯，试管夹等。

2. 药品

酸：HCl（2.0mol·$L^{-1}$，浓），$H_2SO_4$（浓），HAc（2.0mol·$L^{-1}$），$H_2S$（饱和）。

碱：NaOH(2.0mol·$L^{-1}$，6.0mol·$L^{-1}$，40%)，$NH_3 \cdot H_2O$（0.10mol·$L^{-1}$，2.0mol·$L^{-1}$，6.0mol·$L^{-1}$）。

盐：$AgNO_3$（0.10mol·$L^{-1}$），$CuSO_4$（0.10mol·$L^{-1}$），$CuCl_2$（1.0mol·$L^{-1}$），$ZnSO_4$（0.10mol·$L^{-1}$），$CdSO_4$（0.10mol·$L^{-1}$），$Hg(NO_3)_2$（0.10mol·$L^{-1}$），$HgCl_2$（0.10mol·$L^{-1}$），NaCl（0.10mol·$L^{-1}$，饱和），KI（0.10mol·$L^{-1}$），$Na_2S$（0.10mol·$L^{-1}$），$Na_2S_2O_3$（0.10mol·$L^{-1}$），$NH_4Cl$（0.10mol·$L^{-1}$），KBr（0.10mol·$L^{-1}$），$K_4[Fe(CN)_6]$（0.10mol·$L^{-1}$），$SnCl_2$（0.10mol·$L^{-1}$）。

其他：淀粉溶液，纯Cu（粉或屑），二苯硫腙的四氯化碳溶液。

**【实验内容】**

1. 氢氧化物的生成和性质

① 在三支小试管中，各加入2滴0.10mol·$L^{-1}$ $CuSO_4$和2滴2.0mol·$L^{-1}$ NaOH，观察生成$Cu(OH)_2$沉淀的颜色。然后在其中一支试管中加入3滴2.0mol·$L^{-1}$ HCl，在另一支试管中则加入5滴6.0mol·$L^{-1}$ NaOH，最后将第三支试管用小火加热，观察以上实验现象并给予解释。

② 取1滴0.10mol·$L^{-1}$ $AgNO_3$，用蒸馏水稀释至1mL左右，逐滴缓慢地加入2.0mol·$L^{-1}$ NaOH，留意观察生成沉淀的颜色及变化。

③ 取1滴0.10mol·$L^{-1}$ $Hg(NO_3)_2$，再加入1～2滴2.0mol·$L^{-1}$ NaOH，观察现象。通过实验，对Cu、Ag、Hg氢氧化物的热稳定性强弱作出比较。

④ 自行设计实验，验证$Zn(OH)_2$和$Cd(OH)_2$的酸碱性。

2. 配合物的生成和性质

（1）氨合物的生成和性质

① 在四支小试管中分别加入0.10mol·$L^{-1}$ $CuSO_4$、$ZnSO_4$、$CdSO_4$和$HgCl_2$各4滴，再各加入1滴2.0mol·$L^{-1}$ $NH_3 \cdot H_2O$，观察各自生成沉淀的颜色。继而再分别逐滴加入过量的2.0mol·$L^{-1}$ $NH_3 \cdot H_2O$，观察现象并比较$Cu^{2+}$、$Zn^{2+}$、$Cd^{2+}$、$Hg^{2+}$与$NH_3 \cdot H_2O$的反应有何不同。

② 用两支小试管，按上述方法分别制取少量同等的$[Cu(NH_3)_4]^{2+}$溶液，然后在其中一支试管中加入2滴2.0mol·$L^{-1}$ NaOH，另一支小试管中加入2滴0.10mol·$L^{-1}$ $Na_2S$，观察现象。

（2）银的配合物

① 在两支小试管中各加入1滴0.10mol·$L^{-1}$ $AgNO_3$和1滴0.10mol·$L^{-1}$ NaCl，观察现象。然后在其中一支试管中加入几滴2.0mol·$L^{-1}$ $NH_3 \cdot H_2O$，在另一支试管中加入几滴0.10mol·$L^{-1}$$Na_2S_2O_3$，观察AgCl沉淀的溶解情况。

② 制取少量AgBr和AgI沉淀，按上述方法分别试验它们在2.0mol·$L^{-1}$ $NH_3 \cdot H_2O$和0.10mol·$L^{-1}$ $Na_2S_2O_3$溶液中的溶解情况。

（3）汞的配合物

① 取1滴0.10mol·$L^{-1}$ $Hg(NO_3)_2$，滴加1滴0.10mol·$L^{-1}$KI，观察沉淀生成的颜色，继而加入过量的0.10mol·$L^{-1}$ KI至沉淀又溶解，解释现象。

② 在实验①所得的溶液中，加入几滴40% NaOH，即得到奈斯勒试剂，可用于检验$NH_3$或$NH_4^+$。

在试管中加入1滴0.10mol·$L^{-1}$ $NH_4Cl$溶液，再加入1～2滴自制的奈斯勒试剂，观察现象。

3. Cu(Ⅱ) 的氧化性和Cu(Ⅰ) 与Cu(Ⅱ) 的转化

(1) CuCl的生成和性质

取少量Cu粉于小试管中，加入10滴1.0mol·$L^{-1}$ $CuCl_2$、8滴饱和NaCl和2滴浓HCl，小火加热至溶液呈浅棕黄色，停止加热，把溶液全部倒入盛有约10mL水的小烧杯中(**注意**：剩余的铜粉不要倒入烧杯)。观察白色沉淀的生成。静置以后，用倾泻法分离固液，取少许CuCl沉淀分别与2.0mol·$L^{-1}$ $NH_3 \cdot H_2O$和浓HCl反应，观察现象并解释。

(2) CuI的性质

在微型离心管中，加入3～4滴0.10mol·$L^{-1}$ $CuSO_4$，滴加等量的0.10mol·$L^{-1}$ KI，观察现象。然后离心分离，取少量清液，用蒸馏水稀释，用淀粉溶液检验是否有$I_2$生成。洗涤沉淀，观察沉淀的颜色，对实验现象作出解释。

4. $Cu^{2+}$、$Ag^{+}$、$Zn^{2+}$、$Cd^{2+}$、$Hg^{2+}$的鉴定

(1) $Cu^{2+}$的鉴定

取1滴0.10mol·$L^{-1}$ $CuSO_4$，加入1滴2.0mol·$L^{-1}$ HAc和1滴0.10mol·$L^{-1}$ $K_4[Fe(CN)_6]$，有棕红色沉淀生成，在沉淀中加3～4滴6.0mol·$L^{-1}$ $NH_3 \cdot H_2O$，沉淀溶解呈深蓝色，表示有$Cu^{2+}$存在。

(2) $Ag^{+}$的鉴定

用离心管操作，在2滴0.10mol·$L^{-1}$ $AgNO_3$溶液中加入几滴2.0mol·$L^{-1}$ HCl至沉淀完全，离心分离，将沉淀洗涤两次，在沉淀中加入2.0mol·$L^{-1}$ $NH_3 \cdot H_2O$至沉淀溶解，再加入2滴0.10mol·$L^{-1}$ KI，有黄色沉淀生成，表示有$Ag^{+}$存在。

(3) $Zn^{2+}$的鉴定

取1滴0.10mol·$L^{-1}$ $ZnSO_4$，加入2滴6.0mol·$L^{-1}$ NaOH溶液，再加5滴含二苯硫腙的$CCl_4$溶液，摇荡，注意水层与$CCl_4$层颜色的变化。

(4) $Cd^{2+}$的鉴定

取2滴0.10mol·$L^{-1}$ $CdSO_4$，加2滴2.0mol·$L^{-1}$ HCl酸化，再加饱和$H_2S$水溶液，摇荡，若有黄色沉淀生成，表示有$Cd^{2+}$存在。

(5) $Hg^{2+}$的鉴定

利用$SnCl_2$与$HgCl_2$的反应鉴定。参见实验16【实验内容】4(1)①。

**【预习思考题】**

1. 能否用铜制容器存放$NH_3 \cdot H_2O$，为什么？用$\varphi^{\ominus}$($[Cu(NH_3)_4]^{2+}/Cu$)值进行解释。
2. Cu(Ⅰ) 与Cu(Ⅱ) 各自稳定存在和相互转化的条件是什么？
3. CuCl溶于$NH_3 \cdot H_2O$(或浓HCl) 后生成的产物常呈蓝色(或黄色)，为什么？
4. $Zn^{2+}$、$Cd^{2+}$、$Hg^{2+}$与$NH_3 \cdot H_2O$反应的产物各是什么？
5. 本实验涉及的试剂药品和生成物哪些有毒？操作中应注意什么问题？

# 实验20 配位化合物

**【实验目的】**

1. 试验并了解配位化合物的形成和组成。

2. 试验并了解中心离子、配合剂对配位化合物稳定性的影响。

3. 了解配合平衡与沉淀反应、氧化还原反应以及溶液的酸碱度的关系。

4. 练习生成配合物及检验其性质的操作。

【实验原理】

配位化合物是由形成体（中心离子或原子）和一定数目的配位体（阴离子或分子）以配位键相结合形成的具有一定的组成和空间构型的复杂化合物。在配离子溶液中存在配合-离解平衡

$$Ag^+ + 2NH_3 \rightleftharpoons [Ag(NH_3)_2]^+$$

$$K^{\ominus}_{稳} = \frac{c([Ag(NH_3)_2]^+)/c^{\ominus}}{[c([Ag^+])/c^{\ominus}][c([NH_3]^2)c^{\ominus}]}$$

式中，$K^{\ominus}_{稳}$为稳定常数，不同的配合物具有不同的稳定常数，对于同种类型的配合物，$K^{\ominus}_{稳}$越大，表示配离子越稳定。

根据平衡移动原理，条件改变后，配合平衡将发生移动，如加入沉淀剂、改变溶液的浓度以及改变溶液的酸碱性，配合平衡都将发生移动。

由简单物质形成配合物时，物质的性质将发生改变，如稳定性、颜色、溶解性、酸碱性以及氧化还原性等。

【仪器、药品及材料】

1. 仪器

离心机，微型离心管，酒精灯，小试管（10mm×75mm），小玻璃棒，试管夹，漏斗，漏斗架等。

2. 药品

酸：$H_2SO_4$（3.0mol·L$^{-1}$），HCl（2.0mol·L$^{-1}$，浓），$H_3BO_3$（0.10mol·L$^{-1}$）。

碱：NaOH（2.0mol·L$^{-1}$），$NH_3 \cdot H_2O$（2.0mol·L$^{-1}$，6.0mol·L$^{-1}$）。

盐：$CuSO_4$（0.10mol·L$^{-1}$），$BaCl_2$（0.10mol·L$^{-1}$），$Hg(NO_3)_2$（0.10mol·L$^{-1}$），KI（0.10mol·L$^{-1}$），$FeCl_3$（0.10mol·L$^{-1}$），KSCN（0.10，1.0mol·L$^{-1}$），NaF（0.10mol·L$^{-1}$，1.0mol·L$^{-1}$），$NH_4Cl$（1.0mol·L$^{-1}$），$CrCl_3$（0.10mol·L$^{-1}$），NaCl（0.10mol·L$^{-1}$，1.0mol·L$^{-1}$），$AgNO_3$（0.10mol·L$^{-1}$），KBr（0.10mol·L$^{-1}$），$Na_2S_2O_3$（0.10mol·L$^{-1}$），$K_3[Fe(CN)_6]$（0.10mol·L$^{-1}$），$ZnSO_4$（0.10mol·L$^{-1}$），$CdSO_4$（0.10mol·L$^{-1}$），$FeSO_4$（s），$K_4[Fe(CN)_6]$（0.10mol·L$^{-1}$），$Na_2S$（0.10mol·L$^{-1}$），明矾（s），$Na_3[Co(NO_2)_6]$（饱和溶液），$CoCl_2$（0.50mol·L$^{-1}$），EDTA二钠盐（0.10mol·L$^{-1}$），$NiCl_2$（或$NiSO_4$）（0.10mol·L$^{-1}$）。

其他：$CCl_4$，无水乙醇，戊醇（或丙酮），丁二肟溶液，邻菲罗啉（0.2%），甲基橙溶液（0.1%），甘油，硬水。

【实验内容】

1. 配离子的生成和组成

① 在三支小试管中分别加入5滴0.10mol·L$^{-1}$ $CuSO_4$溶液，再小心滴加2.0mol·L$^{-1}$ $NH_3 \cdot H_2O$，观察浅蓝色$Cu_2(OH)_2SO_4$沉淀的生成。继续滴加氨水，直至沉淀完全溶解，再加1滴氨水，观察溶液的颜色。

在其中一份溶液中加入1滴0.10mol·L$^{-1}$ $BaCl_2$溶液，另一份加入1滴0.1mol·L$^{-1}$ NaOH溶液，观察现象。

在第三支试管中加入20滴无水乙醇，摇动试管，观察现象。过滤，观察晶体的外观性状。

② 在小试管中加入1滴0.10mol·L$^{-1}$ $Hg(NO_3)_2$ 溶液，再加入1～2滴0.10mol·L$^{-1}$ KI溶液，观察红色 $HgI_2$ 沉淀的生成，继续滴加KI，直至沉淀完全溶解，观察现象。

根据以上实验，分析说明两种配合物的内界和外界的组成。

2.配离子和简单离子性质的比较

① $FeCl_3$ 与 $K_3[Fe(CN)_6]$ 性质的比较　往两支小试管中分别加入1滴0.10mol·L$^{-1}$ $FeCl_3$ 溶液和1滴0.10mol·L$^{-1}$ $K_3[Fe(CN)_6]$ 溶液，然后各加入1滴0.10mol·L$^{-1}$ KSCN溶液，观察有何变化？两种化合物中都有Fe(Ⅲ)，为什么实验结果不同？

② $FeSO_4$ 与 $K_4[Fe(CN)_6]$ 性质的比较　在两支小试管中分别加入固体 $FeSO_4$ 少许和1滴0.10mol·L$^{-1}$ $K_4[Fe(CN)_6]$ 溶液，然后各加入1滴0.10mol·L$^{-1}$ $Na_2S$ 溶液，是否都有FeS沉淀生成？为什么？

③ 取少量明矾 $[K_2SO_4 \cdot Al_2(SO_4)_3 \cdot 24H_2O]$ 晶体，放入试管中用蒸馏水溶解，分别用 $Na_3[Co(NO_2)_6]$ 饱和溶液、2.0mol·L$^{-1}$ NaOH溶液、0.50mol·L$^{-1}$ $BaCl_2$ 溶液检出其中的 $K^+$、$Al^{3+}$、$SO_4^{2-}$。

比较以上实验结果，配离子和简单离子之间，配合物和复盐之间有何区别？

3.配合物的稳定性

(1) 中心离子对配合物稳定性的影响

在两支小试管中分别加入2滴0.10mol·L$^{-1}$ $ZnSO_4$ 和0.10mol·L$^{-1}$ $CdSO_4$ 溶液，再滴加2.0mol·L$^{-1}$ $NH_3 \cdot H_2O$，直到最初生成的沉淀溶解为止，比较所需氨水量的多少。每支试管中再加入过量氨水1滴，然后各加入1滴2.0mol·L$^{-1}$ NaOH溶液，是否都有沉淀生成？

(2) 配合剂对配合物稳定性的影响

在三支小试管中各加入1滴0.10mol·L$^{-1}$ $FeCl_3$ 溶液，在第一支试管中加入1滴0.10mol·L$^{-1}$ NaF溶液，在第二支试管中加入1滴0.10mol·L$^{-1}$ KSCN溶液，在第三支试管中加入1滴0.10mol·L$^{-1}$ KSCN溶液，再滴加0.10mol·L$^{-1}$ NaF溶液，直至红色退去，观察现象。

4.配合物的水合异构现象

① 在小试管中加入5滴0.10mol·L$^{-1}$ $CrCl_3$ 溶液，加热试管，观察溶液颜色的变化，然后将溶液冷却，溶液的颜色又有何变化？

② 在另一支小试管中加入2滴0.5mol·L$^{-1}$ $CoCl_2$ 溶液和5滴饱和NaCl溶液，重复以上实验，观察溶液颜色的变化。

$[Cr(H_2O)_6]^{3+}$ 和 $[Co(H_2O)_6]^{2+}$ 的水合异构反应为

$$\underset{\text{(蓝紫)}}{[Cr(H_2O)_6]^{3+}} + 2Cl^- \rightleftharpoons \underset{\text{(绿)}}{[Cr(H_2O)_4Cl_2]^+} + 2H_2O$$

$$\underset{\text{(紫红)}}{[Co(H_2O)_6]^{2+}} + 4Cl^- \rightleftharpoons \underset{\text{(蓝紫)}}{[Co(H_2O)_2Cl_4]^{2-}} + 4H_2O$$

5.配合平衡的移动

(1) 配合平衡与沉淀反应

在小试管中加入1滴0.10mol·L$^{-1}$ NaCl溶液和1滴0.10mol·L$^{-1}$ $AgNO_3$ 溶液，

振荡试管，观察沉淀，再滴加 2.0mol·$L^{-1}$ $NH_3·H_2O$ 至沉淀刚好溶解，然后加 1 滴 0.10mol·$L^{-1}$ NaCl溶液，看有无沉淀生成？再加 1 滴 0.10mol·$L^{-1}$ KBr，看有无 AgBr 沉淀生成？加入几滴 0.10mol·$L^{-1}$ $Na_2S_2O_3$ 溶液，沉淀是否溶解？然后加入 1 滴 0.10mol·$L^{-1}$ KBr，观察有无 AgBr 生成。再加 1 滴 0.10mol·$L^{-1}$ KI 溶液，有无沉淀生成？解释以上沉淀生成及溶解的原因。

（2）配合平衡与氧化还原反应

在两支小试管中分别加入 1 滴 0.10mol·$L^{-1}$ $FeCl_3$ 溶液，在第一支试管中滴加 0.10mol·$L^{-1}$ KI 溶液至出现红棕色，再加几滴 $CCl_4$，振荡后观察 $CCl_4$ 层颜色，解释现象。在第二支试管中滴加 0.10mol·$L^{-1}$ NaF 溶液至无色，然后加入 0.10mol·$L^{-1}$ KI 溶液（与第一支试管加的滴数相同），再加几滴 $CCl_4$，振荡后观察 $CCl_4$ 层颜色，比较两支试管有何不同？

（3）配合平衡与介质的酸碱性

在两支试管中各加入 1 滴 0.10mol·$L^{-1}$ $FeCl_3$ 溶液，再加入 5～6 滴 0.10mol·$L^{-1}$ NaF 至溶液变为无色，然后在一支试管中加 1 滴 0.1mol·$L^{-1}$ NaOH，另一支试管中加 1 滴 0.10mol·$L^{-1}$ KSCN 后，滴加 3.0mol·$L^{-1}$ $H_2SO_4$，观察现象。

（4）配合平衡与配合剂的浓度

在试管中加入 1 滴 0.5mol·$L^{-1}$ $CoCl_2$ 溶液，再加入几滴浓 HCl，观察溶液颜色的变化，然后加水稀释，至溶液刚变为粉红色时，停止加水，再滴加浓 HCl，观察溶液颜色变化。

6.螯合物的形成和应用

① 在试管中加入硬水约 1mL，在酒精灯上加热煮沸约 1min，观察水中有无沉淀或浑浊。取另一支试管，加入硬水约 1mL 后，再加入几滴 0.10mol·$L^{-1}$ EDTA 二钠盐溶液，加热煮沸约 1min，是否有浑浊现象？为什么？

② 在试管中加入 2 滴 0.10mol·$L^{-1}$ $H_3BO_3$ 溶液，加入甲基橙指示剂 1 滴，观察颜色变化，再加入 2 滴甘油，摇匀后，颜色又有何变化？

7.配合物在分析化学上的应用

（1）利用形成带色配合物来鉴定某些离子

① $Fe^{2+}$ 的鉴定　在试管中加入 1 滴 0.10mol·$L^{-1}$ $Fe^{2+}$ 溶液，再加入 2 滴 0.2%邻菲罗啉溶液，观察现象。

② $Ni^{2+}$ 的鉴定　在试管中加入 1 滴 0.10mol·$L^{-1}$ $Ni^{2+}$ 溶液及 5 滴水，再加入 2.0mol·$L^{-1}$ 氨水，使溶液呈碱性，然后加入 5 滴丁二肟溶液，观察现象。

（2）利用配合物掩蔽干扰离子

在试管中加入 1 滴 0.10mol·$L^{-1}$ $FeCl_3$ 和 1 滴 0.50mol·$L^{-1}$ $CoCl_2$ 溶液、10 滴 1.0mol·$L^{-1}$ KSCN 溶液，再逐滴加入 0.10mol·$L^{-1}$ NaF 溶液至溶液呈浅粉色，再加 5 滴戊醇（或丙酮）振荡试管，静置，观察戊醇（或丙酮）层的颜色。

**【预习思考题】**

1.怎样根据实验来推测配合物的结构？结合本实验举例说明。

2. Cu 能从 $Hg^{2+}$ 盐中置换出 Hg，能否从 $[Hg(CN)_4]^{2-}$ 中置换出 Hg？为什么？

3.影响配合平衡的因素有哪些？

# 第四部分　提纯、提取和制备实验

## 无机合成方法简述

研究用人工方法制取无机化合物的学科称为无机合成化学，它是无机化学学科的一个重要组成部分。众所周知，天然资源总是有限的，而利用人工方法对自然物质进行深加工，可以彻底改变物质的面貌，并赋予其较高的价值。无机合成不仅能制备出许多一般物质，还能为新技术和高科技合成出种种新材料（如新的配合物、金属有机化合物和原子簇状化合物等）。因此无机合成化学的发展及应用涉及国民经济、国防建设、资源开发、技术的发展以及人类的衣食住行的各个方面。

1.选择合成路线的基本原则

寻找新物质和新的合成路线是合成化学的两个方面。为实现把自然界存在的普通物质改变为满足人类需求的有用物质，要求寻找和选择新的合成路线。选择合成路线的基础和原则如下。

（1）无机合成的基础是无机化学反应

一个化学反应的实现从热力学方面考虑它的可能性，即首先根据元素在周期表中的位置和性质进行定性判断，并通过 $K_a$（$K_b$）、$K_{sp}$、$K_{总}$、$\varphi$、$\Delta G$ 等数据进行定量的判断，以确定反应的可能性和反应趋势的大小。另外，也要从动力学的角度分析它的可能性。

无机合成仅仅通过一个或几个化学反应是远远不够的，为使合成产品达到要求（或规定）的质量指标，还必须对产品进行分离和提纯。因此一个优化的合成路线同时要有解决产品纯化的合理方案。

（2）合成路线的先进性

合成路线的选择要求工艺简单，原料价廉、易得，转化率高，质量好、成本低，同时对环境污染少、生产安全性好。

（3）按照实际情况，选择最佳合成路线

某种产品常常可以有多种合成方法。各种合成方法常各有优、缺点。此时我们应该通过综合评述，选择适合实际情况的最佳合成路线。例如，$SbCl_3$ 的合成可以有以下两种方法。

① 金属锑法　金属锑在氯气中燃烧，得到 $SbCl_3$，同时有部分 $SbCl_5$ 生成，可以用蒸馏法除去。

锑+氯气→反应→减压蒸馏→常压蒸馏→冷却→结晶→粉碎→三氯化锑

② 锑化物法　三氧化锑和三硫化二锑与盐酸反应后，经浓缩蒸馏而得。

两种方法相比较，金属锑法成本低、劳动保护易解决；锑化物法成本高、设备腐蚀严重，但所得产品纯度高。经综合评述，目前工业上多采用金属锑法生产三氯化锑。

又如 CuO 的合成，一般有以下两种方法。

① 直接法（铜粉氧化法）　铜和氧直接反应

$$2Cu+O_2 = 2CuO$$

② 间接法　将 Cu 先氧化为二价铜的化合物，然后再转化为 CuO，如

$$Cu \rightarrow Cu(NO_3)_2 \rightarrow \begin{cases} (\text{方法 I})CuO \\ (\text{方法 II})Cu(OH)_2 \rightarrow CuO \\ (\text{方法 III})[Cu(OH)]_2CO_3 \rightarrow CuO \end{cases}$$

比较两种合成方法，直接法虽然工艺简单，但由于工业铜杂质较多，因此所得产品纯度不高。若对产品要求不高可采用此法。在生产试剂级氧化铜时，一般采用间接法。比较三种间接法可以得出以下结论。

方法Ⅰ：
$$Cu(NO_3)_2 \xlongequal{\triangle} CuO+2NO_2+\frac{1}{2}O_2$$

有 $NO_2$ 产生，污染严重，此法很少采用。

方法Ⅱ：
$$Cu(OH)_2 \xlongequal{\triangle} CuO+H_2O$$

由于 $Cu(OH)_2$ 呈两性，易溶于过量碱，且 $Cu(OH)_2$ 胶体沉淀，难以过滤和洗涤，产率低，所得产品纯度低。

方法Ⅲ：
$$[Cu(OH)]_2CO_3 \xlongequal{\triangle} 2CuO+CO_2+H_2O$$

基本无污染，所得产品纯度高。

因此，一般采用碱式碳酸铜热分解的途径生产 CuO。

2. 无机化合物制备的一般方法

由于无机化合物种类繁多，目前已知的化合物已达 800 多万种。各类化合物的制备方法也差别很大，即使是一种化合物往往也有许多制备方法。目前对无机物的合成从不同角度有多种分类方法。例如，按合成方法的不同分类有高温合成、低温合成、高压和超高压合成、高真空合成、电氧化合成、放电和光学合成、无氧无水实验技术合成、放射性同位素合成和制备、单晶的培养和具体的生产等；也有按合成物类型进行分类的，如合成单质、氧化物、卤化物、含氧酸盐、配合物等。下面主要介绍常见的无机化合物的制备原理和方法。通过相应制备实验的训练，加深对元素及其化合物性质、合成方法的了解，并熟悉和掌握无机合成的基本操作。

(1) 利用水溶液中的离子反应来制备无机化合物

利用水溶液中的离子反应是制备无机化合物的重要方法。若生产物是沉淀或气体时，则通过分离沉淀和收集气体，很容易获得产品；若产物可溶于水，则可采用结晶法或重结晶法（提纯）获得产品。这种制备方法的主要操作包括溶液的蒸发浓缩、结晶、重结晶、过滤和沉淀的洗涤等。

(2) 由矿石制备无机化合物

在自然界里，固体矿物有 3000 多种。以矿石为原料制备无机化合物时，首先必须精选矿石。精选是利用矿石中各组分之间物理及化学性质上的差异使有用成分富集的方法。精选的方法有手选、重力选、磁选、电选和浮选等。其中无机盐工业中用得较多的是手选。精选后的矿石通过酸（碱）熔、浸取、氧化或还原、灼烧等处理就可制得所需的化合物。例如，

$KMnO_4$（碱熔法）、$TiO_2$（酸熔法）和 ZnO（酸浸法）等的制备均可供学习和参考。

（3）分子间化合物的制备

分子间化合物的范围十分广泛，有水合物，如胆矾 $CuSO_4 \cdot 5H_2O$；氨合物，如 $CaCl_2 \cdot 8NH_3$；复盐，如光卤石（$KCl \cdot MgCl_2 \cdot 6H_2O$）和明矾［$K_2SO_4 \cdot Al_2(SO_4)_3 \cdot 24H_2O$］；配合物，如［$Cu(NH_3)_4$］$SO_4$；有机分子化合物，如 $CaCl_2 \cdot 4C_2H_5OH$ 等。它们是由简单化合物按一定化学计量关系结合而成的。

下面简单介绍铝钾矾（明矾）的制备。

铝钾矾［$K_2SO_4 \cdot Al_2(SO_4)_3 \cdot 24H_2O$］一般可由硫酸铝和硫酸钾的溶液相互混合而制得。如以铝粉为原料，可将铝粉先制成 $Al_2(SO_4)_3$，再与 $K_2SO_4$ 溶液混合制得。具体方法是将铝粉溶于 NaOH 溶液中，要先制得 $Na[Al(OH)_4]$，再用稀硫酸调节溶液 pH 值，使其转化为 $Al(OH)_3$ 沉淀与其他杂质分离。将 $Al(OH)_3$ 用稀硫酸溶解即得 $Al_2(SO_4)_3$ 溶液。在此溶液中加入等物质的量的 $K_2SO_4$，即可制得铝钾矾。

（4）无水化合物的制备

有些化合物极易水解，因此制备这些化合物时从反应物到生成物都不能与水或水蒸气接触，整个制备过程必须防水，而且原料和整个设备装置要进行彻底的除水处理。本书以制备四氯化锡为例，介绍无水化合物的制备方法，可供学习和参考。

下面简单介绍有强烈吸水性的无水过渡金属氯化物（卤化物）的三种制备方法。

① 在干燥的 HCl 气流中加热脱水过渡金属氯化物的水合物，制得纯净的相应无水盐。如前所述，直接加热过渡金属氯化物的水合物，会引起氯化物水合物的水解。

$$MCl_2 + H_2O \xlongequal{\triangle} M(OH)Cl + HCl$$

$$M(OH)Cl + H_2O \xlongequal{\triangle} M(OH)_2 + HCl$$

根据水解平衡的原理，在干燥的 HCl 气流中，加热脱水这类水合物即可制得相应的纯净无水盐，某些情况下也可以用 $NH_4Cl$ 代替 HCl(g)，但必须注意维持必要的 HCl(g) 分压。

② 用比过渡金属离子对水分子具有更强亲和力的物质与过渡金属水合氯化物反应，夺取水合物中的配位水。例如，用氯化亚砜（$SOCl_2$）与六水三氯化铁（$FeCl_3 \cdot 6H_2O$）共热，氯化亚砜迅速水解生成 HCl 和 $SO_2$，即可得无水三氯化铁。

$$FeCl_3 \cdot 6H_2O + 6SOCl_2 \xlongequal{\triangle} FeCl_3 + 12HCl\uparrow + 6SO_2\uparrow$$

③ 过渡金属单质（氧化物或碳化物）与氯化剂作用制备无水氯化物。常用的氯化剂有 $Cl_2$、HCl(g)、$CCl_4$、$NH_4Cl$ 等。

a. 金属与氯直接化合

$$2Mo + 5Cl_2 \xlongequal{\triangle} 2MoCl_5$$

$$Ti + 2Cl_2 \xlongequal{\triangle} TiCl_4$$

b. 金属与氯化氢化合

$$Cr + 2HCl \xlongequal{\triangle} CrCl_2 + H_2$$

c. 金属氧化物的氯化

$$ZrO_2 + 2Cl_2 + 2C \xlongequal{\triangle} ZrCl_4 + 2CO\uparrow$$

$$TiO_2 + 2Cl_2 + 2C \xlongequal{\triangle} TiCl_4 + 2CO\uparrow$$

d. 金属氧化物与 $CCl_4$ 反应

$$Cr_2O_3 + 3CCl_4 \xlongequal{\triangle} 2CrCl_3 + 3COCl_2$$

（5）非水溶剂制备化学

水常被选作溶剂，对大多数溶质来说水是最好的溶剂。但在下述情况下则不宜以水为溶剂，如易强烈水解的化合物，有强还原性物质参加的反应（水会被还原），以及在高温（100℃）和低温下进行的反应等。因此，随之产生了非水溶剂的制备化学。常用的非水溶剂无机化合物有液氨、硫酸、氟化氢、某些液体氧化物（如液态 $N_2O_4$）等；常用的有机溶剂有四氯化碳、冰醋酸、乙醚、丙酮、汽油、石油醚等。如本书介绍的在石油醚溶剂中制备强烈水解的 $SnI_4$ 即为一例。又如在液氨介质中，以无水三氯化铬为原料，可以制得 $[Cr(NH_3)_6](NO_3)_3$，其方法是首先将三氯化铬加入到有 $NaNH_2$（催化剂）存在的液氨溶液中进行反应，反应完毕即得棕色糊状物，继续搅拌待 $NH_3$ 全部挥发后即得亮黄色物质 $[Cr(NH_3)_6]Cl_3$，然后在上述产物中加入稀 HCl 溶液，使沉淀溶解，过滤除去不溶物，将滤液迅速倒入浓硝酸中，在冰水中边冷却边搅拌，即析出黄色 $[Cr(NH_3)_6](NO_3)_3$ 沉淀，其反应如下

$$CrCl_3 + 6NH_3 \xlongequal{NH_3} [Cr(NH_3)_6]Cl_3$$

$$[Cr(NH_3)_6]Cl_3 + 3HNO_3 = [Cr(NH_3)_6](NO_3)_3 + 3HCl$$

# 实验 21　硝酸钾的制备、提纯及其溶解度的测定

## 【实验目的】

1. 学习利用各种易溶盐在不同温度时溶解度的差异来制备易溶盐的原理和方法。
2. 学习重结晶法提纯物质的方法。
3. 学习测定易溶盐溶解度的方法。
4. 巩固溶解、过滤、结晶等操作。

## 【实验原理】

1. 制备

在 KCl 和 $NaNO_3$ 的混合溶液中同时存在 $Na^+$、$K^+$、$Cl^-$ 和 $NO_3^-$ 四种离子，它们可组成 $KNO_3$、KCl、$NaNO_3$ 和 NaCl 四种盐，在溶液中构成一个复杂的四元交叉体系。关于这种复杂体系的状态与外界条件的关系——相平衡问题，将在物理化学中系统学习。这里简单介绍利用四种盐在不同温度下溶解度的差异，从 KCl 和 $NaNO_3$ 制备 $KNO_3$ 和 NaCl 的原理。

四种纯净盐在水中的溶解度列于表 21-1（在混合溶液中由于物质间相互作用，溶解度有所不同）。

**表 21-1　纯 $KNO_3$、KCl、$NaNO_3$、NaCl 在水中的溶解度**

单位：$g \cdot 100gH_2O^{-1}$

| 温度/℃ | 0 | 20 | 40 | 60 | 80 | 100 |
|---|---|---|---|---|---|---|
| $KNO_3$ | 13.3 | 31.6 | 63.9 | 110.0 | 169.0 | 246.0 |
| KCl | 27.6 | 34.0 | 40.0 | 45.5 | 51.5 | 56.7 |
| $NaNO_3$ | 73.0 | 87.6 | 102.0 | 122.0 | 148.0 | 180.0 |
| NaCl | 35.7 | 36.0 | 36.6 | 37.3 | 38.4 | 39.8 |

从表 21-1 的数据可以看出，在 20℃时，除 $NaNO_3$ 外其他三种盐的溶解度相差不大，因此不易使 $KNO_3$ 单独结晶出来。但是随着温度升高，NaCl 的溶解度几乎没有多大改变，而 $KNO_3$ 的溶解度却增大得很快。因此只要把 $NaNO_3$ 和 KCl 混合溶液加热蒸发，在较高温度下，NaCl 由于溶解度较小而首先析出，趁热把它滤去，然后将滤液冷却，利用 $KNO_3$ 的溶解度随温度下降而急剧下降的性质，使 $KNO_3$ 晶体析出。

2. 易溶盐溶解度的测定

测定方法主要有两种：分析法和定组成法。分析法的原理是用分析化学的手段，测定在一定温度下饱和溶液中易溶盐组分的含量，从而计算出该温度下该盐的溶解度。此法结果精确，但操作比较复杂、费时。定组成法的原理是观察已知含量易溶盐溶液开始析出晶体的温度，从而计算出该温度下该盐的溶解度。根据定组成法，可用同一装置和一定量的溶质，通过连续补充定量水测定自高温到低温的一系列数据。

**【仪器、药品及材料】**

1. 仪器

烧杯（25mL，250mL），量筒（10mL），吸量管（2mL），抽滤瓶（10mL），布氏漏斗（20mm），表面皿，台秤，分析天平。

2. 药品

$NaNO_3$(s)，KCl(s)，$AgNO_3$(0.1mol·$L^{-1}$)，$HNO_3$(2.0mol·$L^{-1}$)。

3. 材料

滤纸。

**【实验步骤】**

1. 制备

在台秤上称取固体 $NaNO_3$ 5.0g、固体 KCl 4.4g，放入 25mL 烧杯中，加入 8.0mL 蒸馏水，加热溶解，继续小火加热并不断搅拌，使溶液蒸发至原体积的 2/3，这时有晶体析出（是什么晶体?），趁热用减压过滤（过滤前预先将布氏漏斗在蒸汽上或烘箱中预热），溶液转入 25mL 烧杯中（动作要迅速，若滤液在抽滤瓶中析出结晶，可水浴加热溶解之），自然冷却，随着温度下降，而有结晶析出（是什么结晶?）。注意不要骤冷，以免结晶过于细小。用减压过滤分离母液，所得 $KNO_3$ 晶体置于表面皿中蒸汽浴烤干后称量，计算 $KNO_3$ 粗产品的产率。

2. 提纯

将粗产品（先称取 0.5g 备纯度检验用）放入 25mL 烧杯中，加入计算量的蒸馏水（按 $KNO_3$ 在 100℃时的溶解度计算）并搅拌，用小火加热至沸，使结晶全部溶解，然后自然冷却至室温，待大量晶体析出后减压过滤，晶体置于表面皿中用蒸汽浴烤干后称量，计算提纯率。

3. 产品纯度的检验

称取 $KNO_3$ 粗产品 0.5g，放入盛有 20mL 蒸馏水的 25mL 烧杯中，溶解后取 1mL 于 100mL 烧杯中，稀释至 100mL。取稀释液 1mL 于小试管中，加 1 滴 2mol·$L^{-1}$ $HNO_3$ 酸化后，加 2 滴 0.1mol·$L^{-1}$ $AgNO_3$ 溶液，观察白色沉淀的生成和浊度。

用同样的方法检验 $KNO_3$ 提纯品的纯度，与粗产品的结果作比较。

4. 溶解度测定

准确称取 $KNO_3$ 提纯品 1.00g 放入一支干燥洁净的小试管中，用 2mL 吸量管加入蒸馏水 1.00mL，装上带有 100℃温度计的单孔软木塞，使温度计水银泡的位置处于接近试管的底部。将小试管置于水浴中加热，使试管内的液面略低于水浴的液面，轻轻摇动试管内溶液至晶体全部溶解（**注意**：*不要长时间加热溶液，以免管内水分蒸发*）。将试管自水浴中取出，自然冷却并轻轻地水平摇动试管，在黑色背景下观察开始析出晶体时的温度。再次在水浴中加热溶解和冷却使析晶温度重复为止。

再用吸量管加入蒸馏水 1.5mL，如前操作测定另一饱和溶液的温度。再加水，每次 1.5mL，如此取得四个饱和溶液的析晶温度数据，按表 21-2 整理，计算溶解度并作数据处理。

**表 21-2　溶解度测定数据记录**

| 编　号 | $m(KNO_3)/g$ | $V(H_2O)/mL$ | 析晶温度/℃ | $S/g \cdot 100gH_2O^{-1}$ |
|---|---|---|---|---|
| 1 | | | | |
| 2 | | | | |
| 3 | | | | |
| 4 | | | | |

① 以实验测得的 $KNO_3$ 溶解度为纵坐标，温度为横坐标，绘制溶解度-温度曲线Ⅰ。

② 根据表 21-3 中 $KNO_3$ 溶解度的文献值，绘制标准溶解度-温度曲线Ⅱ。

**表 21-3　纯 $KNO_3$ 在水中的溶解度**　　单位：$g \cdot 100gH_2O^{-1}$

| 温度/℃ | 30 | 40 | 50 | 60 | 70 |
|---|---|---|---|---|---|
| 溶解度 | 45.8 | 63.9 | 85.5 | 111.0 | 138.0 |

③ 比较曲线Ⅰ、Ⅱ，分析产生误差的原因。

## 【预习思考题】

1. 用 KCl 和 $NaNO_3$ 来制备 $KNO_3$ 的原理是什么？

2. 根据溶解度数据，计算在本实验中应有多少 NaCl 和 $KNO_3$ 晶体析出（不考虑其他盐存在时对溶解度的影响）？

3. 如所用 KCl 或 $NaNO_3$ 的量超过化学计算量，结果怎样？

4. $KNO_3$ 中混有 KCl 或 $NaNO_3$ 时，应如何提纯？

5. 本实验中为何要趁热过滤除去 NaCl 晶体？为何要小火加热？

6. 测定 $KNO_3$ 溶解度时，水的蒸发对本实验有何影响？应采取什么措施？溶解和结晶过程为什么要摇动？

# 实验 22　硫酸铜的提纯

## 【实验目的】

1. 了解提纯硫酸铜的方法。

2. 了解重结晶法提纯物质的原理和操作。

3. 巩固过滤、蒸发、结晶等基本操作。

## 【实验原理】

粗硫酸铜中含有不溶性杂质和可溶性杂质。不溶性杂质可用过滤法除去。可溶性杂质主要为 $FeSO_4$ 和 $Fe_2(SO_4)_3$，一般是先用 $H_2O_2$ 等氧化剂将 $Fe^{2+}$ 氧化成 $Fe^{3+}$，然后调节溶液的 pH 值至 4，加热使 $Fe^{3+}$ 水解成 $Fe(OH)_3$ 沉淀，再过滤除去。有关反应如下

$$2FeSO_4+H_2SO_4+H_2O_2 \xlongequal{} Fe_2(SO_4)_3+2H_2O$$

$$Fe^{3+}+3H_2O \xlongequal[\triangle]{pH\approx 4} Fe(OH)_3+3H^+$$

将除去杂质的 $CuSO_4$ 溶液蒸发，冷却结晶，可得蓝色 $CuSO_4 \cdot 5H_2O$。当 $CuSO_4 \cdot 5H_2O$ 晶体析出时，其他微量的可溶性杂质仍留在母液中，过滤时可与 $CuSO_4 \cdot 5H_2O$ 分离。

**【仪器、药品及材料】**

1. 仪器

台秤，研钵，普通漏斗和漏斗架，布氏漏斗（20mm），吸滤瓶（10mL），滴管，蒸发皿，小烧杯（50mL），玻璃棒，酒精灯，石棉网等。

2. 药品

酸：HCl（2.0mol $\cdot$ $L^{-1}$），$H_2SO_4$（1.0mol $\cdot$ $L^{-1}$）。

碱：NaOH（2.0mol $\cdot$ $L^{-1}$），$NH_3 \cdot H_2O$（1.0mol $\cdot$ $L^{-1}$，6.0mol $\cdot$ $L^{-1}$）。

盐：粗硫酸铜，KSCN（1.0mol $\cdot$ $L^{-1}$）。

其他：$H_2O_2$（3%）。

3. 材料

pH 试纸，滤纸。

**【实验步骤】**

1. 粗硫酸铜的提纯

① 在台秤上称取用研钵研细的粗硫酸铜晶体 4g 作提纯用，另称 0.5g 用于比较提纯前后杂质的对照实验。

② 将粗硫酸铜放入 50mL 小烧杯中，加入 10mL 蒸馏水，加热使其溶解。在不断搅拌下加入 10 滴 3% $H_2O_2$ 溶液，然后用 2.0mol $\cdot$ $L^{-1}$NaOH 溶液调节 pH≈4（用玻璃棒蘸取溶液在 pH 试纸上检验 pH 值)，再加热片刻，静置，使生成的 $Fe(OH)_3$ 沉降，溶液用普通漏斗过滤，滤液收集到洁净的蒸发皿中。从洗瓶中挤出少量水淋洗烧杯及玻璃棒，过滤，滤液合并到蒸发皿中。

③ 在滤液中加入 1～2 滴 1.0mol $\cdot$ $L^{-1}$ $H_2SO_4$，使其 pH=1～2，然后在石棉网上加热蒸发（**注意**：勿加热过猛以免液体溅失），至液面出现一层结晶时停止加热。

④ 让蒸发皿冷却至室温，使 $CuSO_4 \cdot 5H_2O$ 晶体析出，用布氏漏斗过滤，尽量抽干，并用干净玻璃棒挤压布氏漏斗上的晶体，尽可能除去晶体间夹带的母液。

⑤ 停止抽滤，取出晶体，把它夹在两张滤纸中，吸干其表面水分，将吸滤瓶中的母液倒入回收瓶中。

⑥ 在台秤上称出产品质量，计算产率。

2. 硫酸铜纯度检定

① 将 0.5g 粗硫酸铜用 5mL 蒸馏水溶解，加入 10 滴 1.0mol $\cdot$ $L^{-1}$ $H_2SO_4$ 酸化，然后加入 1mL $H_2O_2$ 煮沸片刻，使其中 $Fe^{2+}$ 氧化成 $Fe^{3+}$。

② 待溶液冷却后，边搅拌边滴加 6.0mol $\cdot$ $L^{-1}$ 氨水，至沉淀溶解完全，溶液呈深蓝色为止，此时 $Fe^{3+}$ 成为 $Fe(OH)_3$ 沉淀，而 $Cu^{2+}$ 则成为配离子 $[Cu(NH_3)_4]^{2+}$。

$$Fe^{3+}+3NH_3+3H_2O \xlongequal{} Fe(OH)_3\downarrow+3NH_4^+$$

$$2CuSO_4 + 2NH_3 + 2H_2O = Cu_2(OH)_2SO_4 \downarrow (蓝色) + (NH_4)_2SO_4$$

$$Cu_2(OH)_2SO_4 + (NH_4)_2SO_4 + 6NH_3 = 2[Cu(NH_3)_4]SO_4 + 2H_2O$$

③ 用普通漏斗过滤，并用滴管将 1.0mol·$L^{-1}$ 氨水滴在滤纸上以洗涤沉淀，直到蓝色洗去为止，弃去滤液，此时 $Fe(OH)_n$ 黄色沉淀留在滤纸上。

④ 用滴管把 1mL 加热过的 2.0mol·$L^{-1}$ HCl 滴在滤纸上，以溶解 $Fe(OH)_3$，如果一次不能完全溶解，可将滤下的滤液加热，再重新滴到滤纸上。

⑤ 在滤液中滴入 1 滴 1.0mol·$L^{-1}$ KSCN，观察血红色的产生。

$$Fe^{3+} + nSCN^- \rightleftharpoons [Fe(SCN)_n]^{(n-3)-}$$

$Fe^{3+}$ 越多，血红色越深，因此可根据血红色的深浅比较含 $Fe^{3+}$ 的多少，保留此溶液与下面作比较。

⑥ 称取 0.5g 提纯过的硫酸铜，重复上面的操作，比较两种溶液血红色的深浅，评定产品的纯度。

**【预习思考题】**

1. 溶解固体时加热和搅拌起什么作用？
2. 粗硫酸铜中杂质 $Fe^{2+}$ 为什么要氧化为 $Fe^{3+}$ 除去？
3. 除 $Fe^{3+}$ 时，为什么要调节 pH≈4？pH 值太大或太小有什么影响？

# 实验 23　从紫菜中提取碘

**【实验目的】**

1. 了解并掌握从紫菜中提取碘的原理和方法。
2. 观察认识碘的升华性质。

**【实验原理】**

紫菜中碘的含量约为 600μg·$L^{-1}$，且主要以化合物三维形式存在。工业上一般采用水浸取法提取碘。在实验室，可用采用灼烧-氧化-升华法提取：首先将紫菜灼烧成灰烬，接着用固态无水 $FeCl_3$ 直接氧化

$$2KI + 2FeCl_3 \longrightarrow 2FeCl_2 + I_2 + 2KCl$$

然后用升华法提取碘单质。

**【仪器、药品及材料】**

1. 仪器

台秤，铁坩埚，研钵，小瓷坩埚，三脚架，石棉网，酒精喷灯等。

2. 药品

无水 $FeCl_3$，乙醇等。

3. 材料

紫菜。

**【实验步骤】**

1. 提取

称取 4g 紫菜放入铁坩埚中并加入 5mL 乙醇使紫菜浸湿，用酒精喷灯灼烧 30min，冷却

至室温后，取出灰烬放入研钵中，再加入质量与灰烬大致相等的无水 $FeCl_3$，研细，转移到小瓷坩埚内，在瓷坩埚上倒扣漏斗，漏斗顶端塞入少许玻璃棉，然后，将瓷坩埚置于石棉网上并用酒精喷灯加热，观察现象。

注：应控制灼烧程度，使灰烬呈灰白色，不能烧至白色，否则碘会大量损失。

2. 鉴定

自行设计实验方案鉴定提取产物为碘单质。

【预习思考题】

1. 为什么要用铁坩埚而不用镍坩埚灼烧紫菜?

2. 如何鉴定提取产物为碘单质?

# 实验 24 氧化铁黄和铁红的制备

【实验目的】

1. 了解用亚铁盐制备氧化铁黄、氧化铁红的原理和方法。

2. 熟练掌握恒温水浴加热方法、溶液 pH 值的调节、沉淀的洗涤、结晶的干燥和减压过滤等基本操作。

【实验原理】

在各类无机颜料中，氧化铁颜料的产销量仅次于钛白粉，是第二个量大面广的无机颜料，属第一大彩色无机颜料。氧化铁颜料颜色多，色谱较广，遮盖力较高，主色颜料有铁黄[$Fe_2O_3 \cdot H_2O$ 或 $FeO(OH)$]、铁红（$Fe_2O_3$）和铁黑（$Fe_3O_4$）三种，通过调配还可以得到橙、棕、绿等系列色谱的复合颜料。氧化铁颜料有很好的耐光、耐候、耐碱及耐溶剂性，还具有无毒等特点，广泛应用于建筑材料、涂料、油墨、塑料、陶瓷、造纸、磁性记录材料等行业中。

本实验采用湿法亚铁盐氧化法制备氧化铁黄，然后，由铁黄热处理制备铁红。

1. 氧化铁黄的制备

湿法亚铁盐氧化法制备氧化铁黄包括晶种的形成和氧化铁黄的生成两步。

（1）晶种的形成

氧化铁黄是晶体结构，要得到晶体，首先要形成晶核，晶核长大成为晶种。晶种生成过程的条件决定了氧化铁黄的颜色和质量，所以制备晶种是关键的一步。氧化铁黄晶种的形成由两步反应完成。

① 生成氢氧化亚铁胶体　在一定的温度下，向硫酸亚铁铵（或硫酸亚铁）溶液中加入碱液，立即有胶体氢氧化亚铁生成，反应如下：

$$Fe^{2+} + 2OH^- \longrightarrow Fe(OH)_2 \downarrow$$

由于氢氧化亚铁溶解性非常小，晶核形成的速度非常快。为使晶核粒子细小而均匀，反应要在充分搅拌下进行，并在溶液中留有硫酸亚铁晶体，以维持溶液的饱和度。

② FeO(OH) 晶核的形成　要生成铁黄晶种，需将氢氧化亚铁进一步氧化，反应如下：

$$4Fe(OH)_2 + O_2 \longrightarrow 4FeO(OH) \downarrow + 2H_2O$$

但应注意，这是一个复杂的过程，要得到特定的晶种，反应温度和 pH 值必须严格控制在规定的范围内。反应温度控制在 10～25℃，最高不超过 35℃，溶液 pH 值保持在 3～4，可得到氧化铁黄晶种。如果溶液的 pH 值接近中性或是偏碱性，则得到棕黄至棕黑，甚至是黑色的一系列过渡色晶种；如果溶液 pH 值＞9，则形成棕红色的氧化铁红晶种；若溶液的 pH 值＞10，则失去形成晶种的作用。

（2）氧化铁黄的生成

在含有铁黄晶种的 $Fe^{2+}$ 溶液中加入氧化剂 $KClO_3$，控制温度在 80～85 ℃，溶液的 pH 值为 4～4.5，可使晶种长大为晶体，其反应如下：

$$6Fe^{2+}+ClO_3^-+9H_2O \longrightarrow 6FeO(OH)\downarrow+12H^++Cl^-$$

在这一过程中，空气中的氧也参加氧化反应：

$$4Fe^{2+}+O_2+6H_2O \longrightarrow 4FeO(OH)\downarrow+8H^+$$

由上述反应式可见，伴随反应的进行，溶液的酸度会逐渐增大，因此需不断加入碱液以维持溶液的 pH 为 4～4.5。氧化反应过程中可以看到沉淀的颜色由灰绿→墨绿→红棕→淡黄的变化。

2. 由铁黄热处理制备铁红

氧化铁红可以通过类似于上述制备氧化铁黄的方法，以硫酸亚铁或硫酸亚铁铵为原料，通过控制一定的原料配比、反应温度和 pH 值制得，也可由氧化铁黄进行热处理得到。本实验采取后一种方法制备氧化铁红。

**【仪器、药品及材料】**

1. 仪器

台秤，烧杯（25mL，50mL），加热装置，温度计，布氏漏斗（20mm），抽滤瓶（10mL），洗耳球，蒸发皿，烘箱，马弗炉，瓷坩埚，研钵等。

2. 试剂

碱：NaOH（2.0mol·$L^{-1}$）。

盐：$(NH_4)_2Fe(SO_4)_2\cdot 6H_2O$(s) 或 $Fe(SO_4)_2\cdot 7H_2O$(s)，$KClO_3$(s)，$BaCl_2$(0.1mol·$L^{-1}$)。

3. 材料

精密 pH 试纸。

**【实验步骤】**

1. 氧化铁黄的制备

（1）晶种的形成

称取 2.0g $(NH_4)_2Fe(SO_4)_2\cdot 6H_2O$，放于 25mL 烧杯中，加水 4.0mL，用水浴调节溶液温度至 20～25℃，搅拌溶解（需留有部分晶体不溶），检验溶液的 pH 值，然后，边搅拌边慢慢滴加 2mol·$L^{-1}$ NaOH，至溶液 pH 值为 3 左右，停止加碱液（**注意**：*要先估算碱液的用量，在 pH 值接近 3 时，每加入 1 滴碱液都要检验 pH 值*），放置 10min。注意观察并记录反应过程中反应物料颜色的变化。

（2）氧化铁黄的制备

将完成了晶种形成反应的烧杯转移至温度为 80～85℃的水浴加热，当反应物料温度达到约 80℃时，加入约 0.1g $KClO_3$，搅拌均匀后检验 pH 值，然后，慢慢滴加 2mol·$L^{-1}$ NaOH（大约需要 3.5mL）并不停快速地搅拌（这时，如果反应物料变得太稠，可适当加少量水以保持流动性），当溶液 pH 值达到 4，停止加碱液（**注意**：*pH 接近 4 时，每加入 1 滴碱液都要检验 pH 值*），继续反应 30min。

反应结束，用减压过滤装置过滤反应生成物料，并用 60℃的自来水洗涤至母液中基本无

$SO_4^{2-}$（以自来水为参照），抽干，滤饼移入蒸发皿，在蒸汽浴上蒸发至干，称量产物，计算产率。

2. 铁红的制备

取上述所得产物的一半于瓷坩埚中，放入马弗炉内，控制温度为 300℃，恒温加热 2h，取出产品，冷却。研细，观察产物的颜色。

【预习思考题】

1. 在铁黄制备过程中，随着氧化反应的进行，为何虽然不断滴加碱液，溶液的 pH 值还是逐渐降低？

2. 在洗涤黄色颜料过程中如何检验溶液中基本无 $SO_4^{2-}$，目视观察达到什么程度算合格？

# 实验 25　从“盐泥”制取七水合硫酸镁

【实验目的】

1. 了解以“盐泥”为原料，制取七水合硫酸镁的原理和方法。

2. 初步了解七水合硫酸镁的性质和用途。

3. 进一步熟练用酸溶解原料、除杂、蒸发、结晶、过滤等基本操作。

【实验原理】

七水合硫酸镁是一种无色、无嗅、有苦咸味、易风化的晶体或白色粉末，易溶于水，其水溶液呈中性，医药上俗称“泻盐”。七水合硫酸镁在超过 48℃ 的干燥空气中，会失去一个结晶水，成为六水合硫酸镁；温度再升至 200℃ 以上，会失去全部结晶水，成为无水硫酸镁。

七水合硫酸镁在印染、造纸、医药等工业中有广泛的应用，还可用于制革、肥料、化妆品和防火材料等。

本实验使用“盐泥”作原料制取七水合硫酸镁。“盐泥”是一种化工废弃物，含约 40% 的 $MgCO_3 \cdot CaCO_3$，以它制取七水合硫酸镁既可有效地利用资源，变废为宝，又可消除对环境的污染，有一定的环境、经济效益。

用“盐泥”制备七水合硫酸镁的方法主要包括以下步骤。

1. 酸解

盐泥用硫酸溶解，其主要反应如下

$$MgCO_3 \cdot CaCO_3 + 2H_2SO_4 = MgSO_4 + CaSO_4 \downarrow + 2CO_2 \uparrow + 2H_2O$$

铁等杂质也会随反应一同溶解。为使酸解完全，加入硫酸的量应加以控制，使反应后浆液的 pH 值为 1 左右。此时，碳酸镁转化为硫酸镁溶于溶液中、碳酸钙则转化为硫酸钙沉淀，留在残渣中。由于硫酸钙的溶解度较大，所以仍有少量的钙离子残存于溶液中。

2. 除杂

在盐泥的酸解浆液中，主要杂质为 $Fe^{3+}$、$Fe^{2+}$、$Ca^{2+}$ 等离子，本实验采用加入氧化剂（$H_2O_2$ 或 $KClO_3$）、调节浆液 pH 值和煮沸浆液的方法，除去这些杂质。首先用氧化剂将 $Fe^{2+}$ 氧化为 $Fe^{3+}$。

$$2Fe^{2+} + H_2O_2 + 2H^+ = 2Fe^{3+} + 2H_2O$$

或

$$6Fe^{2+} + KClO_3 + 6H^+ = 6Fe^{3+} + 3H_2O + Cl^- + K^+$$

然后，在 pH≈1 的浆液中加入少量盐泥，调节 pH 值至接近 6，使 $Fe^{3+}$ 发生水解。

$$Fe^{3+}+3H_2O \longrightarrow Fe(OH)_3\downarrow+3H^+$$

由反应式可见，随水解的进行浆液的酸度会不断增大，所以必须不断地添加盐泥，同时用力搅拌，以维持浆液的 pH 值，使水解反应进行完全，将杂质铁完全除去。

浆料中 $Ca^{2+}$ 在 $SO_4^{2-}$ 存在下，可形成 $CaSO_4$ 沉淀，它的溶解度随温度升高而降低，所以，将浆液煮沸，趁热过滤，可同时除去 $Ca^{2+}$、$Fe^{3+}$。母液经浓缩，冷却，结晶，可得到纯度较高的七水合硫酸镁产品。

**【仪器、药品及材料】**

1. 仪器

烧杯（50mL，100mL），玻璃棒，布氏漏斗（20mm，60mm），抽滤瓶（10mL，125mL），蒸发皿（50mm），加热装置，小试管（10mm×75mm）。

2. 药品

盐泥，$H_2SO_4$（3.0mol·$L^{-1}$），$H_2O_2$（3.0mol·$L^{-1}$），KSCN（1.0mol·$L^{-1}$），HCl（2.0mol·$L^{-1}$），NaOH（2.0mol·$L^{-1}$），$BaCl_2$（1.0mol·$L^{-1}$），镁试剂（对硝基偶氮间苯二酚）溶液，$(NH_4)_2C_2O_4$（0.5mol·$L^{-1}$）。

3. 材料

pH 试纸。

**【实验步骤】**

1. 酸解

称取干燥“盐泥”5.0g 于 100mL 烧杯中，加入 30mL 水，缓慢滴加 5.0mL 3.0mol·$L^{-1}$ $H_2SO_4$ 溶液，不断搅拌。由于反应激烈放出大量 $CO_2$ 气体，所以滴加硫酸的速度要慢，以免使浆料冒出，造成损失，甚至导致实验失败。在反应进行到基本无气泡产生时，继续加热煮沸 20min 使反应进行完全，得酸解浆液。检验浆液的酸度，这时应为 pH≈1。

2. 氧化除杂

将酸解浆液适当加热，在不断搅拌下慢慢补加“盐泥”（以减量法计量），调节浆液的 pH 值接近 6，然后加热煮沸至无气泡冒出为止（所用盐泥与前合计，以便计算产量。由于加热过程蒸发失水，需适当补加，使浆液总体积维持在 50mL 左右）。再加入 3% $H_2O_2$ 约 3mL，继续加热煮沸 5min 促使水解完全。趁热减压过滤，再用 5mL 沸水洗涤滤渣，收集滤液和洗水于蒸发皿中。检查溶液中 $Fe^{3+}$ 是否除净（取滤液 0.5mL，用 2 滴 3.0mol·$L^{-1}$ 硫酸酸化，加入 1 滴 1.0mol·$L^{-1}$KSCN，如溶液近无色，说明 $Fe^{3+}$ 已洗净）。若未除净，需再次除铁（如何操作?）。

3. 浓缩、结晶

将收集到蒸发皿中的滤液置于蒸汽浴中（或酒精灯上），加热浓缩至表面明显出现晶膜为止（注意加热时火力不应太大，以防止溶液暴沸而溅出）。取下蒸发皿，室温下冷却结晶，然后减压抽滤，称量，计算产率。

$$产率=\frac{实际产量}{理论产量}\times100\%$$

4. 产品的定性鉴定

取产品的一半量，溶于 2mL 蒸馏水中，所得溶液进行产品的定性鉴定。

① 硫酸根离子　取 2 滴产品溶液于小试管中，加入 2 滴 2.0mol·$L^{-1}$HCl 和 1 滴 1.0mol·$L^{-1}$ $BaCl_2$ 溶液，观察有无白色沉淀生成。

② 镁离子　取 2 滴产品溶液于小试管中，加入 2 滴 2.0mol·$L^{-1}$NaOH 溶液使溶液呈碱性，再加入 1 滴镁试剂（对硝基偶氮间苯二酚），如有蓝色沉淀产生，表示有 $Mg^{2+}$ 存在。

③ 钙离子　取 2 滴产品溶液于小试管中，加入 1 滴 0.5mol·$L^{-1}$ $(NH_4)_2C_2O_4$ 溶液，观察有无 $CaC_2O_4$ 沉淀生成。

④ 铁离子　取 2 滴产品溶液于小试管中，加入 2 滴 0.1mol·$L^{-1}$KSCN 溶液，观察溶液颜色的变化。

根据以上实验结果，说明产品的组成。

**注意**：在盐泥中，$MgCO_3 \cdot CaCO_3$ 占总量的 40%；在 $MgCO_3 \cdot CaCO_3$ 中，$MgCO_3$ 约占 45%（但不同来源的盐泥其组分不同，理论产量应以实用盐泥计）。

**【预习思考题】**

1. 从“盐泥”中提取七水合硫酸镁的基本原理是什么？
2. 本实验的主要工艺条件是什么？它们的理论依据是什么？可用什么方法把主要杂质铁和钙除去？
3. 酸解、浓缩、蒸发时应注意些什么？为什么？

# 实验 26　离子交换法制取碳酸氢钠

**【实验目的】**

1. 了解离子交换法制取纯碱的原理。
2. 初步掌握离子交换法制取纯碱的操作方法。
3. 巩固滴定操作。

**【实验原理】**

纯碱是一种重要的工业原料。多年来，广泛采用氨碱法和联碱法制取纯碱。近年来，一种新的方法——离子交换法开始用于制取纯碱。此法具有工艺设备简单、产品质量好、原料来源充足并能被充分利用等优点。

离子交换法制取纯碱的主要过程是：先将碳酸氢铵溶液通过钠型阳离子交换树脂转变为碳酸氢钠溶液，然后将碳酸氢钠溶液浓缩、结晶、干燥为固体碳酸氢钠，最后将碳酸氢钠煅烧便得到纯碱。

从碳酸氢铵转变为碳酸氢钠是在钠型阳离子交换树脂上完成的。离子交换树脂是有机高分子聚合物，它是由交换体和交换基团两部分组成的。例如，季铵盐型碱性阴离子交换树脂 R≡NOH 是由交换剂本体 R 和交换基团≡NOH 组成，其中 $OH^-$ 可在溶液中游离并与阴离子进行交换；而聚苯乙烯磺酸型强酸性阳离子交换树脂 $R—SO_3H$ 是由交换剂本体 R 和交换基团$—SO_3H$组成，其中 $H^+$ 可以在溶液中游离并和金属离子 $M^+$ 进行交换，其交换反应为

$$R—SO_3H + M^+ \rightleftharpoons R—SO_3M + H^+$$

本实验使用的 732 型树脂就是聚苯乙烯磺酸型强酸性阳离子交换树脂。经预处理、转型后，把它从氢型完全转换为钠型。这种钠型树脂可表示为 $R—SO_3Na$。交换基团上的 $Na^+$ 可与溶液中的阳离子进行交换。当碳酸氢铵溶液流经树脂时，发生下列交换反应

$$R—SO_3Na + NH_4HCO_3 \rightleftharpoons R—SO_3NH_4 + NaHCO_3$$

离子交换反应是可逆反应，可以通过控制反应温度、溶液浓度、溶液体积等因素使反应按所需要的方向进行，从而达到完成交换的目的。由实验和理论计算可以确定由碳酸氢铵溶液完全转化为碳酸氢钠溶液的最佳工艺条件。

本实验是在常温下，使一定浓度的碳酸氢铵溶液流过钠型阳离子交换树脂而得到碳酸氢钠溶液。

**【仪器、药品及材料】**

1. 仪器

交换柱（5mL 碱式滴定管，其下端的橡皮管用螺旋夹夹住），秒表，烧杯（5mL，10mL），量筒（5mL），小试管（10mm×75mm），锥形瓶（20mL），移液管（1mL），酸式滴定管（5mL）。

2. 药品

酸：HCl（2.0mol·$L^{-1}$，浓），标准 HCl 溶液（0.1000mol·$L^{-1}$）。

碱：$Ba(OH)_2$（饱和），NaOH（2mol·$L^{-1}$）。

盐：$NH_4HCO_3$（1.0mol·$L^{-1}$），NaCl 溶液（10%，3mol·$L^{-1}$），$AgNO_3$（0.1mol·$L^{-1}$）。

其他：萘斯勒试剂，甲基橙（1%）。

3. 材料

732 型阳离子交换树脂，铂丝，pH 试纸。

**【实验步骤】**

1. 制取碳酸氢钠溶液

732 型树脂经预处理和装柱后，再用 10%NaCl 转变为钠型阳离子交换树脂。树脂的预处理、装柱和转型的方法见下文注释。

（1）调节流速

取 1mL 去离子水慢慢注入交换柱中，调节螺旋夹控制流速 2～3 滴·$min^{-1}$，不宜太快。用 10mL 烧杯承接流出水。

（2）交换和洗涤

用 5mL 量筒量取 1mL 1.0mol·$L^{-1}$ $NH_4HCO_3$ 溶液；当交换柱中水面下降到高出树脂约 1cm 时，将 $NH_4HCO_3$ 溶液加入交换柱中。先用小烧杯（或量筒）接收流出液，当柱内液面下降到高出树脂 1cm 时，继续加入去离子水。在整个交换过程中要严禁空气进入柱内（为什么?）。

开始交换后，不断用 pH 试纸检查流出液，当其 pH 值稍大于 7 时，换用 5mL 量筒承接流出液（开始所收集的流出液基本上是水，可弃去不同）。当流出液为 2.5mL 左右时，再用 pH 试纸检查其 pH 值，接近 7 时，可停止交换。记下所收集的流出液的体积 $V(NH_4HCO_3)$，将其留作定性检验和定量分析用。

用去离子水洗涤交换柱的树脂，洗涤时，流速保持在 3 滴·$min^{-1}$ 左右，直至流出液 pH 值为 7。这样的树脂仍有一定的交换能力，可重复进行上述交换操作 1～2 次。树脂经再生后可反复使用。交换柱始终要浸泡在去离子水中，以防干裂、失效。

2. 定性检验

通过定性检验进柱液和流出液，以确定流出液的主要成分。

分别取 1.0mol·$L^{-1}$ $NH_4HCO_3$ 溶液和流出液进行以下项目的检验：

① 用奈斯勒试剂检验 $NH_4^+$；

② 用铂丝做焰色反应检验 $Na^+$；

③ 用 2mol·$L^{-1}$ HCl 溶液和饱和 $Ba(OH)_2$ 溶液检验 $HCO_3^-$；

④ 用 pH 试纸检验溶液的 pH 值。

检验结果填入表 26-1。

**表 26-1　定性检验结果**

| 样　　品 | 检验项目 | | | | |
|---|---|---|---|---|---|
| | $NH_4^+$ | $Na^+$ | $HCO_3^-$ | 实测 pH 值 | 计算 pH 值 |
| $NH_4HCO_3$ 溶液 | | | | | |
| 流出液 | | | | | |

结论：流出液中含有__________。

3. 定量分析

用酸碱滴定法测定 $NaHCO_3$ 溶液的浓度，并计算 $NaHCO_3$ 的收率。

（1）操作步骤

用 1mL 移液管吸取所得到的 $NaHCO_3$ 溶液置于锥形瓶中，加 1 滴甲基橙指示剂，以标准 HCl 溶液滴定，溶液由黄色变为橙色时即为终点。记下所用 HCl 溶液的体积 $V$(HCl)。并计算 $NaHCO_3$ 的收率。

（2）滴定反应

$$NaHCO_3 + HCl \xlongequal{} NaCl + CO_2\uparrow + H_2O$$

（3）$NaHCO_3$ 溶液浓度的计算

$$c(NaHCO_3)=\frac{c(HCl)V(HCl)}{V(NaHCO_3)}$$

（4）$NaHCO_3$ 收率的计算

$NH_4^+$ 和 $Na^+$ 为等电荷阳离子，当交换溶液中的 $NH_4^+$ 和树脂上的 $Na^+$ 达到完全交换时，则交换液中总的 $NH_4^+$ 的物质的量应等于流出液中总的 $Na^+$ 的物质的量。但由于没有全部收集到流出液等原因，$NaHCO_3$ 的收率低于 100%。$NaHCO_3$ 收率计算公式

$$NaHCO_3\ 收率=\frac{c(NaHCO_3)V(NaHCO_3)}{c(NH_4HCO_3)V(NH_4HCO_3)}\times 100\%$$

4. 树脂的再生

离子交换树脂交换达到饱和后，不再具有交换能力。此时可先用去离子水洗涤树脂到无 $NH_4^+$ 和 $HCO_3^-$ 为止。再用 3mol·$L^-$ NaCl 溶液以 3 滴·$min^{-1}$ 的流速流经树脂，直至流出液中无 $NH_4^+$，使树脂恢复到原来的交换能力，这个过程称为树脂的再生。再生时，树脂发生了交换反应的逆反应

$$R{-}SO_3NH_4 + NaCl \rightleftharpoons R{-}SO_3Na + NH_4Cl$$

由此，再生时又可得到 $NH_4Cl$ 溶液。再生后的树脂，要用去离子水洗至无 $Cl^-$，并浸泡在去离子水中，留下次实验使用。

**【预习思考题】**

1. 离子交换法制取纯碱的基本原理是什么？

2. 为什么要严禁空气进入交换柱内?

3. $NaHCO_3$ 的收率为什么低于 100%?

【注】 树脂的预处理、装柱和转型的方法

1. 预处理

取 732 型阳离子交换树脂 2g 放入 10mL 烧杯中，先用 5mL 10%NaCl 溶液浸泡 24h，再用去离子水洗 2～3 次。

2. 装柱

用一支 5mL 碱式滴定管作为交换柱，在柱内的下部放一小团玻璃纤维，柱的下端通过橡皮管与尖嘴玻璃管连接，橡皮管用螺旋夹夹住，将交换柱固定在铁架台上。在柱中充入少量去离子水，排出管内底部的玻璃纤维中和尖嘴玻璃管中的空气。然后将已用 10%NaCl 溶液浸泡过的树脂和水搅匀，从上端慢慢注入柱中，树脂沿水下沉，当其全部倒入后，保持水面高出树脂 2～3cm，在树脂顶部也装上一小团玻璃纤维，以防止注入溶液时将树脂冲起。在整个操作中要始终保持被水覆盖。如果树脂层中进入空气，会使交换效率降低，若出现这种情况，就要重新装柱。

离子交换柱装好以后，用 5mL 2.0mol·$L^{-1}$HCl 溶液以 3～4 滴·$min^{-1}$ 的流速流过树脂，当流出液到达 1.5～2.0mL 时，旋紧螺旋夹，用余下的 HCl 溶液浸泡树脂 3～4h。再用去离子水洗至流出液的 pH 值为 7。最后用 5mL 2.0mol·$L^{-1}$NaOH 溶液代替 HCl 溶液，重复上述操作，用去离子水洗至流出液的 pH 值为 7，并用去离子水浸泡树脂，待用。

3. 转型

在已先后用 2.0mol·$L^{-1}$HCl 和 NaOH 溶液处理过的钠型阴离子交换树脂中，还可能混有少量氢型树脂，它的存在将使交换后流出液中的 $NaHCO_3$ 溶液浓度降低，因此，必须把氢型进一步转化为钠型。

用 5mL10%NaCl 溶液以 3 滴·$min^{-1}$ 的流速流过树脂，然后用去离子水以 5～6 滴的流速洗涤树脂，直到流出液中不含 $Cl^-$（用 0.1mol·$L^{-1}$ $AgNO_3$ 溶液检验）。

以上工作必须在实验课前完成。

# 第五部分　分析化学实验

概括地说，本书微型分析化学实验体系的主要特点是：

① 所用实验仪器均与常规实验仪器同型同构；

② 作为核心实验仪器的滴定管采用最小分度值为0.02mL的5mL具塞和无塞滴定管，其他配套实验仪器的规格相应合理缩小；

③ 为达到精确度要求，5mL滴定管配用液滴体积为0.004～0.005mL（即200～250滴·$mL^{-1}$）的塑料毛细滴嘴，塑料毛细滴嘴可参照玻璃毛细管的拉制方法以酒精灯为热源用塑料小管拉制；

④ 指示剂用量与常规实验相同而浓度按比例减小（淀粉指示剂例外，浓度不变而用量按比例减小），指示剂以外的其他试剂浓度与常规实验相同但用量按比例减小；

⑤ 实验条件与常规实验保持一致。

因此，本书微型分析化学实验方案具有以下基本特色：

① 既保留了常规实验的操作规范又便于在实际教学中应用实施；

② 只要将试剂用量或浓度相应放大，也适用于常规实验。

## 实验27　酸碱标准溶液浓度的配制和标定

### 【实验目的】

1. 练习滴定操作技术。
2. 掌握酸碱标准溶液的配制和浓度的标定方法。
3. 进一步熟悉电子天平的称量方法和使用规则。
4. 学会近终点时加入1滴、半滴滴定剂的操作技术。

### 【实验原理】

酸碱滴定中常用盐酸和氢氧化钠溶液作为标准溶液，但由于浓盐酸容易挥发，NaOH易吸收空气中的水分和$CO_2$，不符合直接法配制的要求，只能先配制近似浓度的溶液，然后用基准物质标定其准确浓度。

标定氢氧化钠溶液的基准物有邻苯二甲酸氢钾、草酸、苯甲酸、丁二酸，常用的是邻苯二甲酸氢钾（$C_6H_4\cdot COOH\cdot COOK$，$KHC_8H_4O_4$），它的酸性较弱，只有一个可电离的$H^+$，是一种二元弱酸的共轭碱，标定用酚酞为指示剂，标定反应如下：

$$C_6H_4\cdot COOH\cdot COOK+NaOH = C_6H_4COONa\cdot COOK+H_2O$$

邻苯二甲酸氢钾作为基准物的优点是：纯品易得，不易吸潮，摩尔质量大。使用前应在105～110℃干燥1h以上并存放于干燥器中。

标定盐酸溶液的基准物有无水碳酸钠和硼砂，常用的是无水碳酸钠，由于$Na_2CO_3$易吸水，使用前应在120℃干燥2h并存放于干燥器中。标定时用甲基橙为指示剂，标定反应如下：

$$Na_2CO_3 + 2HCl \xlongequal{} 2NaCl + H_2CO_3$$

$$H_2CO_3 \longrightarrow CO_2\uparrow + H_2O$$

实际应用时，NaOH和HCl标准溶液一般只需标定其中一种，另一种溶液的浓度根据相互滴定体积比$V(HCl)/V(NaOH)$求算。原则上是要标定测定试样时所用的标准溶液，而且标定时的条件与测定时的条件应尽可能一致以减少测定误差。

**【仪器、药品及材料】**

1.仪器

分析天平，酸式滴定管（5mL）❶，碱式滴定管❶（5mL），锥形瓶（50mL），容量瓶（25mL），移液管（2mL），量筒（10mL），烧杯（25mL），玻璃试剂瓶（60mL），塑料试剂瓶（60mL）。

2.药品

$6mol \cdot L^{-1}$ HCl溶液，固体NaOH，邻苯二甲酸氢钾（基准试剂），无水碳酸钠（基准试剂），0.01%酚酞指示剂：90%乙醇溶液；0.01%甲基橙指示剂：水溶液。

**【实验步骤】**

1.$0.1mol \cdot L^{-1}$ HCl标准溶液的配制

用量筒量取$6mol \cdot L^{-1}$ HCl溶液1mL，加入清洁的试剂瓶中，用蒸馏水稀释到约50mL[1]，用玻璃塞塞住瓶口，充分摇匀[2]，贴上标签[3]。

2.$0.1mol \cdot L^{-1}$ NaOH标准溶液的配制

在台秤或电子天平上称取固体NaOH 0.2g于小烧杯中[4]，加水约10mL，使NaOH全部溶解，将溶液沿玻璃棒倾入清洁塑料试剂瓶中，用蒸馏水稀释到约50mL，旋紧瓶口[5]，充分摇匀，贴上标签。

3.$0.1mol \cdot L^{-1}$ NaOH标准溶液的标定

用分析天平准确称取$KHC_8H_4O_4$基准物质0.6g左右（称准到0.0001g）于小烧杯中，加蒸馏水溶解后，定量转入25mL容量瓶中，用水稀释至刻度，摇匀。

用移液管准确移取2mL上述$KHC_8H_4O_4$标准溶液于50mL锥形瓶中，加入0.01%酚酞指示剂2～3滴，用5mL碱式滴定管以$0.1mol \cdot L^{-1}$ NaOH标准溶液滴定[6]，在终点附近剧烈地旋摇溶液[7]直到溶液摇动后在半分钟内仍保持淡红色[8]时即为终点。三份测定结果的平均偏差应小于0.2%，否则应重做。

NaOH标准溶液的浓度可按下式计算：

$$c(NaOH) = \frac{1000m(KHC_8H_4O_4) \times \frac{2}{25}}{M(KHC_8H_4O_4)V(NaOH)}$$

---

❶ 为达到精确度要求同时保留常规实验的操作规范，本教材滴定实验选用最小分度值为0.02mL的5mL具塞和无塞滴定管（见GB/T 12805—2011）并配液滴体积为0.004～0.005mL（即200～250滴$\cdot mL^{-1}$）的塑料毛细滴嘴作为微型酸式和碱式滴定管；为便于加液，微型滴定管可选用漏斗形管口产品；使用时，先在未套上塑料毛细滴嘴情况下按常规方法加液并赶气泡，然后套上塑料毛细滴嘴调零、滴定；塑料毛细滴嘴可参照玻璃毛细管的拉制方法用塑料小管拉制。

式中，$M(KHC_8H_4O_4)=204.2g \cdot mol^{-1}$。

4.0.1mol·$L^{-1}$ HCl标准溶液的标定

用分析天平准确称取无水$Na_2CO_3$ 0.15～0.2g（称准到0.0001g）于小烧杯中，用少量水溶解后，定量转移至25mL容量瓶中，稀释至刻度，摇匀。

用移液管准确移取2mL上述$Na_2CO_3$标准溶液于50mL锥形瓶中，加0.01%甲基橙指示剂1～2滴，用5mL碱式滴定管以0.1mol·$L^{-1}$HCl标准溶液慢慢滴定至瓶中的溶液刚由黄色转变为橙色时即为终点[9]，读取读数。三份测定结果的平均偏差应小于0.2%，否则应重做。

HCl标准溶液的浓度可按下式计算：

$$c(HCl)=\frac{2000m(Na_2CO_3)\times\frac{2}{25}}{M(Na_2CO_3)V(HCl)}$$

式中，$M(Na_2CO_3)=105.99g \cdot mol^{-1}$。

**【注】**

[1] 浓盐酸易挥发，氢氧化钠易吸收空气中的水分和二氧化碳，因此不能用直接法配制。要求准确浓度的标准溶液（恒沸点盐酸除外），通常是将它们配制成近似需要的浓度溶液，然后选用适当基准物质进行标定，确定其准确浓度。因为是粗配，所以不需要太过精确，称量用台秤，溶液的量取用量筒即可。

[2] 溶液在使用前必须充分摇匀，否则内部不匀，以致每次取出的溶液浓度不同，影响分析结果。

[3] 配制溶液后一定要养成立即贴上标签的习惯，标签内容包括：试剂名称，配制浓度，配制日期及配制者姓名。

[4] 固体NaOH极易吸收空气中的$CO_2$和水分，因此称量时必须迅速。

[5] 装NaOH溶液的瓶不可用玻璃塞，否则易被碱腐蚀而粘住。

[6] 滴定时，从滴定管中滴下的溶液必须直接滴在试液中，不要通过容器内壁流下。

[7] 用$Na_2CO_3$为基准物质标定HCl溶液，近终点时，易形成$CO_2$的过饱和溶液，滴定过程中生成的$H_2CO_3$只能慢慢地转化为$CO_2$，这样就使溶液的酸度稍稍增大，终点稍稍出现过早，因此在滴定的时候，应注意在终点附近剧烈地旋摇溶液。

[8] 用酚酞为指示剂，以NaOH标准溶液滴定至溶液呈现微红色在半分钟内不退，即为终点。如果经过较长时间后，淡红色慢慢退去，那是由于溶液吸收了空气中的$CO_2$，生成$H_2CO_3$，在$H_2CO_3$的酸性作用下酚酞红色退去。

[9] $CO_2$存在下终点变色不够敏锐，可在滴定进行至终点时将溶液加热煮沸，以除去$CO_2$，冷却后，继续滴定，此时终点由黄色变为橙色，十分明显。

**【数据记录与处理】**

1.NaOH标准溶液的标定

| 项目 | 滴定序号 | | |
|---|---|---|---|
| | 1 | 2 | 3 |
| 称量前：$m_1$(称量瓶+$KHC_8H_4O_4$)/g | | | |

续表

| 项目 | 滴定序号 | | |
|---|---|---|---|
| | 1 | 2 | 3 |
| 称量后：$m_2$（称量瓶＋$KHC_8H_4O_4$）/g | | | |
| $m(KHC_8H_4O_4)$/g | | | |
| $V(NaOH)$/mL | | | |
| $c(NaOH)/mol \cdot L^{-1}$ | | | |
| $\bar{c}(NaOH)/mol \cdot L^{-1}$ | | | |
| $d/mol \cdot L^{-1}$ | | | |
| $\bar{d}/mol \cdot L^{-1}$ | | | |
| $\bar{d}_r$/% | | | |

2. HCl 标准溶液的标定

参照上表记录和处理。

## 【预习思考题】

1. 单选题

（1）将配好的 NaOH 溶液装入滴定管时，下列操作正确的是（　　）。

A. 用量筒量入滴定管中

B. 先将 NaOH 溶液倒入烧杯，再从烧杯倒入滴定管中

C. 从装 NaOH 溶液的试剂瓶直接倒入滴定管中

D. 用移液管转移入滴定管中

（2）操作碱式滴定管时拇指和食指捏挤胶管的位置正确的是（　　）。

A. 玻璃珠右下角的胶管

B. 玻璃珠右上角的胶管

C. 玻璃珠上面的胶管

D. 玻璃珠下面的胶管

（3）在 HCl 滴定 NaOH 时，一般选择指示剂（　　）。

A. 甲基橙　　B. 酚酞　　C. 甲基红　　D. 溴甲酚绿

（4）已标定好的 NaOH 溶液，若在放置过程中，吸收了二氧化碳，则醋酸总酸度测定的结果（　　）。

A. 无影响　　B. 偏低　　C. 偏高　　D. 不确定

（5）如果基准物未烘干，将使标准溶液浓度的标定结果（　　）。

A. 偏高　　B. 偏低　　C. 无影响　　D. 视具体情况而定

（6）溶解基准物质时加入 20～30mL 水，应采用哪种量器（　　）。

A. 量筒　　B. 移液管　　C. 滴定管　　D. 容量瓶

2. 问答题

（1）如何检验滴定管已洗净？洗净后为什么在装入标准溶液以前需用该溶液淋洗 3 次？滴定用的锥形瓶是否也要用该溶液淋洗或烘干？为什么？

（2）滴定两份相同的试液时，若第一份已用标准溶液接近半滴定管，在滴定第二份试液时是继续用余下的标准溶液，还是要添加标准溶液至滴定管的刻度“0.00”附近然后再滴定？哪一种操作正确？为什么？

（3）配制 NaOH 标准溶液时，固体 NaOH 的称取是用分析天平还是用台秤？为什么？

（4）本实验中，标定 NaOH 溶液时，基准物邻苯二甲酸氢钾为什么要称 0.4g 左右？标定 HCl 溶液时

基准物 $Na_2CO_3$ 为什么要称 0.12g 左右？称得太多或太少有何不好？上述的邻苯二甲酸氢钾和碳酸钠的量是怎样算出来的？

（5）本实验中所使用的锥形瓶、烧杯是否必须都烘干？为什么？

（6）无水 $Na_2CO_3$ 如果保存不当，吸收了少量水分，对标定 HCl 溶液浓度有何影响？如果称出之后放置过久而使部分 $Na_2CO_3$ 吸收空气中的 $CO_2$ 而生成 $NaHCO_3$，则对标定有没有影响？为什么？

# 实验 28　工业纯碱中总碱度的测定（酸碱滴定法）

## 【实验目的】

1. 掌握用容量瓶定容并用移液管从中分取试液的方法。

2. 掌握测定工业纯碱中总碱度的原理和方法。

3. 学习减量法称取药品的方法。

## 【实验原理】

工业纯碱为不纯的碳酸钠，由于制造方法不同，所含杂质也不同，可能含有 NaCl、$Na_2SO_4$、$NaHCO_3$ 或 NaOH 等。用盐酸来滴定工业纯碱时，除了主要成分 $Na_2CO_3$ 被滴定外，$NaHCO_3$ 或 NaOH 也可以被滴定，因此所测定的结果是 $Na_2CO_3$ 和 $NaHCO_3$ 或 NaOH 的总和，称为“总碱度”。测定时，反应产物为（$NaCl+H_2CO_3$），化学计量点时 pH 值为 3.8～3.9，可选用甲基橙为指示剂，用 HCl 标准溶液滴定溶液由黄色转变为橙色即为终点。

测定结果通常以 $w$（$Na_2CO_3$）或 $w$（$Na_2O$）表示。

## 【仪器、药品及材料】

1. 仪器

分析天平，酸式滴定管（5mL）（见实验 27），锥形瓶（50mL），容量瓶（25mL），移液管（2mL），烧杯（25mL）。

2. 药品

0.1mol·L$^{-1}$ HCl 标准溶液（见实验 27），0.01%甲基橙指示剂（见实验 27），工业纯碱。

## 【实验步骤】

用分析天平以减量法准确称取工业纯碱试样❶约 0.2g 于 25mL 烧杯中，加水使其溶解，必要时可稍加热促进溶解，冷却后将溶液移入 25mL 容量瓶中，并以洗瓶吹洗烧杯内壁和玻璃棒数次，每次洗液全部注入容量瓶中，最后用水稀至刻度，摇匀。

用移液管吸取 2mL 上述溶液三份分别置于 50mL 锥形瓶中，各加 0.01%甲基橙指示剂 1～2 滴，用 5mL 酸式滴定管以 0.1mol·L$^{-1}$ HCl 标准溶液滴定至溶液呈橙色为终点。

$$w(\mathrm{Na_2O})=\frac{\frac{1}{2}c(\mathrm{HCl})V(\mathrm{HCl})M(\mathrm{Na_2O})}{1000m(\text{样品})\times\frac{2}{25}}$$

式中，$M$（$Na_2O$）＝61.98g·mol$^{-1}$。

---

❶ 把工业纯碱样品在 270～300℃中处理，除去水分，并使 $NaHCO_3$ 变为 $Na_2CO_3$ 后的干燥样品称为干基样品。

【数据记录与处理】

| 项目 | 滴定序号 | | |
|---|---|---|---|
| | 1 | 2 | 3 |
| 称量前：$m_1$(称量瓶+样品)/g | | | |
| 称量后：$m_2$(称量瓶+样品)/g | | | |
| $m$(样品)/g | | | |
| $V$(HCl)/mL | | | |
| $w(Na_2O)$ | | | |
| $\overline{w}(Na_2O)$ | | | |
| $d$ | | | |
| $\overline{d}$ | | | |
| $\overline{d}_r$/% | | | |

【预习思考题】

1. 单选题

(1) 减量法称基准物时，下列说法不正确的是（　　）。

A. 接装基准物的锥形瓶在称样前应干燥

B. 接装基准物的锥形瓶在称样前不需干燥

C. 装基准物的锥形瓶需用蒸馏水润洗

D. 装基准物的锥形瓶应编号

(2) 假设工业纯碱试样含100%的碳酸钠，则以$Na_2O$表示的总碱度为（　　）。

A. 29.3%　　B. 58.5%　　C. 100%　　D. 171%

(3) 若分析结果要求保留四位有效数字，本实验称约0.2g工业纯碱试样，按要求应称准至小数点后第几位？（　　）。

A. 四位　　B. 三位　　C. 两位　　D. 一位

2. 问答题

(1) 锥形瓶使用前如何洗涤？能否用纯碱试样漂洗？

(2) 总碱量的测定为什么可选用甲基橙为指示剂？

(3) 称取工业纯碱时为什么要用减量法称样？用直接法行吗？

# 实验29　甘油中脂肪酸与酯类的测定（酸碱滴定法）

【实验目的】

1. 熟练掌握滴定操作。

2. 掌握测定甘油中脂肪酸与酯类的原理和方法。

【实验原理】

蒸馏甘油中脂肪酸与酯类的含量，取决于粗甘油中有机不挥发物含量。粗甘油所含有机不挥发物中的脂肪酸盐，在蒸馏过程中可能发生水解，生成游离脂肪酸。较低分子量的脂肪酸可随甘油蒸出，其中少量可被甘油蒸气酯化，因此，蒸馏甘油中含有少量脂肪酸与酯类。

甘油中脂肪酸和酯类的含量可用以下方法（GB/T 13216—2008）测定。

用过量的碱中和皂化甘油中脂肪酸和酯类：

$$RCOOH + NaOH \longrightarrow RCOONa + H_2O$$

$$RCOOR' + NaOH \longrightarrow RCOONa + R'OH$$

过量的碱以酚酞为指示剂用酸标准溶液滴定。

根据 GB/T 13206—2011 规定，优等品、一等品、二等品甘油的皂化当量应分别为≤0.4mmol·$100g^{-1}$、≤1.0mmol·$100g^{-1}$、3.0mmol·$100g^{-1}$，相当于 5g 样品消耗 0.1mol·$L^{-1}$ NaOH 溶液的体积分别为 0.2mL、0.5mL、1.5mL。

**【仪器、药品及材料】**

1.仪器

分析天平，酸式滴定管（5mL）（见实验 27），锥形瓶（50mL），移液管（2mL），量筒（10mL）。

2.药品

0.1mol·$L^{-1}$ HCl 标准溶液（见实验 27），0.1mol·$L^{-1}$ NaOH 标准溶液（见实验 27），0.1%酚酞指示剂（见实验 27），0.01%酚酞指示剂（见实验 27），甘油。

**【实验步骤】**

准确称取 5g 样品于 50mL 锥形瓶中，加入煮沸过的蒸馏水 6mL，再移液管加入 0.1 mol·$L^{-1}$NaOH 标准溶液 2mL，摇匀，盖上表面皿，煮沸然后小火保持微沸 5min[1]。冷却，用少量水洗涤表面皿和锥形瓶内壁，加入数滴 0.01%酚酞指示剂，用 5mL 酸式滴定管以 0.1mol·$L^{-1}$ HCl 标准溶液滴定至红色恰好消失为止[2]。在此同时作一试剂空白试验。

实验结果以皂化当量 $X$［使每 100g 样品所含脂肪酸与酯类完全皂化所需 NaOH 的物质的量（mmol），单位：mmol·$100g^{-1}$］表示，计算公式如下：

$$X = \frac{[V_0(\mathrm{HCl}) - V_1(\mathrm{HCl})]c(\mathrm{HCl})}{m(\text{甘油})} \times 100$$

式中 $V_0(\mathrm{HCl})$——空白试验耗用的 HCl 标准溶液的体积，mL；

$V_1(\mathrm{HCl})$——样品试验耗去的 HCl 标准溶液的体积，mL；

$c(\mathrm{HCl})$——HCl 标准溶液的浓度，mol·$L^{-1}$；

$m(\text{甘油})$——甘油样品质量，g。

**【注】**

［1］加热时间必须足够 5min，否则皂化反应不能进行完全。

［2］指示剂从红色变为无色过程中，中间没有过渡色，滴定剂容易过量，故快到终点时，滴定应缓慢进行。

**【数据记录与处理】**

| 项目 | 滴定序号 | | |
|---|---|---|---|
| | 1 | 2 | 3 |
| $m(\text{甘油})$/g | | | |
| $V_0(\mathrm{HCl})$/mL | | | |
| $V_1(\mathrm{HCl})$/mL | | | |
| $c(\mathrm{HCl})$/mol·$L^{-1}$ | | | |

续表

| 项目 | 滴定序号 | | |
|---|---|---|---|
| | 1 | 2 | 3 |
| $X$/mmol·100g$^{-1}$ | | | |
| $\overline{X}$ /mmol·100g$^{-1}$ | | | |
| $d$ /mmol·100g$^{-1}$ | | | |
| $\overline{d}$ /mmol·100g$^{-1}$ | | | |
| $\overline{d}_r$ /% | | | |

**【预习思考题】**

1. 本实验所采用的测定方法属于什么类型的酸碱滴定法？能否用 NaOH 标准溶液直接滴定甘油中的脂肪酸与酯类？为什么？

2. 本实验能否用甲基橙代替酚酞作为指示剂指示滴定终点？

3. 本实验所用 NaOH 溶液是否需要标定，为什么？

# 实验 30　EDTA 标准溶液的配制和标定

**【实验目的】**

1. 了解 EDTA 标准溶液的配制和标定原理。

2. 掌握常用的标定 EDTA 的方法。

**【实验原理】**

乙二胺四乙酸（简称 EDTA，常用 $H_4Y$ 表示）难溶于水，常温下其溶解度为 0.2g·L$^{-1}$，在分析中不适用，通常使用其二钠盐配制标准溶液。乙二胺四乙酸二钠盐的溶解度为 120g·L$^{-1}$，可配成 0.3mol·L$^{-1}$ 以下的水溶液，其水溶液 pH＝4.8，通常采用间接法配制标准溶液。

标定 EDTA 溶液常用的基准物有 Zn、ZnO、$CaCO_3$、Bi、Cu、$MgSO_4 \cdot 7H_2O$、Hg、Ni、Pb 等。通常选用其中与被测组分相同的物质作基准物，这样滴定条件较一致，误差较小。

EDTA 溶液若用于测定石灰石或白云石中 CaO、MgO 的含量，则宜用 $CaCO_3$ 为基准物。首先可加 HCl 溶液与之作用，其反应如下：

$$CaCO_3 + 2HCl = CaCl_2 + H_2O + CO_2 \uparrow$$

然后把溶液转移到容量瓶中并稀释，配制成钙标准溶液。吸取一定量钙标准溶液，调节酸度至 pH≥12，用钙指示剂作指示剂以 EDTA 滴定至溶液从酒红色变为纯蓝色，即为终点，其变色原理如下：钙指示剂（常以 $H_3In$ 表示）在溶液中按下式电离

$$H_3In = 2H^+ + HIn^{2-}$$

在 pH≥12 的溶液中，$HIn^{2-}$ 与 $Ca^{2+}$ 形成比较稳定的配离子，反应如下：

$$\underset{\text{纯蓝色}}{HIn^{2-}} + Ca^{2+} = \underset{\text{酒红色}}{CaIn^-} + H^+$$

所以在钙标准溶液中加入钙指示剂，溶液呈酒红色，当用 EDTA 溶液滴定时，由于 EDTA 与 $Ca^{2+}$ 形成比 $CaIn^-$ 更稳定的 $CaY^{2-}$ 配离子，因此在滴定终点附近，$CaIn^-$ 配离子不

断转化为较稳定的$CaY^{2-}$配离子，而钙指示剂则被游离了出来，其反应可表示如下：

$$CaIn^{-} + H_2Y^{2-} = CaY^{2-} + HIn^{2-} + H^{+}$$

由于$CaY^{2-}$离子无色，所以到达终点时溶液由酒红色变成纯蓝色。

用此法测定$Ca^{2+}$，若$Mg^{2+}$共存，此共存的少量$Mg^{2+}$不仅不干扰钙的测定［在调节溶液酸度为pH≥12时，$Mg^{2+}$将形成$Mg(OH)_2$沉淀］，而且会使终点比$Ca^{2+}$单独存在时更敏锐。当$Ca^{2+}$、$Mg^{2+}$共存时，终点由酒红色变到纯蓝色，当$Ca^{2+}$单独存在时，则由酒红色变紫蓝色，所以测定单独存在的$Ca^{2+}$时，常常加入少量$Mg^{2+}$。

EDTA也可用ZnO或金属锌作基准物，并以铬黑T或二甲酚橙为指示剂标定。当以铬黑T为指示剂时，滴定要在$NH_3$-$NH_4Cl$缓冲溶液（pH=10）中进行，终点时溶液由酒红色变为纯蓝色；当以二甲酚橙为指示剂时，滴定可在六亚甲基四胺缓冲溶液（pH=5～6）中进行，终点时溶液由紫红色变成黄色。

配位滴定中所用的蒸馏水，应不含$Fe^{3+}$、$Al^{3+}$、$Cu^{2+}$、$Ca^{2+}$、$Mg^{2+}$等杂质离子。

**【仪器、药品及材料】**

1. 仪器

分析天平，酸式滴定管（5mL）（见实验27），锥形瓶（50mL），容量瓶（100mL），移液管（2mL），烧杯（25mL，100mL），量筒（10mL），塑料试剂瓶（100mL），表面皿，玻璃棒，干燥器，烘箱，马弗炉。

2. 药品

① a. pH≈10 $NH_3$-$NH_4Cl$缓冲溶液：$NH_4Cl$ 2.7g溶于适量水中，加浓氨水17.5mL，稀释到50mL；b. pH≈10 $NH_3$-$NH_4Cl$缓冲溶液（含EDTA-Mg）：$NH_4Cl$ 2.7g溶于适量水中，加浓氨水17.5mL、EDTA-Mg 0.25g，稀释到50mL。

② $CaCO_3$、Zn、ZnO（固体，基准试剂）。

③ 0.05%铬黑T指示剂：称取0.05g铬黑T于小烧杯中，用25mL乙醇溶解后加入75mL三乙醇胺混合后装进棕色瓶中。

④ $6mol \cdot L^{-1}$ HCl溶液。

⑤ 10%NaOH溶液。

⑥ 0.05%钙指示剂：0.05g钙指示剂和100g NaCl研磨均匀。

⑦ 0.5%$MgSO_4$溶液。

⑧ 乙二胺四乙酸二钠盐（$Na_2H_2Y \cdot 2H_2O$）（简称EDTA二钠，通常也将其称作EDTA），分析纯。

⑨ 酒精。

**【实验步骤】**

1. $0.01mol \cdot L^{-1}$ EDTA标准溶液的配制

称取分析纯的乙二胺四乙酸二钠盐约0.4g于100mL小烧杯中，用40mL温水[1]溶解后，稀释至100mL，摇匀，储存于塑料试剂瓶中。如浑浊应过滤。

2. 以$CaCO_3$为基准物标定EDTA标准溶液

方法1：用直接法准确称取$CaCO_3$ 0.15g左右置于25mL烧杯中，先用几滴水润湿，盖上表面皿，从杯嘴边缓慢滴入[2] $6mol \cdot L^{-1}$ HCl溶液0.5～1mL，溶解完全后，将表面皿上的溶液洗下来，定量转入100mL容量瓶中，用水稀释至刻度，摇匀。

用移液管吸取上述$Ca^{2+}$标准溶液 2mL 三份分别置于三个 50mL 锥形瓶中，加水 5mL、pH≈10 $NH_3$-$NH_4Cl$ 缓冲溶液（含 EDTA-Mg）1mL、0.05%铬黑 T 指示剂 3～5 滴，用 5mL 酸式滴定管以待标定 EDTA 溶液滴定至溶液由酒红色突变为纯蓝色为终点。

方法 2：用移液管吸取上述$Ca^{2+}$标准溶液 2mL 三份分别置于三个 50mL 锥形瓶中，分别加入 5mL 蒸馏水、3 滴 0.5%$MgSO_4$ 溶液、1mL 10%NaOH 溶液和 10 mg（米粒大小）0.05%钙指示剂，用 5mL 酸式滴定管以待标定 EDTA 溶液滴定至溶液由酒红色突变为纯蓝色为终点。

EDTA 标准溶液的浓度可按下式计算：

$$c(\mathrm{EDTA})=\frac{1000m(\mathrm{CaCO_3})\times\frac{2}{100}}{M(\mathrm{CaCO_3})V(\mathrm{EDTA})}$$

式中，$M$（$CaCO_3$）＝ 100.09g・$mol^{-1}$。

3.以 Zn（或 ZnO）为基准物标定 EDTA 溶液

取适量纯 Zn 粒或 Zn 片，用稀盐酸稍加泡洗（时间不宜过长），以除去表面的氧化物，再用水洗去 HCl，然后，用酒精洗一下表面，沥干后于 110℃烘干几分钟，置于干燥器中冷却备用。

用分析天平准确称取已除去表面氧化物的纯 Zn（或在 800℃灼烧至恒重的基准物质 ZnO）约 0.1g，置于 25mL 小烧杯中，加 2mL 6mol・$L^{-1}$ HCl，盖上表面皿，必要时稍为温热（小心），使 Zn 完全溶解。吹洗表面皿和杯壁，小心转移至 100mL 容量瓶中，用水稀释至刻度，摇匀。

用移液管吸取 2mL 上述 Zn 标准溶液置于 50mL 锥形瓶中，逐滴加入 1∶1 $NH_3$・$H_2O$，同时不断摇动直至开始出现白色 Zn（$OH)_2$ 沉淀。再加蒸馏水 5mL、pH≈10 $NH_3$-$NH_4Cl$ 缓冲溶液 1mL 及 0.05%铬黑 T 指示剂 3～5 滴，用 5mL 酸式滴定管以待标定 EDTA 溶液滴定至溶液由紫红色变为纯蓝色即为终点。

EDTA 标准溶液的浓度可按下式计算：

$$c(\mathrm{EDTA})=\frac{1000m(\mathrm{Zn/ZnO})\times\frac{2}{100}}{M(\mathrm{Zn/ZnO})V(\mathrm{EDTA})}$$

式中，$M$(Zn/ZnO)＝ 65.409g・$mol^{-1}$/81.408g・$mol^{-1}$。

**【注】**

[1] EDTA 溶解较慢，可先用温水溶解再稀释，由于 EDTA 能与玻璃中金属离子起作用应储存在硬质玻璃瓶中，长期保存时应用聚乙烯塑料瓶。

[2] 标定中称取的 $CaCO_3$ 基准物质是用 HCl 溶解的，由于溶解过程中释放出大量的 $CO_2$ 气体，为避免 $CaCO_3$ 飞溅损失，在加入前必须用几滴水润湿，并盖上表面皿才缓慢滴加 HCl。

**【预习思考题】**

1.单选题

(1) 下列说法不正确的是：（　　）。

A. EDTA 标准溶液一般采用直接法配制

B. 配制 EDTA 常用的浓度是 0.01～0.05mol・$L^{-1}$

C. EDTA是乙二胺四乙酸的简称

D. 配制 EDTA标准溶液常用的是乙二胺四乙酸二钠盐

(2) 配制 500mL 0.01mol·$L^{-1}$ EDTA溶液，需 EDTA二钠多少克？(　　)

A. 3.9g　　B. 0.9g　　C. 1.9g　　D. 2.9g

(3) 下列说法正确的是（　　）。

A. 用 EDTA滴定时，只能使用碱式滴定管

B. 装 EDTA的滴定管不必用 EDTA溶液润洗

C. 滴定时，既可使用酸式滴定管，也可使用碱式滴定管

D. 用 EDTA滴定时，只能使用酸式滴定管

2. 问答题

(1) 配位滴定法与酸碱滴定法相比，有哪些不同？操作中应注意哪些问题？

(2) 本实验中加入氨缓冲溶液和 NaOH溶液各起什么作用？

(3) 在用 HCl溶液溶解 $CaCO_3$ 基准物时，操作中应注意什么？

# 实验31　石灰石或白云石中 Ca、Mg 含量的测定（配位滴定法）

【实验目的】

1. 练习用酸溶解法分解矿物试样。

2. 进一步掌握配位滴定法的基本原理和应用。

3. 学会应用 EDTA配位滴定法测定石灰石或白云石中钙、镁的含量。

【实验原理】

石灰石或白云石的主要成分为碳酸钙和碳酸镁，通常还含硅酸铁、硅酸铝等其他成分。根据其组成特点，石灰石或白云石中钙、镁含量可按以下方法测定。

① 用盐酸分解试样，配制试液。

② 用三乙醇胺掩蔽铁、铝，在 pH≥12 条件下，以钙指示剂指示终点，用 EDTA滴定钙。此时镁离子由于形成氢氧化镁沉淀不影响钙的滴定。

③ 在 pH≈10 条件下，以铬黑 T 指示剂指示终点，用 EDTA滴定钙、镁的总量。由钙、镁总含量扣除钙含量，即得镁含量。

【仪器、药品及材料】

1. 仪器

分析天平，酸式滴定管（5mL）（见实验27），锥形瓶（50mL），容量瓶（100mL），移液管（2mL），烧杯（25mL），量筒（10mL），表面皿，玻璃棒，加热装置。

2. 药品

6mol·$L^{-1}$ HCl溶液；20%三乙醇胺水溶液；20%NaOH溶液；0.05%钙指示剂（见实验30）；pH≈10 $NH_3 \cdot H_2O$-$NH_4Cl$ 缓冲溶液（见实验30）；0.05%铬黑T指示剂（见实验30）；0.01mol·$L^{-1}$ EDTA标准溶液（见实验30）；石灰石或白云石粉。

【实验步骤】

1. 试液配制

用分析天平准确称取试样适量（含碳酸钙和碳酸镁约0.15g），置于小烧杯中，加少量

水湿润，盖上表面皿，从烧杯嘴慢慢滴加 $6mol \cdot L^{-1}$ HCl 2～4mL[1]，小火加热至试样全部溶解[2]，冷却、定量转移到100mL容量瓶中，稀释至刻度，摇匀。

2. 钙含量的测定

用移液管准确吸取试液2mL于50mL锥形瓶中，加水2mL和20%三乙醇胺0.5mL[3]，摇荡2min，加入20%NaOH溶液0.5mL、0.05%钙指示剂少许[4]，摇匀，用5mL酸式滴定管以 $0.01mol \cdot L^{-1}$ EDTA标准溶液滴定至溶液由红色恰变为纯蓝色为终点。由实验数据计算试样中CaO的质量分数。

3. 钙、镁总含量的测定

用移液管准确吸取试液2mL置于50mL锥形瓶中，加水2mL和20%三乙醇胺0.5mL，摇荡2min，然后加入pH≈10 $NH_3 \cdot H_2O$-$NH_4Cl$ 缓冲溶液1mL，摇匀，加入0.05%铬黑T指示剂2～3滴，用5mL酸式滴定管以 $0.01mol \cdot L^{-1}$ EDTA标准溶液滴定至溶液由酒红色恰变纯蓝色，即达终点。由实验数据计算试样中CaO和MgO的总质量分数，并由此计算试样中MgO的质量分数。

**【注】**

[1] 加入HCl溶液时会有气泡产生，必须缓慢加入，以免反应激烈，溢出的气体将试样带出而损失。

[2] 加入HCl溶液后，小火加热至溶液冒大气泡不出现小气泡为溶解完全。

[3] 必须在调pH值之前加入三乙醇胺，以防止铁的氢氧化物沉淀的生成。如果较大量的 $Fe^{3+}$、$Al^{3+}$ 存在，配位掩蔽效果不理想，使终点变色不够敏锐，则可用六亚甲基四胺缓冲溶液沉淀分离 $Fe^{3+}$、$Al^{3+}$ 等杂质后，再用EDTA滴定。

[4] 钙指示剂的加入要适量，加入量太少，颜色太浅，终点不易观察，指示剂加入量多，则颜色太深，终点也不易观察。

**【数据记录与处理】**

<table>
<tr><td colspan="2" rowspan="2">项目</td><td colspan="3">滴定序号</td></tr>
<tr><td>1</td><td>2</td><td>3</td></tr>
<tr><td colspan="2">$m$(试样)/g</td><td colspan="3"></td></tr>
<tr><td colspan="2">$c$(EDTA)/$mol \cdot L^{-1}$</td><td colspan="3"></td></tr>
<tr><td rowspan="6">钙含量</td><td>$V$(EDTA)/mL</td><td></td><td></td><td></td></tr>
<tr><td>$w$(CaO)</td><td></td><td></td><td></td></tr>
<tr><td>$\overline{w}$(CaO)</td><td colspan="3"></td></tr>
<tr><td>$d$</td><td></td><td></td><td></td></tr>
<tr><td>$\overline{d}$</td><td colspan="3"></td></tr>
<tr><td>$\overline{d}_r$/%</td><td colspan="3"></td></tr>
<tr><td rowspan="6">钙、镁总含量</td><td>$V$(EDTA)/mL</td><td></td><td></td><td></td></tr>
<tr><td>$w$(CaO+MgO)</td><td></td><td></td><td></td></tr>
<tr><td>$\overline{w}$(CaO+MgO)</td><td colspan="3"></td></tr>
<tr><td>$d$</td><td></td><td></td><td></td></tr>
<tr><td>$\overline{d}$</td><td colspan="3"></td></tr>
<tr><td>$\overline{d}_r$/%</td><td colspan="3"></td></tr>
<tr><td colspan="2">镁含量 $\overline{w}$(MgO)</td><td colspan="3"></td></tr>
</table>

【预习思考题】

1. 用酸分解石灰石或白云石试样时应注意什么？实验中怎样判断试样已分解完全？

2. 测定钙、镁含量时为何加入三乙醇胺？可否在加入缓冲溶液以后再加入三乙醇胺？为什么？

3. 本实验测定时为什么采用一次称样，分取试液滴定这一操作？能否分别称样进行滴定操作？

# 实验 32　水的硬度测定（配位滴定法）

【实验目的】

1. 了解测定水总硬度的意义和常用硬度的表示方法。

2. 掌握 EDTA 配位滴定法测定水中 $Ca^{2+}$、$Mg^{2+}$ 含量的原理和操作方法。

【实验原理】

含有可溶性钙、镁盐的水叫硬水。水中可溶性钙、镁盐的含量称为水的硬度。水的硬度有暂时硬度和永久硬度之分，若水中所含的为钙、镁的酸式碳酸盐，其硬度会因受热而消失（因形成碳酸盐沉淀），这种硬度称为暂时硬度；若水中所含的是钙、镁的硫酸盐、氯化物、硝酸盐等，其硬度不会因受热而消失，这种硬度称为永久硬度。

暂时硬度和永久硬度的总和称为“总硬度”。另，由 $Mg^{2+}$ 形成的硬度称为“镁硬度”，由 $Ca^{2+}$ 形成的硬度称为“钙硬度”。

水的总硬度可用 EDTA 配位滴定法测定，测定时控制溶液的酸度为 $pH \approx 10$，以铬黑 T 为指示剂。水的钙硬度可在溶液 $pH \geqslant 12$ 时，以钙指示剂，用 EDTA 配位滴定法测定。由总硬度减去钙硬度可得镁硬度。

水中如含有较大量的 $Fe^{3+}$、$Al^{3+}$，可加入三乙醇胺掩蔽；如有 $Pb^{2+}$、$Cu^{2+}$、$Zn^{2+}$ 等重金属离子存在，可用 KCN、$Na_2S$ 或巯基乙酸等掩蔽。

常用的水硬度的表示方法有两种：一种以单位为 $mg \cdot L^{-1}$ 的 CaO 含量，即每升水中所含的 $Ca^{2+}$、$Mg^{2+}$ 折算为质量（mg）CaO 的质量（mg）来表示，这种硬度可按下式计算：

$$\text{水硬度}(mg \cdot L^{-1}) = \frac{c(\mathrm{EDTA})V(\mathrm{EDTA})M(\mathrm{CaO})}{V(\text{水样})} \times 1000$$

式中　$c(\mathrm{EDTA})$ ——EDTA 标准溶液的浓度，$mol \cdot L^{-1}$；

$V(\mathrm{EDTA})$——滴定时耗用的 EDTA 标准溶液的体积，mL；

$V(\text{水样})$——水样的体积，mL。

另一种以（°）为单位表示，称为德国硬度，1L 水中含 10mg CaO 为 1°，德国硬度可按下式计算：

$$\text{水硬度}(°) = \frac{\text{水硬度}(mg \cdot L^{-1})}{10}$$

以德国硬度表示，0°～4°为很软的水，4°～8°为软水，8°～12°为微硬水，12°～18°为中硬水，18°～30°为硬水，30°以上为极硬水，饮用水标准不超过 25°。

【仪器、药品及材料】

1. 仪器

酸式滴定管（5mL）（见实验 27），锥形瓶（50mL），移液管（25mL），量筒（10mL），加热装置。

2. 药品

0.01mol·$L^{-1}$EDTA 标准溶液（见实验 30）；pH ≈10 $NH_3$-$NH_4Cl$ 缓冲溶液（见实验 30）；0.05%铬黑 T 指示剂（见实验 30）；6mol·$L^{-1}$HCl；20%三乙醇胺水溶液。

**【实验步骤】**

用移液管移取 25mL 水样[1] 于 50mL 锥形瓶中，加 1 滴 6mol·$L^{-1}$HCl 使之酸化，煮沸 1～2min 以除去 $CO_2$[2]，冷却后加入 2mL 20%三乙醇胺[3]，摇荡 2min，加入 2mL pH ≈ 10 $NH_3$-$NH_4Cl$ 缓冲溶液、3～5 滴 0.05%铬黑 T 指示剂，摇匀，用 5mL 酸式滴定管以 0.01mol·$L^{-1}$EDTA 标准溶液滴定，溶液由酒红色变为纯蓝色即为终点[4,5]。以德国硬度表示分析结果。

**【注】**

[1] 如果是分析自来水中的硬度，水样的采取应预先打开水龙头，放水 10～15min，使积存于水管中的杂质冲洗掉，然后在水龙头上套一根橡皮管，管的另一端放入盛放水样容器底部，让水面慢慢上升，水满后让水继续流入并溢出一段时间，以消除取样期间空气对水样的影响。

[2] 当水中 $Ca(HCO_3)_2$ 含量较高时，在氨性溶液（pH = 10）中，会析出 $CaCO_3$ 沉淀。使终点拖长，变色不灵敏。所以滴定前必须用少量酸酸化，并煮沸以除去 $CO_2$，但 HCl 不宜多加，否则将影响滴定时溶液的 pH 值。

[3] 如果水中有铜、锌、锰等离子存在，则会影响测定结果：铜离子存在会使滴定终点不明显；锌离子参加反应，使结果偏高；锰离子大量存在时（>1 mg·$L^{-1}$），在碱性介质中易氧化成高价，会使指示剂退色，影响滴定。加入盐酸羟胺可消除锰的干扰，加 $Na_2S$、KCN 可消除铜、锌的干扰。若水样中有 $Fe^{3+}$、$Al^{3+}$ 的存在，可用三乙醇胺掩蔽。

[4] 近终点时，滴定速度放慢些，每加 1 滴，要摇动几秒钟，否则容易过量，因此滴定速度也应慢一些。终点前出现的紫色是 Mg-铬黑 T 与铬黑 T 的混合色。

[5] 钙硬度的测定：量取澄清的水样 50mL 于锥形瓶中，加入 20 % NaOH 2mL，摇匀，再加入少许钙指示剂，摇匀，此时溶液呈淡红色，用 EDTA 标准溶液滴定至溶液呈纯蓝色即为终点。

**【数据记录与处理】**

| 项目 | 滴定序号 | | |
|---|---|---|---|
| | 1 | 2 | 3 |
| $V$(水样) /mL | | | |
| $c$(EDTA) /mol·$L^{-1}$ | | | |
| $V$(EDTA) /mL | | | |
| 水硬度/ (°) | | | |
| $\overline{水硬度}$/ (°) | | | |
| $d$ / (°) | | | |
| $\bar{d}$ / (°) | | | |
| $\bar{d}_r$ /% | | | |

【预习思考题】

1.单选题

(1) 测定水的总硬度，宜用（　　）基准物标定 EDTA。

A. 碳酸钙　　B. 纯 Zn　　C. 纯 Cu　　D. ZnO

(2) 测定自来水的总硬度，实际上测的是自来水中（　　）。

A. 镁的硫酸盐、硝酸盐、氯化物的总量

B. CaO 的总量

C. 钙、镁的总量

D. 钙的硫酸盐、硝酸盐、氯化物的总量

(3) 用 EDTA 法测定水的硬度时，少量铁、铝离子的干扰宜用（　　）消除。

A. 氧化还原掩蔽法　　B. 配合掩蔽法

C. 控制酸度法　　D. 沉淀掩蔽法

2.问答题

(1) 如果试样不加 HCl 溶液酸化煮沸除去 $CO_2$，会对测定有何影响？

(2) 试样用盐酸酸化时，是否盐酸加入量越大越好？为什么？

# 实验 33　$KMnO_4$ 标准溶液的配制和标定

【实验目的】

1.了解高锰酸钾标准溶液的配制方法及标定原理和步骤。

2.初步掌握 $KMnO_4$ 法的滴定操作技术。

【实验原理】

$KMnO_4$ 是氧化还原滴定中最常用的氧化剂之一。但是，市售的高锰酸钾含有少量如硫酸盐、氯化物及硝酸盐等杂质并且不稳定，因此不能用直接法来配制其标准溶液。

$KMnO_4$ 氧化能力强，易和水中的有机物和空气中的尘埃等还原性物质作用；$KMnO_4$ 溶液还能自行分解：

$$4KMnO_4 + 2H_2O = 4MnO_2\downarrow + 4KOH + 3O_2\uparrow$$

$KMnO_4$ 分解的速度随溶液的 pH 值不同而改变。在中性溶液中分解很慢，但 $Mn^{2+}$ 和 $MnO_2$ 存在能加速其分解，见光则分解得更快。可见 $KMnO_4$ 溶液的浓度容易改变，必须正确地配制和保存。

$KMnO_4$ 溶液的标定常用 $Na_2C_2O_4$ 作基准物。$Na_2C_2O_4$ 不含结晶水，容易精制，在 105～110℃烘干约 2h 后，冷却，就可使用。$Na_2C_2O_4$ 标定 $KMnO_4$ 溶液反应如下：

$$2MnO_4^- + 5C_2O_4^{2-} + 16H^+ = 2Mn^{2+} + 10CO_2\uparrow + 8H_2O$$

高锰酸钾是一种自身指示剂，利用其自身颜色即可指示滴定终点，因为高锰酸根离子自身是紫红色的，只要稍过量高锰酸根离子就可使溶液呈粉红色。滴定温度控制在 70～80℃，不应低于 60℃，否则反应速度太慢，但温度太高，草酸又将分解。

【仪器、药品及材料】

1.仪器

分析天平，酸式滴定管（5mL）（见实验 27），锥形瓶（50mL），容量瓶（25mL），移液管（2mL），量筒（10mL），烧杯（25mL），棕色试剂瓶（60mL），微孔玻璃漏斗或玻璃棉，加热装置，烘箱。

2.药品

$KMnO_4$（分析纯），$Na_2C_2O_4$（基准试剂），3mol·$L^{-1}$ $H_2SO_4$ 溶液。

**【实验步骤】**

1. 0.02mol·$L^{-1}$ $KMnO_4$ 标准溶液的配制

称取约 0.16g $KMnO_4$ 固体于小烧杯中，加入 50mL 水溶解，盖上表面皿，加热煮沸并小火保持微沸 20～30min，随时加水补充蒸发损失。冷却后，盛于棕色试剂瓶中，在暗处放置 7～10 天，然后用微孔玻璃漏斗或玻璃棉过滤，除去 $MnO_2$ 沉淀，也可以用虹吸方法吸取上部分清液，清液储存于另一棕色瓶中。若溶液煮沸后在水浴上保温 1h[1]，冷却，经过滤可立即标定其浓度。

2. 0.02mol·$L^{-1}$ $KMnO_4$ 标准溶液浓度的标定

用分析天平准确称取在 130℃烘干的 $Na_2C_2O_4$ 基准试剂 0.2～0.25g 于小烧杯中，加少量水溶解，然后定量转移至 25mL 容量瓶并稀释至刻度。

用移液管吸取 2mL 上述 $Na_2C_2O_4$ 标准溶液于 50mL 锥形瓶中，加 1mL 3mol·$L^{-1}$ $H_2SO_4$ 溶液[2]，并加热至 70～80℃[3]，立即用 5mL 酸式滴定管以待标定的 $KMnO_4$ 溶液滴定[4]，至粉红色 30s 不退色为终点[5]。平行滴定三份，根据称取的 $Na_2C_2O_4$ 质量和耗费的 $KMnO_4$ 溶液的体积，计算 $KMnO_4$ 标准溶液的准确浓度及相对平均偏差。

$KMnO_4$ 标准溶液的浓度可按下式计算：

$$c(KMnO_4)=\frac{2}{5}\times\frac{m(Na_2C_2O_4)\times\frac{2}{25}}{M(Na_2C_2O_4)V(KMnO_4)}$$

式中，$M(Na_2C_2O_4)=134.00g\cdot mol^{-1}$。

**【注】**

[1] 加热时应盖上表面皿，以免掉入尘埃。放置时不要忘记把瓶塞盖好，否则放置 7～10 天后 $KMnO_4$ 溶液中将产生大量 $MnO_2$ 沉淀。

[2] 滴定过程中若发现棕色浑浊现象，是酸度不足引起，应立即加入 $H_2SO_4$ 补救，如已达终点，应重做。

[3] 滴定温度控制在 70～80 ℃，此时是瓶口冒水蒸气，不应低于 60 ℃，温度低则反应速度慢，也不能加热至沸腾，温度过高草酸又将分解。

[4] $KMnO_4$ 应装在酸式滴定管中，由于 $KMnO_4$ 颜色较深，应从液面最高边上读数。由于 $MnO_4^-$ 与 $C_2O_4^{2-}$ 的反应是自动催化反应，滴定开始时，加入的第一滴 $KMnO_4$ 溶液退色很慢（因为这时溶液中仅存在极少量 $Mn^{2+}$），所以开始滴定时要进行得慢些，在 $KMnO_4$ 红色没有退去之前，不要加入第二滴，等前几滴 $KMnO_4$ 溶液反应完，因反应生成的 $Mn^{2+}$ 有催化作用，滴定反应加快，因此滴定速度也可以相应加快，但不能让 $KMnO_4$ 溶液像流水似地流下去，否则部分加入 $KMnO_4$ 的溶液来不及与 $C_2O_4^{2-}$ 反应，此时在热的酸性溶液中会发生分解。近终点时更应小心缓慢。

$$4MnO_4^-+12H^+\longrightarrow 4Mn^{2+}+5O_2+6H_2O$$

[5] 滴定终点不太稳定，原因是空气中还原性气体及尘埃等杂质，落入溶液中使

$KMnO_4$ 粉红色退去，所以经 30s 不退色即可认为终点已到。

**【预习思考题】**

1. 配制 $KMnO_4$ 标准溶液时，为什么要把 $KMnO_4$ 煮沸一定时间和放置数天？为什么要过滤？是否可用滤纸过滤？

2. 用 $Na_2C_2O_4$ 标定 $KMnO_4$ 溶液浓度时，$H_2SO_4$ 加入量的多少对标定有何影响？可否用硝酸或盐酸来代替？

3. 本实验的滴定速度应如何掌握为宜？为什么？试解释溶液退色的速度越来越快的现象。

## 实验 34　水样中化学耗氧量的测定（高锰酸钾法）

**【实验目的】**

1. 了解高锰酸钾法测定水样中化学耗氧量的原理及方法。

2. 掌握高锰酸钾法测定水样中化学耗氧量的操作及终点观察。

**【实验原理】**

水样的耗氧量是水质污染程度的主要指标之一，它分为生物耗氧量（简称 BOD）和化学耗氧量（简称 COD）两种。BOD 是指水中有机物质发生生物过程时所需要氧的量；COD 是指在特定条件下，用强氧化剂处理水样时，水样所消耗的氧化剂的量，常用每升水消耗 $O_2$ 的量来表示。水样中的化学耗氧量与测试条件有关，因此应严格控制反应条件，按规定的操作步骤进行测定。

测定水样中的化学耗氧量的方法有重铬酸钾法、酸性高锰酸钾法和碱性高锰酸钾法。重铬酸钾法是指在强酸性条件下，向水样中加入过量的 $K_2Cr_2O_7$，让其与水样中的还原性物质充分反应，剩余的 $K_2Cr_2O_7$ 以邻菲罗啉为指示剂，用硫酸亚铁铵标准溶液返滴定。根据消耗的 $K_2Cr_2O_7$ 溶液的体积和浓度，计算水样的耗氧量。氯离子干扰测定，可在回流前加硫酸银除去。该法适用于工业污水及生活污水等含有较多复杂污染物的水样的测定。其滴定反应式为：

$$K_2Cr_2O_7 + 6Fe^{2+} + 14H^+ \longrightarrow 2Cr^{3+} + 6Fe^{3+} + 7H_2O$$

酸性高锰酸钾法测定水样的化学耗氧量是指在酸性条件下，向水样中加入过量的 $KMnO_4$ 液，并加热溶液让其充分反应，然后再向溶液中加入过量的 $H_2C_2O_4$（或 $Na_2C_2O_4$）标准溶液还原多余的 $KMnO_4$，剩余的 $H_2C_2O_4$（或 $Na_2C_2O_4$）再用 $KMnO_4$ 溶液返滴定。根据 $KMnO_4$ 的浓度和水样所消耗的 $KMnO_4$ 溶液体积，计算水样的耗氧量。该法适用于污染不十分严重的地面水和河水等的化学耗氧量的测定。有关反应如下：

$$4MnO_4^{2-} + 5C + 12H^+ \longrightarrow 4Mn^{2+} + 5CO_2\uparrow + 6H_2O$$

$$2MnO_4^- + 5H_2C_2O_4 + 6H^+ \longrightarrow 2Mn^{2+} + 10CO_2\uparrow + 8H_2O$$

这里，C 泛指水中的还原性物质或耗氧物质，主要为有机物。

水样中含 $Cl^-$ 大于 $300mg \cdot L^{-1}$ 时，将影响测定结果，加水稀释降低 $Cl^-$ 浓度可消除干扰，如仍不能消除干扰，则可加入 $Ag_2SO_4$，每克 $Ag_2SO_4$ 可消除 200mg $Cl^-$ 的干扰；也可改用碱性高锰酸钾法进行测定。

**【仪器、药品及材料】**

1. 仪器

酸式滴定管（5mL）（见实验 27），锥形瓶（50mL），移液管（10mL，1mL），量筒

(10mL)，加热装置。

2. 药品

① 0.002mol·$L^{-1}$ $KMnO_4$ 标准溶液　用移液管移取 25mL 0.02mol·$L^{-1}$ $KMnO_4$ 标准溶液（见实验 33）于 250mL 容量瓶中，加水稀释至刻度，摇匀即可。

② 0.005mol·$L^{-1}$ $H_2C_2O_4$ 标准溶液　准确称取约 0.16g $H_2C_2O_4 \cdot 2H_2O$ 基准试剂，置于小烧杯中，用适量水溶解后，定量转移至 250mL 容量瓶中，加水稀释至刻度，摇匀。

③ 6mol·$L^{-1}$ $H_2SO_4$ 溶液。

## 【实验步骤】

用移液管移取 25mL 水样于 50mL 锥形瓶中，加入 1mL 6mol·$L^{-1}$ $H_2SO_4$ 溶液，用移液管准确加入 2mL 0.002mol·$L^{-1}$ $KMnO_4$ 标准溶液，盖上表面皿，尽快加热溶液至沸，然后小火保持微沸 10min（紫红色不应退去，否则应增加 $KMnO_4$ 溶液的体积）。取下锥形瓶，冷却 1min 后，用移液管移入 2mL 0.005mol·$L^{-1}$ $H_2C_2O_4$ 标准溶液，充分摇匀（此时溶液应为无色，否则应增加 $H_2C_2O_4$ 的用量）。趁热（70～80℃）用 5mL 酸式滴定管以 0.002mol·$L^{-1}$ $KMnO_4$ 标准溶液滴定至溶液呈微红色，记下 $KMnO_4$ 溶液的体积。如此平行测定三份，计算水样的化学耗氧量 COD。

以 mg（$O_2$）·$L^{-1}$ 为单位表示的 COD 可按下式计算：

$$\mathrm{COD}=\frac{\left[c(\mathrm{KMnO_4})V(\mathrm{KMnO_4})-\frac{2}{5}c(\mathrm{H_2C_2O_4})V(\mathrm{H_2C_2O_4})\right]\times\frac{4}{5}M(\mathrm{O_2})}{V(\text{水样})}$$

## 【数据记录与处理】

| 项目 | 滴定序号 | | |
|---|---|---|---|
| | 1 | 2 | 3 |
| $V$(水样)/mL | | | |
| $c(KMnO_4)$/mol·$L^{-1}$ | | | |
| $c(H_2C_2O_4)$/mol·$L^{-1}$ | | | |
| $V(H_2C_2O_4)$/mL | | | |
| $V(KMnO_4)$/mL | | | |
| COD/mg($O_2$)·$L^{-1}$ | | | |
| $\overline{\mathrm{COD}}$/mg($O_2$)·$L^{-1}$ | | | |
| $d$ /mg($O_2$)·$L^{-1}$ | | | |
| $\bar{d}$ /mg($O_2$)·$L^{-1}$ | | | |
| $\bar{d}_r$ /% | | | |

## 【预习思考题】

1. 水样中加入 $KMnO_4$ 溶液煮沸后，若紫红色退去，说明什么？应怎样处理？

2. 水样中氯离子的含量高时，为什么对测定有干扰？如何消除？

# 实验 35　过氧化氢含量的测定（高锰酸钾法）

## 【实验目的】

学习掌握高锰酸钾法测定过氧化氢的原理和方法。

## 【实验原理】

在稀硫酸溶液中，$H_2O_2$ 在室温下能定量、迅速地被高锰酸钾氧化，因此，可用高锰酸钾法测定其含量，有关反应式为：

$$2MnO_4^- + 5H_2O_2 + 6H^+ = 2Mn^{2+} + 5O_2\uparrow + 8H_2O$$

该反应在开始时比较缓慢，滴入的第一滴 $KMnO_4$ 溶液不容易退色，待生成少量 $Mn^{2+}$ 后，由于 $Mn^{2+}$ 的催化作用，反应速度逐渐加快。化学计量点后，稍微过量的滴定剂 $KMnO_4$（约 $10^{-6}mol\cdot L^{-1}$）呈现微红色可指示终点的到达。根据 $KMnO_4$ 标准溶液的浓度和滴定所消耗的体积，可算出试样中 $H_2O_2$ 的含量。

过氧化氢试样中若含有乙酰苯胺等稳定剂，则不宜用 $KMnO_4$ 法测定，因为此类稳定剂也消耗 $KMnO_4$。这时可采用间接碘量法测定。

## 【仪器、药品及材料】

1. 仪器

酸式滴定管（5mL）（见实验 27），容量瓶（25mL），移液管（2mL），锥形瓶（50mL）。

2. 药品

$0.02mol\cdot L^{-1}$ $KMnO_4$ 标准溶液（见实验 33），$3mol\cdot L^{-1}$ $H_2SO_4$ 溶液，3 % $H_2O_2$。

3. 材料

滤纸。

## 【实验步骤】

用移液管吸取 2mL 3%$H_2O_2$，置于 25mL 容量瓶中，加水稀释至刻度，充分摇匀。用移液管吸取 2mL 溶液置于 50mL 锥形瓶中，加 2mL 水和 1mL $3mol\cdot L^{-1}$ $H_2SO_4$，用 5mL 酸式滴定管以 $0.02mol\cdot L^{-1}$ $KMnO_4$ 标准溶液滴定至微红色，半分钟内不退色即为终点。

$H_2O_2$ 的物质的量浓度可按下式计算：

$$c(H_2O_2)=\frac{\frac{5}{2}c(KMnO_4)V(KMnO_4)}{2\times\frac{2}{50}}$$

## 【数据记录与处理】

| 项目 | 滴定序号 | | |
|---|---|---|---|
| | 1 | 2 | 3 |
| $V(H_2O_2)/mL$ | | | |
| $c(KMnO_4)/mol\cdot L^{-1}$ | | | |
| $V(KMnO_4)/mL$ | | | |
| $c(H_2O_2)/mol\cdot L^{-1}$ | | | |
| $\bar{c}(H_2O_2)/mol\cdot L^{-1}$ | | | |
| $d/mol\cdot L^{-1}$ | | | |
| $\bar{d}/mol\cdot L^{-1}$ | | | |
| $\bar{d}_r/\%$ | | | |

## 【预习思考题】

1. 用 $KMnO_4$ 法测定 $H_2O_2$ 含量时，能否用 $HNO_3$、HCl 或 HAc 来调节溶液酸度？为什么？

2. 用 $KMnO_4$ 法测定 $H_2O_2$ 含量时，能否在加热条件下滴定？为什么？

# 实验 36　硫代硫酸钠和碘标准溶液的配制和标定

## 【实验目的】

1. 掌握 $Na_2S_2O_3$ 和 $I_2$ 标准溶液的配制方法和保存条件。

2. 了解标定 $Na_2S_2O_3$ 和 $I_2$ 标准溶液浓度的原理和方法。

3. 掌握间接碘量法进行的条件。

## 【实验原理】

碘量法的基本反应是：

$$2S_2O_3^{2-} + I_2 \longrightarrow 2S_4O_6^{2-} + 2I^-$$

配好的 $Na_2S_2O_3$ 和 $I_2$ 标准溶液经比较滴定，求出两者的体积比，那么标定其中一种溶液的浓度，即可求出另一溶液的浓度。标定 $Na_2S_2O_3$ 标准溶液较为方便。标定 $Na_2S_2O_3$ 溶液，经常是选用 $KIO_3$、$KBrO_3$ 或 $K_2Cr_2O_7$ 等氧化剂作为基准物，定量地将 $I^-$ 氧化为 $I_2$，再根据碘量法用 $Na_2S_2O_3$ 溶液滴定：

$$IO_3^- + 5I^- + 6H^+ \longrightarrow 3I_2 + 3H_2O$$

$$BrO_3^- + 6I^- + 6H^+ \longrightarrow 3I_2 + 3H_2O + Br^-$$

$$Cr_2O_7^{2-} + 6I^- + 14H^+ \longrightarrow 2Cr^{3+} + 3I_2 + 7H_2O$$

$$2S_2O_3^{2-} + I_2 \longrightarrow S_4O_6^{2-} + 2I^-$$

使用 $KIO_3$ 和 $KBrO_3$ 作为基准物时不会污染环境。

$Na_2S_2O_3 \cdot 5H_2O$ 一般都含有少量杂质，同时还容易风化和潮解，因此不能直接配制成准确浓度的溶液，只能是配制成近似浓度的溶液，然后再标定。$Na_2S_2O_3$ 还会与空气发生副反应：

$$Na_2S_2O_3 + H_2CO_3 \longrightarrow NaHSO_3 + NaHCO_3 + S\downarrow$$

$$2\ Na_2S_2O_3 + O_2 \longrightarrow 2Na_2SO_4 + 2S\downarrow$$

为了减少溶解在水中的 $CO_2$ 并杀死水中的微生物，防止 $Na_2S_2O_3$ 分解，配制 $Na_2S_2O_3$ 溶液时应用新煮沸后冷却的蒸馏水并加入少量的 $Na_2CO_3$，使其含量约为 0.02%。

日光能促使 $Na_2S_2O_3$ 溶液分解，所以 $Na_2S_2O_3$ 溶液应储于棕色瓶中，放置暗处，经 7～14 天后再标定。长期使用时，应定期标定，一般是两个月标定一次。

淀粉指示剂在 $I^-$ 的存在下能与 $I_2$ 分子形成蓝色物质，达到终点时，溶液中的 $I_2$ 全部与 $Na_2S_2O_3$ 作用，蓝色消失。但如淀粉加入过早，大量的 $I_2$ 与淀粉作用。这一部分 $I_2$ 不容易被 $Na_2S_2O_3$ 完全夺取出来，影响终点观察，使滴定发生误差。因此淀粉必须滴定至溶液呈淡黄色时加入。

需要注意的是，碘量法的误差来源主要有两方面：一是 $I_2$ 易挥发；二是在酸性溶液中，$I^-$ 易被空气中 $O_2$ 氧化，为此应采取适当的措施，以保证分析结果的准确度。

防止 $I_2$ 挥发的方法：

① 加入过量的 KI（一般比理论值大 2~3 倍），由于生成了 $I_3^-$，可减少 $I_2$ 的挥发；

② 反应在室温下进行；

③ 滴定时不要剧烈摇动溶液，使放置时减少 $I_2$ 的挥发损失，最好使用带有玻璃塞的锥形瓶（碘瓶或碘量瓶）。

防止 $I^-$ 被空气氧化的方法：

① 在酸性溶液中，用 $I^-$ 还原氧化剂时，避免阳光照射；

② $Cu^{2+}$、$NO_2^-$ 等将催化空气对 $I^-$ 的氧化，应设法消除其影响；

③ 析出 $I_2$ 后，应立即用 $Na_2S_2O_3$ 溶液滴定；

④ 滴定速度宜适当地快些。

滴定至终点后，由于空气中氧的氧化作用，又使溶液变回蓝色，如果不是很快（5～10min）变蓝色，不影响测定结果，如果很快变蓝，则说明基准物质与 KI 反应不完全。

**【仪器、药品及材料】**

1. 仪器

分析天平，酸式滴定管（5mL）（见实验 27），碘量瓶（50mL），容量瓶（25mL），移液管（2mL），量筒（10mL），棕色试剂瓶（60mL），烧杯（25mL），加热装置。

2. 药品

① $Na_2S_2O_3$、$I_2$、KI；

② 基准试剂 $KIO_3$、$K_2Cr_2O_7$；

③ 10%KI 溶液；

④ $0.5mol \cdot L^{-1}$ $H_2SO_4$，$6mol \cdot L^{-1}$ HCl；

⑤ 0.5%淀粉指示剂　0.1g 淀粉加少量水搅匀，把得到的浆状物倒入 20mL 沸腾的蒸馏水中，继续煮沸至透明。

**【实验步骤】**

1. $0.1mol \cdot L^{-1}$ $Na_2S_2O_3$ 标准溶液的配制

用台秤称取 1.2g $Na_2S_2O_3 \cdot 5H_2O$，置于 25mL 烧杯中，加入 20mL 新煮沸后冷却的蒸馏水，待完全溶解后，加入 0.1g $Na_2CO_3$，溶解后转移至 60mL 棕色试剂瓶中，用新煮沸且冷却的蒸馏水稀释至 50mL，在暗处放置 7～14 天后标定。

2. $0.05mol \cdot L^{-1}$ $I_2$ 标准溶液的配制

用台秤称取 0.6g $I_2$（预先研细过），置于 25mL 烧杯中，加入 1.2gKI，再加入少量水，搅拌，待 $I_2$ 完全溶解后，转移至 60mL 棕色试剂瓶中，加水稀释至 50mL，在暗处放置。

3. $Na_2S_2O_3$ 和 $I_2$ 标准溶液的比较滴定

用移液管吸取 2mL $I_2$ 标准溶液，置于 50mL 碘量瓶中，加水 5mL，用 5mL 酸式滴定管以 $Na_2S_2O_3$ 标准溶液滴定至浅黄色后，加入 8 滴 0.5%淀粉指示剂，继续用 $Na_2S_2O_3$ 溶液滴定至蓝色恰好消失即为终点。

4. $Na_2S_2O_3$ 标准溶液的标定

① 方法 1　准确称取基准试剂 $KIO_3$ 0.1g 左右于 25mL 烧杯中，加少量蒸馏水溶解后，定量转移至 25mL 容量瓶中，用蒸馏水稀释至刻度，摇匀。

用移液管吸取上述标准溶液 2mL 于 50mL 碘量瓶中，加入 10%KI 溶液 0.5mL[1] 和 $0.5mol \cdot L^{-1}$ $H_2SO_4$ 溶液 0.5mL，以水稀释至 10mL[2]，立即用 5mL 酸式滴定管以待标定的 $Na_2S_2O_3$ 溶液滴定至淡黄色，再加入 4 滴 0.5%淀粉指示剂[3]，继续用 $Na_2S_2O_3$ 溶液滴定至蓝色恰好消失，即为终点[4]。

② 方法2 准确称取基准试剂$K_2Cr_2O_7$ 0.12g左右于25mL烧杯中，加入少量蒸馏水溶解后，定量转移至25mL容量瓶中，用蒸馏水稀释至刻度，摇匀。

用移液管吸取上述标准溶液2mL于50mL碘量瓶中，加0.5mL 6mol·L$^{-1}$HCl和0.5mL10%KI溶液，盖上表面皿，在暗处放5min后[5]，以水稀释至10mL，用5mL酸式滴定管以待标定的$Na_2S_2O_3$溶液滴定至淡黄色，再加入4滴0.5%淀粉溶液，滴至溶液呈亮绿色为终点。

若选用$KBrO_3$作基准物时，其反应速度比$KIO_3$慢，为加速反应需增加酸度，必须改为取1mol·L$^{-1}$ $H_2SO_4$溶液0.5mL，并在暗处放置5min，使反应进行完全。

**【注】**

[1] KI溶液的加入应是加一份滴一份，不能同时加入。

[2] 为使滴定终点易于观察并降低溶液的酸度，滴定前溶液要加水稀释。

[3] 淀粉指示剂易腐败变质，应临用前配制，并且是滴定至溶液呈淡黄色时才加入。

[4] 滴定速度要控制好。滴定开始时，慢摇快滴；近终点时，慢滴且要用力摇荡，防止淀粉对$I_2$的吸附作用。

[5] 用$K_2CrO_7$作为基准物质时，在加入KI和HCl后，必须用表面皿盖上锥形瓶，而且在暗处放置的时间应一致，标定浓度才能一致。

**【预习思考题】**

1.单选题

(1) 标定$Na_2S_2O_3$时，滴定所用的指示剂应（ ）。

A. 滴定开始时加入　　B. 滴定至50%时加入

C. 近终点时加入　　D. 滴定终点时加入

(2) 下列说法正确的是（ ）。

A. 装$Na_2S_2O_3$标准溶液的滴定管不必用$Na_2S_2O_3$溶液润洗

B. 用$Na_2S_2O_3$标准溶液滴定时，只能使用碱式滴定管

C. 用$Na_2S_2O_3$标准溶液滴定时，只能使用酸式滴定管

D. 用$Na_2S_2O_3$标准溶液滴定时，既可使用酸式滴定管，也可使用碱式滴定管

2.问答题

(1) 在配制$Na_2S_2O_3$标准溶液时，所用的蒸馏水为何要先煮沸并冷却后才用？配好的溶液为什么要放置7～14天才能进行标定？为什么要加入少量$Na_2CO_3$？

(2) 溶液滴定至淡黄色，说明了什么？为什么在这时才可以加入淀粉指示剂？如果用$I_2$溶液滴定$Na_2S_2O_3$时应何时加入淀粉指示剂？

(3) KI的加入量为什么要过量？其作用是什么？

## 实验37　硫酸铜中铜含量的测定（间接碘量法）

**【实验目的】**

掌握用碘量法测定铜的原理和方法。

**【实验原理】**

$Cu^{2+}$在酸性溶液中与过量KI反应：

$$2Cu^{2+} + 4I^- = 2CuI \downarrow + I_2$$

$$I_2 + I^- = I_3^-$$

析出的 $I_2$ 可用 $Na_2S_2O_3$ 标准溶液滴定：

$$2S_2O_3^{2-} + I_2 = S_4O_6^{2-} + 2I^-$$

由于 CuI 沉淀和 $I_2$ 同时析出，CuI 沉淀表面容易吸附 $I_3^-$ 而造成结果偏低。通常通过加入 KSCN，使 CuI （$K_{sp}^{\ominus} = 5.06 \times 10^{-12}$）转化为溶度积更小的 CuSCN 沉淀（$K_{sp}^{\ominus} = 4.8 \times 10^{-15}$）来减小这种误差：

$$CuI + SCN^- = CuSCN \downarrow + I^-$$

这样不但可以释放被吸附的 $I_3^-$，而且反应时再生出来的 $I^-$ 与未反应的 $Cu^{2+}$ 发生作用。但 $SCN^-$ 只能在临近终点前加入，否则 $SCN^-$ 可能直接还原 $Cu^{2+}$ 而使结果偏低：

$$6Cu^{2+} + 7SCN^- + 4H_2O = 6CuSCN \downarrow + SO_4^{2-} + HCN + 7H^+$$

测定时溶液的 pH 值应控制在 3～4 之间。酸度过低，$Cu^{2+}$ 将水解，使反应不完全，结果偏低，且反应速度也慢，终点拖长；酸度过高，$Cu^{2+}$ 催化空气中的 $O_2$ 把 $I^-$ 氧化为 $I_2$ 的反应将变快，使结果偏高。大量 $Cl^-$ 能与 $Cu^{2+}$ 络合，$I^-$ 不能从 Cu（Ⅱ）的氯配合物中将 Cu（Ⅱ）定量地还原，而 $HNO_3$ 具有强氧化性，所以溶解时用 $H_2SO_4$ 而不用 HCl 或 $HNO_3$。

**【仪器、药品及材料】**

1. 仪器

分析天平，酸式滴定管（5mL）（见实验 27），碘量瓶（50mL），容量瓶（25mL），量筒（10mL），烧杯（25mL）。

2. 药品

0.1mol·$L^{-1}$ $Na_2S_2O_3$ 标准溶液（见实验 36），0.5mol·$L^{-1}$ $H_2SO_4$ 溶液，10%KI 溶液，0.5%淀粉指示剂（见实验 36），10%KSCN 溶液，含硫酸铜试样。

**【实验步骤】**

用分析天平准确称取含硫酸铜试样适量（相当于约 0.5g $CuSO_4$）于 25mL 小烧杯中，加少量水溶解，然后定量转移至 25mL 容量瓶并稀释至刻度。用移液管移取溶液 2mL 于 50mL 碘量瓶中，加入 0.5mol·$L^{-1}$$H_2SO_4$ 溶液 4 滴和水 5mL，再加入 10% KI 溶液 0.5mL，立即用 5mL 酸式滴定管以 $Na_2S_2O_3$ 标准溶液滴定至呈淡黄色[1]，然后加入 0.5%淀粉指示剂 4 滴[2]，继续滴定至淡蓝色，再加入 10%KSCN[3] 溶液 0.5mL，摇匀后溶液蓝色转深，再继续滴定到蓝色恰好消失（此时溶液为米色 CuSCN 悬浮液）。由实验结果计算含硫酸铜试样中铜的含量[4]。

**【注】**

[1] 加入 KI 溶液后，应立即滴定，以防 CuI 沉淀时对 $I_2$ 的吸附太牢固。

[2] 淀粉不能太早加入，因滴定反应中产生大量的 CuI 沉淀，淀粉与 $I_2$ 过早形成蓝色配合物，大量 $I_3^-$ 被吸附，终点颜色呈较深的灰色，不好观察。

[3] 加入 KSCN（或 $NH_4SCN$）不能过早，而且加入后要剧烈摇动。有利于沉淀的转化和释放出吸附的 $I_3^-$。

[4] KI溶液的加入应在滴定前一刻，加一份做一份，不可同时加入待测试液中，以保证操作的平行性。

**【预习思考题】**

1. 硫酸铜易溶于水，为什么溶解时要加硫酸？可以用盐酸或硝酸吗？

2. 已知 $E^{\ominus}$（$Cu^{2+}/Cu^{+}$）＝0.158V，$E^{\ominus}$（$I_2/I^-$）＝0.54V，为什么在本实验中 $Cu^{2+}$ 能使 $I^-$ 氧化为 $I_2$？

3. 本实验中加入KSCN溶液的目的是什么？如果在酸化后立即加入KSCN溶液，将产生什么后果？能否用 $NH_4SCN$ 代替KSCN?

# 实验 38　维生素C含量的测定（直接碘量法）

**【实验目的】**

通过维生素C含量测定，掌握直接碘量法的原理和操作。

**【实验原理】**

维生素C又叫抗坏血酸，分子式为 $C_6H_8O_6$。通常用于防治坏血病及各种慢性传染病的辅助治疗。市售维生素C药片含淀粉等添加剂。由于维生素C分子中的烯二醇基具有较强的还原性，能被 $I_2$ 定量地氧化成二酮基：

$$\underset{\mathrm{O}}{\overset{}{\mathrm{C}}}\!-\!\underset{\mathrm{OH}}{\mathrm{C}}\!=\!\underset{\mathrm{OH}}{\mathrm{C}}\!-\!\underset{\mathrm{H}}{\mathrm{C}}\!-\!\underset{\mathrm{OH}}{\overset{\mathrm{H}}{\mathrm{C}}}\!-\!\mathrm{CH_2OH}+\mathrm{I_2} = \underset{\mathrm{O}}{\mathrm{C}}\!-\!\underset{\mathrm{O}}{\mathrm{C}}\!-\!\underset{\mathrm{O}}{\mathrm{C}}\!-\!\underset{\mathrm{H}}{\mathrm{C}}\!-\!\underset{\mathrm{OH}}{\overset{\mathrm{H}}{\mathrm{C}}}\!-\!\mathrm{CH_2OH}+2\mathrm{HI}$$

因此，可用直接碘量法测定维生素C含量。由于维生素C还原性强，在空气中易被氧化，尤其在碱性介质中更甚，所以测定时须加HAc使溶液呈弱酸性，抑制维生素C的副反应，避免引起实验误差。

**【仪器、药品及材料】**

1. 仪器

分析天平，酸式滴定管（5mL）（见实验27），锥形瓶（50mL），容量瓶（25mL），量筒（10mL），研钵。

2. 药品

维生素C片（含淀粉、糊精、羟丙甲纤维素、硬脂酸镁、柠檬酸等辅料，维生素C含量一般约10%），2mol·$L^{-1}$ HAc，0.5%淀粉指示剂（见实验36），0.05mol·$L^{-1}$ $I_2$ 标准溶液（见实验36）。

**【实验步骤】**

用分析天平准确称取经研磨成粉的维生素C片适量（相当于维生素C约0.25g），置于25mL容量瓶中，加入适量新煮沸过的冷蒸馏水和15mL 2mol·$L^{-1}$ HAc，振摇使维生素C溶解，再用新煮沸过的冷蒸馏水稀释至刻度，摇匀，迅速过滤至另一25mL容量瓶中。用移液管移取2mL滤液于50mL锥形瓶中，加入6滴0.5%淀粉指示剂，立即用5mL酸式滴定管以0.05mol·$L^{-1}$ $I_2$ 标准溶液滴定至溶液显稳定的浅蓝色，30s内不退色即为终点。平行测定三份。

【数据记录与处理】

| 项目 | 滴定序号 | | |
|---|---|---|---|
| | 1 | 2 | 3 |
| $m$（试样）/g | | | |
| $c(I_2)/mol \cdot L^{-1}$ | | | |
| $V(I_2)/mL$ | | | |
| $w$(维生素 C) | | | |
| $\overline{w}$（维生素 C) | | | |
| $d$ | | | |
| $\overline{d}$ | | | |
| $\overline{d}_r$/% | | | |

【预习思考题】

1. 测定维生素 C 的含量为何要在 HAc 介质中进行?

2. 溶解维生素 C 试样为何要用新煮沸过的冷蒸馏水?

# 实验 39　铁矿石中铁含量的测定（重铬酸钾法）

【实验目的】

1. 学习用酸分解矿石样品的方法。

2. 掌握重铬酸钾法无汞测铁的原理和方法。

3. 了解预先氧化还原的目的和方法。

【实验原理】

铁矿石中的主要类型是磁铁矿（$Fe_3O_4$）、赤铁矿（$Fe_2O_3$）和菱铁矿（$FeCO_3$）等。试样一般用盐酸分解，经典方法是用 $SnCl_2$ 还原 $Fe^{3+}$：

$$2Fe^{3+}+Sn^{2+}=\!=\!=2Fe^{2+}+Sn^{4+}$$

多余的 $SnCl_2$ 用 $HgCl_2$ 氧化除去：

$$SnCl_2+2HgCl_2=\!=\!=SnCl_4+Hg_2Cl_2\downarrow（白）$$

然后在酸性介质中用 $K_2Cr_2O_7$ 标准溶液滴定 $Fe^{2+}$。但 $HgCl_2$ 剧毒，为避免污染环境，现已研究开发出无汞测定法。本实验采用 $SnCl_2$-甲基橙测定法，该方法的原理如下。

铁矿石试样经盐酸溶解后，在强酸性条件下，$Fe^{3+}$ 可通过 $SnCl_2$ 还原为 $Fe^{2+}$，而 $Sn^{2+}$ 将 $Fe^{3+}$ 还原完毕后，甲基橙也可被 $Sn^{2+}$ 还原成氢化甲基橙而退色，因而甲基橙可指示 $Fe^{3+}$ 还原终点。与此同时，$Sn^{2+}$ 还能继续使氢化甲基橙还原成 $N$，$N$-二甲基对苯二胺和对氨基苯磺酸钠。相关的反应式为：

$$(CH_3)_2NC_6H_4N=NC_6H_4SO_3Na+2e+2H^+=\!=\!=(CH_3)_2NC_6H_4NH-NHC_6H_4SO_3Na$$

$$(CH_3)_2NC_6H_4NH-NHC_6H_4SO_3Na+2e+2H^+=\!=\!=(CH_3)_2NC_6H_4NH_2+NH_2C_6H_4SO_3Na$$

这样一来，略为过量的 $Sn^{2+}$ 也被消除。由于这些反应是不可逆的，因此甲基橙的还原产物不消耗 $K_2Cr_2O_7$。

反应在 HCl 介质中进行，还原 $Fe^{3+}$ 时 HCl 浓度以 4mol·$L^{-1}$ 为宜，大于 6mol·$L^{-1}$ 时，$Sn^{2+}$ 则先还原甲基橙为无色，使其无法指示 $Fe^{3+}$ 的还原，同时 $Cl^-$ 浓度过高也可能消耗 $K_2Cr_2O_7$，HCl 浓度低于 2mol·$L^{-1}$ 则甲基橙退色缓慢。反应完毕，以二苯胺磺酸钠为指示剂，用 $K_2Cr_2O_7$ 标准溶液滴定至溶液呈紫色即为终点，主要反应式如下：

$$2FeCl_4^- + SnCl_4^{2-} + 2Cl^- \longrightarrow 2FeCl_4^{2-} + SnCl_6^{2-}$$

$$6Fe^{2+} + Cr_2O_7^{2-} + 14H^+ \longrightarrow 6Fe^{3+} + 2Cr^{3+} + 7H_2O$$

滴定过程中生成的 $Fe^{3+}$ 呈黄色，影响终点的观察，若在溶液中加入 $H_3PO_4$，$H_3PO_4$ 可与 $Fe^{3+}$ 生成无色的 $[Fe(HPO_4)_2]^-$，可掩蔽 $Fe^{3+}$。同时，由于 $[Fe(HPO_4)_2]^-$ 的生成，使得 $Fe^{3+}/Fe^{2+}$ 电对的条件电极电势降低，滴定突跃增大，指示剂可在突跃范围内变色，从而减少滴定误差。

$Cu^{2+}$，As(Ⅴ)，Ti(Ⅳ)，Mo(Ⅵ) 等离子存在时，可被 $SnCl_2$ 还原，同时又能被 $K_2Cr_2O_7$ 氧化，Sb(Ⅴ) 和 Sb(Ⅲ) 也干扰铁的测定。

**【仪器、药品及材料】**

1. 仪器

分析天平，酸式滴定管（5mL）（见实验 27），锥形瓶（50mL），容量瓶（25mL），移液管（2mL），量筒（10mL），烧杯（25mL），表面皿，烘箱，干燥器，普通加热装置，砂浴加热装置。

2. 药品

① 5%$SnCl_2$：称取 10g $SnCl_2 \cdot 2H_2O$ 及 2.5g 锡粒于 40mL 浓 HCl 中，加热煮沸溶解后，补加浓 HCl 至 40mL，再加水稀释至 200mL（$SnCl_2$ 溶液长期保存时，要加入锡粒）。

② 浓 HCl。

③ 硫磷混酸：将 15mL 浓硫酸缓缓加入 70mL 水中，冷却后加入 15mL $H_3PO_4$，摇匀。

④ 0.01%甲基橙水溶液（见实验 27）。

⑤ 0.02%二苯胺磺酸钠水溶液。

⑥ $K_2Cr_2O_7$ 基准试剂。

**【实验步骤】**

1. $K_2Cr_2O_7$ 标准溶液的配制

将 $K_2Cr_2O_7$ 在 150～180℃烘干 2h，放入干燥器冷却至室温，用分析天平准确称取约 0.1g $K_2Cr_2O_7$ 于小烧杯中，加水溶解后定量转移至 25mL 容量瓶中，用水稀释至刻度，摇匀，计算 $K_2Cr_2O_7$ 的浓度。

2. 铁矿石中铁含量的测定

用分析天平准确称取铁矿石粉试样适量（相当于约 0.2g $Fe_2O_3$）于 25mL 烧杯中，用少量水润湿后，加 3mL 浓 HCl，盖上表面皿，在砂浴上加热 20～30min，并不时摇动，避免沸腾。如有带色不溶残渣，可滴加 $SnCl_2$ 溶液 4～6 滴助溶，试样分解完全时，剩余残渣应为白色或非常接近白色，此时可用少量水吹洗表面皿及杯壁，冷却后将溶液定量转移到 25mL 容量瓶中，加水稀释至刻度，摇匀。

用移液管准确移取试样溶液 2mL 于 50mL 锥形瓶中，加 1mL 浓 HCl，加热至接近沸腾，加入 6 滴 0.01%甲基橙水溶液，边摇动锥形瓶边慢慢滴加 5% $SnCl_2$ 溶液，至溶液由橙红色变为淡红色，继续滴加 5%$SnCl_2$ 至粉色刚好退去（说明 $SnCl_2$ 已过量），再补加 1 滴

0.01%甲基橙水溶液，以除去稍微过量的 $SnCl_2$（此时溶液应呈浅粉色，不影响滴定终点，$SnCl_2$ 切不可过量）。然后，迅速用流水冷却，加蒸馏水 5mL、硫磷混酸 2mL、0.02%二苯胺磺酸钠 4 滴，并立即用 5mL 酸式滴定管以 $K_2Cr_2O_7$ 标准溶液滴定至出现稳定的紫红色。平行测定三次，计算试样中 Fe 的含量。

【预习思考题】

1. $K_2Cr_2O_7$ 法测定铁矿石中的铁时，滴定前为什么要加入 $H_3PO_4$？加入 $H_3PO_4$ 后为何要立即滴定？

2. 用 $SnCl_2$ 还原 $Fe^{3+}$ 时，为何要在加热条件下进行？加入的 $SnCl_2$ 量不足或过量会给测试结果带来什么影响？

3. 溶解样品时，为何要先用少量水润湿？为何必须在低温下加热溶解，而且要滴加 $SnCl_2$？怎样判断样品溶解完全？

# 实验 40　可溶性氯化物中氯含量的测定（银量法）

【实验目的】

1. 学习 $AgNO_3$、$NH_4SCN$ 标准溶液的配制和标定。

2. 掌握摩尔法、费尔哈德法和法扬司法测定氯离子的原理和方法。

【实验原理】

1. 摩尔法

可溶性氯化物中氯含量的测定常采用摩尔法。此法是在中性或弱碱性溶液中，以 $K_2Cr_2O_7$ 为指示剂，用 $AgNO_3$ 标准溶液进行滴定。由于 AgCl 沉淀的溶解度比 $Ag_2CrO_4$ 小，因此，溶液中首先析出 AgCl 沉淀。当溶液中 $Cl^-$ 反应完全后，过量一滴 $AgNO_3$ 与 $CrO_4^{2-}$ 生成砖红色 $Ag_2CrO_4$ 沉淀而指示终点到达。反应式如下：

$$Ag^+ + Cl^- \longrightarrow AgCl\downarrow\text{（白色）}\quad K_{sp}^{\ominus}=1.6\times10^{-10}$$

$$2Ag^+ + CrO_4^{2-} \longrightarrow Ag_2CrO_4\downarrow\text{（砖红色）}\quad K_{sp}^{\ominus}=9.0\times10^{-12}$$

滴定时最适宜的 pH 值范围为 6.5～10.5，如果有铵盐存在，pH 值应保持在 6.5～7.2 之间。指示剂的用量对滴定终点准确判断有影响，$K_2Cr_2O_7$ 浓度太高，终点将提前出现，且溶液颜色过深，影响终点的观察，若 $K_2Cr_2O_7$ 浓度太低，终点出现过迟，也影响滴定的准确度，一般 $K_2Cr_2O_7$ 浓度以 $5\times10^{-3}mol\cdot L^{-1}$ 为宜。

凡是能与 $Ag^+$ 生成难溶盐或配合物的阴离子都干扰测定，如 $PO_4^{3-}$、$AsO_3^{3-}$、$SO_3^{2-}$、$S^{2-}$、$CO_3^{2-}$、$C_2O_4^{2-}$ 等离子，其中 $S^{2-}$ 可加热除去，$SO_3^{2-}$ 可使之氧化成 $SO_4^{2-}$ 而不再干扰。大量 $Cu^{2+}$、$Ni^{2+}$、$Co^{2+}$ 等有色离子将影响终点的观察。凡是能与 $CrO_4^{2-}$ 生成难溶化合物的阳离子也干扰测定，如 $Ba^{2+}$、$Pb^{2+}$ 等离子，其中 $Ba^{2+}$ 可加入过量 $Na_2SO_4$ 消除。另外，$Fe^{3+}$、$Al^{3+}$、$Bi^{3+}$、$Sn^{2+}$ 等离子在中性或弱碱性溶液中易水解产生沉淀而干扰测定。

2. 费尔哈德法

在含 $Cl^-$ 的酸性试液中，加入一定量过量的 $Ag^+$ 标准溶液，定量生成 AgCl 沉淀后，过量 $Ag^+$ 以铁铵矾作指示剂，用 $NH_4SCN$ 标准溶液回滴，由 $[Fe(SCN)]^{2+}$ 配离子的红色来指示滴定终点。主要包括下列沉淀反应和配合反应：

$$Ag^+ + Cl^- = AgCl\downarrow \text{（白色）} \quad K_{sp}^{\ominus} = 1.6\times10^{-10}$$

$$Ag^+ + SCN^- = AgSCN\downarrow \text{（白色）} \quad K_{sp}^{\ominus} = 1.0\times10^{-12}$$

$$Fe^{3+} + SCN^- = [Fe(SCN)]^{2+} \text{（白色）} \quad K_{f_1}^{\ominus} = 138$$

指示剂用量大小对滴定有影响，一般控制 $Fe^{3+}$ 浓度为 0.015mol·$L^{-1}$ 为宜。

滴定时，控制氢离子浓度为 0.1～1mol·$L^{-1}$，剧烈摇动溶液，并加入硝基苯（有毒）或石油醚保护 AgCl 沉淀，使其与溶液隔开，防止 AgCl 沉淀与 $SCN^-$ 发生交换反应而消耗滴定剂。

测定时，能与 $SCN^-$ 生成沉淀或生成配合物，或能氧化 $SCN^-$ 的物质均有干扰。$PO_4^{3-}$，$AsO_4^{3-}$，$CrO_4^{2-}$ 等离子，由于酸效应的作用而不影响测定。

费尔哈德法常用于直接测定银合金和矿石中的银的质量分数。

3. 法扬司法

采用荧光黄等吸附指示剂，计量点前，AgCl 沉淀吸附 $Cl^-$ 带负电荷 [$(AgCl)Cl^-$]，而不吸附同样带负电荷的荧光黄阴离子，溶液显黄绿色；稍过计量点，溶液中 $Ag^+$ 过剩，沉淀吸附 $Ag^+$ 而带正电荷，同时吸附荧光黄阴离子 [$(AgCl)Ag^+FL^-$]，这时，溶液由黄绿色变成淡红色，指示终点到达。

法扬司法应注意溶液的酸度（荧光黄的 $K_a^{\ominus}=10^{-7}$，故溶液的酸度应控制在 pH＝7～10），加入糊精或淀粉作保护胶体，操作时注意避光。

**【仪器、药品及材料】**

1. 仪器

分析天平，（棕色）酸式滴定管（5mL）（见实验 27），锥形瓶（50mL），容量瓶（25mL），移液管（2mL，5mL），量筒（10mL），烧杯（25mL），（棕色）试剂瓶（60mL），干燥器，马弗炉。

2. 药品

① NaCl 基准试剂：将 NaCl 置于瓷坩埚中，在 250～350℃ 马弗炉中灼烧 1～2h 后，稍冷，移于干燥器中冷至室温备用。

② 0.1mol·$L^{-1}$ $AgNO_3$ 溶液：称取 0.85g $AgNO_3$ 溶于 50mL 不含 $Cl^-$ 的蒸馏水中，移入棕色试剂瓶中，在暗处保存，以免见光分解。

③ 5%$K_2CrO_4$ 指示剂：5%$K_2CrO_4$ 水溶液。

④ 0.1mol·$L^{-1}$ $NH_4SCN$ 溶液：称取 0.38g $NH_4SCN$，用 50mL 水溶解后转入试剂瓶中。

⑤ 40%铁铵矾指示剂：40%的 1mol·$L^{-1}$ $HNO_3$ 溶液。

⑥ 6mol·$L^{-1}$ $HNO_3$ 溶液（若含有氮氧化物而呈黄色，应煮沸除氮氧化物）。

⑦ 0.1%荧光黄溶液：称取 0.1g 荧光黄溶于 10mL 0.1mol·$L^{-1}$ NaOH 溶液中，用 0.1mol·$L^{-1}$ $HNO_3$ 溶液中和至中性（用 pH 试纸检验），用水稀释至 100mL。

⑧ 1%糊精溶液：称取 1g 糊精，用少量水调成糊状后，加入预先煮沸的 100mL 蒸馏水，搅匀。

⑨ 可溶性氯化物试样。

3. 材料

pH 试纸。

## 【实验步骤】

1. 0.1mol·$L^{-1}$ $AgNO_3$ 标准溶液的标定

准确称取基准 NaCl 0.12～0.18g，置于 25mL 小烧杯中，加入 5mL 蒸馏水，溶解后，定量转移至 25mL 容量瓶并稀释至刻度。

用移液管吸取 2mL 上述 NaCl 标准溶液，置于 50mL 锥形瓶中，加入 4 滴 5%$K_2CrO_4$ 指示剂，用 5mL 棕色酸式滴定管以待标定 $AgNO_3$ 标准溶液滴定至溶液中呈现砖红色沉淀即为终点。平行测定 2～3 次。计算 $AgNO_3$ 的浓度。

2. 0.1mol·$L^{-1}$ $NH_4SCN$ 标准溶液的标定

用移液管移取 0.1mol·$L^{-1}$ $AgNO_3$ 标准溶液 2mL 于 50mL 锥形瓶中，加入 6mol·$L^{-1}$ $HNO_3$ 溶液 0.5mL 和 2 滴 40%铁铵钒指示剂，用 5mL 酸式滴定管以待标定 $NH_4SCN$ 标准溶液在不断振摇下滴定至溶液出现稳定的淡红色即为终点。平行测定 2～3 次，计算 $NH_4SCN$ 标准溶液的浓度。

3. 可溶性氯化物试液的准备

准确称取氯化物试样适量（相当于约 0.2g NaCl）于 25mL 小烧杯中，加水溶解后，定量转移至 25mL 容量瓶中。

4. 可溶性氯化物中氯的测定（摩尔法）

用移液管移取上述氯化物试液 2mL 于 50mL 锥形瓶中，加入 2mL 水，2 滴 5%$K_2CrO_4$ 指示剂，边剧烈摇动边用 5mL 棕色酸式滴定管以 $AgNO_3$ 标准溶液滴定至溶液呈现砖红色沉淀。平行测定 2～3 次。

5. 可溶性氯化物中氯的测定（费尔哈德法）

用移液管移取上述氯化物试液 2mL 于 50mL 锥形瓶中，加水 2.5mL，6mol·$L^{-1}$ 新煮沸并冷却的 $HNO_3$ 0.5mL，在不断摇动下用移液管加入 $AgNO_3$ 标准溶液 5mL，再加入 2 滴 40%铁铵钒指示剂，用 5mL 酸式滴定管以 $NH_4SCN$ 标准溶液滴定过量的 $Ag^+$ 至溶液出现稳定的浅红色，即为终点。平行测定 2～3 次。

6. 可溶性氯化物中氯的测定（法扬司法）

用移液管移取上述氯化物试液 2mL 于 50mL 锥形瓶中，加 1 滴 0.1%荧光黄指示剂、1mL 糊精溶液，摇匀后，用 5mL 棕色酸式滴定管以 $AgNO_3$ 标准溶液滴定至溶液由黄绿色变成粉红色即为终点。平行测定 2～3 次。

## 【数据记录与处理】

| 项目 | | 滴定序号 | | |
|---|---|---|---|---|
| | | 1 | 2 | 3 |
| $AgNO_3$ 标准溶液标定 | $m$ (NaCl)/g | | | |
| | $V(AgNO_3)$/mL | | | |
| | $c(AgNO_3)$/mol·$L^{-1}$ | | | |
| | $\bar{c}$ $(AgNO_3)$ /mol·$L^{-1}$ | | | |
| | $d$ | | | |
| | $\bar{d}$ | | | |
| | $\bar{d}_r$/% | | | |

续表

| 项目 | | | 滴定序号 | | |
|---|---|---|---|---|---|
| | | | 1 | 2 | 3 |
| $NH_4SCN$ 标准溶液标定 | | $V(NH_4SCN)/mL$ | | | |
| | | $c(NH_4SCN)/mol \cdot L^{-1}$ | | | |
| | | $\overline{c}(NH_4SCN)/mol \cdot L^{-1}$ | | | |
| | | $d$ | | | |
| | | $\overline{d}$ | | | |
| | | $\overline{d}_r/\%$ | | | |
| 氯化物中氯含量测定 | 摩尔法 | $V(AgNO_3)/mL$ | | | |
| | | $w(Cl)$ | | | |
| | | $\overline{w}(Cl)$ | | | |
| | | $d$ | | | |
| | | $\overline{d}$ | | | |
| | | $\overline{d}_r/\%$ | | | |
| | 费尔哈德法 | $V(NH_4SCN)/mL$ | | | |
| | | $w(Cl)$ | | | |
| | | $\overline{w}(Cl)$ | | | |
| | | $d$ | | | |
| | | $\overline{d}$ | | | |
| | | $\overline{d}_r/\%$ | | | |
| | 法扬司法 | $V(AgNO_3)/mL$ | | | |
| | | $w(Cl)$ | | | |
| | | $\overline{w}(Cl)$ | | | |
| | | $d$ | | | |
| | | $\overline{d}$ | | | |
| | | $\overline{d}_r/\%$ | | | |

## 【预习思考题】

1. 若玻璃器皿壁上附有 AgCl 沉淀，如何洗掉？
2. $AgNO_3$ 溶液应装在酸式滴定管还是装在碱式滴定管？为什么？
3. 在摩尔法中，指示剂能否用 $K_2Cr_2O_7$ 代替？
4. 在摩尔法滴定中，酸度应控制在什么范围？为什么？如有 $NH_4^+$ 存在时又如何？
5. 在费尔哈德法滴定中，终点前为何要剧烈振荡？而到终点时只能轻轻摇动？
6. 在费尔哈德法中，溶液为什么要用 $HNO_3$ 酸化？可否用 HCl 溶液或 $H_2SO_4$ 酸化？为什么？
7. 在法扬司法中，为何要加入糊精？
8. 在法扬司法中，应如何控制溶液的酸度？为什么？

# 实验 41　邻二氮菲分光光度法测定铁含量

## 【实验目的】

1. 掌握用邻二氮菲分光光度法测定铁含量的原理和方法。

2. 通过测定铁的条件试验，学习吸光光度法条件的确定方法，为研究新的吸光光度法打下基础。

3. 了解 721 型分光光度计的构造和使用方法。

4. 学会吸收曲线的制作，并选择测量铁的适宜波长。

**【实验原理】**

邻二氮菲（又称邻菲罗啉）是测定微量铁的较好试剂。在 pH＝2～9 的溶液中试剂与 $Fe^{2+}$生成稳定的红色配合物，其 $\lg K_f^{\Theta}=21.3$，摩尔吸光系数 $\varepsilon_{510}=1.1\times10^4\ L\cdot mol^{-1}\cdot cm^{-1}$，生成的红色配合物的最大吸收峰在 510nm 处。

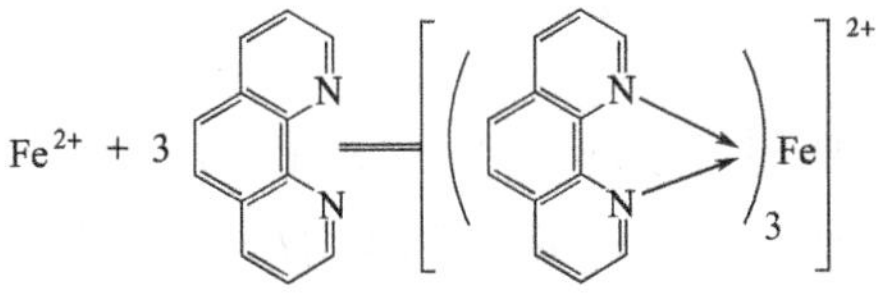

本方法的选择性很高，相当于含铁量 40 倍的 $Sn^{2+}$、$Al^{3+}$、$Ca^{2+}$、$Mg^{2+}$、$Zn^{2+}$、$SiO_3^{2-}$，20 倍的 $Cr^{3+}$、$Mn^{2+}$、$PO_4^{3-}$，5 倍的 $Cu^{2+}$、$Co^{2+}$等均不干扰测定。$Fe^{3+}$也能与邻二氮菲反应生成淡蓝色配合物，一般情况下，铁以＋3 价存在，盐酸羟胺可将其还原为＋2 价，因此，在显色前，首先用盐酸羟胺将 $Fe^{3+}$还原为 $Fe^{2+}$，其反应式如下：

$$2Fe^{3+}+2NH_2OH\cdot HCl\longrightarrow 2Fe^{2+}+N_2\uparrow+2H_2O+4H^{+}+2Cl^{-}$$

在吸光光度分析中，显色反应的条件有溶液的酸度、显色剂用量、有色物质溶液的稳定性、温度和干扰离子等，这些条件都是通过实验来确定的。本实验通过几个条件试验的进行，初步学会确定实验条件的方法。

① 溶液的酸度：固定被测组分的浓度和其他条件，使显色反应在不同的 pH 值条件下进行，然后测定溶液的吸光度。通过绘制吸光度-pH 值曲线，来确定显色反应的适宜酸度范围。

② 显色剂用量：固定被测组分的浓度和其他条件，改变加入显色剂的量进行显色，然后测定溶液的吸光度。由绘制吸光度-显色剂用量曲线来确定显色剂最适宜的用量。

③ 有色物质溶液的稳定性：按确定的实验条件进行显色后开始计算时间，每隔一定时间测定一次吸光度，根据作出的吸光度-时间的曲线来确定测定时合适的时间范围。

测定时，pH 值控制在 5 左右，酸度高时，反应进行较慢，酸度太低，则 $Fe^{2+}$水解，影响显色。

**【仪器、药品及材料】**

1. 仪器

分光光度计，比色管（25mL），吸量管（1mL，2mL，5mL，10mL），玻璃比色皿（1cm ）。

2. 药品

① $1\times10^{-3}mol\cdot L^{-1}$ 铁标准溶液（含 $0.5mol\cdot L^{-1}HCl$）：准确称取 0.4822g $NH_4Fe(SO_4)_2\cdot12H_2O$ 置于烧杯中，加入 80mL $6mol\cdot L^{-1}$ HCl 和少量水，溶解后，移至 1000mL 容量瓶中，以水稀至刻度，摇匀。

② $10\mu g\cdot mL^{-1}$ 铁标准溶液：准确称取 0.8643g $NH_4Fe(SO_4)_2\cdot12H_2O$ 置于烧杯中，

加入 20mL 6mol·$L^{-1}$ HCl 和少量水，溶解后，移至 1000mL 容量瓶中，以水稀至刻度，摇匀，所得溶液含铁 100μg·$mL^{-1}$。然后吸取 10.0mL 上述溶液于 100mL 容量瓶中，加入 2mL 6mol·$L^{-1}$ HCl；以水稀至刻度，摇匀。此溶液含铁量为 10μg·$mL^{-1}$。

③ 1.5%盐酸羟胺：水溶液（新鲜配制）。

④ 0.15%、1.0×$10^{-3}$mol·$L^{-1}$ 邻二氮菲：水溶液。

⑤ 1mol·$L^{-1}$ NaAc 溶液。

⑥ 1mol·$L^{-1}$NaOH 溶液。

⑦ 含铁试液。

**【实验步骤】**

1. 条件实验

① 吸收曲线的测量　用吸量管吸取 0.0mL 和 1.0mL $10^{-3}$mol·$L^{-1}$铁标准溶液分别注入两个 25mL 比色管中，各加入 1.0mL 盐酸羟胺溶液，摇匀。再加入 1.0mL 0.15%邻二氮菲、2.5mL NaAc 溶液，摇匀，用水稀释至刻度，摇匀[1]。放置 10min 后，用 1cm 比色皿[2]，以试剂空白为参比溶液，在 440～560nm 之间，每隔 10nm 测一次吸光度，在最大吸收峰附近，每隔 5nm 测量一次吸光度。在坐标纸上，以波长 $\lambda$ 为横坐标，吸光度 $A$ 为纵坐标，绘制 $A$ 与 $\lambda$ 关系的吸收曲线。求出最大吸收峰的波长，一般选用最大吸收波长作为分光光度法测定铁时的适宜波长。

**注意**：每次改变波长之后，都要用参比溶液调节仪器的吸光度，令其示值为 0。

② 溶液酸度的选择　取 8 只 25mL 比色管，用吸量管各加入 1.0mL $10^{-3}$mol·$L^{-1}$铁标准溶液和 1.0mL 1.5%盐酸羟胺溶液，摇匀，再加入 1.0mL 0.15%邻二氮菲，摇匀，然后分别加入 0.0mL、0.2mL、0.5mL、1.0mL、1.2mL、1.5mL、2.0mL、2.6mL 0.5mol·$L^{-1}$ NaOH 溶液，以水稀至刻度，摇匀。用 1cm 比色皿，以各自相应的试剂溶液（或蒸馏水）为参比，在波长 510nm 处测定各溶液的吸光度，然后再用 pH 值计或精密 pH 值试纸测定各溶液的 pH 值。以 pH 值为横坐标，相应的吸光度为纵坐标，绘制吸光度-pH 值曲线，找出适宜的 pH 值范围。

③ 显色剂用量的影响　取 7 只 25mL 比色管，各加入 1.0mL $10^{-3}$mol·$L^{-1}$ 铁标准溶液和 1.0mL 1.5%盐酸羟胺溶液，摇匀，分别加入 0.05mL、0.15mL、0.25mL、0.40mL、0.50mL、1.00mL 及 2.00mL 0.15%邻二氮菲溶液，然后加入 2.5mL 1mol·$L^{-1}$ NaAc 溶液，用水稀至刻度，摇匀。在 721 型分光光度计上，用 1cm 比色皿，以试剂溶液（或蒸馏水）为参比，在波长 510 nm 处测定各溶液的吸光度。以显色剂的体积为横坐标，对应的吸光度为纵坐标，绘制吸光度一显色剂用量曲线，确定测定时显色剂最合适的用量范围。

④ 有色溶液的稳定性　在 25mL 比色管中，加入 1.0mL $10^{-3}$mol·$L^{-1}$铁标准溶液、1.0mL 1.5%盐酸羟胺溶液，加入 1.0mL 0.15%邻二氮菲溶液、2.5mL 1mol·$L^{-1}$ NaAc 溶液，用水稀至刻度，摇匀。立即以试剂溶液（或蒸馏水）为参比，用 1cm 比色皿，于波长 510 nm 处，在 721 型分光光度计上测定吸光度。然后依次测定放置 5min、10min、30min、1h、2h、3h 溶液的吸光度（每次都取原容量瓶中的溶液测定）。以时间为横坐标，对应的吸光度为纵坐标，绘制吸光度-时间曲线，从曲线观察配合物稳定情况，从而判断能否进行实际分析，并确定合适的时间范围。

通过以上条件试验，便可以拟定出用邻二氮菲吸光光度法测定微量铁的分析步骤。

2. 样品的测量

① 标准曲线的绘制　用吸量管分别吸取 0.00mL、1.00mL、2.00mL、3.00mL、4.00mL、5.00mL 10 $\mu g \cdot mL^{-1}$ 的 $Fe^{3+}$ 标准溶液于 6 只已编号的 25mL 比色管中，各加入 1.0mL1.5%盐酸羟胺溶液，摇匀，加入 1.0mL 0.15%邻二氮菲溶液和 2.5mL 1mol · $L^{-1}$ NaAc 溶液，摇匀，用水稀释至刻度，充分摇匀。以试剂空白为参比溶液，用分光光度计在 510 nm 处分别测定各溶液的吸光度，然后绘制标准曲线。

② 含铁试液铁含量测定　用吸量管吸取 5.00mL 未知液于 25mL 比色管中，其他步骤均同上，测定其吸光度。平行做两份。根据未知液的吸光度，在标准曲线上查出 5.00mL 未知液中的铁含量，并以每毫升未知液中含铁质量（μg）表示。

**【注】**

[1] 溶液配制时，移液管切勿交叉使用，以免污染试剂。

[2] 比色皿内溶液以皿高的 4/5 为宜，不可过满以防液体溢出，使仪器受损。用毕后，比色皿应立即取出，用自来水及蒸馏水清洗，倒立晾干。

**【预习思考题】**

1. 单选题

(1) 显色反应的条件不包括（　　）。

A. 测定波长　　B. 显色剂用量
C. 显色反应的温度　　D. 溶液的酸度

(2) 测定过程中，最好始终固定使用两个比色皿装参比溶液和标准溶液，但当两比色皿的材质或厚度不一致时，会造成（　　）。

A. 标准曲线线性相关系数降低　　B. 未知样测定结果不正确
C. 标准曲线弯曲　　D. 标准曲线不过原点

(3) 对于参比溶液的作用，下列说法不正确的是（　　）。

A. 可消除试剂对入射光的吸收带来的误差
B. 利用参比溶液，可以提高测量的灵敏度
C. 可消除比色皿器壁对入射光反射带来的误差
D. 参比溶液用以调节仪器的零点

(4) 邻二氮菲分光光度法测定铁时，必须准确量取的试剂是（　　）。

A. 邻二氮菲　　B. NaAc
C. 盐酸羟胺　　D. 铁试液

(5) 在配制铁标准溶液时，加 HCl 溶液的作用是（　　）。

A. 显色反应必须在 HCl 介质中进行　　B. 防止铁离子水解
C. 消除干扰离子影响　　D. 促进样品溶解

(6) 本法测定铁时，加入盐酸羟胺、NaAc 和邻二氮菲的顺序是（　　）。

A. NaAc-盐酸羟胺-邻二氮菲　　B. 邻二氮菲-盐酸羟胺-NaAc
C. 盐酸羟胺-邻二氮菲-NaAc　　D. NaAc-邻二氮菲-盐酸羟胺

2. 问答题

(1) 显色前加入盐酸羟胺的目的是什么？如用配制已久的盐酸羟胺溶液时，对显色结果将带来什么影响？

(2) 实验中为什么要选取酸度、显色剂用量和有色溶液的稳定性作为条件试验的项目？

(3) 吸光度 $A$ 与百分透光率 $T$ 之间的关系如何？分光光度法测定时，$A$ 值取什么范围为宜？为什么？怎么来加以控制？$A$ 为何值时测定误差最小？

# 第六部分　综合性实验

综合性实验是为了巩固强化学生在基础性实验中所学的基本实验操作、方法、技能和知识，进一步拓展学生的知识面，增强学生的创新意识，培养和提高学生思考问题、解决问题和独立工作的能力而安排的。本部分实验应在教师指导下，由学生独立完成。

## 实验 42　硫代硫酸钠的制备、含量分析及应用

【实验目的】

1. 学习硫代硫酸钠的制备方法。

2. 进一步熟练无机制备基本操作。

3. 了解硫代硫酸钠的性质及其定性鉴定方法。

【实验原理】

硫代硫酸钠（$Na_2S_2O_3 \cdot 5H_2O$）又称大苏打、海波，是一种无色透明晶体。在干燥空气中易风化，在潮湿的空气中有潮解性。100℃以上则失去结晶水。易溶于水（0℃，79.4g·100g$H_2O^{-1}$；45℃，291.1g·100g$H_2O^{-1}$）、氨水和松节油等溶剂，不溶于乙醇。水溶液近中性。遇强酸分解。具有一定的还原性和配合能力。

$$S_2O_3^{2-}+2H^+ \longrightarrow S\downarrow+SO_2\uparrow+H_2O$$

硫代硫酸钠的制备方法主要有以下几种。

1. 亚硫酸钠法

将亚硫酸钠溶液吸硫后，脱色、浓缩、结晶。

2. 硫化钠法

① 氧化法　硫化钠溶液加硫，通空气氧化。

② 中和法　硫化钠溶液吸收二氧化硫气体，然后加适量硫黄反应。

3. 硫黄-纯碱法

使纯碱溶液与二氧化硫作用生成亚硫酸钠，再与硫黄反应。

在实际生产上常将各种方法综合使用，称为综合法。

硫代硫酸钠常用作照相定影剂、纸浆漂白后的除氯剂、棉织品漂白后的脱氯剂，是分析化学中的常用试剂，医药上用作消毒剂，食品工业用作螯合剂、抗氧化剂。

【仪器、药品及材料】

1. 仪器

烧杯（20mL），漏斗，布氏漏斗（20mm），抽滤瓶（10mL），蒸发皿（35mL），酒精灯，石棉网，铁三脚架，分析天平，酸式滴定管（5mL）（见实验 27），碘量瓶（50mL），容量瓶（25mL），移液管（2mL），量筒（10mL）。

2. 药品

$Na_2SO_3$(s)，硫粉，活性炭，HCl(2.0mol·$L^{-1}$)，$H_2SO_4$(3.0mol·$L^{-1}$)，$KMnO_4$(0.01mol·$L^{-1}$)，$AgNO_3$(0.1mol·$L^{-1}$)，碘水，基准试剂 $KIO_3$ 或 $K_2Cr_2O_7$，10% KI 溶液，0.5mol·$L^{-1}$ $H_2SO_4$ 或 6mol·$L^{-1}$ HCl，0.5%淀粉指示剂（见实验 36）。

【实验步骤】

1. 硫代硫酸钠的制备

在小烧杯中放入 3.0g $Na_2SO_3$(s)、1.0g 研细的硫黄粉和 35mL 蒸馏水，搅拌下煮沸悬浮液，直至硫黄粉基本反应完全（需 25～30min）。反应结束后，加入少量活性炭粉，趁热过滤，弃去滤渣，蒸汽浴加热蒸发滤液直至开始有结晶析出，冷却，减压过滤，将所得晶体置于烘箱中于 40～50℃烘干，然后称量。

2. 产品的定性鉴定

取少量产品溶于 5mL 蒸馏水，分别进行下列实验。

① 与高锰酸钾作用　取 2 滴产品溶液于小试管中，加入 2 滴已酸化的 $KMnO_4$ 溶液，观察现象。

② 与盐酸作用　取 2mL 产品溶液于小试管中，加入 2 滴稀盐酸，观察现象。

③ 与硝酸银作用　取 1 滴 0.1mol·$L^{-1}$ $AgNO_3$ 溶液于小试管中，逐滴加入产品溶液，观察现象。

④ 与碘水作用　取 2 滴产品溶液于小试管中，加入 2 滴碘水，观察现象。

3. 产品含量测定

用分析天平准确称取约 0.6g 产品，置于小烧杯中，加入 10mL 新煮沸后冷却的蒸馏水，待完全溶解后，加入 0.1g $Na_2CO_3$，溶解后定量转移至 25mL 容量瓶中，用新煮沸且冷却的蒸馏水稀释至 50mL。

参照实验 36 的方法，以 $KIO_3$ 或 $K_2Cr_2O_7$ 基准试剂测定上述产品溶液中 $Na_2S_2O_3$ 的浓度并计算产品含量。

4. 洗印照片

在暗室里，将印相纸直接覆盖在感光箱的底片上进行感光。感光时间可根据底片情况进行选择。然后，将感光过的照相纸放入显影液中进行显影。待影像基本清晰后，用镊子将相纸拿出，放入水中清洗一次，紧接着再放入定影液中，定影 10～15min。再把相纸取出放入水中，用水冲洗。然后，由上光机烘干上光，或贴在平玻璃上自然晾干，最后把纸边剪齐。

【注】

显影液和定影液配方

1. 显影液配方

米吐尔 3g，无水亚硫酸钠 45g，无水碳酸钠 67.5g，溴化钾 2g，冷水加至 1000mL。

2. 定影液配方（F-5）

海波 240g，无水亚硫酸钠 15g，醋酸（28%）47mL，硼酸 7.5g，钾矾 15g，冷水加至 1000mL。

【预习思考题】

1. 提高本法所使用的制备反应的转化率，通常采用的方法是什么？

2. 通过有关电对的电极电位的数值，说明制备反应能够进行的理论依据。

# 实验 43　三草酸根合铁（Ⅲ）酸钾的合成及性质

【实验目的】

1. 了解 $K_3[Fe(C_2O_4)_3] \cdot 3H_2O$ 的制备方法和性质。

2. 进一步巩固无机化学实验操作。

3. 加深了解分光光度法和热分析法的原理和应用。

【实验原理】

三草酸根合铁（Ⅲ）酸钾（$K_3[Fe(C_2O_4)_3] \cdot 3H_2O$）是一种溶于水（溶解度：0℃，$47g \cdot 100gH_2O^{-1}$；100℃，$117.7g \cdot 100gH_2O^{-1}$）而不溶于乙醇的绿色晶体。极易感光，室温下光照时发生下列光化学反应而变为黄色。

$$2[Fe(C_2O_4)_3]^{3-} \xlongequal{h\nu} 2FeC_2O_4 + 3C_2O_4^{2-} + 2CO_2$$

由于它的光化学活性，能定量进行光化学反应，常用作化学光量计。

本实验以硫酸亚铁铵为原料，通过下列过程制取 $K_3[Fe(C_2O_4)_3] \cdot 3H_2O$。首先使硫酸亚铁铵和草酸作用制备出草酸亚铁沉淀。

$$(NH_4)_2Fe(SO_4)_2 \cdot 6H_2O + H_2C_2O_4 \xlongequal{} FeC_2O_4 \cdot 2H_2O + (NH_4)_2SO_4 + H_2SO_4 + 4H_2O$$

然后在草酸根离子的存在下，用过氧化氢将草酸亚铁氧化为草酸高铁配合物。该配合物不溶于乙醇，故可从乙醇溶液中析出晶状的 $K_3[Fe(C_2O_4)_3] \cdot 3H_2O$。其总反应式如下

$$2FeC_2O_4 \cdot 2H_2O + H_2O_2 + H_2C_2O_4 + 3K_2C_2O_4 \xlongequal{} 2K_3[Fe(C_2O_4)_3] \cdot 3H_2O$$

三草酸根合铁（Ⅲ）配离子的生成常数为 $1.58 \times 10^{20}$。

$K_3[Fe(C_2O_4)_3] \cdot 3H_2O$ 加热到 100℃时失去结晶水，230℃时分解，可根据质量随温度升高而改变的关系图（TG 曲线），确定配合物所含结晶水的个数。

【仪器、药品及材料】

1. 仪器

离心试管（10mL），烧杯（50mL），吸量管（1mL，5mL），酒精灯，布氏漏斗（20mm），抽滤瓶（10mL），离心机，玻璃棒，电热恒温水浴锅，三脚架，石棉网。

2. 药品

硫酸亚铁铵(s)，$H_2SO_4$($3.0mol \cdot L^{-1}$)，草酸($1.0mol \cdot L^{-1}$)，$K_2C_2O_4$(饱和)，$H_2O_2$(3%)，$K_3[Fe(CN)_6]$(s，3.5%)，乙醇（95%）。

【实验步骤】

1. $K_3[Fe(C_2O_4)_3] \cdot 3H_2O$ 的合成

① 在 10mL 离心试管中加入 0.4g 硫酸亚铁铵、0.3mL $3.0mol \cdot L^{-1}$ $H_2SO_4$ 和 1.5mL

$H_2O$，搅拌使其溶解，再加入2.5mL 1.0mol·$L^{-1}$ $H_2C_2O_4$，搅拌并摩擦试管壁使产生浅黄色的草酸亚铁沉淀（约需15min）。

② 离心分离，小心除去上清液。用2mL蒸馏水洗涤沉淀一次，保留沉淀。

③ 往所得的草酸铁沉淀中加入1mL饱和草酸钾溶液，把试管放到水温40℃的水浴中加热，边搅拌边滴加2mL 3%$H_2O_2$，控制在5min左右加完。此时沉淀转为黄褐色。

④ 使水浴温度升至90℃，往离心试管中缓慢加入0.8mL 1.0mol·$L^{-1}$草酸，搅拌使沉淀溶解。得到的溶液为绿色，再往该溶液中加入3.0mL 95%乙醇，立即移出水浴在暗处静置冷却。待绿色的$K_3[Fe(C_2O_4)_3]\cdot 3H_2O$晶体析出后，吸去上清液，用1∶1乙醇洗涤沉淀，减压抽滤，称量，计算产率。

2. $K_3[Fe(C_2O_4)_3]\cdot 3H_2O$的鉴定

使用分光光度法测定产物的吸收光谱，将所得到的特征吸收峰的波长与文献值比较（查找理论吸收光谱）。

3. $K_3[Fe(C_2O_4)_3]\cdot 3H_2O$的性质

① 将少许产品放在表面皿上，在日光下观察晶体颜色的变化，与放在暗处的晶体比较。

② 制感光纸　按0.3g $K_3[Fe(C_2O_4)_3]\cdot 3H_2O$、0.4g $K_3[Fe(CN)_6]$加5mL水的比例配成溶液，涂在纸上即成感光纸（黄色）。附上图案，在日光直照下（数秒钟）或红外灯光下，曝光部分呈深蓝色，被遮盖没有曝光部分即显影出图案来。

③ 配感光液　取0.3～0.5g $K_3[Fe(C_2O_4)_3]\cdot 3H_2O$加5mL水配成溶液，用滤纸条做成感光纸。同上操作，曝光后去掉图案，用约3.5%的$K_3[Fe(CN)_6]$溶液湿润或漂洗即显影出图案来。

4. 结晶水及其热分解过程测定

在热重天平上测定产品的热重曲线。通过对曲线进行解析，得出产品中结晶水的数目，并写出热分解反应式。

**【预习思考题】**

1. 除$H_2O_2$外，还可用什么氧化剂？可选用的请写出其反应式。
2. 在本实验中，使用乙醇的作用是什么？

**【注】**

1. 在草酸存在的情况下，三氯化铁对光敏感，发生如下吸热反应

$$2FeCl_3 + H_2C_2O_4 \xlongequal{} 2FeCl_2 + 2CO_2 + 2HCl$$

2. $FeCl_3$与$K_2C_2O_4$浓溶液共热时，发生反应

$$3FeCl_3 + 4K_2C_2O_4 \xlongequal{} K_3[Fe(C_2O_4)_3] + 5KCl + 2FeCl_2 + 2CO_2$$

3. 若浓缩的绿色溶液带有褐色，是由于含有氢氧化铁沉淀，应趁热过滤除去。

4. 产物见光变为黄色，是草酸亚铁和碱式草酸铁的混合物。

# 实验44　$K_3[Fe(CN)_6]$与KI的室温固相反应

**【实验目的】**

1. 了解$K_3[Fe(CN)_6]$与KI的室温固相反应。

2. 学习和掌握有机溶剂萃取技术。

3. 学习和掌握化学物质的红外光谱鉴定方法。

**【实验原理】**

固相配位化学是配位化学与固相化学的一门交叉学科，主要研究在室温或低热温度下（<100℃）配位化合物在固态下的反应特性、规律和机理。传统的固相化学主要研究高温条件下的无机反应。20 世纪 80 年代以来的研究表明，不少固体化合物实际上在室温或低热温度下也能发生反应。令人惊讶的是，某些在溶液中不能发生的反应，在室温或低热温度和固态下却能顺利进行。例如，$K_3[Fe(CN)_6]$ 与 KI 在水溶液中不发生反应，但在固相中即使在室温下也能反应生成 $K_4[Fe(CN)_6]$ 与 $I_2$：

$$K_3[Fe(CN)_6]+KI \longrightarrow K_4[Fe(CN)_6]+1/2\ I_2$$

当把橙黄色的 $K_3[Fe(CN)_6]$ 粉末和 KI 细粉在研钵中一起研磨时，可以观察到反应物颜色逐渐加深，并有棕色碘蒸气逸出。

关于室温或低热温度固相反应的确切热力学和动力学原理，目前还不十分清楚。但是，室温或低热温度固相反应作为一种软化学技术，已在原子簇化合物、新的多酸化合物、新的配合物、功能材料、纳米材料以及有机化合物的合成、制备中获得广泛应用，并可能发展成为绿色化学的首选技术之一。

**【仪器、药品及材料】**

1. 仪器

分析天平，傅里叶红外分光光度计，玻璃（或陶瓷）研钵，塑料药勺，比色管（25mL），小试管，烧杯（50mL），碘量瓶（100mL），塑料密实袋，烘箱。

2. 药品

铁氰化钾（$K_3[Fe(CN)_6]$），碘化钾（KI），碘（$I_2$），氯化铁（$FeCl_3 \cdot 6H_2O$），四氯化碳（或三氯甲烷），均为分析纯。

**【实验步骤】**

1. 反应

称取 80～100 目干燥铁氰化钾和碘化钾各 0.500g 和 0.504g，置于玻璃（或陶瓷）研钵中，套上塑料密实袋，于室温下研磨并不时用塑料药勺翻动反应混合物 60min，然后转移至通风橱内，取下塑料密实袋。注意观察研磨过程中反应混合物的颜色变化和气体的逸出。

2. 萃取

将研磨后的反应混合物全部转移到 50mL 烧杯中，加入 10mL 四氯化碳（或三氯甲烷），用玻璃棒搅拌至溶液颜色不再加深，静置 10min，用倾析法将溶液转移到碘量瓶中。重复上述萃取操作 4 遍，萃取液合并于碘量瓶中。

3. 萃取液碘浓度测定

首先，在 25mL 比色管中，以四氯化碳作溶剂，配制碘含量分别为 $0.1mg \cdot mL^{-1}$、$1.0mg \cdot mL^{-1}$、$1.5mg \cdot mL^{-1}$、$2.0mg \cdot mL^{-1}$、$3.0mg \cdot mL^{-1}$ 的碘标准溶液各 10mL，保存备用。

然后，量取萃取液的总体积，从中取出 10mL 置于 25mL 比色管中，将此试样溶液与碘标准溶液进行比色，确定试样溶液的含碘浓度。

4. 亚铁氰化钾检验

首先配制 0.1mol・$L^{-1}$ $FeCl_3$ 水溶液，然后取萃取后的反应混合物少量，置于小试管中，加水 10mL 并摇荡使其溶解，往小试管中加入 5 滴 $FeCl_3$ 溶液，摇荡，观察现象。

5. 萃余物红外光谱测定

首先，抽滤分离萃取后的反应混合物中的溶液，并用烘箱干燥萃余物（注意：不要把含大量有机溶剂的样品放在烘箱中烘干）。然后，取干燥萃余物测定红外光谱。作为对照用，同时测定试剂铁氰化钾和亚铁氰化钾的红外光谱。

## 【实验结果处理】

1. 根据比色测定结果，计算回收碘的量，并计算最低反应转化率。

2. 根据亚铁氰化钾的检测结果，判断在固相反应条件下，下列反应能否正向进行？

$$K_3[Fe(CN)_6]+KI \longrightarrow K_4[Fe(CN)_6]+1/2\ I_2$$

3. 根据反应混合物的红外光谱特征，判断上述反应能否正向进行？

## 【预习思考题】

试根据化学反应速率碰撞理论解释为什么下列反应在溶液中不能进行，而在固相条件下却能进行。

$$K_3[Fe(CN)_6]+KI \longrightarrow K_4[Fe(CN)_6]+1/2\ I_2$$

## 阅读材料　软化学合成法

软化学合成法（soft chemistry）是 20 世纪 70 年代初由德国固体化学家舍费尔（H. Schafer）提出来的一种制备无机固体化合物及其材料的温和合成方法。

在高温、高压、高真空、强辐射、冲击波、无重力等极端条件下进行的反应称为硬化学反应。通过硬化学反应实现合成的方法即硬化学合成法，如传统制备陶瓷材料的高温固相合成。相对于硬化学合成法，在常压、室温或低热温度（<100℃）等较温和条件下进行的反应称为软化学反应。通过软化学反应实现合成的方法即软化学合成法。

目前已研究开发的软化学合成法有先驱物法、水热/溶剂热法、溶胶-凝胶法、室温/低热固相反应法、拓扑化学反应法、助溶剂法、流变相反应法等。

因为软化学合成是通过较温和条件下进行的反应而实现的合成，因此具有以下突出优点：

① 设备要求低；

② 反应过程、路径、机制易于控制，有利于对产物的组成和结构进行设计，进而达到剪裁其性能的目的；

③ 可得到高温下不稳定的介稳、低熵、低焓或低对称性化合物及材料。

软化学合成将无机固体化合物技术从条件苛刻的传统方法中解放了出来，是极富发展前景的化学和材料学前沿领域。可以预期，随心所欲地设计和剪裁固体化合物及材料的结构和性能这一梦想将随软化学合成法的崛起而成为可能，而这无疑将对 21 世纪的高技术产生深远影响。

## 【参考文献】

[1] 宋毛平，樊耀亭．综合化学实验．郑州：郑州大学出版社，2002：183.

[2] 袁进华，王晓平，忻新泉等．固相配位化学反应ＸＸＸ：室温下铁氰化钾的固相反应．无机化学学报，1991，7 (3)：281-284.

[3] 张克立，孙聚堂，袁良杰等．无机合成化学．武汉：武汉大学出版社，2004：127-179.
[4] 周济．软化学：材料设计与剪裁之路．科学，1995，47（3）：17-20.
[5] 郭琳琳．无机合成化学中的硬化学和软化学．沧州师范专科学校学报，2010，26（3）：91-94.

# 实验45　4A沸石的合成与阳离子交换性能测定

## 【实验目的】

1. 了解4A沸石的合成的一种合成方法。

2. 学习用X-射线衍射（XRD）和红外光谱（IR）鉴定4A沸石。

3. 了解4A沸石的阳离子交换性质及其定量测定方法。

## 【实验原理】

三聚磷酸钠（STPP）由于能螯合钙、镁和其他重金属离子从而使水软化，同时还具有去污和防止污垢再沉积作用，是合成洗涤剂的优良助剂，在洗涤剂工业中已获得广泛应用。但是，由于含磷洗衣粉使用过程中的残磷容易引起江河、湖泊等的“富营养化”，从而对生态、环境造成不良影响（1970年日本的琵琶湖和濑户内海等封闭水域出现水草茂盛而鱼类死亡、饮用水发臭等现象，经过各方面专家的分析、诊断和论证，确认其原因就在于水中磷酸盐含量超过正常值而产生的富营养化现象，在这种情况下，水生植物疯长使水中溶解氧过度消耗从而造成了上述现象），因此，20世纪70年代，人们开始寻找三聚磷酸钠（STPP）的代用品。经大量探索研究，20世纪80年代发现，4A沸石分子筛从性能、经济及环保等方面的评价均是合乎要求的三聚磷酸钠替代品。目前，市场上供应的无磷洗涤剂主要就是采用4A沸石取代三聚磷酸钠而得的产品。

4A沸石又称Na A沸石，是一种多孔性晶态铝硅酸钠，化学式为$Na_2O \cdot Al_2O_3 \cdot 2SiO_2 \cdot 4.5H_2O$。洗涤剂用4A沸石为白色粉末，一般要求粒径为1～4μm的粒子占90%左右，密度为$2.07g \cdot cm^{-3}$，折射率为1.463，正交偏光镜下呈匀质消光。4A沸石不溶于水，呈碱性（1%分散液pH=10～11.5），在硬水中可通过离子交换降低钙、镁和其他重金属离子的浓度从而使水软化，对一些低分子色素有一定的吸附作用从而可避免其在被洗织物上的沉积，在洗衣粉生产中可增加料浆的流动性，调节黏度，产品外观、流动性和抗结块能力与STPP不相上下，可用于生产高浓缩洗衣粉，现已成为首选的STPP替代助剂。

4A沸石具有立方晶系晶体结构，初级结构单元为$SiO_4$和$AlO_4$四面体，晶胞组成为$Na_{12}[(AlO_2)_{12} \cdot (SiO_2)_{12}] \cdot 27H_2O$，具有如下图所示的LTA型骨架结构。

在4A沸石晶胞中，$SiO_4$和$AlO_4$四面体交替相连形成β笼，8个位于立方晶胞顶点的β笼彼此通过双四元环连接构成LTA型骨架结构并在中心围成一个α笼，α笼通过三维八元环孔道连通，八元环孔道的有效孔径为0.41nm（4A沸石因此而得名）。在4A沸石中，由$SiO_4$和$AlO_4$四面体组成的三维骨架状结构带负电荷（$SiO_4$四面体中性，$AlO_4$四面体带一个负电荷），为保持电中性，空穴中存在一定数目$Na^+$。这些起平衡电荷作用的$Na^+$与骨架的

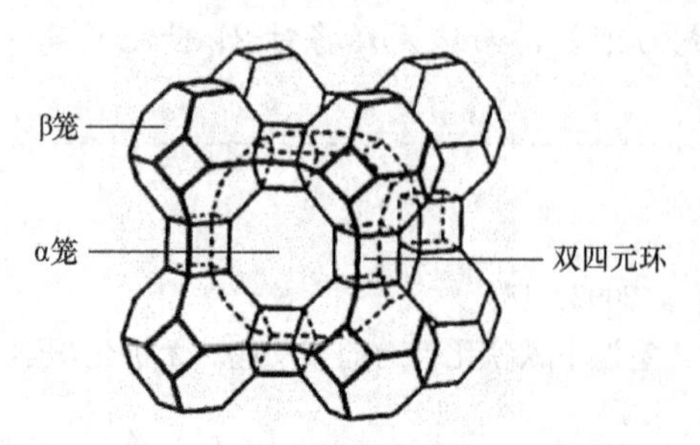

作用力较弱，可被其他阳离子交换。合成 4A 沸石的 $Ca^{2+}$ 交换能力一般为 290～320mg（$CaCO_3$）·（g 干基）$^{-1}$。

4A 沸石可以各种含活性 $SiO_2$、$Al_2O_3$ 和 $Na_2O$ 的化合物为原料在水介质中进行加热反应合成。但是，采用常规的加热方式进行合成时，由于初生沉淀结晶度较低，必须进行较长时间的水热晶化处理，因此生产效率较低，能耗也较高。最近有文献报道，在超声波作用下合成 4A 沸石，可降低反应温度并大幅度缩短反应时间。本实验以硅酸钠和偏铝酸钠为反应物在超声波作用下合成 4A 沸石，反应原理如下：

$$2Na_2SiO_3+2NaAlO_2+6.5H_2O \longrightarrow Na_2O \cdot Al_2O_3 \cdot 2SiO_2 \cdot 4.5H_2O+4NaOH$$

但应注意，合成时反应物料的投料比要依工艺方法、条件以及对产物质量的要求而定。本实验采用超声波合成 4A 沸石，反应物料按 $n(Na_2O):n(2SiO_2):n(Al_2O_3):n(H_2O)=12:1:2:360$ 投料，可快速得到超细 4A 沸石产物。

NaA 沸石的主要 XRD 特征衍射峰数据（JCPDS11-590 号标准卡）见下表：

| 序号 | $d$/nm | $I$ | $hkl$ |
|---|---|---|---|
| 1 | 1.23 | 100 | 100 |
| 2 | 0.871 | 70 | 110 |
| 3 | 0.711 | 35 | 111 |
| 4 | 0.3714 | 50 | 311 |
| 5 | 0.3293 | 45 | 321 |
| 6 | 0.2987 | 55 | 410 |

4A 沸石的红外光谱在 400～1200$cm^{-1}$ 范围有 4 个特征峰，其位置分别为 1001$cm^{-1}$、665$cm^{-1}$、550$cm^{-1}$ 和 464$cm^{-1}$。

**【仪器、药品及材料】**

1. 仪器

分析天平，台秤，超声波清洗器，X-射线衍射仪，红外光谱仪，烘箱，减压过滤装置，常压过滤装置，小蒸发皿，三角架，石棉网，酒精灯，小试管，碘量瓶（100mL），酸式滴定管（5mL）（见实验 27），锥形瓶（50mL），移液管（25mL，2mL），量筒（10mL），烧杯（100mL，25mL）。

2. 药品

酸：乙酸（36%）。

碱：NaOH（s），10%NaOH 溶液，0.05mol·$L^{-1}$NaOH 溶液。

盐：$Na_2SiO_3 \cdot 5H_2O$（s）或 $Na_2SiO_3 \cdot 9H_2O$（s），$NaAlO_2$（s），0.03mol·$L^{-1}$$CaCl_2$ 标准溶液（用 0.05mol·$L^{-1}$NaOH 溶液调节 pH=10.2～10.5，参照实验 30 的方法标定），0.01mol·$L^{-1}$EDTA 标准溶液（见实验 30），0.5%$MgSO_4$ 溶液，0.05%钙指示剂（见实验 30）。

3. 材料

广泛 pH 试纸。

**【实验步骤】**

1. 4A 沸石的合成

将 3.3g $NaAlO_2$ 和 6.4g NaOH 溶于 30mL 纯水，边搅拌边加入事先由 4.2g $Na_2SiO_3 \cdot 5H_2O$（或 5.7g $Na_2SiO_3 \cdot 9H_2O$）溶于 35mL 纯水而得的溶液中，加热升温至 50℃左右，

搅拌 30min，然后放入超声波清洗器中，控制超声波功率为 300W，于 70℃晶化 30min，反应生成物用减压过滤装置过滤、沉淀用纯水洗涤至母液 pH＝10～11，然后抽干，滤饼移入小蒸发皿，置于 105℃烘箱烘干至恒重（或在蒸汽浴上翻炒干燥至恒重），得 4A 沸石产物。

2. 4A 沸石的鉴定

取少量 4A 沸石合成产物，分别测定 X-射线衍射和红外光谱。

3. 4A 沸石 $Ca^{2+}$ 交换容量的测定

参照 QBT 1768—2003《洗涤剂用 4A 沸石》按以下方案测定。

用分析天平准确称取约 0.1g 4A 沸石产物于干燥的 50mL 碘量瓶中，用移液管准确加入 25mL 0.025mol·$L^{-1}$ $CaCl_2$ 标准溶液，盖好瓶盖，摇荡 20min，常压过滤，滤液收集于干燥的 25mL 小烧杯中。用移液管准确移取 2mL 滤液于 50mL 锥形瓶中，分别加入 2mL 蒸馏水、3 滴 0.5%$MgSO_4$ 溶液、1mL 10%NaOH 溶液和 10 mg（米粒大小）0.05%钙指示剂，用 5mL 酸式滴定管以 0.01mol·$L^{-1}$EDTA 标准溶液滴定至溶液由酒红色突变为纯蓝色为终点。

【实验结果处理】

1. 分析 4A 沸石产物的 X-射线衍射图谱和红外光谱，判断是否形成了目标产物。

2. 根据有关的实验结果，计算 4A 沸石产物的 $Ca^{2+}$ 交换容量［以 mg（$CaCO_3$）·$g^{-1}$ 为单位］。

【预习思考题】

1. 若以 mg（$CaCO_3$）·(g 干基)$^{-1}$ 为单位，4A 沸石的理论钙交换能力为多少？若以 mg($CaCO_3$)·(g 湿基)$^{-1}$ 为单位，4A 沸石的理论钙交换能力又为多少？

2. 何谓超声波？超声波为什么能加速化学反应？

阅读材料　**声化学**

声化学（sonochemistry），也称超声化学或超声波化学，是关于利用超声波加速化学反应、提高反应进行程度和引发新的化学反应的理论、方法和技术。超声波加速化学反应、提高反应进行程度和引发新的化学反应的现象称为（超）声化学效应。

超声波是指频率范围在 10kHz～10MHz 的机械波，因其频率下限大约等于人的听觉上限而得名。超声波的波长为 10～0.01cm，远大于分子尺度，不能直接对分子起作用。研究表明，超声波主要是通过所谓“空化作用”而产生声化学效应的。在液体中，一般存在一些肉眼难见的微气泡（空化核），这些气泡有些含有气体或蒸气，有些则是真空，大小不一。当超声波作用于液体时，这些气泡在超声波纵向传播形成的负压区生长，而在正压区迅速闭合，从而在交替正负压强下受到压缩和拉伸。在气泡被压缩直至崩溃的一瞬间，会产生巨大的瞬时压力，一般可高达几十兆帕至上百兆帕，并可使气相区的温度达到 5200K 而液相区的有效温度达到 1900K 左右，温度变化率高达 $10^9$K·$s^{-1}$，并伴有强烈的冲击波和时速达 400 km 的微射流以及放电发光现象。这种效应即超声波空化作用。显然，超声波空化作用强烈地强化了液相反应的动力学条件并创造了新的热力学环境，因此，超声波能产生声化学效应。

声化学虽然是一门于 20 世纪 80 年代才形成的新兴边缘交叉学科，但是，其研究和应用已涉及化学、化工、材料、环保、生物等诸多领域，而且由于声化学的应用具有无二次污染、设备简单、应用面广等独特的优点，因此受到人们越来越多的关注，并呈现蓬勃发展的态势。

【参考文献】

[1] 钟声亮，张迈生，苏锵. 超声波低温快速合成球形4A分子筛. 材料导报，2005，19（4）：113-114，117

[2] 钟声亮，张迈生，苏锵. 超细4A分子筛的超声波低温快速合成. 高等学校化学学报，2005，26（94）：1603-1606

[3] 邢冬强，曹吉林，刘秀伍，谭朝阳. 超声波条件下合成小粒度4A沸石. 河北师范大学学报：自然科学版，2007，31（4）：484-487.

[4] 冯若，赵逸云. 声化学——一个引人注目的新的化学分支. 自然杂志，2004，26（3）：160-163.

# 实验46　过碳酸钠的合成与活性氧含量测定

【实验目的】

1. 了解过碳酸钠的组成、性质和应用。

2. 学习并掌握用溶剂法合成过碳酸钠。

3. 学习并掌握用催化分解量气法测定过碳酸钠的活性氧含量。

【实验原理】

过碳酸钠又名过氧碳酸钠，为碳酸钠和过氧化氢的加成化合物，具有正交晶系层状结构，其分子式为 $2Na_2CO_3 \cdot 3H_2O_2$，相对分子质量为314.58，外观为白色、松散、流动性较好的颗粒状或粉末状固体。过碳酸钠易溶于水，溶解度随温度的升高而增大，10℃时在水中的溶解度为 $12.3g \cdot 100gH_2O^{-1}$，30℃时为 $16.2g \cdot 100gH_2O^{-1}$，浓度为1%（质量分数）的过碳酸钠溶液在20℃时的pH值为10.5。过碳酸钠属热敏性物质，干燥的过碳酸钠在120℃分解，但在遇水、遇热，尤其与重金属和有机物质混合时，极易分解生成碳酸钠、水和氧气。过碳酸钠因在水中易离解成碳酸钠和过氧化氢，而过氧化氢在碱性溶液中可分解生成水和具有漂白作用的活性氧，因而显示极强的漂白性。

过碳酸钠已广泛用于替代过硼酸钠（$NaBO_2 \cdot H_2O_2 \cdot 3H_2O$）作为合成洗涤剂的漂白助剂，具有活性氧含量高，低温溶解性好，更适合于冷水洗涤，不损害织物和纤维，对有芳香味的有机添加剂及增白剂无破坏作用，并能保持香味等优点，特别适合用作低磷或无磷含硅铝酸盐（沸石）洗涤剂的组分。过碳酸钠还广泛应用于纺织、造纸、医疗和食品等行业作为有效的漂白剂、消毒剂、杀菌剂、除味剂等。此外，过碳酸钠是一种新型的化学释氧剂，与其他传统化学释氧剂相比，具有活性氧含量较高、性能较稳定、储存使用安全等特点，通过配合适当催化剂可以适宜速率平稳产生纯净氧气，作为医疗保健用氧的固体氧源，已被用于各种化学产氧器。

原理上，过碳酸钠可根据以下反应式合成：

$$2Na_2CO_3 + 3H_2O_2 \longrightarrow 2Na_2CO_3 \cdot 3H_2O_2$$

由于过碳酸钠在高温下容易分解，因此反应必须在低温下进行。

文献报道的过碳酸钠合成方法很多，可分为湿法和干法两类，不同的方法可以制得不同形态和规格的过碳酸钠产品。本实验选用便于在实验室条件下实施又可获得较高质量产品的溶剂法合成过碳酸钠。

溶剂法又名醇析法，是一种湿法方法，其基本过程为：将配制好的饱和碳酸钠溶液加入反应器，然后加入有机溶剂异丙醇或乙醇，并加入可溶性镁盐和硅酸钠作为稳定剂，再加入过氧化氢，在0～5℃下进行反应，生成的过碳酸钠经分离、洗涤、甩干、干燥得成品。

根据文献报道，过碳酸钠的活性氧含量可用高锰酸钾氧化还原滴定法测定。但实验表明，过碳酸钠的活性氧含量也可采用一种更为简便的方法，即催化分解量气法测量。在$MnO_2$等重金属化合物的催化作用下，过碳酸钠在水溶液中可迅速且完全地发生分解反应并生成$O_2$，所生成的$O_2$的质量即活性氧的质量：

$$2Na_2CO_3 \cdot 3H_2O_2 \longrightarrow 2Na_2CO_3 \cdot H_2O + H_2O + 1.5O_2\uparrow$$

因此，通过在密闭容器中进行上述分解反应，并测量所生成$O_2$的体积，即可计算过碳酸钠的活性氧含量，实验装置如图46-1所示。

采用如图46-1所示的实验装置，可以测量由反应产生的含饱和水蒸气的$O_2$在室温（$T$）和大气压（$p$）下的体积（$V$）。因此，过碳酸钠的活性氧含量可按下式计算：

$$w(\mathrm{O})=\frac{m(\mathrm{O})}{m}\times100\%=\frac{m(\mathrm{O_2})}{m}\times100\%=\frac{100\%[p-p(\mathrm{H_2O})]VM(\mathrm{O_2})}{mRT}$$

式中，$m$为过碳酸钠的质量；$p(H_2O)$为室温下水的饱和蒸气压。

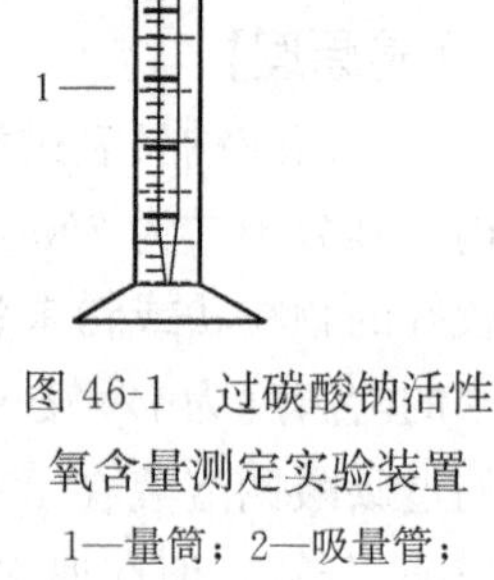

图46-1 过碳酸钠活性氧含量测定实验装置

1—量筒；2—吸量管；3—胶管；4—止水夹；5—小试管

**【仪器、药品及材料】**

1. 仪器

台秤，分析天平，小烧杯（100mL），减压过滤装置，小蒸发皿，烘箱，量筒（100mL），吸量管（10mL），医用乳胶管，止水夹，小试管等。

2. 药品

盐：$Na_2CO_3(s)$，$MgSO_4(s)$，$Na_2SiO_3 \cdot 9H_2O(s)$。

其他：$H_2O_2$（30%），乙醇（95%），$MnO_2(s)$，冰。

**【实验步骤】**

1. 过碳酸钠的合成

称取2.0g $Na_2CO_3(s)$于小烧杯中，加适量水将其配制成饱和溶液，依次加入45mg $MgSO_4(s)$和50mg $Na_2SiO_3 \cdot 9H_2O(s)$，搅拌使其溶解。接着，加入11mL乙醇，搅匀，再加入30mL 30% $H_2O_2$溶液，搅匀。然后，将盛反应混合物的小烧杯置于冰-水浴中，搅拌反应30min，反应生成物用减压过滤装置抽滤，并用95%乙醇洗涤2～3次，所得滤饼移入小蒸发皿，置于105℃烘箱烘干至恒重，即得过碳酸钠产品。

2. 过碳酸钠活性氧含量测定

① 用分析天平分别称取0.07～0.08g过碳酸钠产品和约2mg $MnO_2$。

② 将吸量管放进盛有约100mL水的量筒中，用胶管将吸量管与小试管连接，然后将吸量管提起一段距离后固定。如果吸量管中水面只在开始时稍有下降，以后维持不变（观察3～5min），即表明装置不漏气；如果水面不断下降，应检查原因并排除，直至确认不漏气为止。

③ 取下小试管和胶管，在小试管中加入10～15滴纯水和已称量好的过碳酸钠产品，摇荡使其溶解。在小试管上套上胶管并在胶管上套上止水夹，然后从胶管的另一端放入已称量好的$MnO_2$，小心套上吸量管，调节吸量管的高度，使吸量管和量筒内的水面持平，读取吸量管内水面的读数。

④ 松开胶管上的止水夹并将其夹在小试管口上，让 $MnO_2$ 落入小试管的过碳酸钠溶液中。这时，反应随即开始，吸量管内水面开始下降。为避免因吸量管内压力增大而造成漏气，在水面下降的同时应慢慢提起吸量管，使吸量管和量筒内的水面基本持平。

⑤ 反应完毕，待小试管中溶液冷却至室温，将止水夹夹回胶管原位，调节吸量管和量筒内的水面持平，读取吸量管内水面的读数。

【数据记录与处理】

1. 记录过碳酸钠产品质量并计算产率［以 $Na_2CO_3(s)$ 为基准］。

2. 记录活性氧含量测定实验的有关条件和结果，计算所合成过碳酸钠产品的活性氧含量。

【预习思考题】

1. 将 2.0g $Na_2CO_3(s)$ 配制成饱和溶液需要多少毫升水？

2. 过碳酸钠的理论活性氧含量为多少？

3. 若实验装置漏气，将使活性氧含量产生怎样的误差？

**阅读材料　　绿色合成化学**

众所周知，传统的合成化学方法与合成化学工业对生态环境造成了严重的污染和破坏。以往解决问题的主要手段是治理、停产甚至关闭。人们为治理环境花费了大量的人力和财力。20 世纪 90 年代初，化学家提出了与传统治理污染不同的绿色化学的概念。随着人类进入 21 世纪，社会的可持续发展及其所涉及的生态环境、资源、经济等方面的问题越来越成为国际社会关注的焦点。保护环境的法规不断出台，使得化学工业界把注意力集中到如何从源头上杜绝或减少废弃物的产生。这对化学提出了新的要求和挑战。环境经济性正成为技术创新的主要推动力之一。因此合成化学重要的不是合成什么，而在于怎么合成的问题，合成化学正朝着绿色合成方向发展。

绿色合成的概念来自绿色化学（green chemistry），绿色化学又称环境友好化学（environmentally benign chemistry），在此基础上发展起来的技术又称环境友好技术或洁净生产技术。洁净生产技术的主要内容就是把传统的化学绿色化，即设计环境友好的化学反应路线，物质和能量构成封闭循环的化学工艺流程以及生产绿色产品，将传统的化学工业改造成可持续发展的绿色化学工业，使化学反应和化工过程不产生化学污染。绿色化学是更高层次的化学，是一种创造性的思想，它将整体预防的环境战略持续地应用于化工生产过程、产品和服务中，以增加生态效率和减少对人类社会及环境的风险。对化工生产过程，要求节约原材料，合理利用能源，不用对人类有毒、对环境有害、对生态系统有不良影响的原料，降低成本，降低消耗，减少废弃物的排放量和毒性；对产品，要求符合绿色产品标准，与生态系统相容，对环境无污染，对人类无害。

绿色合成要考虑化学反应的原子经济性。为了衡量合成的效率，美国著名有机化学家 B. M. Trost 在 1991 年提出了原子经济性的概念，即原料分子中究竟有百分之几的原子转化成了产物。理想的原子经济反应是原料分子中的原子百分之百地转化成产物，不产生副产物或废物，实现废物的“零排放”。

绿色合成的目标是理想合成，理想合成指的是用简单的、安全的、环境友好的、资源有效的操作，快速、定量地把廉价易得的起始原料转化为天然或设计的目标分子。

要使一个合成反应绿色化，涉及诸多方面。首先考虑是否有更加绿色的原料，随后考虑反应流程是否合理，是否有更加绿色的流程，另外还涉及反应方法、溶剂、催化剂、反应手段等多方面的绿色化。根据近年来的研究成果，实现绿色合成的途径主要有以下几种：

① 采用无毒、无害的原料；

② 采用无毒无害溶剂或不使用溶剂；

③ 使用高效、高选择性的绿色催化剂；

④ 开发新的“原子经济”反应；

⑤ 使用新型合成手段。

【参考文献】


[1] 王香爱，陈养民．过碳酸钠的合成与应用．纯碱工业，2006（4）：7-9.

[2] 张小林，李鸣，曹春阳．过碳酸钠的制备及其活性氧含量分析测定方法研究．南昌大学学报：工科版，1998，20（2）：44-47.

[3] 胡月华．绿色合成化学．黄山学院学报，2004，6（3）：75-76，81.

[4] 江寅．绿色合成化学．大众科技，2008（2）：106-107.


# 实验 47　聚合氯化铝的制备与絮凝净水性能实验

【实验目的】

1. 了解聚合氯化铝的性质与用途。

2. 了解并掌握聚合氯化铝制备方法。

3. 认识聚合氯化铝的絮凝净水效果。

【实验原理】

聚合氯化铝又称聚氯化铝、碱式氯化铝，简称聚铝，化学通式为：

$$[Al_2(OH)_nCl_{6-n}]_m (1\leqslant n\leqslant 5, m\leqslant 10)$$

是一种水溶性多羟基多核配合体阳离子型无机高分子絮凝剂，由于可中和水中的胶体物质，对水中悬浮物具有架桥吸附作用，并能选择性吸附溶解性物质，因此具有混凝能力强、用量少、净水效能高、适应能力强的特点，既能有效去除水中的悬浮颗粒和胶状污染物，又能有效去除水中的微生物、细菌、藻类及高毒性重金属铬、铅等，是已获得广泛应用的高效水处理絮凝剂。

聚合氯化铝可用含金属铝、氧化铝、氢氧化铝或铝盐或天然物质为原料合成。若以氯化铝为原料，合成方法如下。将氯化铝溶于水，取一半所得 $AlCl_3$ 溶液，用氨水调至 pH=6，使之转变成 $Al(OH)_3$，过滤并洗去 $NH_4Cl$，然后在 $Al(OH)_3$ 中加入另一半 $AlCl_3$ 溶液使之溶解，于 60℃保温反应 12h，得到黏稠状液体，将该液体于 90℃烘箱中干燥，可得白色固体产品。

【仪器、药品及材料】

1. 仪器

台秤，恒温水浴，普通过滤装置，表面皿，小蒸发皿，小量筒，三脚架，石棉网，酒精灯等。

2. 药品

结晶氯化铝（$AlCl_3 \cdot 6H_2O$），氨水（$6mol \cdot L^{-1}\ NH_3 \cdot H_2O$）。

3. 材料

精密 pH 试纸，泥土。

## 【实验步骤】

1. $Al(OH)_3$ 的制备

称取 1.0g $AlCl_3 \cdot 6H_2O$ 于 25mL 烧杯中，加入 6mL 水使之溶解，然后，在不断搅拌下慢慢滴入 $6mol \cdot L^{-1}$ 氨水，用精密 pH 试纸监测溶液的 pH 值，直至溶液由稠变稀，pH 值为 6～6.5（记录氨水的用量），用普通过滤装置过滤反应生成物，并用水洗涤至无氨味，滤渣备用，滤液回收。

2. 液体聚合氯化铝的制备

称取 1.0g $AlCl_3 \cdot 6H_2O$ 于 25mL 烧杯中，加入 6mL 水使之溶解，然后，加入已制备好的 $Al(OH)_3$，小火加热搅拌，直至混合物溶解转变为透明溶液后，盖上表面皿，在恒温水浴上（或烘箱中）于 60℃保温聚合反应 12h，得液体聚合氯化铝。

3. 固体聚合氯化铝的制备

将液体聚合氯化铝（留少量用于净水效果实验）移至小蒸发皿，蒸汽浴加热蒸发至干，得固体聚合氯化铝。固体聚合氯化铝易吸潮，称量后应及时装入瓶中或放入干燥器内保存。

4. 净水效果实验

取两个 500mL 烧杯，各加入 0.5g 泥土，加水至 50mL，搅拌均匀，在其中一个烧杯中加入聚合氯化铝产品少许，搅拌均匀，观察现象，记录两个烧杯中泥水澄清所需时间。

## 【预习思考题】

查阅文献回答下列问题。

1. 由本实验方案制备聚合氯化铝涉及什么化学反应？请写出有关的化学反应方程式。
2. 除聚合氯化铝外，还有哪些无机化合物可用作水处理絮凝剂？
3. 无机高分子絮凝剂具有什么优缺点？

**阅读材料**　　**无机高分子絮凝剂及其特点**

絮凝沉降法是目前国内外常用的提高水质处理效率的一种简便的水质处理方法。在现代用水和废水处理中，絮凝剂的种类不下两三百种，分为无机及有机两大类。有机类的品种很多，主要是高分子化合物，但应用不如无机类广。无机类主要是铝和铁的盐类及其水解聚合产物，应用相当广。目前，许多研究者在纯铝盐、铁盐絮凝剂的基础上做了进一步改进，主要可归纳为两个方面：一是在铝盐或铁盐的制造过程中引入一种或一种以上的阴离子，从而在一定程度上改变聚合物的组成和结构，研制出新型絮凝剂；二是依据协同增效的原理将铝盐和铁盐与一种或多种其他化合物（包括有机的和无机的）复配制得复合高效絮凝剂。由于无机高分子絮凝剂比低分子絮凝剂处理效果更好，且生产成本和价格相对较低，因此在水处理中已逐渐成为主流药剂。

无机高分子絮凝剂是 20 世纪 60 年代后期才兴起的，但发展很快。近年来出现的无机高分子絮凝剂品种很多，就其主要化学成分而言，一般都是铝盐和铁盐在水解过程的中间产物与不同阴离子和负电溶胶的聚合体，即各种类型的羟基多核配合物或无机高分子化合物。实质上，就是利用这种羟基化的有更高聚合度的聚铝、聚铁、聚硅及其复合聚合体的絮聚作用，而达到废水处理的效果。

目前已开发的无机高分子絮凝剂可分为阳离子型、阴离子型和复合型三种，其中阳离子型的主要有聚合铝（聚合氯化铝PAC、聚合硫酸铝PAS）、聚合铁（聚合氯化铁PFC、聚合硫酸铁PFS）；阴离子型的主要有聚合硅（活化硅酸ASI、聚合硅酸PSI）；无机复合型的主要有聚合铝铁（聚合氯化铝铁PAFC、聚合硫酸铝铁PAFS）、聚合硅酸铝（聚硅酸氯化铝PASC、聚硅酸硫酸铝PASS）、聚合硅酸铁（聚硅酸氯化铁PFSC、聚硅酸硫酸铁PFSS）。

阳离子型无机高分子絮凝剂具有很好的电中和效应。自1884年美国开发使用硫酸铝（AS）以来，铝盐絮凝剂在水处理工业中占有重要地位。到20世纪60年代，聚合氯化铝（PAC）以其优越的净水性能被广泛使用。但用铝盐处理过后的饮用水中，若残留铝量过高会对人体健康有影响，并且由于沉降速度慢，污泥疏松，体积大。铁盐絮凝剂形成的絮体相对密度和强度较大，沉降性好，压缩脱水性能强，净水效果显著，受水温影响小，pH适用范围广，价格便宜，对某些原水（如硬水）有较好的处理效果。但其聚合时酸性强，要求设备抗酸性，有时处理后的水带橙黄色。

阴离子型无机高分子絮凝剂ASI和PSI已有60多年的历史。由于相对密度大，所产生的絮体沉降快，在低温、低浊水的处理中有良好的效果。但由于硅酸溶胶具有强烈的缩聚作用，随缩聚反应的进行，分子量不断增大，最终转化为高分子凝胶，失去其混凝活性。因而活性硅酸不能长期存放，必须现场配制使用，因而降低了其实用价值。另外，活性硅酸是阴离子无机高聚物，胶体的电中和作用较弱。不稳定性和阴离子性等特性在一定程度上制约了活性硅酸在废水处理中的应用。

无机高分子絮凝剂作为第二代无机絮凝剂，具有比传统絮凝剂性能好，而比有机高分子絮凝剂价格低廉等优点，已成功应用于各种水处理中，成为主流絮凝剂。但是，简单型无机高分子絮凝剂的絮凝效果不如有机高分子絮凝剂，这促使人们研究开发了复合型无机高分子絮凝剂。复合型无机高分子絮凝剂是指含有铝盐、铁盐和硅酸盐等多种具有絮凝或助凝作用的物质，经过一定的工艺形成羟基化的更高聚合度的无机高分子产品。该类絮凝剂具有凝聚效果好、价格便宜、处理后水中残留铝量低等优点，已引起了水处理界的极大关注，成为国内外无机絮凝剂研制的一个热点。

## 【参考文献】


[1] 王艳．聚合氯化铝絮凝剂的制备方法研究进展．应用化工，2011，40（2）：343-345.

[2] 孔爱平，王九思，刘剑等．无机高分子絮凝剂研究进展．精细石油化工进展，2008，9（3）：52-55.

[3] 万鹰昕，程鸿德．无机高分子絮凝剂絮凝机制的研究进展．矿物岩石地球化学通报，2001，20（1）：62-65.


# 实验48　低水合硼酸锌的合成与阻燃性能实验

## 【实验目的】

1．了解低水合硼酸锌的性质和用途。

2．掌握由硼酸和氧化锌制备低水合硼酸锌的原理和方法。

3. 了解含结晶水无机盐中结晶水数目的测定方法。

4. 认识低水合硼酸锌的阻燃性能。

## 【实验原理】

随着现代工业的发展和人民生活水平的提高，高分子材料（包括天然的和合成的）的应用越来越广泛，但绝大多数高分子材料存在易燃的缺点。因此，对高分子材料进行必要的阻燃改性，以减小火灾损失，提高安全水平，已越来越受到世界各国的重视。大量研究表明，应用阻燃剂是降低高分子材料可燃性的有效措施。硼酸锌是一种新型、无毒、高效无机阻燃剂，它在250℃以上仍能保留结晶水，热稳定性好，既能阻燃，又能抑烟，并能消灭电弧，既可广泛应用于高层建筑的橡胶配件、电梯电缆、电缆塑料护套、电器塑料、地毯、电视外壳和零件、船舶涂料、纤维织物等合成高分子材料的阻燃改性，还可用于木材及其制品等天然高分子材料的阻燃。

硼酸锌的组成随着合成工艺条件的不同而变化，有 $2ZnO \cdot 3B_2O_3 \cdot 7H_2O$、$2ZnO \cdot 3B_2O_3 \cdot 3.5H_2O$、$3ZnO \cdot 3B_2O_3 \cdot 5H_2O$、$ZnO \cdot B_2O_3 \cdot 2H_2O$ 等。其中，$2ZnO \cdot 3B_2O_3 \cdot 3.5H_2O$ 称为低水硼酸锌，是常用的硼酸锌阻燃剂，其特点是在350℃高温下，仍然保持其结晶水，而这一温度高于大多数聚合物的加工温度，因此广泛适用于各种高分子材料的阻燃改性。

据有关研究，硼酸锌之所以具有阻燃作用，主要因为其在火焰作用下可脱水、熔化并吸热，同时形成玻璃体覆盖层。吸热可降低材料的温度，脱水可稀释空气中的氧气和其他可燃性气体，形成玻璃体覆盖层可使材料与氧气隔离。

已提出的低水合硼酸锌工业生产方法有硼砂-锌盐合成法、氢氧化锌-硼酸合成法、氧化锌-硼酸合成法等。其中，氧化锌-硼酸合成法具有工艺简单、易操作、产品纯度高、母液可循环使用、无三废污染等优点。实验室制备低水合硼酸锌一般采用这种方法，其化学反应式为：

$$2ZnO + 6H_3BO_3 \longrightarrow 2ZnO \cdot 3B_2O_3 \cdot 3.5H_2O + 5.5H_2O$$

低水合硼酸锌为白色结晶粉末状物质，熔点980℃，密度为 $2.71 \times 10^3 kg \cdot m^{-3}$，折射率1.58，相对分子质量为434.66，毒性为 $LD_{50}$（经口、大鼠）$>10000mg \cdot kg^{-1}$，没有吸入性和接触性毒性，对皮肤、眼睛不产生刺激，没有腐蚀性；不溶于水，易溶于盐酸、硫酸及二甲亚砜，可溶于氨水生成配合物；不溶于乙醇、正丁醇、苯及其他有机溶剂；受热至约290℃时开始失去结晶水，到600℃时完全失去结晶水。

## 【仪器、药品及材料】

1. 仪器

台秤，烧杯（50mL），锥形瓶（15mL），加热装置（酒精灯，三脚架，石棉网），温度计，布氏漏斗（20mm），抽滤瓶（10mL），洗耳球，小蒸发皿，烘箱，马弗炉，瓷坩埚，研钵等。

2. 药品

$H_3BO_3(s)$，$ZnO(s)$。

3. 材料

桦木粉（在50℃干燥6h，粉碎至60目以下）。

## 【实验步骤】

1. 合成

在15mL锥形瓶中加入2mL水和1.1g $H_3BO_3$，摇荡使 $H_3BO_3$ 溶解，然后加入0.5g ZnO，

摇匀，置于80～90℃水浴上加热，并不停摇荡反应3h。取下锥形瓶，用冷水浴将反应生成物料冷却至室温，然后减压过滤，用水洗涤两次，抽干，滤饼移入蒸发皿，置于105℃烘箱中烘干至恒重（或在蒸汽浴上翻炒干燥至恒重），得白色细微粉末状低水合硼酸锌产品。

2.含水率和结晶水数目测定

用分析天平准确称量一个洁净干燥瓷坩埚，加入约0.2g产品，并准确称量，然后将其置于700℃马弗炉灼烧1h，取出，冷却至室温，准确称量，计算产品的含水率和结晶水数目。

3.阻燃性能模拟实验

在一个小蒸发皿中加入1.8g桦木粉和0.2g已经充分研细的低水合硼酸锌产品，充分混合均匀；在另一个小蒸发皿中加入2.0g桦木粉空白样。然后，点燃，观测比较两者的燃烧性和残炭量。

**【预习思考题】**

1.按本实验方案，低水合硼酸锌产品的含水率和结晶水数目如何计算？

2.查阅有关文献，说明为什么低水合硼酸锌对木粉具有阻燃作用。

**阅读材料　　无机环保阻燃剂及其阻燃作用**

预防火灾是现代社会安全的一个主题内容。聚合物材料制品（包括天然的和合成的）大多数都易燃，在一定情况下易诱发火灾。传统的阻燃剂主要为含卤素阻燃剂，其阻燃效率高且适应性广，但在燃烧过程中会生成大量的烟雾和有毒且具腐蚀性的气体，可导致单纯由火所不能引起的对电路开关和其他金属物件的腐蚀及对环境的污染。更为严重的是，有研究表明，火灾中80%死亡者是材料燃烧放出的烟雾和有毒气体造成的。因此，研制无卤、无毒、低烟、高效的环境友好型无机阻燃剂就成为当前阻燃研究的热点之一。目前已开发出来的无机阻燃剂主要有氢氧化物、无机磷系化合物、氧化锑、硼酸盐、钼化合物以及近年来颇受关注的纳米层状硅酸盐。据研究，它们可通过下列效应而发挥阻燃作用。

1.无机阻燃剂的“冷却效应”

某些无机阻燃剂，如氢氧化铝（ATH）、氢氧化镁（MH）、层状双氢氧化物（LDHs）等，在受热时会分解，这类分解反应会吸收大量的潜热，由此会降低材料表面的实际温度而使聚合物降解为低分子的速率减慢，减少可燃物的产生。

2.无机阻燃剂的“稀释效应”

多数无机阻燃剂在燃烧温度下都能释放出$H_2O$、$CO_2$、$NH_3$、$N_2$等非可燃性气体，这些气体可同时稀释可燃性气体和表面氧气的浓度而使得燃烧不能进行，起到气相阻燃效果。此外，无机阻燃剂的填充量大，不挥发，一定程度下可稀释固相中可燃物质的浓度，从而提高了制品的阻燃性。

3.无机阻燃剂的“隔断效应”

无机阻燃剂形成隔离膜的方式有两种。其一，利用阻燃剂的热降解产物促使聚合物表面迅速脱水炭化，进而形成炭化层，单质炭不会发生蒸发燃烧和分解燃烧，因此具有阻燃效果。其二，某些无机阻燃剂在燃烧温度下会分解生成不挥发的玻璃状物质包覆在聚合物表面，这种致密的玻璃态保护层也起到了隔离膜的作用。多数含磷阻燃剂的阻燃作用就是通过这两种方式来实现的。

4. 无机阻燃剂的“抑烟效应”

无机阻燃剂的另一突出功能是抑烟效应，如 ATH、MH、LDHs 等水合金属化合物的阻燃作用主要发生在固体降解区外层，对固体降解区和预燃区的作用很小，这就使得可燃物质的燃烧不受影响，故产生的烟雾也相对较少。除此之外，其外层的燃烧所释放的烟雾也会被这些化合物分解所释放的水汽稀释或吸收，故具有较好的消烟作用。另外，某些钼类、铁类、锡类化合物也常作为抑烟剂使用，钼化合物的抑烟是通过 Lewis 酸机理的催化原理，使聚合物在燃烧时不能通过环化反应生成芳香族环状结构，而此环状结构化合物是烟的主要组成部分。

【参考文献】


[1] 张亨. 硼酸锌的性质、生产及阻燃应用. 合成材料老化与应用，2002（4）：39-42.

[2] 宋振轩. 低水合硼酸锌的阻燃机理与应用. 华北水利水电学院学报，2008，26（3）：83-84.

[3] 苏达根，区翠花，钟明峰等. 纳米硼酸锌的制备及对木材阻燃性能影响研究. 贵州工业大学学报：自然科学版，2008，37（3）：61-64.

[4] 骆介禹，苗国平. 硼酸锌的合成及对木材阻燃性的研究. 阻燃材料与技术，1992（1）：5-9.

[5] 汪关才，卢忠远，胡小平. 无机阻燃剂的作用机理及研究现状. 材料导报，2007，21（2）：47-50.


# 实验 49　胃舒平药片中铝和镁含量的测定（配位滴定法）

【实验目的】

1. 巩固配位滴定基本操作。

2. 学习掌握配位返滴定法的操作。

3. 加深对沉淀分离知识的理解。

【实验原理】

胃舒平，也称复方氢氧化铝，是一种中和胃酸的胃药，主要用于胃酸过多及胃和十二指肠溃疡，主要成分为氢氧化铝、三硅酸镁及少量颠茄流浸膏，为使药片成形，在配方中还加了较大比例的糊精。

药片中铝和镁的含量可用 EDTA 配位滴定法测定。先将药片用酸溶解，分离除去不溶于水的物质。然后取试液加入过量 EDTA，调节 pH＝4 左右，煮沸数分钟，使铝与 EDTA 充分配位，用返滴定法测定铝。另取试液，调节 pH＝8～9，将铝沉淀分离，在 pH＝10 的条件下，以铬黑 T 为指示剂，用 EDTA 滴定滤液中的镁。

【仪器、药品及材料】

1. 仪器

酸式滴定管（5mL）（见实验 27），容量瓶（100mL），锥形瓶（50mL），移液管（2mL，5mL），量筒（100mL，10mL），烧杯（25mL），普通过滤装置。

2. 药品

① 20%六亚甲基四胺水溶液；

② $6mol \cdot L^{-1}$ 氨水；

③ 20%三乙醇胺；

④ $3mol \cdot L^{-1}$ HCl；

⑤ $8mol \cdot L^{-1}$ $HNO_3$；

⑥ 固体 $NH_4Cl$；

⑦ pH≈10 $NH_3 \cdot H_2O$-$NH_4Cl$ 缓冲溶液（见实验 30）；

⑧ 0.05%铬黑 T 指示剂（见实验 30）；

⑨ 0.02%二甲酚橙指示剂：二甲酚橙水溶液；

⑩ $0.01mol \cdot L^{-1}$ Zn 标准溶液（见实验 30）；

⑪ $0.01mol \cdot L^{-1}$ EDTA 标准溶液（见实验 30）；

⑫ 胃舒平药片。

3. 材料

滤纸。

**【实验步骤】**

1. 样品处理

将胃舒平药片研磨成粉[1]，准确称 0.2g 于 25mL 小烧杯中，用少量水溶解，加入 10mL $8mol \cdot L^{-1}$ $HNO_3$，盖上表面皿，加热煮沸并控制小火保持微沸 5min，冷却后过滤，以少量水洗涤表面皿和烧杯 2 次、洗涤滤纸和沉淀 6 次，滤液与洗涤液收集于 100mL 容量瓶中，用水稀释至刻度，摇匀。

2. 铝含量的测定

用移液管准确移取 2mL 上述试液和 5mL $0.01mol \cdot L^{-1}$ EDTA 于 50mL 锥形瓶中，加入 0.02%二甲酚橙 2～3 滴，溶液呈现黄色，滴加 $6mol \cdot L^{-1}$ 氨水使溶液恰好变成红色，再滴加 $3mol \cdot L^{-1}$ HCl 溶液，使溶液恰呈黄色，在电炉上加热煮沸 3min 左右，冷却至室温。加入 20%六亚甲基四胺溶液 2mL，此时溶液应呈黄色，如不呈黄色，可用 $3mol \cdot L^{-1}$ HCl 调节。补加 0.02%二甲酚橙指示剂 2～3 滴，用 5mL 酸式滴定管以 $0.01mol \cdot L^{-1}$ $Zn^{2+}$ 标准溶液滴定至溶液由黄色变为紫红色即为终点。计算药片中 Al 的质量分数。

3. 镁含量的测定

用移液管准确移取上述试液 10mL 于 50mL 烧杯中，滴加 $6mol \cdot L^{-1}$ 氨水使溶液出现沉淀，再滴加 $3mol \cdot L^{-1}$ HCl 至沉淀刚好消失，加入固体 $NH_4Cl$ 0.2g，滴加 20%六亚甲基四胺[2] 溶液至沉淀出现并过量 1.5mL，盖上表面皿，加热煮沸并控制小火保持微沸 5min，趁热过滤，以少量热水洗涤表面皿和烧杯 2 次、洗涤滤纸和沉淀 6 次，滤液与洗涤液收集于 50mL 锥形瓶中，加入 20%三乙醇胺水溶液 2mL，摇荡 2min，然后加入 pH≈10 $NH_3 \cdot H_2O$-$NH_4Cl$ 缓冲溶液 2mL、0.05%铬黑 T 指示剂 3～5 滴，用 5mL 酸式滴定管以 $0.01mol \cdot L^{-1}$ EDTA 标准溶液滴定至溶液由紫红色转变为纯蓝色为终点。平行测定 3 次，计算药片中 Mg 的质量分数。

**【注】**

[1] 胃舒平药片试样中铝、镁含量可能不均匀，为使测定结果具有代表性，应先取较多样品，研细后再取部分进行分析。

[2] 试验结果表明，用六亚甲基四胺溶液调节 pH 分离 $Al(OH)_3$ 结果比用氨水好，因为这样可以减少 $Al(OH)_3$ 对 $Mg^{2+}$ 的吸附。

## 【数据记录与处理】

| 项目 | | 滴定序号 | | |
|---|---|---|---|---|
| | | 1 | 2 | 3 |
| $m$（试样）/g | | | | |
| $c$（EDTA）/mol·L$^{-1}$ | | | | |
| $c$（$Zn^{2+}$）/mol·L$^{-1}$ | | | | |
| 铝含量测定 | $V$（$Zn^{2+}$）/mL | | | |
| | $w$(Al) | | | |
| | $\overline{w}$(Al) | | | |
| | $d$ | | | |
| | $\overline{d}$ | | | |
| | $\overline{d}_r$/% | | | |
| 镁含量测定 | $V$(EDTA) /mL | | | |
| | $w$(Mg) | | | |
| | $\overline{w}$(Mg) | | | |
| | $d$ | | | |
| | $\overline{d}$ | | | |
| | $\overline{d}_r$/% | | | |

## 【预习思考题】

1. 测定铝离子为什么不采用直接滴定法?
2. 能否采用 $F^-$ 掩蔽 $Al^{3+}$，而直接测定 $Mg^{2+}$？
3. 在测定镁离子时，加入三乙醇胺的作用是什么?

# 第七部分　设计性实验

设计性实验是为了使学生进一步了解科学研究工作的方法、进一步培养独立从事无机及分析化学实验的技能而安排的。本部分实验应由学生自己查阅文献资料，设计具体实验方案（包括实验方法、步骤、仪器及规格、试剂及用量等），经教师审阅认可后，由学生独立完成实验并撰写实验报告。设计性实验的实验报告建议以科技论文的形式撰写，内容可包括前言、实验路线和方法、实验结果与讨论、结论、参考文献等。

## 实验 50　氯化铵的制备

【实验目的】

应用已学过的溶解和结晶等知识，以食盐和硫酸铵为原料，制备氯化铵。

【实验要求】

1.查阅有关资料，列出氯化钠、硫酸铵和硫酸钠（包括十水硫酸钠）在水中不同温度下的溶解度。

2.设计出制备 2g（理论量）氯化铵的实验方案，进行实验。

3.用简单方法对产品质量进行鉴定。

【预习思考题】

1.食盐中的不溶性杂质在哪一步除去？

2.食盐和硫酸铵的反应是一个复分解反应，因此在溶液中同时存在氯化钠、硫酸铵、氯化铵和硫酸钠。根据它们在不同温度下的溶解度差异，可采用怎样的实验条件和操作步骤，使氯化铵与其他三种盐分离？在保证氯化铵产品纯度的前提下，如何来提高它的产量？

3.假设有 15mL $NH_4Cl$-$Na_2SO_4$ 混合溶液（质量为 18.5g），其中氯化铵为 3g，硫酸钠为 4g，在 90℃左右加热，分别浓缩至 12mL、10mL、8mL、7mL。根据有关溶解度数据，通过近似计算，判定在上述情况下有哪些物质能够析出。如果过滤后的母液冷却至 60℃和 35℃时，又有何种物质析出？根据这种计算，应如何控制蒸发浓缩的条件来防止氯化铵和硫酸钠同时析出？

4.本实验要注意哪些安全操作问题？

## 实验 51　碱式碳酸铜的制备

【实验目的】

通过碱式碳酸铜制备条件的探求和生成物颜色、状态等的分析，研究反应物的合理比例并确定制备反应的浓度和温度条件，从而培养独立设计实验的能力。

【提示】

碱式碳酸铜 [$CuCO_3 \cdot Cu(OH)_2$] 为孔雀绿色、细小无定形粉末，难溶于冷水，在沸水中易分解。水合碱式碳酸铜 [$CuCO_3 \cdot Cu(OH)_2 \cdot xH_2O$] 为结晶状固体。

在反应中，形成 $2CuCO_3 \cdot Cu(OH)_2$ 时，呈孔雀蓝色；形成 $CuCO_3 \cdot Cu(OH)_2$ 时，呈孔雀绿色。

【仪器、药品及材料】

学生自行列出清单。

【实验步骤】

1. 反应物溶液配制

配制 0.5mol·$L^{-1}$ 硫酸铜和 0.5mol·$L^{-1}$ 碳酸钠溶液各 10mL。

2. 制备实验反应条件的探求

① 硫酸铜与碳酸钠溶液的合适比例　分别取 4 滴 0.5mol·$L^{-1}$ 硫酸铜溶液置于四支试管内。分别取 3、4、5、7 滴 0.5mol·$L^{-1}$ 碳酸钠溶液于另外四支试管中。将八支试管均放在沸水浴中。几分钟后，依次将硫酸铜溶液分别倒入碳酸钠溶液中，振荡试管，观察各支试管中生成沉淀的现象。思考后说明以何种比例相混合，碱式碳酸铜生成速度较快，含量较高。

② 反应温度　在一支试管中加入 4 滴 0.5mol·$L^{-1}$ 硫酸铜溶液，在另一支试管中加入合适比例的 0.5mol·$L^{-1}$ 碳酸钠溶液，将两支试管置于水浴中加热至一定温度，然后混合振荡进行反应。观察反应温度分别为室温、50℃、75℃、100℃时的现象，从而确定合成反应的合适温度。

3. 碱式碳酸铜的制备

取 20mL 0.5mol·$L^{-1}$ 硫酸铜溶液，根据上述探求得到的合适比例与适宜温度制备碱式碳酸铜。待生成物沉淀完全后，用蒸馏水洗涤沉淀物数次，直到沉淀中不含离子为止，吸干。将所得产品在烘箱中烘干，控制温度在 100℃，称量，计算产率。

4. 设计实验

设计一个简单的实验，来测定碱式碳酸铜中铜的百分含量，以评价碱式碳酸铜的质量。

【预习思考题】

1. 写出硫酸铜与碳酸钠溶液的反应方程式，分析在不同浓度、温度条件下进行反应的可能生成物。
2. 欲制得碱式碳酸铜，估计反应物的合适比例和该比例时的合适温度。
3. 实验步骤 2①各试管中生成物的颜色有何区别？反应中生成的褐色物质是什么？为什么会生成这种物质？
4. 将碳酸钠溶液倒入硫酸铜溶液中沉淀物颜色是否与将硫酸铜溶液倒入碳酸钠溶液中相同？为什么？
5. 反应温度过高或过低对实验步骤 2②的结果有何影响？

# 实验 52　纳米氧化锌的制备和紫外-可见光吸收特性测定

【实验目的】

1. 了解纳米氧化锌的紫外-可见光吸收特性及其应用。
2. 了解氧化锌的紫外-可见光吸收特性与粒径的关系。
3. 了解纳米氧化锌的制备方法并学习掌握用均匀沉淀法制备纳米氧化锌。
4. 了解并掌握纳米氧化锌紫外-可见光吸收特性的测定方法。

【提示】

太阳光中的紫外线按其波长可分为 UVA（320～400nm）、UVB（290～320nm）、UVC

(200～290nm)。UVB是导致灼伤、间接色素沉积和皮肤癌的主要根源，目前防晒化妆品中的防晒指数就是针对UVB的防护。随着全球紫外线辐射强度的不断增加和皮肤科学的发展，UVA对人体的伤害逐渐引起人们的关注。UVA的穿透能力强且具有累积性，长期作用于皮肤可造成皮肤弹性降低、皮肤皱纹增多等光老化现象，UVA还能加剧UVB造成的伤害。

纳米氧化锌属于N型半导体，其禁带宽度为3.2eV。当受到紫外线照射时，价带上的电子可吸收紫外线而被激发到导带上，同时产生空穴-电子对，因此具有吸收紫外线的功能。纳米氧化锌在防晒化妆品中应用，可有效防护皮肤免受UVA伤害，同时还具有优良的抗菌性、抗炎性以及吸收人体皮肤所分泌出的油脂等功效。基于其优异的紫外线吸收能力，纳米氧化锌也是有效的高分子材料光稳定剂。

氧化锌的紫外-可见光吸收特性与粒径有关，粒径为20～50nm时紫外吸收最强，最大吸收波长约370nm，可见光透过性则随粒径的减小而提高。

纳米氧化锌可以用诸如机械粉碎、电火花爆炸等物理方法制备，也可以用液相法、气相法和固相法等化学方法制备。这些制备方法各具特点，适用于特定条件下制备具有特定性能的纳米氧化锌产品。

**【实验要求】**

查阅有关文献，设计实验方案完成以下实验内容。

1. 以均匀沉淀法制备2g粒径在20～50nm的纳米氧化锌。

2. 用X-射线衍射（XRD）法测定产物的粒径。

3. 用紫外-可见分光光度法分别测定产物和市售普通氧化锌的紫外-可见光吸收特性。

**【预习思考题】**

1. 什么是均匀沉淀法？用于制备纳米粉体时有何特点？

2. 如何由X-射线衍射（XRD）实验数据计算试样的粒径？

**阅读材料　　纳米粒子、纳米材料与纳米效应**

纳米是长度单位，符号nm，$1nm=10^{-9}m$。

从认识世界的精度来看，人类的文明发展进程可以划分为模糊时代（工业革命之前）、毫米时代（工业革命到20世纪初）、微米和纳米时代（20世纪40年代开始至今）。自20世纪80年代初，德国科学家Gleiter提出“纳米晶体材料”的概念，随后采用人工制备首次获得纳米晶体，并对其各种物性进行系统的研究以来，纳米材料已引起世界各国科技界及产业界的广泛关注。

纳米粒子也称超微粒子，指粒径为1～100nm的微细粒子，由亚稳态原子群或分子群组成，热力学不稳定，处于宏观物质和微观粒子之间的介观领域。纳米粒子多为单晶，故纳米粒子也称作“纳米晶”。

纳米材料则是指组分特征尺寸在纳米量子级（1～100 nm）的材料。狭义上，是原子团簇、纳米颗粒、纳米线、纳米薄膜、纳米管和纳米固体材料的总称；广义上，指在三维空间中至少有一维处于纳米尺度范围，或由它们作为基本单元构成的材料。

固体材料的纳米化可带来一系列奇异的物理-化学性质变化，如比表面积大大增大、熔点下降、顺磁性物质磁性增强、抗磁性物质变为顺磁性、光吸收蓝移、颜色加深、出现新的谱带、超导临界温度提高、离子导电性提高、低温热导性提高、比热容增大、化学反应活性提高、催化活性增强、力学性能增强等。目前的理论认为，造成纳米材料呈现上述这些奇异特性的原因，可归结于以下四个方面的纳米效应。

① 表面与界面效应　纳米微粒尺寸小，表面大，表面的原子所占比例大，而表面粒子配位不足，这就导致纳米粒子与普通粒子相比活性（化学、吸附等）大大提高，这就是纳米粒子的表面与界面效应。

② 小尺寸效应　当超微粒子的尺寸与传导电子的德布罗意波长相当或更小时，周期性的边界条件将被破坏，声、光、电、磁、热、力学、化学等特性均会发生显著变化，这种现象就是纳米粒子的尺寸效应。

③ 量子尺寸效应　日本科学家久保所下定义：当粒子尺寸下降到一定值时，费米能级附近的电子能级由准连续能级变为分立能级现象。

④ 宏观量子隧道效应　隧道效应是量子力学中的微观粒子所具有的特性，即在电子能量低于它要穿过的势垒高度的时候，由于电子具有波动性从而具有穿过势垒的可能性。宏观物理量，如微粒的磁化强度、量子相干器件中的磁通量及电荷等也显示隧道效应。它们可以穿越宏观系统的热垒而产生变化，称为宏观量子隧道效应。

由于纳米材料具有源于表面效应、小尺寸效应、量子尺寸效应和宏观量子隧道效应的奇异力学、电学、磁学、热学、光学和化学特性，使其在国防、电子、核技术、冶金、航空、轻工、医药等领域中具有重要的应用价值，一场纳米材料基础和应用研究高潮正在全球掀起。

## 【参考文献】


[1] 杜媛媛，丘克强．纳米氧化锌的制备和应用研究．材料导报，2007，21（专辑Ⅷ）：104-107.

[2] 陈传志，周祚万．纳米氧化锌的制备及其红外、紫外-可见光吸收特性．功能材料，2004，35（1）：97-98，104.

[3] 黄林清，黄婧，张恩娟等．纳米氧化锌的制备及紫外吸收特性考察．中国药业，2011，20（6）：48-49.

[4] 王肖鹏，薛永强．均匀沉淀法制备不同粒径的纳米氧化锌．广东化工，2010，37（4）：37-39.

[5] 刘家祥，丁德玲，王震等．均匀沉淀法制备纳米氧化锌．有色金属，2006，58（1）：49-52.

[6] 汤皎宁，龚晓钟，李均钦．均匀沉淀法制备纳米氧化锌的研究．无机材料学报，2006，21（1）：65-69.

[7] 朱世东，周根树，蔡锐等．纳米材料国内外研究进展Ⅰ——纳米材料的结构、特异效应与性能．热处理技术与装备，2010，31（3）：1-5，26.

[8] 朱世东，徐自强，白真权等．纳米材料国内外研究进展Ⅱ——纳米材料的应用与制备方法．热处理技术与装备，2010，31（4）：1-8.


# 实验 53　由废铁屑制备三氯化铁试剂

## 【实验目的】

运用所学的知识设计由废铁片或铁屑用氯化法来制取三氯化铁试剂，进一步掌握单质铁的还原性，以及有关无机盐制备的一般原理和方法。

【提示】

1. 三氯化铁是无机化学实验中的重要化学试剂，也是印刷电路的良好腐蚀剂，用途很广。

2. 它可以利用廉价的原料废边角铁片或铁屑、工业级盐酸、氯气来制取。

3. 铁片或铁屑应尽可能纯些，但有可能含有少许铜、铅等杂质。

【仪器、药品及材料】

学生自行开出清单。

【实验要求】

1. 设计合理的制备路线和提纯方法（$Fe \longrightarrow FeCl_2 \longrightarrow FeCl_3 \longrightarrow FeCl_3 \cdot 6H_2O$）。

2. 确定合适的实验条件。

3. 制取 2g 左右的三氯化铁。

# 实验 54　印制电路板酸性蚀刻废液的回收利用

【实验目的】

1. 了解印制电路板酸性蚀刻废液的来源和化学组成。

2. 了解印制电路板酸性蚀刻废液回收利用的意义。

3. 了解并掌握印制电路板酸性蚀刻废液的回收方法。

【提示】

在电子工业中，印制电路板的制造不仅消耗大量的水和能量，而且产生大量对环境和人类健康有害的废物，酸性蚀刻废液是蚀刻铜箔过程中产生的一种铜含量较高、酸度较大的工业废水。酸性蚀刻废液严重污染环境，影响水中微生物的生存，破坏土壤团粒结构，影响农作物生长。为此，国内外有关印制电路板酸性蚀刻废液回收利用技术的开发和推广工作方兴未艾。各国有关印制电路板制造业的清洁生产法规、标准也陆续出台，例如，美国在 1995 年已对印制电路板生产企业提出环境设计要求，并大力推广印制电路板酸性蚀刻废液再生系统。我国也于 2008 年发布了 HJ 450—2008《清洁生产标准　印制电路板制造业》，要求印制电路板生产企业建立酸性蚀刻废液再生循环系统，以实现清洁生产。

印制电路板酸性蚀刻废液中的主要成分为氯化铜、盐酸、氯化钠及少量的氧化剂。根据有关研究成果，通过采用合理的化学和电化学方法，可以将印制电路板酸性蚀刻废液中的铜离子转化为金属铜、氧化铜、氧化亚铜、硫酸铜、氯化亚铜以及碱式氯化铜等有用的含铜化学品，既减轻污染又变废为宝。

【实验要求】

查阅有关文献，设计实验方案完成下列实验内容。

1. 由印制电路板酸性蚀刻废液制备 1～2g 下列物质之一：金属铜、氧化铜、氧化亚铜、硫酸铜、氯化亚铜或碱式氯化铜。

2. 鉴定所得产物。

3. 检测所得产物中 $Fe^{3+}$ 的含量。

【预习思考题】

1. 检测产物中 $Fe^{3+}$ 的含量，用什么方法较方便？

2. 分别用 $Na_2CO_3$、NaOH、$NH_3 \cdot H_2O$ 作为铜离子沉淀剂，沉淀产物的质量是否相同？为什么？

3. 要制备较为纯净的金属铜，用什么方法合适？为什么？

## 阅读材料　末端治理与清洁生产

在人类经济发展的过程中，工业污染经历了自由排放阶段和末端治理阶段，现在正向清洁生产的方向发展。

1. 末端治理及其局限性

人类经济发展的最初阶段往往只考虑经济收入，而很少考虑环境问题，工业污染处于自由排放阶段。造纸工业的发展也毫不例外地经过了这样一个过程。随着工业化的快速发展，环境质量急剧恶化，人们不得不在生产过程的末端即在污染物排入环境前增加治理污染的环节，从而进入了工业污染的末端治理阶段。其标志是1972年的斯德哥尔摩环境大会，这是人类现代意义上环境保护的第一个里程碑。

末端治理作为防治污染而采取的一种补救措施，确实对环境质量的改善起到了非常大的作用。然而，随着经济的飞速发展和人口的增长，全球性的污染、生态环境破坏和资源浪费有增无减，而且新的环境问题不断出现。由此可见，在以污染物排放标准为依据的排放收费制度支持下的末端治理方法越来越表现出其局限性，主要表面在以下几个方面：

① 污染物产生于生产过程，而末端治理却偏重于污染物产生后的处理，忽视全过程控制，仅起被动“修补”作用，治标而不治本；

② 单纯依靠处理设施，往往仅起到污染物朝不同介质的转移作用，特别是有毒、有害废物在处理时可能转化为新的污染物，结果形成治不胜治的恶性循环；

③ 末端治理侧重于控制污染物排放浓度，在一定程度上仅起到鼓励达标排放的作用，不利于实施污染物的总量控制；

④ 治理投资和运行费用高，企业负担重甚至难以承受，致使企业缺乏应有的积极性；

⑤ 资源、能源得不到有效利用，一些本来可以回收利用的原材料及其产物都作为三废处理掉，造成资源和能源的浪费。

2. 清洁生产的含义

在总结末端治理经验的基础上，发达国家率先提出了“清洁生产”这一概念。这一概念不同国家有不同的提法，如“无公害工艺”、“少废无废工艺”、“绿色工艺”、“生态工艺”等。尽管提法不同，但其含义是一致的，即将综合预防的策略持续应用于生产过程和产品中，以减少对人类和环境的危害。其要点包括：

① 清洁生产的基本思路是把污染控制由末端治理方法上升为生产全过程控制；

② 清洁生产的基本方法是在清洁生产审计的基础上，通过设备与技术改造、工艺流程改进、原材料替换、产品重新设计以及强化生产各个环节的内部管理、设备维修、人员培训等寻求清洁生产机会，把污染物消除在生产过程中；

③ 清洁生产的核心是废物最小量化和废物再生资源化；

④ 清洁生产的目的是合理利用自然资源，减缓资源耗竭，减少废物排放，促进工业产品的生产、消费和环境相容，降低整个工业活动对人类和环境的危害。

可见，清洁生产不是指某项单一的技术或单一的方法，而是一项系统工程。同时，清洁生产也不是一次性工作，它是随着社会的进步而持续进行和不断完善的过程，因此只有持续的清洁生产才能保证经济与环境的可持续发展。

【参考文献】


[1] 蒋玉思，张建华，程华月等．印制电路板酸性蚀刻液的回收利用．化工环保，2009，29（3）：235-238.

[2] 陈嘉川．末端治理与清洁生产．纸和造纸，1998（4）：38.

[3] 汪利平，于秀玲．清洁生产和末端治理的发展．中国人口·资源与环境，2010，20（3）：428-431.


# 实验55 由废干电池制取氯化铵、二氧化锰和硫酸锌

【实验目的】

1. 了解干电池的主要种类及其化学组成特点。

2. 认识废干电池对环境和人类健康的危害性和回收利用的意义。

3. 了解回收利用废干电池的方法。

4. 了解并掌握由废锌锰干电池制取氯化铵、二氧化锰和硫酸锌的方法和步骤。

【提示】

日常生活中用的干电池主要为锌锰干电池，其负极是作为电池壳体的锌电极，正极是被 $MnO_2$（为增强导电能力，填充有炭粉）包围着的石墨电极，电解质是氯化锌及氯化铵的糊状物。

干电池的结构如图55-1所示，其电池反应为：

$$Zn+2NH_4Cl+2MnO_2 \longrightarrow Zn(NH_3)_2Cl_2+2MnOOH$$

在使用过程中，锌皮消耗最多，二氧化锰只起氧化作用，氯化铵作为电解质没有消耗，炭粉是填料。因而回收处理废干电池可以获得多种物质，如铜、锌、二氧化锰、氯化铵和炭棒等，实为变废为宝的一种可利用资源。

回收时，剥去废干电池外层包装纸，用螺丝刀撬去顶盖，用小刀除去盖下面的沥青层，即可用钳子慢慢拔出炭棒（连同铜帽），取下铜帽集存，可作为实验或生产硫酸铜的原料。炭棒留作电极使用。

用剪刀把废电池外壳剥开，取出里面的黑色物质，它是二氧化锰、炭粉、氯化铵、氯化锌等的混合物。把这些黑色物质倒入烧杯中，加入蒸馏水（按每节1#电池加入50mL水计算），搅拌溶解，澄清后过滤。滤液用以提取氯化铵，滤渣用以制备 $MnO_2$ 及锰的化合物，电池的锌壳可用以制锌粒及锌盐。

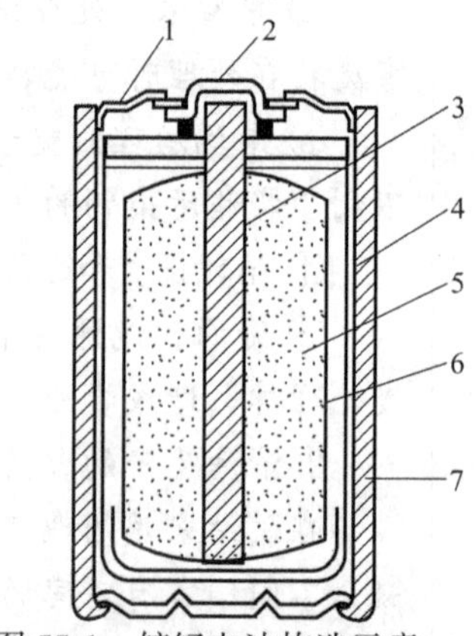


图55-1 锌锰电池构造示意
1—火漆；2—黄铜帽；3—石墨；4—锌筒；5—去极剂；6—电解液+淀粉；7—厚纸壳

【实验要求】

查阅有关文献，设计实验方案完成下列三项实验内容之一。

1. 从黑色混合物的滤液中提取氯化铵

（1）要求

① 设计实验方案，提取并提纯氯化铵。

② 产品定性检验：a. 证实其为铵盐；b. 证实其为氯化物；c. 判断有否杂质存在。

（2）提示

滤液的主要成分为 $NH_4Cl$ 和 $ZnCl_2$。根据溶解度差异设计提取、提纯实验方案。

2. 从黑色混合物的滤渣中提取 $MnO_2$

（1）要求

① 设计实验方案，精制二氧化锰。

② 试验 $MnO_2$ 与盐酸、$MnO_2$ 与 $KMnO_4$ 的作用。

（2）提示

黑色混合物的滤渣中含有二氧化锰、炭粉和其他少量有机物。用少量水冲洗，滤干固体，灼烧以除去炭粉和有机物。

粗二氧化锰中尚含有一些低价锰和少量其他金属氧化物，应设法除去，以获得精制二氧化锰。

3. 由锌壳制取七水硫酸锌

（1）要求

① 设计实验方案，以含锌单质的锌壳制备七水硫酸锌。

② 产品定性检验：a. 证实为硫酸盐；b. 证实为锌盐；c. 证实不含 $Fe^{3+}$、$Cu^{2+}$。

（2）提示

将洁净的碎锌壳以适量的酸溶解。溶液中有 $Fe^{3+}$、$Cu^{2+}$ 杂质时，设法除去。

**【预习思考题】**

查阅有关文献，回答下列问题。

1. 干电池主要有哪些种类？各自由怎样的电极构成？

2. 废干电池对环境和人类健康具有什么危害？

**阅读材料**

**生态化学**

人类赖以生存的世界乃至人本身，都是由物质组成的。而化学是制造新物质，并在原子、分子层次上研究物质的转化、制备、功能、用途，可以说凡涉及物质问题，便涉及化学。人类直接或间接地借助化学反应过程或化学物质，创造了辉煌的物质文明。但与此同时，随着人类干涉大自然的程度和规模的不断加大，必然面临着日益严峻的资源、能源和环境危机的挑战。生态化学是一门旨在调和这一矛盾的新兴化学学科，其目的在于建立一个符合生态规律的化学体系，使建立在其基础上的化学工业及相关产业既有利于经济发展，又能保护环境、保护人类健康。

1. 生态化学与传统化学的关系

传统化学是以化学热力学和动力学作为其物质转化的理论基础，研究一种物质向另一种物质转化的科学，它将环境视为无尽的源和无底的汇，因此，引起了资源短缺和污染严重的生态危机。传统化学的反应体系多数是线性的非循环结构，其系统的生命期各阶段排放物绝大部分不再进行循环，直接或间接地排入环境，致使环境系统的无序度增大、环境的熵增加。化学反应体系的产物都是从环境资源中提取转换而成，这是一个从无序到有序的过程，但以牺牲环境的更大无序为代价，而产物的线性生产过程越长，进入环境的废物就越多，环境的熵增就越大。

生态化学是以生态环境为介质，将物质转化反应体系扩展到环境范围（局部、地区和全球），研究物质的化学变化与环境的物质循环转化的相适应性，使物质的化学转化对环境系统的冲击和干扰限制在净化功能和循环能力的合理限度内，实现化学体系与环境系统的相互协调发展，减少其熵增。生态化学针对传统化学的资源利用率低、环境污染严重的缺点，提出：应排放废物最小量化和无害化，使原料利用率最大化；应提高化学反应体系的可逆循环程度，以实现物质的循环再生利用；同时最大限度利用可再生资源作为反应原料，产品利用后容易降解为环境无害物。

2.生态化学化工与绿色化学的关系

绿色化学是在为21世纪经济与社会的持续协调发展制定发展战略背景下提出的。20世纪90年代，化学界就已经开始积极思考，如何从过去的末端被动治污，发展到从源头主动不生成或尽可能减少生成污染物的主动治污，并提出整个反应和生产过程发展废弃物最低化技术及实现零排放的目标。这时人们认识到的是化学化工的绿色化，即绿色原料、绿色反应和绿色产品。

由于绿色化学的理论基点在于事先主动控制，即通过改善化学原料来解决环境受化学污染物损害的问题，因而，在此基础上，人们更多地关注环境污染的起源，着力于从源头上减轻危害，但这对于化学化工的应用及其发展无疑产生了极大的局限性。虽说其研究内容已涉及目前化学的更多领域，但仍很难区分其与环境化学中的末端治理方法在本质上的差别，甚至认为绿色化学的“从源头开始预防污染”仍带有“过程末端治理”的观念，因而使得绿色化学只能长期隶属于环境保护原理的范畴。

生态化工是以生态学原理为指导，以生物技术为手段，为促进生态化工系统良性循环，实现化工与生态环境协调发展而建立起来的一种新型的化工生产模式，它从系统工程和生态学的角度，注重新化学反应的高效、高选择性，综合了与化学化工相关的基础研究，发展了对化学学科内不同领域中共性规律认识的新的理论。生态化学的目的是在高效和高选择性的基础上，达到与生态环境协调，更加注重化学的循环利用与环境的生态循环。

生态化学要求优化物质与能量流，使所有的技术目标及过程都倾向于“清洁的、绿色的”，是从生态角度来解决生态环境危机。目前，生态化工的理论基础就是更为关注生态的绿色化学，即生态化学。生态化学是采用绿色化学的技术，利用生态平衡与物质循环再生原理，结合系统工程来开展研究的。这使生态化工有着更为具体的研究内涵，涵盖了化学的各个领域。

生态化学缘于绿色化学，高于绿色化学，是融被动处理污染的环境化学及主动出击的绿色化学为一体，更关注生态的先进理论。与绿色化学一样，具有学科发展的连续性（指基于传统化学的理论知识体系）、科学发展的创新性（指新体系下的新化学、新体系）、技术发展的革命性（指源头、过程、末端产品都不排放）和推动社会发展的可持续性（指生态化工中物质能量循环过程）。

生态化学是化学学科发展的必然选择，是适应人类需求而逐步形成的，是化学发展的高级阶段。可以说，生态化学将是21世纪化学发展的趋势和新的生长点，是化学学科自身发展及社会和经济可持续发展的需要，也是人类赖以生存的生态环境的深情呼唤。

**【参考文献】**

[1] 夏越青，李建国. 废干电池对环境的污染及其资源化. 重庆环境科学，2000，22（2）：60-62.

[2] 成肇安，蔡艳秀，张晓东. 废干电池的环境污染及回收利用. 中国资源综合利用，2002（7）：18-22.

[3] 杨智宽. 废锌锰干电池的综合利用. 再生资源研究，1998 (1)：26-28.
[4] 冯辉霞，张婷，王毅等. 可持续发展观的化学发展目标：生态化学. 生态环境，2007，16 (5)：1578-1582.
[5] 冯辉霞，王毅，张婷等. 生态化学与化学可持续性发展. 化学与生物工程，2010，27 (8)：17-19.

# 实验 56　无机及分析化学实验废液的初步处理

**【实验目的】**

了解处理无机及分析化学实验废液的一般原理和方法。

**【提示】**

在化学实验中所产生的废液，若不加以处理而随意排放，将会带来不良后果。特别是含有害、有毒成分的废液，势必造成环境污染。因此必须将废液处理后再排放。

无机及分析化学实验的废液大致可分为以下几类：①含酸废液；②含碱废液；③含铬化合物的废液；④含银化合物的废液；⑤含汞、锌、铜、铅、锰等重金属化合物的废液；⑥含砷或氰化合物的（极毒）废液。

一般废液可采用以下几种方法进行处理。

1. 分别处理法

① 含稀酸和含稀碱的废液可相互中和，溶液 pH 达到 6～8 时即可排放。

② 对含有锌、铬、汞、锰等重金属离子的废液，可用碱液沉淀法，使这些金属离子转化为氢氧化物或碳酸盐沉淀而分离。

③ 对含铬(Ⅵ) 废液，可以在酸性条件下先用硫酸亚铁或硫酸＋铁屑还原至铬（Ⅲ）后，再转化为氢氧化物沉淀而分离。

④ 对于含砷废液，可加入 Fe(Ⅲ) 盐溶液及石灰乳，使其转化为砷化物沉淀而分离。

⑤ 含有氰化物的废液，可先加入混合碱液，使金属离子沉淀而分离，然后调节滤液到 pH6～8，再往滤液中加入过量的次氯酸钠溶液或漂白粉，充分搅拌，静置 12h 以上，使氰化物分解。反应式如下

$$ClO^- + CN^- = OCN^- + Cl^-$$

$$2OCN^- + 3ClO^- + 2OH^- = 2CO_3^{2-} + N_2 + 3Cl^- + H_2O$$

2. 铁酸盐法

此法适应于处理含重金属离子的混合溶液。在废液中加入过量的 10% $FeSO_4$ 溶液（$Fe^{2+}$ 总量与重金属离子总量按摩尔比要大于 5 倍以上），然后加入 10%NaOH 溶液，使重金属离子与亚铁离子生成氢氧化物沉淀，将溶液加热并保持在 60℃以上，通入空气，促进氢氧化亚铁向铁酸盐转化，静置，过滤。

**【实验内容】**　（可选做或另行确定）

1. 含铁、锌、钡、铅、铜等离子的酸性废液的处理。

2. 含钠、镁、重铬酸根的废液的处理。

3. 含钙、钡、镉、锌、铅、汞、锰、铬、镍等离子的废液的处理。

# 附　　录

## 附录一　常见离子的鉴定方法

1. 常见阳离子的鉴定方法

(1) $Na^+$

① $Na^+$ 与醋酸铀酰锌 [$Zn(Ac)_2 \cdot UO_2(Ac)_2$] 在中性或醋酸介质中反应，生成淡黄色结晶状醋酸铀酰锌钠沉淀

$$Na^+ + Zn^{2+} + 3UO_2^{2+} + 8Ac^- + HAc + 9H_2O \longrightarrow NaAc \cdot Zn(Ac)_2 \cdot 3UO_2(Ac)_2 \cdot 9H_2O \downarrow + H^+$$

在碱性介质中，$UO_2(Ac)_2$ 可生成$(NH_4)_2U_2O_7$ 或 $K_2U_2O_7$ 沉淀，在强酸性介质中结晶状醋酸铀酰锌钠沉淀的溶解度增加。因此鉴定反应必须在中性或微酸性溶液中进行。

实验步骤：取 1 滴试液于试管中，加氨水（6.0mol·$L^{-1}$）中和至碱性，再加 HAc 溶液（6.0mol·$L^{-1}$）酸化，然后加 1 滴 EDTA 溶液（饱和）和 2～3 滴醋酸铀酰锌，充分摇荡，放置片刻，若有淡黄色晶状沉淀生成，表示有 $Na^+$ 存在。

② $Na^+$ 在弱碱性溶液中与 $K[Sb(OH)_6]$ 饱和溶液生成白色晶状沉淀。

(2) $K^+$

① $K^+$ 与 $Na_3[Co(NO_2)_6]$（俗称钴亚硝酸钠）在中性或稀醋酸介质中反应，生成亮黄色 $K_2Na[Co(NO_2)_6]$ 沉淀。

$$Na^+ + 2K^+ + [Co(NO_2)_6]^{3-} = K_2Na[Co(NO_2)_6] \downarrow$$

强酸或强碱均能使试剂分解，妨碍鉴定，因此，在鉴定时必须使溶液呈中性或微酸性。

$NH_4^+$ 也能与试剂反应生成橙色$(NH_4)_3[Co(NO_2)_6]$ 沉淀干扰鉴定。为此，可在水浴上加热 2min，使橙色沉淀完全分解。

$$NO_2^- + NH_4^+ = N_2 \uparrow + 2H_2O$$

加热时，黄色的 $K_2Na[Co(NO_2)_6]$ 无变化，以消除铵离子的干扰。

② $K^+$ 与四苯硼钠($Na[B(C_6H_5)_4]$)反应生成白色沉淀。

$$K^+ + [B(C_6H_5)_4]^- = K[B(C_6H_5)_4] \downarrow$$

反应需在碱性、中性或稀酸溶液中进行。

$NH_4^+$ 与试剂有类似反应，需事先转化为 $NH_4NO_3$ 再加热分解而除去。$Ag^+$、$Hg^{2+}$ 的影响可用 KCN 消除。当溶液 pH 约为 5，在有 EDTA 存在时，其他离子不干扰。

实验步骤：取 3～4 滴试液于试管中，加入 4～5 滴 $Na_2CO_3$ 溶液（0.5mol·$L^{-1}$），加热，使有色离子变为碳酸盐沉淀。离心分离，在所得清液中加入 HAc 溶液（6.0mol·

$L^{-1}$)，再加入 2 滴 $Na_3[Co(NO_2)_6]$ 溶液，最后将试管放入沸水浴中加热 2min，若试管中有黄色沉淀，表示有 $K^+$ 存在。

（3）$NH_4^+$

① $NH_4^+$ 与 Nessler 试剂（$K_2[HgI_4]+KOH$）反应生成红棕色沉淀。

$$NH_4^+ + 2[HgI_4]^{2-} + 4OH^- \xlongequal{} HgO \cdot HgNH_2I\downarrow + 7I^- + 3H_2O$$

Nessler 试剂是 $K_2[HgI_4]$ 的碱性溶液，如果溶液中有 $Fe^{3+}$、$Cr^{3+}$、$Co^{2+}$ 和 $Ni^{2+}$ 等离子，能与 KOH 反应生成深色的氢氧化物沉淀，而干扰 $NH_4^+$ 的鉴定，可改用下法：在原试液中加入 NaOH 溶液，并微热，用滴加 Nessler 试剂的滤纸条检验逸出的氨气，由于 $NH_3$(g) 与 Nessler 试剂作用，使滤纸上出现红棕色斑点。

$$NH_3 + 2[HgI_4]^{2-} + 3OH^- \xlongequal{} HgO \cdot HgNH_2I\downarrow + 7I^- + 2H_2O$$

② 取试液，加 NaOH（$1.0mol \cdot L^{-1}$）溶液碱化，微热，用红色的石蕊试纸检验逸出的气体，试纸呈蓝色，表示有 $NH_4^+$ 存在。

实验步骤：a. 取 2 滴试液于试管中，加入 NaOH 溶液（$2.0mol \cdot L^{-1}$）使呈碱性，微热，用滴加 Nessler 试剂的滤纸检验逸出的气体。如有红棕色斑点出现，表示有 $NH_4^+$ 存在。

b. 取 2 滴试液于试管中，加入 NaOH 溶液（$2.0mol \cdot L^{-1}$）碱化，微热，用润湿的红色石蕊试纸（或用 pH 试纸）检验逸出的气体，如试纸显蓝色，表示有 $NH_4^+$ 存在。

（4）$Mg^{2+}$

① $Mg^{2+}$ 与镁试剂Ⅰ（对硝基偶氮间苯二酚）在碱性介质中反应，生成蓝色螯合物沉淀。

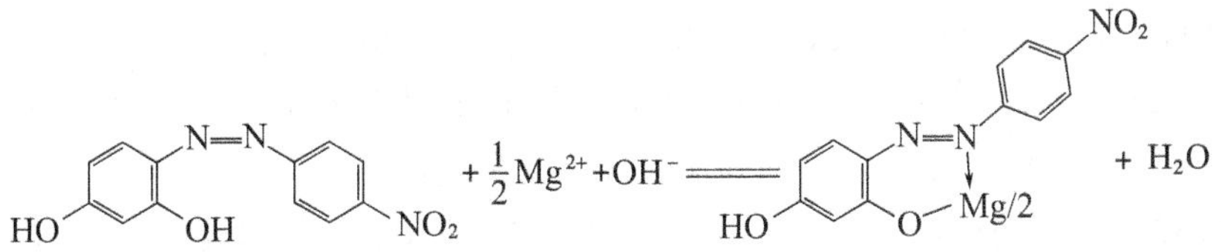

有些能生成深色氢氧化物的金属离子对鉴定有干扰，可以用 EDTA 试剂来配合掩蔽。

② 在氨性介质中与磷酸二氢钠（$NaH_2PO_4$）作用，有白色的磷酸铵镁（$MgNH_4PO_4$）沉淀生成，表明有 $Mg^{2+}$ 的存在。

实验步骤：取 1 滴试液于点滴板上，加 2 滴 EDTA 溶液（饱和），搅拌后，加 1 滴镁试剂Ⅰ、1 滴 NaOH 溶液（$6.0mol \cdot L^{-1}$），如有蓝色沉淀生成，表示有 $Mg^{2+}$ 存在。

（5）$Ca^{2+}$

① $Ca^{2+}$ 与乙二醛双缩（二羟基苯胺，简称 GBHA ）在 pH＝12～12.6 时反应，生成红色螯合物沉淀。

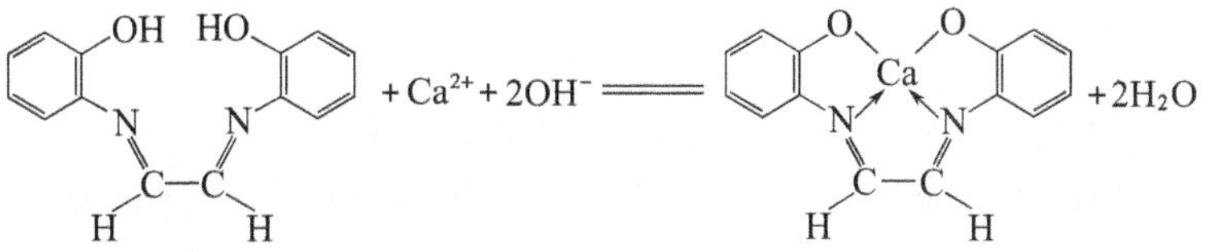

② $Ca^{2+}$ 与碱金属或铵离子的草酸盐，在中性或碱性条件下作用，可生成白色的细微晶状草酸钙沉淀。

$$Ca^{2+} + C_2O_4^{2-} \xlongequal{} CaC_2O_4\downarrow$$

所得沉淀不溶于醋酸，但可溶于稀 HCl 或稀 $HNO_3$ 中。

$$CaC_2O_4 + H^+ \longrightarrow Ca^{2+} + HC_2O_4^-$$

虽然 $SrC_2O_4$ 和 $BaC_2O_4$ 也是难溶化合物，但 $BaC_2O_4$ 能溶于醋酸，$SrC_2O_4$ 可微溶于醋酸。则在醋酸溶液中 $Ba^{2+}$ 不干扰鉴定，其他能形成难溶性草酸盐的金属离子（如 $Pb^{2+}$、$Zn^{2+}$）须预先除去。

实验步骤：取 1 滴试液于试管中，加入 10 滴 $CHCl_3$，加入 4 滴 GBHA（0.2%）、2 滴 NaOH 溶液（6.0mol・$L^{-1}$）、2 滴 $Na_2CO_3$ 溶液（1.5mol・$L^{-1}$），摇荡试管，如果 $CHCl_3$ 层显红色，表示有 $Ca^{2+}$ 存在。

（6）$Sr^{2+}$

由于挥发性的锶盐如 $SrCl_2$ 置于酒精喷灯氧化焰中燃烧，能产生猩红色火焰，故利用焰色反应鉴定 $Sr^{2+}$。若试样是不易挥发的 $SrSO_4$，应先把它转化为碳酸盐，然后再转化为氯化锶，进行实验。

实验步骤：取 2 滴试样于试管中，加入 2 滴 $Na_2CO_3$ 溶液（0.5mol・$L^{-1}$），在水浴上加热得 $SrCO_3$ 沉淀，离心分离。在沉淀中加 1 滴 HCl 溶液（6.0mol・$L^{-1}$），使其溶解为 $SrCl_2$，然后用清洁的镍铬丝或铂丝蘸取 $SrCl_2$ 置于煤气灯的氧化焰中灼烧，如有猩红色火焰，表示有 $Sr^{2+}$ 存在。

（7）$Ba^{2+}$

在弱酸性介质中，$Ba^{2+}$ 与 $K_2CrO_4$ 反应生成黄色 $BaCrO_4$ 沉淀。

$$Ba^{2+} + CrO_4^{2-} \longrightarrow BaCrO_4 \downarrow$$

沉淀不溶于醋酸，但可溶于强酸。因此鉴定反应必须在弱酸中进行。

$Pb^{2+}$、$Hg^{2+}$、$Ag^+$ 等离子也能与 $K_2CrO_4$ 反应生成不溶于醋酸的有色沉淀，为此，可预先用金属锌使 $Pb^{2+}$、$Hg^{2+}$、$Ag^+$ 等还原成单质金属而除去。

实验步骤：取 1 滴试样于试管中，加 $NH_3 \cdot H_2O$（浓）使呈碱性，再加锌粉少许，在水浴中加热 1～2min，并不断搅拌，离心分离。在溶液中加醋酸酸化，加 1～2 滴 $K_2CrO_4$ 溶液，摇荡，在沸水中加热，如有黄色沉淀，表示有 $Ba^{2+}$ 存在。

（8）$Al^{3+}$

$Al^{3+}$ 与铝试剂（金黄色素三羧酸铵）在 pH=6～7 的介质中反应，生成红色絮状螯合物沉淀

$H_4NOOC$ / HO / HO / $H_4NOOC$ / C= / =O / $COONH_4$ (3 分子) $+ Al^{3+} \longrightarrow$ [ $H_4NOOC$ / HO / HO / $H_4NOOC$ / C= / =O / $COO^-$ ]$_3$ $Al + NH_4^+$

$Cu^{2+}$、$Bi^{3+}$、$Fe^{3+}$、$Cr^{3+}$、$Ca^{2+}$ 等离子干扰反应，$Bi^{3+}$、$Fe^{3+}$ 可先加入 NaOH 使它们生成 $Fe(OH)_3$、$Bi(OH)_3$ 而除去。$Cr^{3+}$、$Cu^{2+}$ 与铝试剂的螯合物能被 $NH_3 \cdot H_2O$ 分解。$Ca^{2+}$ 与铝试剂的螯合物可被 $(NH_4)_2CO_3$ 转化为 $CaCO_3$。

实验步骤：取 2 滴试液于试管中，加 NaOH 溶液（6.0mol・$L^{-1}$）碱化，并过量 2 滴，加 1 滴 $H_2O_2$(3%)，加热 2min，离心分离。用 HAc 溶液（6.0mol・$L^{-1}$）将溶液酸化，调

pH 为 6～7，加 2 滴铝试剂，摇荡后，放置片刻，加 $NH_3 \cdot H_2O$（6.0mol·$L^{-1}$）碱化，置于水浴上加热，如有橙红色（$CrO_4^{2-}$ 存在）物质生成，可离心分离。用去离子水洗沉淀，如沉淀为红色，表示有 $Al^{3+}$ 存在。

（9）$Sn^{2+}$

① 与 $HgCl_2$ 反应　$SnCl_2$ 溶液中 Sn（Ⅱ）主要以 $[SnCl_4]^{2-}$ 的形式存在。$[SnCl_4]^{2-}$ 与适量 $HgCl_2$ 反应生成白色沉淀（$Hg_2Cl_2$）。

$$[SnCl_4]^{2-} + 2HgCl_2 = [SnCl_6]^{2-} + Hg_2Cl_2 \downarrow$$

如果 $[SnCl_4]^{2-}$ 过量，则沉淀变为灰色，即 $Hg_2Cl_2$ 与 Hg 的混合物，最后变为黑色，即 Hg。

$$[SnCl_4]^{2-} + Hg_2Cl_2 = [SnCl_6]^{2-} + 2Hg \downarrow$$

加入铁粉，可使许多电极电势大的离子还原为金属，预先分离，以消除干扰。

实验步骤：取 2 滴试液于试管中，加 2 滴 HCl 溶液（6.0mol·$L^{-1}$），加少许铁粉，在水浴上加热至作用完全，气泡不再发生为止。吸取清液于另一支干净试管中，加入 2 滴 $HgCl_2$，如有白色沉淀生成，表示有 $Sn^{2+}$ 存在。

② 与甲基橙反应　$SnCl_4^{2-}$ 与甲基橙在浓 HCl 介质中加热下反应，甲基橙被还原为氢化甲基橙而退色。

$(CH_3)_2N$—⟨苯环⟩—N═N—⟨苯环⟩—$SO_3Na$　　甲基橙

$(CH_3)_2N$—⟨苯环⟩—N(H)—N(H)—⟨苯环⟩—$SO_3Na$　　氢化甲基橙

实验步骤：取 1 滴试液于试管中，加 1 滴浓 HCl 及甲基橙（0.01%），加热，如甲基橙退色，表示有 $Sn^{2+}$ 存在。

（10）$Pb^{2+}$

$Pb^{2+}$ 与 $K_2CrO_4$ 在稀 HAc 溶液中反应生成难溶的 $PbCrO_4$ 黄色沉淀。

$$Pb^{2+} + CrO_4^{2-} = PbCrO_4 \downarrow$$

沉淀溶于 NaOH 溶液及浓硝酸，难溶于稀 HAc、稀硝酸及 $NH_3 \cdot H_2O$。

$$PbCrO_4 + 3OH^- = [Pb(OH)_3]^- + CrO_4^{2-}$$

$$2PbCrO_4 + 2H^+ = 2Pb^{2+} + Cr_2O_7^{2-} + H_2O$$

$Ba^{2+}$、$Bi^{3+}$、$Hg^{2+}$、$Ag^+$ 等离子在 HAc 溶液中也能与 $CrO_4^{2-}$ 作用生成有色沉淀，所以这些离子的存在对 $Pb^{2+}$ 的鉴定有干扰。可先加入稀硫酸，再用过量的浓 NaOH 溶液使 $PbSO_4$ 转化为 $[Pb(OH)_3]^-$，进一步转化为 $Pb(Ac)_2$，使 $Pb^{2+}$ 分离出来，再进行鉴定。

实验步骤：取 2 滴试液于试管中，加 1 滴 $H_2SO_4$ 溶液（6.0mol·$L^{-1}$），加热几分钟，摇荡，使 $Pb^{2+}$ 沉淀完全，离心分离。在沉淀中加入过量 NaOH 溶液（6.0mol·$L^{-1}$），并加热 1min，使 $PbSO_4$ 转化为 $[Pb(OH)_3]^-$，离心分离。在清液中加 HAc 溶液（6.0mol·$L^{-1}$），再加 1 滴 $K_2CrO_4$ 溶液（0.1mol·$L^{-1}$），如有黄色沉淀，表示有 $Pb^{2+}$ 存在。

（11）$Bi^{3+}$

Bi（Ⅲ）在碱性溶液中能被 Sn（Ⅱ）还原为黑色 Bi。

$$2Bi(OH)_3 + 3[Sn(OH)_4]^{2-} = 2Bi \downarrow + 3[Sn(OH)_6]^{2-}$$

实验步骤：取 2 滴试液于试管中，加入浓氨水，Bi（Ⅲ）变为 $Bi(OH)_3$ 沉淀，离心分离。

洗涤沉淀，以除去可能存在的 Cu（Ⅱ）和 Cd（Ⅱ）。在沉淀中加入少量新配制的 $Na_2[Sn(OH)_4]$ 溶液，如沉淀变黑，表示有 Bi（Ⅲ）存在。

$Na_2[Sn(OH)_4]$ 溶液的配制方法：取几滴 $SnCl_2$ 溶液于试管中，加入 NaOH 溶液至生成的 $Sn(OH)_2$ 白色沉淀刚好溶解，便得到澄清的 $Na_2[Sn(OH)_4]$ 溶液。

(12) $Sb^{3+}$

Sb（Ⅲ）在酸性溶液中能被金属锡还原为金属锑。

$$2[SbCl_6]^{3-}+3Sn = 2Sb\downarrow+3[SnCl_4]^{2-}$$

当砷（Ⅲ、Ⅴ）存在时，也能在锡箔上形成黑色斑点（As），但 As 与 Sb 不同，当用水洗去锡箔上的酸后加新配制的 NaBrO 溶液则溶解。注意一定要将 HCl 洗净，否则在酸性条件下，NaBrO 也能使 Sb 的黑色斑点溶解。

$Hg^{2+}$、$Bi^{3+}$ 等离子也干扰 $Sb^{3+}$ 的鉴定，可用 $(NH_4)_2S$ 预先分离。

实验步骤：取 2 滴试液于试管中，加 $NH_3 \cdot H_2O$ 溶液（$6.0mol \cdot L^{-1}$）碱化，加 2 滴 $(NH_4)_2S$ 溶液（$0.5mol \cdot L^{-1}$），充分摇荡，于水浴上加热 5min 左右，离心分离。在溶液中加 HCl 溶液（$6.0mol \cdot L^{-1}$）酸化，使呈微酸性，并加热 3～5min，离心分离。沉淀中加 1 滴浓 HCl，再加热使 $Sb_2S_3$ 溶解。取此溶液滴在锡箔上，片刻锡箔上出现黑斑。用水洗去酸，再用 1 滴新配制的 NaBrO 溶液处理，黑斑不消失，表示有 Sb（Ⅲ）存在。

(13) As（Ⅲ，Ⅴ）

砷常以 $AsO_3^{3-}$、$AsO_4^{3-}$ 的形式存在。$AsO_3^{3-}$ 在碱性溶液中能被金属锌还原为 $AsH_3$ 气体。

$$AsO_3^{3-}+3OH^-+3Zn+6H_2O = 3[Zn(OH)_4]^{2-}+AsH_3\uparrow$$

$AsH_3$ 气体能与 $AgNO_3$ 作用，生成的产物由黄色逐渐变为黑色。

$$6AgNO_3+AsH_3 = Ag_3As \cdot 3AgNO_3\downarrow(\text{黄})+3HNO_3$$

$$Ag_3As \cdot 3AgNO_3+3H_2O = H_3AsO_3+3HNO_3+6Ag\downarrow(\text{黑})$$

这是鉴定 $AsO_3^{3-}$ 的特效反应，若是 $AsO_4^{3-}$，应预先用亚硫酸还原。

实验步骤：取 2 滴试液于试管中，加 NaOH 溶液（$6.0mol \cdot L^{-1}$）碱化，再加少许 Zn 粒，立刻用一小团脱脂棉塞在试管上部，再用 5% $AgNO_3$ 溶液浸过的滤纸盖在试管口上，置于水浴中加热，如滤纸上 $AgNO_3$ 斑点渐渐变黑，表示有 $AsO_3^{3-}$ 存在。

(14) $TiO^{2+}$

$TiO^{2+}$ 在酸性介质中能与 $H_2O_2$ 反应生成橙红色的配合物。

$$TiO^{2+}+H_2O_2 = TiO(H_2O_2)^{2+}$$

$Fe^{3+}$、$CrO_4^{2-}$、$MnO_4^-$ 等离子干扰鉴定，须预先分离。

(15) $Cr^{3+}$

在碱性介质中 $Cr^{3+}$ 可被 $H_2O_2$ 氧化为 $CrO_4^{2-}$。

$$2[Cr(OH)_4]^-+3H_2O_2+2OH^- = 2CrO_4^{2-}+8H_2O$$

在酸性条件下（以重铬酸根形式存在），当戊醇存在时，加入 $H_2O_2$，振荡后戊醇层呈现蓝色。

$$Cr_2O_7^{2-}+4H_2O_2+2H^+ = 2CrO(O_2)_2+5H_2O$$

蓝色的 $CrO(O_2)_2$ 在水溶液中不稳定，在戊醇中较稳定。溶液酸度应控制在 pH=2～3，当酸度过大时（pH<1），则

$$4CrO(O_2)_2+12H^+ = 4Cr^{3+}+7O_2\uparrow+6H_2O$$

溶液变为蓝绿色（$Cr^{3+}$颜色。）

实验步骤：取 1 滴试液于试管中，加 NaOH 溶液（2.0mol·$L^{-1}$）至生成沉淀又溶解，再多加 1 滴。加 $H_2O_2$ 溶液（3%），微热，溶液呈黄色。冷却后再加 2 滴 $H_2O_2$ 溶液（3%），加 5 滴戊醇（或乙醚），最后慢慢加 $HNO_3$ 溶液（6.0mol·$L^{-1}$），注意，每加 1 滴 $HNO_3$ 都必须充分摇荡。如戊醇层呈蓝色，表示有 $Cr^{3+}$ 存在。

（16）$Mn^{2+}$

$Mn^{2+}$ 在稀 $HNO_3$ 或稀 $H_2SO_4$ 介质中可被 $NaBiO_3$ 氧化为紫红色 $MnO_4^-$。

$$2Mn^{2+}+5NaBiO_3+14H^+ = 2MnO_4^-+5Bi^{3+}+5Na^++7H_2O$$

过量的 $Mn^{2+}$ 会与生成的 $MnO_4^-$ 反应生成 $MnO(OH)_2(s)$。$Cl^-$ 及其他还原剂存在，对 $Mn^{2+}$ 的鉴定有干扰，因此不能在 HCl 的介质中鉴定 $Mn^{2+}$。

实验步骤：取 2 滴试液于试管中，加 $HNO_3$ 溶液（6.0mol·$L^{-1}$）酸化，加少量 $NaBiO_3$ 固体，摇荡后，静置片刻，如溶液呈紫红色，表示有 $Mn^{2+}$ 存在。

（17）$Fe^{2+}$，$Fe^{3+}$

①$Fe^{2+}$ 的鉴定　$Fe^{2+}$ 与 $K_3[Fe(CN)_6]$ 溶液在 pH>7 溶液中反应，生成深蓝色沉淀。

$$xFe^{2+}+x[Fe(CN)_6]^{3-}+xK^+ = [KFe(\text{III})(CN)_6Fe(\text{II})]_x\downarrow$$

$[KFe(\text{III})(CN)_6Fe(\text{II})]_x$ 沉淀能被强碱分解，产生红棕色的 $Fe(OH)_3$ 沉淀。

实验步骤：取 1 滴试液于点滴板上，加 1 滴 HCl 溶液（2.0mol·$L^{-1}$）酸化，加 1 滴 $K_3[Fe(CN)_6]$ 溶液（0.1mol·$L^{-1}$），如出现蓝色沉淀，表示有 $Fe^{2+}$ 存在。

② $Fe^{3+}$ 的鉴定

a. 与 $SCN^-$ 反应　$Fe^{3+}$ 与 $SCN^-$ 在酸性介质中反应，生成可溶性深红色 $[Fe(SCN)_n]^{3-n}$。

$$Fe^{3+}+nSCN^- \rightleftharpoons [Fe(SCN)_n]^{3-n}\ (n=1\sim6)$$

$[Fe(SCN)_n]^{3-n}$ 能被碱分解，生成红棕色 $Fe(OH)_3$ 的沉淀。浓硫酸或浓硝酸能使试剂分解。

$$SCN^-+H_2SO_4+H_2O = NH_4^++COS\uparrow+SO_4^{2-}$$

$$3SCN^-+13HNO_3 = 3CO_2\uparrow+16NO\uparrow+3SO_4^{2-}+5H_2O+3H^+$$

b. $Fe^{3+}$ 与 $[Fe(CN)_6]^{4-}$ 反应　$Fe^{3+}$ 与 $K_4[Fe(CN)_6]$ 反应生成蓝色沉淀。

$$xFe^{3+}+x[Fe(CN)_6]^{4-}+xK^+ = [KFe(\text{III})(CN)_6Fe(\text{II})]_x\downarrow$$

沉淀不溶于稀酸，但能被 HCl 分解，也能被 NaOH 沉淀为 $Fe(OH)_3$。

实验步骤：取 1 滴试液于点滴板上，加 1 滴 HCl 溶液（2.0mol·$L^{-1}$）及 1 滴 $K_4[Fe(CN)_6]$，如立即出现蓝色沉淀，表示有 $Fe^{3+}$ 存在。

（18）$Co^{2+}$

$Co^{2+}$ 在中性或微酸性溶液中与 KSCN 反应生成蓝色的 $[Co(SCN)_4]^{2-}$。

$$Co^{2+}+4SCN^- = [Co(SCN)_4]^{2-}$$

所生成的配离子在水溶液中不稳定，在丙酮溶液中较稳定。$Fe^{3+}$ 的存在对鉴定有干扰，可用 NaF 掩蔽来消除。大量 $Ni^{2+}$ 的存在，使溶液呈浅蓝色而干扰。

实验步骤：取 2 滴试液于试管中，加入数滴丙酮，再加少量 KSCN 和 $NH_4SCN$ 晶体，充分摇荡，若溶液呈鲜艳的蓝色，表示有 $Co^{2+}$ 存在。

（19）$Ni^{2+}$

$Ni^{2+}$ 与丁二肟在弱碱性溶液中反应，生成鲜红色的螯合物沉淀。

$$2\begin{array}{l}CH_3-C=N-OH\\ \quad\ \ |\\ CH_3-C=N-OH\end{array}+Ni^{2+}+2OH^- = [Ni(C_4H_7N_2O_2)_2] + 2H_2O$$

大量$Co^{2+}$、$Fe^{3+}$、$Fe^{2+}$、$Cu^{2+}$等的存在，能与试剂（丁二肟）反应生成带色的沉淀，干扰$Ni^{2+}$的鉴定，须预先除去。

实验步骤：取1滴试液于试管中，加入1滴氨水（2.0mol・$L^{-1}$）碱化，加丁二肟溶液（1%），若出现鲜红色沉淀，表示有$Ni^{2+}$。

(20) $Cu^{2+}$

$Cu^{2+}$与$K_4[Fe(CN)_6]$在中性或弱碱性介质中反应，生成红棕色$Cu_2[Fe(CN)_6]$沉淀。

$$2Cu^{2+}+[Fe(CN)_6]^{4-} = Cu_2[Fe(CN)_6]\downarrow$$

沉淀难溶解于HCl、HAc及稀$NH_3\cdot H_2O$，但易溶于浓$NH_3\cdot H_2O$。

$$Cu_2[Fe(CN)_6]+8NH_3 = 2[Cu(NH_3)_4]^{2+}+[Fe(CN)_6]^{4-}$$

沉淀易被NaOH溶液转化为$Cu(OH)_2$。

$$Cu_2[Fe(CN)_6]+4OH^- = 2Cu(OH)_2\downarrow+[Fe(CN)_6]^{4-}$$

$Fe^{3+}$干扰$Cu^{2+}$的鉴定，可用NaF掩蔽$Fe^{3+}$，或在氨性溶液中使$Fe^{3+}$转化为$Fe(OH)_3$沉淀，分离除去。此时$Cu^{2+}$以$[Cu(NH_3)_4]^{2+}$的形式留在溶液中。用HCl适当酸化后，再用$K_4[Fe(CN)_6]$鉴定$Cu^{2+}$的存在。

实验步骤：取1滴试液于点滴板上，加2滴$K_4[Fe(CN)_6]$溶液（0.1mol・$L^{-1}$），若生成红棕色沉淀，表示有$Cu^{2+}$存在。

(21) $Zn^{2+}$

$Zn^{2+}$在强碱性溶液中与二苯硫腙反应生成粉红色螯合物，在水中难溶，显粉红色，在$CCl_4$中易溶，显棕色。

$$S=C(NH-NH-C_6H_5)_2+1/2Zn^{2+}+OH^- = [S=C(NH-NH-C_6H_5)(NH-N(C_6H_5)-Zn/2)] + H_2O$$

实验步骤：取1滴试液于试管中，加入3滴NaOH溶液（6.0mol・$L^{-1}$），加5滴$CCl_4$，加1滴二苯硫腙溶液，如水层显粉红色，$CCl_4$层由绿色变棕色，表示有$Zn^{2+}$存在。

(22) $Ag^+$

$Ag^+$与稀HCl反应生成白色沉淀AgCl。沉淀能溶解于浓HCl形成$[AgCl_2]^-$、$[AgCl_3]^{2-}$等配离子。AgCl沉淀还能溶于稀氨水形成$[Ag(NH_3)_2]^+$配离子。可利用这两个反应与其他阳离子的难溶氯化物沉淀进行分离。在溶液中加入硝酸溶液，重新得到AgCl沉淀。或加入可溶性的碘化物，以形成更难溶解的黄色 AgI 沉淀。

实验步骤：取 5 滴试液于试管中，加入 5 滴 HCl 溶液（2.0mol·$L^{-1}$），置于水浴上温热，使沉淀聚集，离心分离。沉淀用热的去离子水洗一次，然后加入过量氨水（6.0mol·$L^{-1}$），摇荡，如有不溶沉淀物存在时，离心分离。取一部分溶液于试管中，加入 $HNO_3$ 溶液（2.0mol·$L^{-1}$），如有白色沉淀生成，表示有 $Ag^+$ 存在。或取一部分溶液于试管中，加入 KI 溶液（0.1mol·$L^{-1}$），如有黄色沉淀生成，表示有 $Ag^+$ 存在。

（23）$Cd^{2+}$

$Cd^{2+}$ 与 $S^{2-}$ 反应生成黄色 CdS 沉淀。沉淀溶于 HCl 溶液（2.0mol·$L^{-1}$）和稀 $HNO_3$，但不溶于 $Na_2S$、$(NH_4)_2S$、NaOH、KCN 和 HAc。

可用控制溶液酸度的方法与其他离子分离并进行鉴定。

实验步骤：取 1 滴试液于试管中，加入 2 滴 HCl 溶液（2.0mol·$L^{-1}$），加 1 滴 $Na_2S$ 溶液（0.1mol·$L^{-1}$），可使 $Cu^{2+}$ 沉淀，$Co^{2+}$、$Ni^{2+}$ 和 $Cd^{2+}$ 均无反应，离心分离。在清液中加 $NH_4Ac$ 溶液（30%），使酸度降低，如有黄色沉淀析出，表示有 $Cd^{2+}$ 存在。在该酸度下，$Co^{2+}$ 和 $Ni^{2+}$ 不会生成硫化物沉淀。

（24）$Hg^{2+}$、$Hg_2^{2+}$

① $Hg^{2+}$ 能被 $Sn^{2+}$ 逐步还原，最后还原为金属汞，沉淀由白色（$Hg_2Cl_2$）变为灰色或黑色（Hg）。

$$2HgCl_2+[SnCl_4]^{2-}=Hg_2Cl_2\downarrow+[SnCl_6]^{2-}$$

$$Hg_2Cl_2+[SnCl_4]^{2-}=2Hg\downarrow+2[SnCl_6]^{2-}$$

实验步骤：取 1 滴试液，加入 1～2 滴 $SnCl_2$ 溶液（0.1mol·$L^{-1}$），若生成白色沉淀，并逐渐转变为灰色或黑色，表示有 $Hg^{2+}$ 存在。

② $Hg^{2+}$ 能与 KI、$CuSO_4$ 溶液反应生成橙红色 $Cu_2[HgI_4]$ 沉淀。

$$Hg^{2+}+4I^-=[HgI_4]^{2-}$$

$$2Cu^{2+}+4I^-=2CuI\downarrow+I_2\downarrow$$

$$2CuI+[HgI_4]^{2-}=Cu_2[HgI_4]\downarrow+2I^-$$

实验步骤：取 1 滴试液于试管中，加入 1 滴 KI 溶液（4%）和 1 滴 $CuSO_4$ 溶液，加少量 $Na_2SO_3$ 固体（为了除去 $I_2$ 的黄色），如生成橙红色 $Cu_2[HgI_4]$ 沉淀，表示有 $Hg^{2+}$ 存在。

③ $Hg_2^{2+}$ 可被氧化为 $Hg^{2+}$，再进行鉴定。

欲将 $Hg_2^{2+}$ 从混合离子中分离出来，常常采用下法：加入稀 HCl，将其转化为 $Hg_2Cl_2$ 沉淀，若有 $Ag^+$、$Pb^{2+}$ 等离子存在，其氯化物亦难溶于水。由于 $PbCl_2$ 溶解度较大，并可溶于热水，可先分离。在 $Hg_2Cl_2$、AgCl 的混合沉淀中加入 $HNO_3$ 和稀 HCl 时，$Hg_2Cl_2$ 溶解，同时被氧化为 $HgCl_2$，而 AgCl 不溶，则可分离。

$$3Hg_2Cl_2+2HNO_3+6HCl=6HgCl_2+2NO\uparrow+4H_2O$$

实验步骤：取 3 滴试液于试管中，加入 3 滴 HCl 溶液（2.0mol·$L^{-1}$），充分摇荡，置水浴上加热 1min，趁热分离。沉淀用热 HCl 水（1mL 水加 1 滴 2.0mol·$L^{-1}$ HCl 溶液配成）洗两次。于沉淀中加 2 滴浓 $HNO_3$ 及 1 滴 HCl 溶液（2.0mol·$L^{-1}$），摇荡，并加热 1min，则 $Hg_2Cl_2$ 溶解，而 AgCl 沉淀不溶解，离心分离。于溶液中加 2 滴 KI 溶液（4%）、2 滴 $CuSO_4$ 溶液（2%）及少量 $Na_2SO_3$ 固体。如生成橙红色 $Cu_2[HgI_4]$ 沉淀，表示有 $Hg_2^{2+}$ 存在。

(25) $Fe^{3+}$、$Al^{3+}$、$Cr^{3+}$分离鉴定

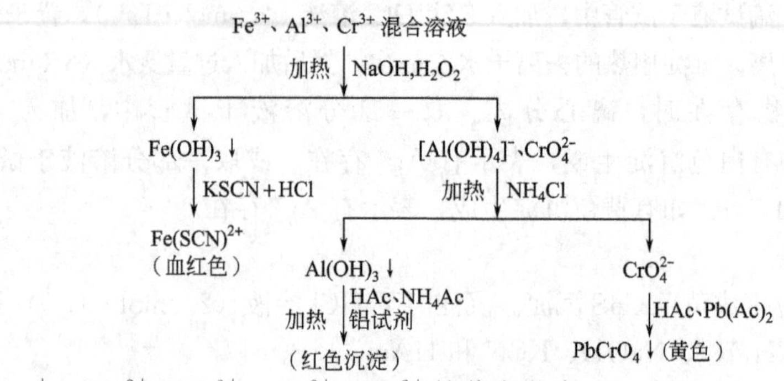


(26) $Ag^{+}$、$Hg_2^{2+}$、$Fe^{3+}$、$Co^{2+}$、$Ni^{2+}$的分离鉴定

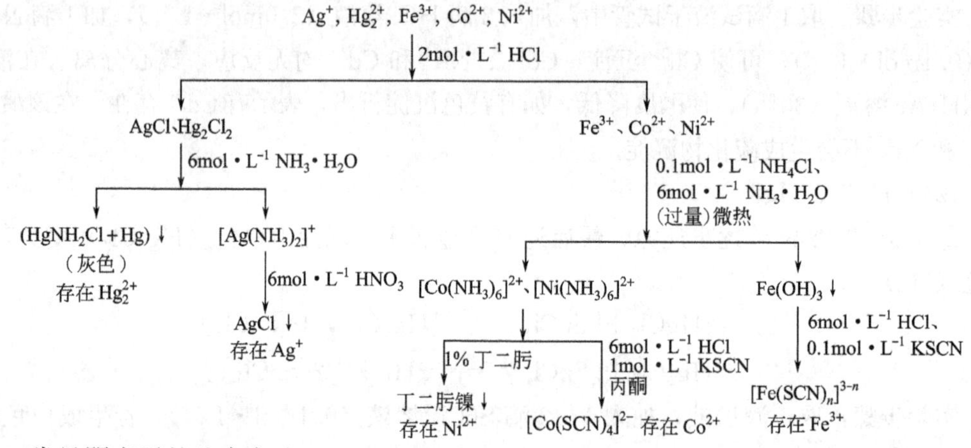


2. 常见阴离子的鉴定方法

(1) $CO_3^{2-}$

将试液酸化后产生的 $CO_2$ 气体导入 $Ca(OH)_2$ 溶液，使之变混。$SO_3^{2-}$、$S^{2-}$ 等离子对鉴定有干扰，可在酸化前加入 $H_2O_2$ 溶液，使 $SO_3^{2-}$、$S^{2-}$ 氧化为 $SO_4^{2-}$，消除干扰。

实验步骤：取5滴试液于试管中，加入5滴 $H_2O_2$ 溶液（3%），置于水浴上加热3min，如果检验溶液中无 $SO_3^{2-}$、$S^{2-}$ 存在时，可向溶液中一次加入20滴HCl溶液（6.0mol·L$^{-1}$），并立即插入吸有 $Ba(OH)_2$ 溶液（饱和）的带塞滴管，使滴管口悬挂1滴溶液，观察溶液是否变浑浊。或者向试管中插入蘸有 $Ba(OH)_2$ 溶液的带塞的镍铬丝小圈，若镍铬小圈的液膜变浑浊，表示有 $CO_3^{2-}$ 存在。

(2) $NO_3^-$

$NO_3^-$ 与 $FeSO_4$ 溶液在浓 $H_2SO_4$ 介质中反应生成棕色 $[Fe(NO)]SO_4$。

$$6FeSO_4+2NaNO_3+4H_2SO_4 = 3Fe_2(SO_4)_3+2NO\uparrow+4H_2O+Na_2SO_4$$

$$FeSO_4+NO = [Fe(NO)]SO_4$$

$[Fe(NO)]^{2+}$ 在浓硫酸与试液层界面处生成（硫酸密度大，在加入时不摇动，则沉在底部，与试液形成界面），呈棕色的环状，俗称“棕色环法”。

$Br^-$、$I^-$ 及 $NO_2^-$ 等干扰 $NO_3^-$ 的鉴定。可加入稀 $H_2SO_4$ 及 $Ag_2SO_4$ 溶液，使 $Br^-$、$I^-$ 生成沉淀分离除去。在溶液中加入尿素，并微热，可除去 $NO_2^-$ 的干扰。

$$2NO_2^-+CO(NH_2)_2+2H^+ = 4N_2\uparrow+CO_2\uparrow+3H_2O$$

实验步骤：取2滴试液于试管中，加入1滴 $H_2SO_4$ 溶液（2.0mol·$L^{-1}$），再加入4滴 $Ag_2SO_4$ 溶液（0.02mol·$L^{-1}$），离心分离。在清液中加入少量尿素固体，并微热。在溶液中加入少量 $FeSO_4$ 固体，摇荡溶解后，将试管斜持，慢慢沿试管壁滴入1mL浓硫酸。若硫酸层与水溶液层的界面处有"棕色环"出现，表示有 $NO_3^-$ 存在。

（3）$NO_2^-$

① $NO_2^-$ 与 $FeSO_4$ 在HAc介质中反应，生成棕色 $[Fe(NO)]SO_4$。

$$Fe^{2+}+NO_2^-+2HAc = Fe^{3+}+NO\uparrow+H_2O+2Ac^-$$

$$Fe^{2+}+NO = [Fe(NO)]^{2+}$$

实验步骤：取2滴试液于试管中，加入4滴 $Ag_2SO_4$ 溶液（0.02mol·$L^{-1}$），若有沉淀生成，离心分离。在清液中加入少量 $FeSO_4$ 固体，摇荡溶解后，加入4滴HAc溶液（2.0mol·$L^{-1}$），若溶液呈棕色，表示有 $NO_2^-$ 存在。

② $NO_2^-$ 与硫脲在稀HAc介质中反应，生成 $N_2$ 和 $SCN^-$。

$$CS(NH_2)_2+HNO_2 = N_2\uparrow+H^++SCN^-+2H_2O$$

生成的 $SCN^-$ 在稀HCl介质中与 $FeCl_3$ 反应生成 $[Fe(SCN)_n]^{3-n}$。$I^-$ 干扰 $NO_2^-$ 的鉴定，可使其生成AgI沉淀分离除去。

实验步骤：取2滴试液于试管中，加入4滴 $Ag_2SO_4$ 溶液（0.02mol·$L^{-1}$），离心分离，加入2滴HAc溶液（6.0mol·$L^{-1}$）和4滴硫脲溶液（8%），摇荡，再加2滴HCl溶液（2.0mol·$L^{-1}$）及1滴 $FeCl_3$ 溶液（2.0mol·$L^{-1}$），若溶液呈红色，表示有 $NO_2^-$ 存在。

（4）$PO_4^{3-}$

$PO_4^{3-}$ 与 $(NH_4)_2MoO_4$ 溶液在酸性介质中反应，生成黄色的磷钼酸铵沉淀。

$$PO_4^{3-}+3NH_4^++12MoO_4^{2-}+24H^+ = (NH_4)_3PO_4\cdot12MoO_3\cdot6H_2O\downarrow+6H_2O$$

$S^{2-}$、$S_2O_3^{2-}$、$SO_3^{2-}$ 等还原性离子存在时，能使Mo(Ⅵ)还原成低氧化态化合物。因此，预先加入 $HNO_3$，并于水浴上加热，以除去这些干扰离子。

$$NO_3^-+3H_2O+S_2O_3^{2-} = NO\uparrow+6H^++2SO_4^{2-}$$

$$NO_3^-+4H^++S^{2-} = NO\uparrow+2H_2O+S\downarrow$$

$$NO_3^-+SO_3^{2-} = NO_2\uparrow+SO_4^{2-}$$

实验步骤：取1滴试液于试管中，加入2滴 $HNO_3$（浓），并置于沸水浴中加热1～2min。稍冷后，加入4滴 $(NH_4)_2MoO_4$ 溶液，并在水浴上加热至40～50℃，若有黄色沉淀产生，表示有 $PO_4^{3-}$ 存在。

（5）$S^{2-}$

$S^{2-}$ 与 $Na_2[Fe(CN)_5NO]$ 在碱性介质中反应生成紫色的 $[Fe(CN)_5NOS]^{4-}$。

$$S^{2-}+[Fe(CN)_5NO]^{2-} = [Fe(CN)_5NOS]^{4-}$$

实验步骤：取1滴试液于点滴板上，加入1滴 $Na_2[Fe(CN)_5NO]$ 溶液（5%）。若溶液呈紫色，表示有 $S^{2-}$ 存在。

（6）$SO_3^{2-}$

在中性介质中，$SO_3^{2-}$ 与 $Na_2[Fe(CN)_5NO]$、$ZnSO_4$、$K_4[Fe(CN)_6]$ 三种溶液反应生成红色沉淀，其组成尚不清楚。在酸性介质中，红色沉淀消失，因此，溶液为酸性时必须用氨水中和。$S^{2-}$ 干扰鉴定，可加入 $PbCO_3$(s) 使 $S^{2-}$ 形成PbS沉淀而除去。

实验步骤：取 5 滴试液于试管中，加入少量 $PbCO_3$(s)，摇荡，若沉淀由白色变为黑色，则需要再加少量 $PbCO_3$(s)，直到沉淀呈灰色为止。离心分离，保留清液。

实验步骤：在点滴板上加 $ZnSO_4$ 溶液（饱和）、$K_4[Fe(CN)_6]$ 溶液（0.1mol·$L^{-1}$）及 $Na_2[Fe(CN)_5NO]$ 溶液（1%）各 1 滴，再加 1 滴 $NH_3 \cdot H_2O$ 溶液（2.0mol·$L^{-1}$）将溶液调至中性，最后加 1 滴除去 $S^{2-}$ 的试液。若出现红色沉淀，表示有 $SO_3^{2-}$ 存在。

(7) $S_2O_3^{2-}$

$S_2O_3^{2-}$ 与 $Ag^+$ 反应生成白色的 $Ag_2S_2O_3$ 沉淀，但沉淀能迅速分解为 $Ag_2S$(s)和 $H_2SO_4$，颜色由白色变为黄色、棕色，最后变为黑色。

$$2Ag^+ + S_2O_3^{2-} = Ag_2S_2O_3 \downarrow$$

$$Ag_2S_2O_3 + H_2O = Ag_2S \downarrow \text{（黑色）} + H_2SO_4$$

$S^{2-}$ 的存在干扰 $S_2O_3^{2-}$ 的鉴定，需预先除去。

实验步骤：取 1 滴除去 $S^{2-}$ 的试液于点滴板上，加 2 滴 $AgNO_3$ 溶液（0.1mol·$L^{-1}$），若见到白色沉淀生成，并很快变为黄色、棕色，最后变为黑色，表示有 $S_2O_3^{2-}$ 存在。

(8) $SO_4^{2-}$

$SO_4^{2-}$ 与 $Ba^{2+}$ 反应生成 $BaSO_4$ 白色沉淀。

$CO_3^{2-}$、$SO_3^{2-}$ 等干扰鉴定，可先酸化，以除去这些离子，消除干扰。

实验步骤：取 2 滴试液于试管中，加 HCl 溶液（6.0mol·$L^{-1}$）至无气泡产生时，再多加 1～2 滴。加入 1～2 滴 $BaCl_2$ 溶液（1.0mol·$L^{-1}$），若生成白色沉淀，表示有 $SO_4^{2-}$ 存在。

(9) $Cl^-$

$Cl^-$ 与 $Ag^+$ 反应生成白色 AgCl 沉淀。

$SCN^-$ 也能与 $Ag^+$ 生成白色沉淀 AgSCN，因此，当 $SCN^-$ 存在时干扰 $Cl^-$ 的鉴定。但在 $NH_3 \cdot H_2O$ 溶液（2.0mol·$L^{-1}$）中，AgSCN 难溶，AgCl 易溶，并生成 $[Ag(NH_3)_2]^+$，则可将 $SCN^-$ 分离除去。在清液中加入 $HNO_3$，提高酸度，使 AgCl 沉淀再次析出。

实验步骤：取 2 滴试液于试管中，加 1 滴 $HNO_3$ 溶液（6.0mol·$L^{-1}$）和 3 滴 $AgNO_3$ 溶液（0.1mol·$L^{-1}$），在水浴上加热 2min，离心分离。沉淀用去离子水洗涤，使溶液 pH 值接近中性。加入 2 滴 $(NH_4)_2CO_3$ 溶液（12%），并在水浴上加热 1min，离心分离。在清液中加 1～2 滴 $HNO_3$ 溶液（2.0mol·$L^{-1}$），若有白色沉淀生成，表示有 $Cl^-$ 存在。

(10) $Br^-$、$I^-$

$Br^-$ 与适量的 $Cl_2$ 水反应会被氧化，游离出单质溴使溶液呈橙红色，在有机相（如 $CCl_4$、$CHCl_3$）呈红棕色，而水相无色。在过量的 $Cl_2$ 水中，会因生成 BrCl 变为淡黄色。

$$Br_2 + Cl_2 = 2BrCl$$

$I^-$ 在酸性介质中能被 $Cl_2$ 水氧化为 $I_2$，在有机相（如 $CCl_4$、$CHCl_3$）呈紫红色。在过量的 $Cl_2$ 水中，会被继续氧化为 $IO_3^-$ 使颜色消失。

$$I_2 + 5Cl_2 + 6H_2O = 2HIO_3 + 10HCl$$

若向含有一定浓度的 $Br^-$、$I^-$ 混合溶液中逐滴加入氯水，由于 $I^-$ 的还原能力较强，则优先被氧化为 $I_2$，使有机相呈红紫色。如果继续加入氯水，$Br^-$ 被氧化为 $Br_2$，$I_2$ 进一步被氧化为 $IO_3^-$。使有机相的红紫色消失，而呈现红棕色。如氯水过量时，颜色变为淡黄色（由于生成了 BrCl）。

实验步骤：取 5 滴试液于试管中，加入 1 滴 $H_2SO_4$ 溶液（2.0mol · $L^{-1}$）酸化，加 1mL $CCl_4$，加 1 滴 $Cl_2$，充分摇荡，$CCl_4$ 层呈紫红色，表示有 $I^-$ 存在。继续加入 $Cl_2$ 水，并摇荡，若 $CCl_4$ 层紫红色退去，又呈现出棕黄色或黄色，表示有 $Br^-$ 存在。

# 附录二　常用物理化学数据表

1. 不同温度下水的饱和蒸气压

| $t$/℃ | $p$/kPa | $t$/℃ | $p$/kPa | $t$/℃ | $p$/kPa | $t$/℃ | $p$/kPa | $t$/℃ | $p$/kPa | $t$/℃ | $p$/kPa |
|---|---|---|---|---|---|---|---|---|---|---|---|
| 0 | 0.61129 | 9 | 1.1482 | 18 | 2.0644 | 27 | 3.5670 | 36 | 5.9453 | 45 | 9.5898 |
| 1 | 0.65716 | 10 | 1.2281 | 19 | 2.1978 | 28 | 3.7818 | 37 | 6.2795 | 46 | 10.094 |
| 2 | 0.70605 | 11 | 1.3129 | 20 | 2.3388 | 29 | 4.0078 | 38 | 6.6298 | 47 | 10.620 |
| 3 | 0.75813 | 12 | 1.4027 | 21 | 2.4877 | 30 | 4.2455 | 39 | 6.9969 | 48 | 11.171 |
| 4 | 0.81359 | 13 | 1.4979 | 22 | 2.6447 | 31 | 4.4953 | 40 | 7.3814 | 49 | 11.745 |
| 5 | 0.87260 | 14 | 1.5988 | 23 | 2.8104 | 32 | 4.7578 | 41 | 7.7840 | 50 | 12.344 |
| 6 | 0.93537 | 15 | 1.7056 | 24 | 2.9850 | 33 | 5.0335 | 42 | 8.2054 | | |
| 7 | 1.0021 | 16 | 1.8185 | 25 | 3.1690 | 34 | 5.3229 | 43 | 8.6463 | | |
| 8 | 1.0730 | 17 | 1.9380 | 26 | 3.3629 | 35 | 5.6267 | 44 | 9.1075 | | |

表中数据摘自 Lide D R. CRC Handbook of Chemistry and Physics. 73rd ed.，6-14，Boca Roton：CRC Press，1992～1993。

2. 不同温度下无机化合物和有机酸的金属盐在水中的溶解度

物质的溶解度用该物质在温度为 $t$ 时，溶解在 100g 水中配制成饱和溶液所需质量（g）来表示。

| 物　质 | 分子式 | $t$/℃ | | | | | | | | |
|---|---|---|---|---|---|---|---|---|---|---|
| | | 0 | 10 | 20 | 30 | 40 | 60 | 80 | 90 | 100 |
| 氯化铝 | $AlCl_3$ | 43.9 | 44.9 | 45.8 | 46.6 | 47.3 | 48.1 | 48.6 | | 49.0 |
| 硝酸铝 | $Al(NO_3)_3$ | 60.0 | 66.7 | 73.9 | 81.8 | 88.7 | 106 | 132 | 153 | 160 |
| 硫酸铝 | $Al_2(SO_4)_3$ | 31.2 | 33.5 | 36.4 | 40.4 | 45.8 | 59.2 | 73.0 | 80.8 | 89.0 |
| 氯化铵 | $NH_4Cl$ | 29.4 | 33.2 | 37.2 | 41.4 | 45.8 | 55.3 | 65.6 | 71.2 | 77.3 |
| 磷酸氢铵 | $(NH_4)_2HPO_4$ | 42.9 | 62.9 | 68.9 | 75.1 | 81.8 | 97.2 | | | |
| 磷酸二氢铵 | $(NH_4)H_2PO_4$ | 22.7 | 29.5 | 37.4 | 46.4 | 56.7 | 82.5 | 118 | | 173 |
| 碳酸氢铵 | $NH_4HCO_3$ | 11.9 | 16.1 | 21.7 | 28.4 | 36.6 | 59.2 | 109 | 170 | 354 |
| 硫酸亚铁铵 | $(NH_4)_2Fe(SO_4)_2$ | 12.5 | 17.2 | 26.4 | 33 | 46 | | | | |
| 硝酸铵 | $NH_4NO_3$ | 118 | 150 | 192 | 242 | 297 | 421 | 580 | 740 | 871 |
| 草酸铵 | $(NH_4)_2C_2O_4$ | 2.2 | 3.21 | 4.45 | 6.09 | 8.18 | 14.0 | 22.4 | 27.9 | 34.7 |
| 硫酸铵 | $(NH_4)_2SO_4$ | 70.6 | 73.0 | 75.4 | 78.0 | 81 | 88 | 95 | | 103 |
| 亚硫酸铵 | $(NH_4)_2SO_3$ | 47.9 | 54.0 | 60.8 | 68.8 | 78.4 | 104 | 144 | 150 | 153 |
| 硫氰酸铵 | $NH_4SCN$ | 120 | 144 | 170 | 208 | 234 | 346 | | | |
| 三氯化锑 | $SbCl_3$ | 602 | | 910 | 1087 | 1368 | 72℃完全混溶 | | | |
| 五氧化二砷 | $As_2O_5$ | 59.5 | 62.1 | 65.8 | 69.8 | 71.2 | 73.0 | 75.1 | | 76.7 |
| 三氧化二砷 | $As_2O_3$ | 1.20 | 1.49 | 1.82 | 2.31 | 2.93 | 4.31 | 6.11 | | 8.2 |
| 二水合氯化钡 | $BaCl_2 \cdot 2H_2O$ | 31.2 | 33.5 | 35.8 | 38.1 | 40.8 | 46.2 | 52.5 | 55.8 | 59.4 |
| 氢氧化钡 | $Ba(OH)_2$ | 1.67 | 2.48 | 3.89 | 5.59 | 8.22 | 20.94 | 101.4 | | |
| 碘酸钡 | $Ba(IO_3)_2$ | | | 0.035 | 0.046 | 0.057 | | | | |
| 硝酸钡 | $Ba(NO_3)_2$ | 4.95 | 6.67 | 9.02 | 11.48 | 14.1 | 20.4 | 27.2 | | 34.4 |
| 硼酸 | $H_3BO_3$ | 2.67 | 3.73 | 5.04 | 6.72 | 8.72 | 14.81 | 23.62 | 30.38 | 40.25 |
| 硝酸镉 | $Cd(NO_3)_2$ | 122 | 136 | 150 | 167 | 194 | 310 | 713 | | |
| 硫酸镉 | $CdSO_4$ | 75.4 | 76.0 | 76.6 | | 73.5 | 81.8 | 66.7 | 63.1 | 60.8 |
| 氢氧化钙 | $Ca(OH)_2$ | 0.189 | 0.182 | 0.173 | 0.160 | 0.141 | 0.121 | | 0.086 | 0.076 |
| 四水合硝酸钙 | $Ca(NO_3)_2 \cdot 4H_2O$ | 102 | 115 | 129 | 152 (25℃) | 191 (35℃) | | 358 (65℃) | | 363 |
| 1/2 水合硫酸钙 | $CaSO_4 \cdot 1/2H_2O$ | | | 0.32 (18℃) | 0.29 | 0.26 | 0.21 (65℃) | 0.145 (75℃) | 0.12 | 0.071 |

续表

| 物　质 | 分子式 | t/℃ | | | | | | | | |
|---|---|---|---|---|---|---|---|---|---|---|
| | | 0 | 10 | 20 | 30 | 40 | 60 | 80 | 90 | 100 |
| 二水合硫酸钙 | $CaSO_4 \cdot 2H_2O$ | 0.223 | 0.244 | 0.255 | 0.264 | 0.265 | 0.244 | 0.234 | | 0.205 |
| 硝酸铵铈(Ⅲ) | $Ce(NH_4)_2(NO_3)_5$ | | 242 | 276 | 318 | 376 | 681 | | | |
| 硝酸铵铈(Ⅳ) | $Ce(NH_4)_2(NO_3)_6$ | | | 135 | 150 | 169 | 213 | | | |
| 硫酸铵铈(Ⅲ) | $Ce(NH_4)(SO_4)_2$ | | | 5.53 (25℃) | 4.49 (35℃) | 3.48 | 2.02 | 1.33 | | |
| 硝酸铬(Ⅲ) | $Cr(NO_3)_3$ | 108 | 124 | 130 | 152 | | | | | |
| 氯化钴 | $CoCl_2$ | 43.5 | 47.7 | 52.9 | 59.7 | 69.5 | 93.8 | 97.6 | 101 | 106 |
| 硝酸钴 | $Co(NO_3)_2$ | 84.0 | 89.6 | 97.4 | 111 | 125 | 174 | 204 | 300 | |
| 硫酸钴 | $CoSO_4$ | 25.5 | 30.5 | 36.1 | 42.0 | 48.8 | 55.0 | 53.8 | 45.3 | 38.9 |
| 七水合硫酸钴 | $CoSO_4 \cdot 7H_2O$ | 44.8 | 56.3 | 65.4 | 73.0 | 88.1 | 101 | | | |
| 氯化铜 | $CuCl_2$ | 68.6 | 70.9 | 73.0 | 77.3 | 87.6 | 96.5 | 104 | 108 | 120 |
| 硝酸铜 | $Cu(NO_3)_2$ | 83.5 | 100 | 125 | 156 | 163 | 182 | 208 | 222 | 247 |
| 五水合硫酸铜 | $CuSO_4 \cdot 5H_2O$ | 23.1 | 27.5 | 32.0 | 37.8 | 44.6 | 61.8 | 83.8 | | 114 |
| 氯化氢 | $HCl$ | 82.3 | 77.2 | 72.1 | 67.3 | 63.3 | 56.1 | | | |
| 碘 | $I_2$ | 0.014 | 0.020 | 0.029 | 0.039 | 0.052 | 0.100 | 0.225 | 0.315 | 0.445 |
| 六水合三氯化铁 | $FeCl_3 \cdot 6H_2O$ | 74.4 | | 91.8 | 106.8 | | | | | |
| 六水合硝酸亚铁 | $Fe(NO_3)_2 \cdot 6H_2O$ | 113 | 134 | | | | 266 | | | |
| 七水合硫酸亚铁 | $FeSO_4 \cdot 7H_2O$ | 28.8 | 40.0 | 48.0 | 60.0 | 73.3 | 100.7 | 79.9 | 68.3 | 57.3 |
| 乙酸铅 | $Pb(C_2H_3O_2)_2$ | 19.8 | 29.5 | 44.3 | 69.8 | 116 | | | | |
| 硝酸铅 | $Pb(NO_3)_2$ | 37.5 | 46.2 | 54.3 | 63.4 | 72.1 | 91.6 | 111 | | 133 |
| 氯化锂 | $LiCl$ | 69.2 | 74.5 | 83.5 | 86.2 | 89.8 | 98.4 | 112 | 121 | 128 |
| 氢氧化锂 | $LiOH$ | 11.91 | 12.11 | 12.35 | 12.70 | 13.22 | 14.63 | 16.56 | | 19.12 |
| 硝酸锂 | $LiNO_3$ | 53.4 | 60.8 | 70.1 | 138 | 152 | 175 | | | |
| 氯化镁 | $MgCl_2$ | 52.9 | 53.6 | 54.6 | 55.8 | 57.5 | 61.0 | 66.1 | 69.5 | 73.3 |
| 硝酸镁 | $Mg(NO_3)_2$ | 62.1 | 66.0 | 69.5 | 73.6 | 78.9 | 78.9 | 91.6 | 106 | |
| 硫酸镁 | $MgSO_4$ | 22.0 | 28.2 | 33.7 | 38.9 | 44.5 | 54.6 | 55.8 | 52.9 | 50.4 |
| 硝酸锰 | $Mn(NO_3)_2$ | 102 | 118 | 139 | 206 | | | | | |
| 硫酸锰 | $MnSO_4$ | 52.9 | 59.7 | 62.9 | 62.9 | 60.0 | 53.6 | 45.6 | 40.9 | 35.3 |
| 氯化镍 | $NiCl_2$ | 53.4 | 56.3 | 60.8 | 70.6 | 73.2 | 81.2 | 86.6 | | 87.6 |
| 硝酸镍 | $Ni(NO_3)_2$ | 79.2 | | 94.2 | 105 | 119 | 158 | 187 | 188 | |
| 六水合硫酸镍 | $NiSO_4 \cdot 6H_2O$ | | | | | | | | | |
| | 淡蓝 | | | 40.1 | 43.6 | 47.6 | | | | |
| | 绿 | | | 44.4 | 46.6 | 49.2 | 55.6 | 64.5 | 70.1 | 76.7 |
| 七水合硫酸镍 | $NiSO_4 \cdot 7H_2O$ | 26.2 | 32.4 | 37.7 | 43.4 | 50.4 | | | | |
| 草酸 | $H_2C_2O_4$ | 3.54 | 6.08 | 9.52 | 14.23 | 21.52 | 44.32 | 84.5 | 120 | |
| 硫酸铝钾 | $KAl(SO_4)_2$ | 3.00 | 3.99 | 5.90 | 8.39 | 11.7 | 24.8 | 71.0 | 109 | |
| 溴酸钾 | $KBrO_3$ | 3.09 | 4.72 | 6.91 | 9.64 | 13.1 | 22.7 | 34.1 | | 49.9 |
| 溴化钾 | $KBr$ | 53.6 | 59.5 | 65.3 | 70.7 | 75.4 | 85.5 | 94.9 | 99.2 | 104 |
| 碳酸钾 | $K_2CO_3$ | 105 | 108 | 111 | 114 | 117 | 127 | 140 | 148 | 156 |
| 氯酸钾 | $KClO_3$ | 3.3 | 5.2 | 7.3 | 10.1 | 13.9 | 23.8 | 37.6 | 46.0 | 56.3 |
| 氯化钾 | $KCl$ | 28.0 | 31.2 | 34.2 | 37.2 | 40.1 | 45.8 | 51.3 | 53.9 | 56.3 |
| 铬酸钾 | $K_2CrO_4$ | 56.3 | 60.0 | 63.7 | 66.7 | 67.8 | 70.1 | | 74.5 | |
| 重铬酸钾 | $K_2Cr_2O_7$ | 4.7 | 7.0 | 12.3 | 18.1 | 26.3 | 45.6 | 73.0 | | |
| 铁氰化钾 | $K_3[Fe(CN)_6]$ | 30.2 | 38 | 46 | 53 | 59.3 | 70 | | | 91 |
| 亚铁氰化钾 | $K_4[Fe(CN)_6]$ | 14.3 | 21.1 | 28.2 | 35.1 | 41.4 | 54.8 | 66.9 | 71.5 | 74.2 |
| 碘酸钾 | $KIO_3$ | 4.60 | 6.27 | 8.08 | 10.3 | 12.6 | 18.3 | 24.8 | | 32.3 |
| 碘化钾 | $KI$ | 128 | 136 | 144 | 153 | 162 | 176 | 192 | 198 | 206 |
| 草酸钾 | $K_2C_2O_4$ | 25.5 | 31.9 | 36.4 | 39.9 | 43.8 | 53.2 | 63.6 | 69.2 | 75.3 |

续表

| 物质 | 分子式 | t/℃ | | | | | | | | |
|---|---|---|---|---|---|---|---|---|---|---|
| | | 0 | 10 | 20 | 30 | 40 | 60 | 80 | 90 | 100 |
| 高锰酸钾 | $KMnO_4$ | 2.83 | 4.31 | 6.34 | 9.03 | 12.6 | 22.1 | | | |
| 过二硫酸钾 | $K_2S_2O_8$ | 1.65 | 2.67 | 4.70 | 7.75 | 11.0 | | | | |
| 硫酸钾 | $K_2SO_4$ | 7.4 | 9.3 | 11.1 | 13.0 | 14.8 | 18.2 | 21.4 | 22.9 | 24.1 |
| 硫氰酸钾 | KSCN | 177 | 198 | 224 | 255 | 289 | 372 | 492 | 571 | 675 |
| 硝酸银 | $AgNO_3$ | 122 | 167 | 216 | 265 | 311 | 440 | 585 | 652 | 733 |
| 硫酸银 | $Ag_2SO_4$ | 0.57 | 0.70 | 0.80 | 0.89 | 0.98 | 1.15 | 1.36 | 1.36 | 1.41 |
| 乙酸钠 | $NaC_2H_3O_2$ | 36.2 | 40.8 | 46.4 | 54.6 | 65.6 | 139 | 153 | 161 | 170 |
| 四硼酸二钠 | $Na_2B_4O_7$ | 1.11 | 1.60 | 2.56 | 3.86 | 6.67 | 19.0 | 31.4 | 41.0 | 52.5 |
| 溴化钠 | NaBr | 80.2 | 85.2 | 90.8 | 98.4 | 107 | 118 | 120 | 121 | 121 |
| 碳酸钠 | $Na_2CO_3$ | 7.00 | 12.5 | 21.5 | 39.7 | 49.0 | 46.0 | 43.9 | 43.9 | |
| 氯酸钠 | $NaClO_3$ | 79.6 | 87.6 | 95.9 | 105 | 115 | 137 | 167 | 184 | 204 |
| 氯化钠 | NaCl | 35.7 | 35.8 | 35.9 | 36.1 | 36.4 | 37.1 | 38.0 | 38.5 | 39.2 |
| 铬酸钠 | $Na_2CrO_4$ | 31.7 | 50.1 | 84.0 | 88.0 | 96.0 | 115 | 125 | | 126 |
| 重铬酸钠 | $Na_2Cr_2O_7$ | 163 | 172 | 183 | 198 | 215 | 269 | 376 | 405 | 415 |
| 正磷酸二氢钠 | $NaH_2PO_4$ | 56.5 | 69.8 | 86.9 | 107 | 133 | 172 | 211 | 234 | |
| 氟化钠 | NaF | 3.66 | | 4.06 | 4.22 | 4.40 | 4.68 | 4.89 | | 5.08 |
| 甲酸钠 | $NaCHO_2$ | 43.9 | 62.5 | 81.2 | 102 | 108 | 122 | 138 | 147 | 160 |
| 碳酸氢钠 | $NaHCO_3$ | 7.0 | 8.1 | 9.6 | 11.1 | 12.7 | 16.0 | | | |
| 磷酸氢二钠 | $Na_2HPO_4$ | 1.68 | 3.53 | 7.83 | 22.0 | 55.3 | 82.8 | 92.3 | 102 | 104 |
| 氢氧化钠 | NaOH | | 98 | 109 | 119 | 129 | 174 | | | |
| 次氯酸钠 | NaClO | 29.4 | 36.4 | 53.4 | 100 | 110 | | | | |
| 碘酸钠 | $NaIO_3$ | 2.48 | 4.59 | 8.08 | 10.7 | 13.3 | 19.8 | 26.6 | 29.5 | 33.0 |
| 硝酸钠 | $NaNO_3$ | 73.0 | 80.8 | 87.6 | 94.9 | 102 | 122 | 148 | | 180 |
| 亚硝酸钠 | $NaNO_2$ | 71.2 | 75.1 | 80.8 | 87.6 | 94.9 | 111 | 133 | | 160 |
| 磷酸钠 | $Na_3PO_4$ | 4.5 | 8.2 | 12.1 | 16.3 | 20.2 | 29.9 | 60.0 | 68.1 | 77.0 |
| 硫酸钠 | $Na_2SO_4$ | 4.9 | 9.1 | 19.5 | 40.8 | 48.8 | 45.3 | 43.7 | 42.7 | 42.5 |
| 硫化钠 | $Na_2S$ | 9.6 | 12.1 | 15.7 | 20.5 | 26.6 | 39.1 | 55.0 | 65.3 | |
| 亚硫酸钠 | $Na_2SO_3$ | 14.4 | 19.5 | 26.3 | 35.5 | 37.2 | 32.6 | 29.4 | 27.9 | |
| 五水合硫代硫酸钠 | $Na_2S_2O_3 \cdot 5H_2O$ | 50.2 | 59.7 | 70.1 | 83.2 | 104 | | | | |
| 钨酸钠 | $Na_2WO_4$ | 71.5 | | 73.0 | | 77.0 | | 90.8 | | 97.2 |
| 氯化锶 | $SrCl_2$ | 43.5 | 47.7 | 52.9 | 58.7 | 65.3 | 81.8 | 90.5 | | 101 |
| 氢氧化锶 | $Sr(OH)_2$ | 0.91 | 1.25 | 1.77 | 2.64 | 3.95 | 8.42 | 20.2 | 44.5 | 91.2 |
| 硝酸锶 | $Sr(NO_3)_2$ | 39.5 | 52.9 | 69.5 | 88.7 | 89.4 | 93.4 | 96.9 | 98.4 | |
| 氯化锌 | $ZnCl_2$ | 342 | 363 | 395 | 437 | 452 | 488 | 541 | | 614 |
| 硝酸锌 | $Zn(NO_3)_2$ | 98 | | | 138 | 211 | | | | |
| 硫酸锌(正交) | $ZnSO_4$ | 41.6 | 47.2 | 53.8 | 61.3 | 70.5 | 75.4 | 71.1 | | 60.5 |
| 硫酸锌(单斜) | $ZnSO_4$ | | 54.4 | 60.0 | 65.5 | | | | | |

表中数据摘自 Dean J A. Lange's Handbook of Chemistry. 14th ed.，5.1，New York：McGraw Hill，1992。

## 3. 实验室常用酸、碱浓度

| 试剂名称 | 密度(20℃)/kg·L$^{-1}$ | 浓度/mol·L$^{-1}$ | 质量分数/% | 试剂名称 | 密度(20℃)/kg·L$^{-1}$ | 浓度/mol·L$^{-1}$ | 质量分数/% |
|---|---|---|---|---|---|---|---|
| 浓硫酸 | 1.84 | 18.0 | 96.0 | 氢氟酸 | 1.18 | 28.9 | 49.0 |
| 浓盐酸 | 1.19 | 12.1 | 37.2 | 高氯酸 | 1.67 | 11.7 | 70.5 |
| 浓硝酸 | 1.42 | 15.9 | 70.4 | 浓氨水 | 0.90 | 14.53 | 56.6 |
| 磷酸 | 1.70 | 14.8 | 85.5 | 联氨 | 1.011 | 30.0 | 95 |
| 冰醋酸 | 1.05 | 17.45 | 99.8 | 浓氢氧化钠 | 1.54 | 19.4 | 50.5 |

表中数据摘自 Dean J A. Lange's Handbook of Chemistry. 14th ed.，11.7，New York：McGraw Hill，1992。

4. 某些酸、碱的离解常数

(1) 弱酸离解常数(弱酸的浓度为0.003～0.1mol・$L^{-1}$)

| 弱酸 | $t$/℃ | 级次 | $K_a^\ominus$ | $pK_a^\ominus$ | 弱酸 | $t$/℃ | 级次 | $K_a^\ominus$ | $pK_a^\ominus$ |
|---|---|---|---|---|---|---|---|---|---|
| $H_3AsO_4$ | 18 | 1 | $5.62\times10^{-3}$ | 2.25 | $HClO_4$ | 20 | | $1.78\times10^{-2}$ | 1.77 |
| | 18 | 2 | $1.70\times10^{-7}$ | 6.77 | $HIO_4$ | 25 | | $2.3\times10^{-2}$ | 1.64 |
| | 18 | 3 | $3.95\times10^{-12}$ | 11.60 | $H_3PO_4$ | 25 | 1 | $7.52\times10^{-3}$ | 2.12 |
| $HAsO_2$ | 25 | | $6\times10^{-10}$ | 9.23 | | 25 | 2 | $6.23\times10^{-8}$ | 7.21 |
| $H_3BO_3$ | 20 | 1 | $7.3\times10^{-10}$ | 9.14 | | 25 | 3 | $2.2\times10^{-13}$ | 12.67 |
| | 20 | 2 | $1.8\times10^{-13}$ | 12.74 | $H_3PO_3$ | 18 | 1 | $1.0\times10^{-2}$ | 2.00 |
| | 20 | 3 | $1.6\times10^{-14}$ | 13.80 | | 18 | 2 | $2.6\times10^{-7}$ | 6.59 |
| $H_2CO_3$ | 25 | 1 | $4.30\times10^{-7}$ | 6.37 | $H_4P_2O_7$ | 18 | 1 | $1.4\times10^{-1}$ | 0.85 |
| | 25 | 2 | $5.61\times10^{-11}$ | 10.25 | | 18 | 2 | $3.2\times10^{-2}$ | 1.49 |
| $H_2CrO_4$ | 25 | 1 | $1.8\times10^{-1}$ | 0.74 | | 18 | 3 | $1.7\times10^{-6}$ | 5.77 |
| | 25 | 2 | $3.20\times10^{-7}$ | 6.49 | | 18 | 4 | $6\times10^{-9}$ | 8.22 |
| HCN | 25 | | $4.93\times10^{-10}$ | 9.31 | $H_2SiO_3$ | 25 | 1 | $2\times10^{-10}$ | 9.70 |
| HF | 25 | | $3.53\times10^{-4}$ | 3.45 | | 25 | 2 | $1\times10^{-12}$ | 12.00 |
| $H_2S$ | 18 | 1 | $9.1\times10^{-8}$ | 7.04 | $HSO_4^-$ | 25 | 2 | $1.20\times10^{-2}$ | 1.92 |
| | 18 | 2 | $1.1\times10^{-12}$ | 11.96 | $H_2SO_3$ | 18 | 1 | $1.54\times10^{-2}$ | 1.81 |
| $H_2O_2$ | 25 | | $2.4\times10^{-12}$ | 11.62 | | 18 | 2 | $1.02\times10^{-7}$ | 6.91 |
| HBrO | 25 | | $2.06\times10^{-9}$ | 8.69 | HCOOH | 20 | | $1.77\times10^{-4}$ | 3.75 |
| HClO | 18 | | $2.95\times10^{-6}$ | 4.53 | $CH_3COOH$ | 25 | | $1.76\times10^{-5}$ | 4.75 |
| HIO | 25 | | $2.3\times10^{-11}$ | 10.64 | $H_2C_2O_4$ | 25 | 1 | $5.90\times10^{-2}$ | 1.23 |
| $HIO_3$ | 25 | | $1.69\times10^{-1}$ | 0.77 | | 25 | 2 | $6.40\times10^{-5}$ | 4.19 |
| $HNO_2$ | 12.5 | | $4.6\times10^{-4}$ | 3.37 | | | | | |

(2) 弱碱离解常数(298K)

| 弱碱 | $pK_b^\ominus$ | 弱碱 | $pK_b^\ominus$ |
|---|---|---|---|
| $NH_3$ | 4.75 | $NH_2OH$ | 8.04 |
| $N_2H_4$ | 6.05 | | |

表中数据摘自 Lide D R. CRC Handbook of Chemistry and Physics. 73rd. ed, 8-39～8-41. Boca Roton: CRC Press, 1992～1993。

5. 难溶化合物的溶度积

本表所列数据适用于$t$=18～25℃的变化范围,按阳离子元素符号英文字母的顺序排列。

| 物质 | $pK_{sp}^\ominus$ | $K_{sp}^\ominus$ | 物质 | $pK_{sp}^\ominus$ | $K_{sp}^\ominus$ |
|---|---|---|---|---|---|
| Ag(银) | | | $AgIO_3$ | 7.52 | $3.0\times10^{-8}$ |
| $Ag_3AsO_4$ | 22.0 | $1.0\times10^{-22}$ | AgI | 16.08 | $3.3\times10^{-17}$ |
| AgBr | 12.30 | $5.0\times10^{-13}$ | $AgNO_2$ | 3.22 | $6.0\times10^{-4}$ |
| $AgBrO_3$ | 4.28 | $5.3\times10^{-5}$ | $Ag_2C_2O_4$ | 10.46 | $3.4\times10^{-11}$ |
| $Ag_2CO_3$ | 11.09 | $8.1\times10^{-12}$ | $Ag_3PO_4$ | 15.84 | $1.4\times10^{-16}$ |
| $AgClO_2$ | 3.7 | $2.0\times10^{-4}$ | $Ag_2SO_4$ | 4.84 | $1.4\times10^{-5}$ |
| AgCl | 9.75 | $1.8\times10^{-10}$ | $Ag_2SO_3$ | 13.82 | $1.5\times10^{-14}$ |
| $Ag_2CrO_4$ | 11.95 | $1.1\times10^{-12}$ | $Ag_2S$ | 49.2 | $6.3\times10^{-50}$ |
| AgOCN | 6.64 | $2.3\times10^{-7}$ | AgSCN | 12.00 | $1.0\times10^{-12}$ |
| AgCN | 15.92 | $1.2\times10^{-16}$ | Al(铝) | | |
| $Ag_2Cr_2O_7$ | 6.70 | $2.0\times10^{-7}$ | $AlAsO_4$ | 15.8 | $1.6\times10^{-16}$ |
| $Ag_4[Fe(CN)_6]$ | 40.81 | $1.6\times10^{-41}$ | $Al(OH)_3$(无定形) | 32.9 | $1.3\times10^{-33}$ |
| AgOH | 7.71 | $2.0\times10^{-8}$ | $AlPO_4$ | 18.24 | $6.3\times10^{-19}$ |

续表

| 物质 | $pK_{sp}^{\ominus}$ | $K_{sp}^{\ominus}$ | 物质 | $pK_{sp}^{\ominus}$ | $K_{sp}^{\ominus}$ |
|---|---|---|---|---|---|
| As(砷) | | | $CaSO_4$ | 5.04 | $9.1\times10^{-6}$ |
| $As_2S_3$(水解为 $HAsO_2$、$H_2S$) | 21.68 | $2.1\times10^{-22}$ | $CaSO_3$ | 7.17 | $6.8\times10^{-8}$ |
| Au(金) | | | Cd(镉) | | |
| AuCl | 12.7 | $2.0\times10^{-13}$ | $Cd_3(AsO_4)_2$ | 32.66 | $2.2\times10^{-33}$ |
| AuI | 22.8 | $1.6\times10^{-23}$ | $CdCO_3$ | 11.28 | $5.2\times10^{-12}$ |
| $AuCl_3$ | 24.5 | $3.2\times10^{-25}$ | $Cd(CN)_2$ | 8.0 | $1.0\times10^{-8}$ |
| $Au(OH)_3$ | 45.26 | $5.5\times10^{-46}$ | $Cd_2[Fe(CN)_6]$ | 16.49 | $3.2\times10^{-17}$ |
| $AuCl_3$ | 46 | $1.0\times10^{-46}$ | $Cd(OH)_2$(新制备) | 13.6 | $2.5\times10^{-14}$ |
| $Au_2(C_2O_4)_3$ | 10 | $1.0\times10^{-10}$ | $CdC_2O_4\cdot3H_2O$ | 7.04 | $9.1\times10^{-8}$ |
| Ba(钡) | | | $Cd_3(PO_4)_2$ | 32.6 | $2.5\times10^{-13}$ |
| $Ba(BrO_3)_2$ | 5.50 | $3.2\times10^{-6}$ | CdS | 26.1 | $8.0\times10^{-27}$ |
| $BaCO_3$ | 8.29 | $5.1\times10^{-9}$ | Co(钴) | | |
| $BaCrO_4$ | 9.93 | $1.2\times10^{-10}$ | $Co_3(AsO_4)_2$ | 28.12 | $7.6\times10^{-29}$ |
| $Ba_2[Fe(CN)_6]\cdot6H_2O$ | 7.5 | $3.2\times10^{-3}$ | $CoCO_3$ | 12.84 | $1.4\times10^{-13}$ |
| $BaF_2$ | 5.98 | $1.0\times10^{-6}$ | $Co_2[Fe(CN)_6]$ | 14.74 | $1.8\times10^{-15}$ |
| $Ba[SiF_6]$ | 6 | $1.0\times10^{-6}$ | $Co(OH)_2$(新制备) | 14.8 | $1.6\times10^{-15}$ |
| $Ba(IO_3)_2\cdot2H_2O$ | 8.82 | $1.5\times10^{-9}$ | $Co(OH)_3$ | 43.8 | $1.6\times10^{-44}$ |
| $Ba(OH)_2$ | 2.3 | $5\times10^{-3}$ | $Co(IO_3)_2$ | 4.0 | $1.0\times10^{-4}$ |
| $Ba(NO_2)_2$ | 2.35 | $4.5\times10^{-3}$ | $Co[Hg(SCN)_4]$ | 5.82 | $1.5\times10^{-6}$ |
| $BaC_2O_4$ | 6.79 | $1.6\times10^{-7}$ | α-CoS | 20.4 | $4.0\times10^{-21}$ |
| $BaC_2O_4\cdot H_2O$ | 7.64 | $2.3\times10^{-8}$ | β-CoS | 24.7 | $2.0\times10^{-25}$ |
| $BaHPO_4$ | 6.5 | $3.2\times10^{-7}$ | $CoHPO_4$ | 6.7 | $2\times10^{-7}$ |
| $Ba_3(PO_4)_2$ | 22.47 | $3.4\times10^{-23}$ | $Co_3(PO_4)_2$ | 34.7 | $2\times10^{-35}$ |
| $Ba_2P_2O_7$ | 10.5 | $3.2\times10^{-11}$ | Cr(铬) | | |
| $BaSeO_4$ | 7.46 | $3.5\times10^{-8}$ | $Cr(OH)_2$ | 15.7 | $2\times10^{-16}$ |
| $BaSO_4$ | 9.96 | $1.1\times10^{-10}$ | $CrF_3$ | 10.18 | $6.6\times10^{-11}$ |
| $BaSO_3$ | 6.1 | $8\times10^{-7}$ | $CrAsO_4$ | 20.11 | $7.7\times10^{-21}$ |
| $BaS_2O_3$ | 4.79 | $1.6\times10^{-5}$ | $Cr(OH)_3$ | 30.2 | $6.3\times10^{-31}$ |
| Be(铍) | | | $CrPO_4\cdot4H_2O$(绿) | 22.62 | $2.4\times10^{-23}$ |
| $BeCO_3\cdot4H_2O$ | 3 | $1.0\times10^{-3}$ | $CrPO_4\cdot4H_2O$(紫) | 17.00 | $1.0\times10^{-17}$ |
| $Be(OH)_2$ 无定形 | 21.8 | $1.6\times10^{-22}$ | Cu(铜) | | |
| Bi(铋) | | | $CuN_3$ | 8.31 | $4.9\times10^{-9}$ |
| $Bi(OH)_3$ | 30.4 | $4\times10^{-31}$ | CuBr | 8.28 | $5.3\times10^{-9}$ |
| $BiPO_4$ | 22.89 | $1.3\times10^{-23}$ | CuCl | 5.92 | $1.2\times10^{-6}$ |
| $Bi_2S_3$ | 97 | $1.0\times10^{-97}$ | CuCN | 19.49 | $3.2\times10^{-20}$ |
| BiOBr | 6.52 | $3.0\times10^{-7}$ | CuI | 11.96 | $1.1\times10^{-12}$ |
| BiOCl | 30.75 | $1.8\times10^{-31}$ | CuOH | 14.0 | $1.0\times10^{-14}$ |
| BiOOH | 9.4 | $4\times10^{-10}$ | $Cu_2S$ | 47.6 | $2.5\times10^{-48}$ |
| Ca(钙) | | | CuSCN | 14.32 | $4.8\times10^{-15}$ |
| $CaCO_3$ | 8.54 | $2.8\times10^{-9}$ | $Cu_3(AsO_4)_2$ | 35.12 | $7.6\times10^{-36}$ |
| $CaCrO_4$ | 3.15 | $7.1\times10^{-4}$ | $Cu(NO_3)_2$ | 9.2 | $6.3\times10^{-10}$ |
| $CaF_2$ | 8.28 | $5.3\times10^{-9}$ | $CuCO_3$ | 9.86 | $1.4\times10^{-10}$ |
| $Ca[SiF_6]$ | 3.09 | $8.1\times10^{-4}$ | $CuCrO_4$ | 5.44 | $3.6\times10^{-6}$ |
| $Ca(OH)_2$ | 5.26 | $5.5\times10^{-6}$ | $Cu_2[Fe(CN)_6]$ | 15.89 | $1.3\times10^{-16}$ |
| $Ca(IO_3)_2\cdot6H_2O$ | 6.15 | $7.1\times10^{-7}$ | $Cu(IO_3)_2$ | 7.13 | $7.4\times10^{-8}$ |
| $CaC_2O_4\cdot H_2O$ | 8.4 | $4.0\times10^{-9}$ | $Cu(OH)_2$ | 19.66 | $2.2\times10^{-20}$ |
| $CaHPO_4$ | 7.0 | $1.0\times10^{-7}$ | $CuC_2O_4$ | 7.64 | $2.3\times10^{-8}$ |
| $Ca_3(PO_4)_2$ | 28.70 | $2.0\times10^{-29}$ | $Cu_3(PO_4)_2$ | 36.9 | $1.3\times10^{-37}$ |
| $CaSiO_3$ | 7.60 | $2.5\times10^{-8}$ | $Cu_2P_2O_7$ | 15.08 | $8.3\times10^{-16}$ |

续表

| 物　质 | $pK_{sp}^{\ominus}$ | $K_{sp}^{\ominus}$ | 物　质 | $pK_{sp}^{\ominus}$ | $K_{sp}^{\ominus}$ |
|---|---|---|---|---|---|
| $CuS$ | 35.2 | $6.3\times10^{-36}$ | $Mn$(锰) | | |
| $Fe$(铁) | | | $Mn_3(AsO_4)_2$ | 28.72 | $1.9\times10^{-29}$ |
| $FeCO_3$ | 10.50 | $3.2\times10^{-11}$ | $MnCO_3$ | 10.74 | $1.8\times10^{-11}$ |
| $Fe(OH)_2$ | 15.1 | $8.0\times10^{-16}$ | $Mn[Fe(CN)_6]$ | 12.10 | $8.0\times10^{-13}$ |
| $FeC_2O_4\cdot2H_2O$ | 6.5 | $3.2\times10^{-7}$ | $Mn(OH)_2$ | 12.72 | $1.9\times10^{-13}$ |
| $FeS$ | 17.2 | $6.3\times10^{-18}$ | $MnC_2O_4\cdot2H_2O$ | 14.96 | $1.1\times10^{-15}$ |
| $FeAsO_4$ | 20.24 | $5.7\times10^{-21}$ | $MnS$(无定形) | 9.6 | $2.5\times10^{-10}$ |
| $Fe_4[Fe(CN)_6]_3$ | 40.52 | $3.3\times10^{-41}$ | $MnS$(晶体) | 12.6 | $2.5\times10^{-13}$ |
| $Fe(OH)_3$ | 37.4 | $4\times10^{-38}$ | $Na$(钠) | | |
| $FePO_4$ | 21.89 | $1.3\times10^{-22}$ | $Na[Sb(OH)_6]$ | 7.4 | $4.0\times10^{-8}$ |
| $Hg$(汞) | | | $Na_3AlF_6$ | 9.39 | $4.0\times10^{-10}$ |
| $Hg_2Br_2$ | 22.24 | $5.6\times10^{-23}$ | $NaK_2[Co(NO_2)_6]$ | 10.66 | $2.2\times10^{-11}$ |
| $Hg_2CO_3$ | 16.05 | $8.9\times10^{-17}$ | $Na(NH_4)_2[Co(NO_2)_6]$ | 11.4 | $4\times10^{-12}$ |
| $Hg_2(CN)_2$ | 39.3 | $5\times10^{-40}$ | $Ni$(镍) | | |
| $Hg_2Cl_2$ | 17.88 | $1.3\times10^{-18}$ | $NiCO_3$ | 8.18 | $6.6\times10^{-9}$ |
| $Hg_2CrO_4$ | 8.70 | $2.0\times10^{-9}$ | $Ni_2[Fe(CN)_6]$ | 14.89 | $1.3\times10^{-15}$ |
| $(Hg_2)_3[Fe(CN)_6]_2$ | 20.07 | $8.5\times10^{-21}$ | $Ni(OH)_2$(新制备) | 14.7 | $2.0\times10^{-15}$ |
| $Hg_2(OH)_2$ | 23.7 | $2.0\times10^{-24}$ | $Ni(IO_3)_2$ | 7.85 | $1.4\times10^{-8}$ |
| $Hg_2(IO_3)_2$ | 13.71 | $2.0\times10^{-14}$ | $NiC_2O_4$ | 9.4 | $4\times10^{-10}$ |
| $Hg_2I_2$ | 28.35 | $4.5\times10^{-29}$ | $Ni_3(PO_4)_2$ | 30.3 | $5\times10^{-31}$ |
| $Hg_2C_2O_4$ | 12.7 | $2.0\times10^{-13}$ | $Ni_2P_2O_7$ | 12.77 | $1.7\times10^{-13}$ |
| $Hg_2HPO_4$ | 12.40 | $4.0\times10^{-13}$ | $\alpha$-$NiS$ | 18.5 | $3.2\times10^{-19}$ |
| $Hg_2SO_4$ | 6.13 | $7.4\times10^{-7}$ | $\beta$-$NiS$ | 24.0 | $1.0\times10^{-24}$ |
| $Hg_2S$ | 47.0 | $1.0\times10^{-47}$ | $\gamma$-$NiS$ | 25.7 | $2.0\times10^{-26}$ |
| $Hg_2(SCN)_2$ | 19.7 | $2.0\times10^{-20}$ | $Pb$(铅) | | |
| $Hg(OH)_2$ | 25.52 | $3.0\times10^{-26}$ | $Pb(Ac)_2$ | 2.75 | $1.8\times10^{-3}$ |
| $Hg(IO_3)_2$ | 12.5 | $3.2\times10^{-13}$ | $Pb_3(AsO_4)_2$ | 35.39 | $4.0\times10^{-36}$ |
| $HgS$(红) | 52.4 | $4\times10^{-53}$ | $PbBr_2$ | 4.41 | $4.0\times10^{-5}$ |
| $HgS$(黑) | 51.8 | $1.6\times10^{-52}$ | $PbCO_3$ | 13.13 | $7.4\times10^{-14}$ |
| $K$(钾) | | | $PbCl_2$ | 4.79 | $1.6\times10^{-5}$ |
| $K_2[PdCl_6]$ | 5.22 | $6.0\times10^{-6}$ | $PbClF$ | 8.62 | $2.4\times10^{-9}$ |
| $K_2[PtCl_6]$ | 4.96 | $1.1\times10^{-5}$ | $PbCrO_4$ | 12.55 | $2.8\times10^{-13}$ |
| $K_2[PtBr_6]$ | 4.2 | $6.3\times10^{-5}$ | $Pb(ClO_2)_2$ | 8.4 | $4\times10^{-9}$ |
| $K_2[PtF_6]$ | 4.54 | $2.9\times10^{-5}$ | $Pb[Fe(CN)_6]$ | 14.46 | $3.5\times10^{-15}$ |
| $K_2SiF_6$ | 6.06 | $8.7\times10^{-7}$ | $PbF_2$ | 7.57 | $2.7\times10^{-8}$ |
| $KIO_4$ | 3.08 | $8.3\times10^{-4}$ | $Pb(OH)_2$ | 14.93 | $1.2\times10^{-15}$ |
| $K_2Na[Co(NO_2)_6]\cdot H_2O$ | 10.66 | $2.2\times10^{-11}$ | $Pb(OH)Br$ | 14.70 | $2.0\times10^{-15}$ |
| $Li$(锂) | | | $Pb(OH)Cl$ | 13.7 | $2.0\times10^{-14}$ |
| $Li_2CO_3$ | 1.60 | $2.5\times10^{-2}$ | $Pb(OH)NO_3$ | 3.55 | $2.8\times10^{-4}$ |
| $LiF$ | 2.42 | $3.8\times10^{-3}$ | $PbI_2$ | 8.15 | $7.1\times10^{-9}$ |
| $Li_3PO_4$ | 8.5 | $3.2\times10^{-9}$ | $Pb(IO_3)_2$ | 12.49 | $3.2\times10^{-13}$ |
| $Mg$(镁) | | | $PbC_2O_4$ | 9.32 | $4.8\times10^{-10}$ |
| $MgNH_4PO_4$ | 12.6 | $2.5\times10^{-13}$ | $PbHPO_4$ | 9.90 | $1.3\times10^{-10}$ |
| $Mg_3(AsO_4)_2$ | 19.68 | $2.1\times10^{-20}$ | $Pb_3(PO_4)_2$ | 42.10 | $8.0\times10^{-43}$ |
| $MgCO_3$ | 7.46 | $3.5\times10^{-8}$ | $PbSO_4$ | 7.79 | $1.6\times10^{-8}$ |
| $MgCO_3\cdot3H_2O$ | 4.67 | $2.1\times10^{-5}$ | $PbS$ | 27.9 | $8.0\times10^{-28}$ |
| $MgF_2$ | 8.19 | $6.5\times10^{-9}$ | $Pb(SCN)_2$ | 4.70 | $2.0\times10^{-5}$ |
| $Mg(OH)_2$ | 10.74 | $1.8\times10^{-11}$ | $Pb(OH)_4$ | 65.5 | $3.2\times10^{-66}$ |
| $Mg_3(PO_4)_2$ | 23～27 | $10^{-23}$～$10^{-27}$ | | | |

续表

| 物　质 | $pK_{sp}^{\ominus}$ | $K_{sp}^{\ominus}$ | 物　质 | $pK_{sp}^{\ominus}$ | $K_{sp}^{\ominus}$ |
|---|---|---|---|---|---|
| Sn(锡) | | | Ti(钛) | | |
| $Sn(OH)_2$ | 27.85 | $1.4\times10^{-23}$ | $Ti(OH)_3$ | 40 | $1.0\times10^{-40}$ |
| $Sn(OH)_4$ | 56 | $1.0\times10^{-56}$ | $TiO(OH)_2$ | 29 | $1.0\times10^{-29}$ |
| SnS | 25.0 | $1.0\times10^{-25}$ | V(钒) | | |
| Sr(锶) | | | $VO(OH)_2$ | 22.13 | $5.9\times10^{-23}$ |
| $SrCO_3$ | 9.96 | $1.1\times10^{-10}$ | $(VO_3)PO_4$ | 24.1 | $8.0\times10^{-25}$ |
| $SrCrO_4$ | 4.65 | $2.2\times10^{-5}$ | Zn(锌) | | |
| $SrF_2$ | 8.61 | $2.5\times10^{-9}$ | $ZnCO_3$ | 10.84 | $1.4\times10^{-11}$ |
| $Sr(IO_3)_2$ | 6.48 | $3.3\times10^{-7}$ | $Zn_2[Fe(CN)_6]$ | 15.39 | $4.0\times10^{-16}$ |
| $SrC_2O_4\cdot H_2O$ | 6.80 | $1.6\times10^{-7}$ | $Zn_3(IO_3)_2$ | 7.7 | $2.0\times10^{-8}$ |
| $Sr_3(PO_4)_2$ | 27.39 | $4.0\times10^{-28}$ | $Zn(OH)_2$ | 16.92 | $1.2\times10^{-17}$ |
| $SrSO_3$ | 7.4 | $4\times10^{-8}$ | $ZnC_2O_4$ | 7.56 | $2.7\times10^{-8}$ |
| $SrSO_4$ | 6.49 | $3.2\times10^{-7}$ | $Zn_3(PO_4)_2$ | 32.04 | $9.0\times10^{-33}$ |
| Te(碲) | | | α-ZnS | 23.8 | $1.6\times10^{-24}$ |
| $Te(OH)_4$ | 53.52 | $3.0\times10^{-54}$ | β-ZnS | 21.6 | $2.5\times10^{-22}$ |
| | | | $Zn[Hg(SCN)_4]$ | 6.66 | $2.2\times10^{-7}$ |

表中数据摘自 Dean J A. Lange's Handbook of Chemistry. 14th ed., 8.2, New York: McGraw Hill, 1992。

6.标准电极电势（298.15K）

本表所列为 298.15K、101.325kPa 时的标准电极电势 $\varphi^{\ominus}$，以元素符号的英文字母顺序编排。

| 电 极 反 应 | $\varphi^{\ominus}$/V | 电 极 反 应 | $\varphi^{\ominus}$/V |
|---|---|---|---|
| $Ag^{+}+e^{-}\rightleftharpoons Ag$ | 0.7996 | $AlF_6^{3-}+3e^{-}\rightleftharpoons Al+6F^{-}$ | −2.069 |
| $Ag^{2+}+e^{-}\rightleftharpoons Ag^{+}$ | 1.980 | $Ba^{2+}+2e^{-}\rightleftharpoons Ba$ | −2.912 |
| $AgAc+e^{-}\rightleftharpoons Ag+Ac^{-}$ | 0.643 | $Ba(OH)_2+2e^{-}\rightleftharpoons Ba+2OH^{-}$ | −2.99 |
| $AgBr+e^{-}\rightleftharpoons Ag+Br^{-}$ | 0.07133 | $Bi^{3+}+3e^{-}\rightleftharpoons Bi$ | 0.308 |
| $Ag_2C_2O_4+2e^{-}\rightleftharpoons 2Ag+C_2O_4^{2-}$ | 0.4647 | $BiCl_4^{-}+3e^{-}\rightleftharpoons Bi+4Cl^{-}$ | 0.16 |
| $AgCl+e^{-}\rightleftharpoons Ag+Cl^{-}$ | 0.22233 | $Bi_2O_3+3H_2O+6e^{-}\rightleftharpoons 2Bi+6OH^{-}$ | −0.46 |
| $AgCN+e^{-}\rightleftharpoons Ag+CN^{-}$ | −0.017 | $BiO^{+}+2H^{+}+3e^{-}\rightleftharpoons Bi+H_2O$ | 0.320 |
| $Ag_2CO_3+2e^{-}\rightleftharpoons 2Ag+CO_3^{2-}$ | 0.47 | $Br_2(aq)+2e^{-}\rightleftharpoons 2Br^{-}$ | 1.0873 |
| $Ag_2CrO_4+2e^{-}\rightleftharpoons 2Ag+CrO_4^{2-}$ | 0.4470 | $Br_2(l)+2e^{-}\rightleftharpoons 2Br^{-}$ | 1.066 |
| $AgF+e^{-}\rightleftharpoons Ag+F^{-}$ | 0.779 | $HBrO+H^{+}+2e^{-}\rightleftharpoons Br^{-}+H_2O$ | 1.331 |
| $Ag_4[Fe(CN)_6]+4e^{-}\rightleftharpoons 4Ag+[Fe(CN)_6]^{4-}$ | 0.1478 | $HBrO+H^{+}+e^{-}\rightleftharpoons 1/2Br_2(aq)+H_2O$ | 1.574 |
| $AgI+e^{-}\rightleftharpoons Ag+I^{-}$ | −0.15224 | $HBrO+H^{+}+e^{-}\rightleftharpoons 1/2Br_2(l)+H_2O$ | 1.596 |
| $AgNO_2+e^{-}\rightleftharpoons Ag+NO_2^{-}$ | 0.564 | $BrO^{-}+H_2O+2e^{-}\rightleftharpoons Br^{-}+2OH^{-}$ | 0.761 |
| $Ag_2O+H_2O+2e^{-}\rightleftharpoons 2Ag+2OH^{-}$ | 0.342 | $BrO_3^{-}+6H^{+}+6e^{-}\rightleftharpoons Br^{-}+3H_2O$ | 1.423 |
| $Ag_2O_3+H_2O+2e^{-}\rightleftharpoons Ag_2O+2OH^{-}$ | 0.739 | $BrO_3^{-}+6H^{+}+5e^{-}\rightleftharpoons 1/2Br_2+3H_2O$ | 1.482 |
| $Ag^{3+}+2e^{-}\rightleftharpoons Ag^{+}$ | 1.9 | $BrO_3^{-}+3H_2O+6e^{-}\rightleftharpoons Br^{-}+6OH^{-}$ | 0.61 |
| $Ag^{3+}+e^{-}\rightleftharpoons Ag^{2+}$ | 1.8 | $Ca^{2+}+2e^{-}\rightleftharpoons Ca$ | −2.868 |
| $Ag_2O_2+4H^{+}+2e^{-}\rightleftharpoons 2Ag+2H_2O$ | 1.802 | $Ca(OH)_2+2e^{-}\rightleftharpoons Ca+2OH^{-}$ | −3.02 |
| $2AgO+H_2O+2e^{-}\rightleftharpoons Ag_2O+2OH^{-}$ | 0.607 | 甘汞电极，饱和 KCl(SCE) | 0.2412 |
| $Ag_2S+2e^{-}\rightleftharpoons 2Ag+S^{2-}$ | −0.691 | $Cd^{2+}+2e^{-}\rightleftharpoons Cd$ | −0.4030 |
| $Ag_2S+2H^{+}+2e^{-}\rightleftharpoons 2Ag+H_2S$ | −0.0366 | $[Cd(OH)_4]^{2-}+2e^{-}\rightleftharpoons Cd+4OH^{-}$ | −0.658 |
| $AgSCN+e^{-}\rightleftharpoons Ag+SCN^{-}$ | 0.08951 | $Cl_2(g)+2e^{-}\rightleftharpoons 2Cl^{-}$ | 1.35827 |
| $Ag_2SO_4+2e^{-}\rightleftharpoons 2Ag+SO_4^{2-}$ | 0.654 | $HClO+H^{+}+e^{-}\rightleftharpoons 1/2Cl_2+H_2O$ | 1.611 |
| $Al^{3+}+3e^{-}\rightleftharpoons Al$ | −1.662 | $HClO+H^{+}+2e^{-}\rightleftharpoons Cl^{-}+H_2O$ | 1.482 |
| $Al(OH)_3+3e^{-}\rightleftharpoons Al+3OH^{-}$ | −2.31 | $ClO^{-}+H_2O+2e^{-}\rightleftharpoons Cl^{-}+2OH^{-}$ | 0.81 |
| $Al(OH)_4^{-}+3e^{-}\rightleftharpoons Al+4OH^{-}$ | −2.328 | $ClO_2+H^{+}+e^{-}\rightleftharpoons HClO_2$ | 1.277 |
| $H_2AlO_3^{-}+H_2O+3e^{-}\rightleftharpoons Al+4OH^{-}$ | −2.33 | $HClO_2+2H^{+}+2e^{-}\rightleftharpoons HClO+H_2O$ | 1.645 |

续表

| 电极反应 | $\varphi^{\ominus}/V$ | 电极反应 | $\varphi^{\ominus}/V$ |
|---|---|---|---|
| $HClO_2+3H^++3e^- \rightleftharpoons 1/2Cl_2+2H_2O$ | 1.628 | $H_2O_2+2H^++2e^- \rightleftharpoons 2H_2O$ | 1.776 |
| $HClO_2+3H^++4e^- \rightleftharpoons Cl^-+2H_2O$ | 1.570 | $Hg^{2+}+2e^- \rightleftharpoons Hg$ | 0.851 |
| $ClO_2^-+H_2O+2e^- \rightleftharpoons ClO^-+2OH^-$ | 0.66 | $2Hg^{2+}+2e^- \rightleftharpoons Hg_2^{2+}$ | 0.920 |
| $ClO_2^-+2H_2O+4e^- \rightleftharpoons Cl^-+4OH^-$ | 0.76 | $Hg_2^{2+}+2e^- \rightleftharpoons 2Hg$ | 0.7973 |
| $ClO_2(aq)+e^- \rightleftharpoons ClO_2^-$ | 0.954 | $Hg_2Br_2+2e^- \rightleftharpoons 2Hg+2Br^-$ | 0.13923 |
| $ClO_3^-+2H^++e^- \rightleftharpoons ClO_2+H_2O$ | 1.152 | $Hg_2Cl_2+2e^- \rightleftharpoons 2Hg+2Cl^-$ | 0.26808 |
| $ClO_3^-+3H^++2e^- \rightleftharpoons HClO_2+H_2O$ | 1.214 | $Hg_2I_2+2e^- \rightleftharpoons 2Hg+2I^-$ | −0.0405 |
| $ClO_3^-+H_2O+2e^- \rightleftharpoons ClO_2^-+2OH^-$ | 0.33 | $Hg_2O+H_2O+2e^- \rightleftharpoons 2Hg+2OH^-$ | 0.123 |
| $ClO_3^-+6H^++5e^- \rightleftharpoons 1/2Cl_2+3H_2O$ | 1.47 | $HgO+H_2O+2e^- \rightleftharpoons Hg+2OH^-$ | 0.0977 |
| $ClO_3^-+6H^++6e^- \rightleftharpoons Cl^-+3H_2O$ | 1.451 | $Hg(OH)_2+2H^++2e^- \rightleftharpoons Hg+2H_2O$ | 1.034 |
| $ClO_3^-+3H_2O+6e^- \rightleftharpoons Cl^-+6OH^-$ | 0.62 | $Hg_2SO_4+2e^- \rightleftharpoons 2Hg+SO_4^{2-}$ | 0.6125 |
| $ClO_4^-+2H^++2e^- \rightleftharpoons ClO_3^-+H_2O$ | 1.189 | $I_2+2e^- \rightleftharpoons 2I^-$ | 0.5355 |
| $ClO_4^-+8H^++7e^- \rightleftharpoons 1/2Cl_2+4H_2O$ | 1.39 | $I_3^-+2e^- \rightleftharpoons 3I^-$ | 0.536 |
| $ClO_4^-+8H^++8e^- \rightleftharpoons Cl^-+4H_2O$ | 1.389 | $H_3IO_6^{2-}+2e^- \rightleftharpoons IO_3^-+3OH-$ | 0.7 |
| $ClO_4^-+H_2O+2e^- \rightleftharpoons ClO_3^-+2OH^-$ | 0.36 | $H_5IO_6+H^++2e^- \rightleftharpoons IO_3^-+3H_2O$ | 1.601 |
| $Co^{2+}+2e^- \rightleftharpoons Co$ | −0.28 | $2HIO+2H^++2e^- \rightleftharpoons I_2+2H_2O$ | 1.439 |
| $Co^{3+}+e^- \rightleftharpoons Co^{2+}$ | 1.92 | $HIO+H^++2e^- \rightleftharpoons I^-+H_2O$ | 0.987 |
| $[Co(NH_3)_6]^{3+}+e^- \rightleftharpoons [Co(NH_3)_6]^{2+}$ | 0.108 | $IO^-+H_2O+2e^- \rightleftharpoons I^-+2OH^-$ | 0.485 |
| $Co(OH)_2+2e^- \rightleftharpoons Co+2OH^-$ | −0.73 | $2IO_3^-+12H^++10e^- \rightleftharpoons I_2+6H_2O$ | 1.195 |
| $Co(OH)_3+e^- \rightleftharpoons Co(OH)_2+OH^-$ | 0.17 | $IO_3^-+6H^++6e^- \rightleftharpoons I^-+3H_2O$ | 1.085 |
| $Cr^{2+}+2e^- \rightleftharpoons Cr$ | −0.913 | $K^++e^- \rightleftharpoons K$ | −2.931 |
| $Cr^{3+}+e^- \rightleftharpoons Cr^{2+}$ | −0.407 | | |
| $Cr^{3+}+3e^- \rightleftharpoons Cr$ | −0.744 | $Mg^{2+}+2e^- \rightleftharpoons Mg$ | −2.372 |
| $Cr_2O_7^{2-}+14H^++6e^- \rightleftharpoons 2Cr^{3+}+7H_2O$ | 1.232 | $Mg(OH)_2+2e^- \rightleftharpoons Mg+2OH^-$ | −2.690 |
| $CrO_2^-+2H_2O+3e^- \rightleftharpoons Cr+4OH^-$ | −1.2 | $Mn^{2+}+2e^- \rightleftharpoons Mn$ | −1.185 |
| $HCrO_4^-+7H^++3e^- \rightleftharpoons Cr^{3+}+4H_2O$ | 1.350 | $Mn^{3+}+e^- \rightleftharpoons Mn^{2+}$ | 1.5415 |
| $CrO_2+4H^++e^- \rightleftharpoons Ce^{3+}+2H_2O$ | 1.48 | $MnO_2+4H^++2e^- \rightleftharpoons Mn^{2+}+2H_2O$ | 1.224 |
| $CrO_4^{2-}+4H_2O+3e^- \rightleftharpoons Cr(OH)_3+5OH^-$ | −0.13 | $MnO_4^-+e^- \rightleftharpoons MnO_4^{2-}$ | 0.558 |
| $Cr(OH)_3+3e^- \rightleftharpoons Cr+3OH^-$ | −1.48 | $MnO_4^-+4H^++3e^- \rightleftharpoons MnO_2+2H_2O$ | 1.679 |
| $Cu^++e^- \rightleftharpoons Cu$ | 0.521 | $MnO_4^-+8H^++5e^- \rightleftharpoons Mn^{2+}+4H_2O$ | 1.507 |
| $Cu^{2+}+e^- \rightleftharpoons Cu^+$ | 0.153 | $MnO_4^-+2H_2O+3e^- \rightleftharpoons MnO_2+4OH^-$ | 0.595 |
| $Cu^{2+}+2e^- \rightleftharpoons Cu$ | 0.3419 | $MnO_4^{2-}+2H_2O+2e^- \rightleftharpoons MnO_2+4OH^-$ | 0.60 |
| $Cu^{3+}+e^- \rightleftharpoons Cu^{2+}$ | 2.4 | $Mn(OH)_2+2e^- \rightleftharpoons Mn+2OH^-$ | −1.56 |
| $Cu_2O_3+6H^++2e^- \rightleftharpoons 2Cu^{2+}+3H_2O$ | 2.0 | $Mn(OH)_3+e^- \rightleftharpoons Mn(OH)_2+OH^-$ | 0.15 |
| $Cu^{2+}+2CN^-+e^- \rightleftharpoons [Cu(CN)_2]^-$ | 1.103 | $Mn_2O_3+6H^++e^- \rightleftharpoons 2Mn^{2+}+3H_2O$ | 1.485 |
| $CuI_2^-+e^- \rightleftharpoons Cu+2I^-$ | 0.00 | $N_2+6H^++2e^- \rightleftharpoons 2NH_3$ | −3.09 |
| $Cu_2O+H_2O+2e^- \rightleftharpoons 2Cu+2OH^-$ | −0.360 | $N_2O+2H^++2e^- \rightleftharpoons N_2+H_2O$ | 1.766 |
| $Cu(OH)_2+2e^- \rightleftharpoons Cu+2OH^-$ | −0.222 | $N_2O_4+2e^- \rightleftharpoons 2NO_2^-$ | 0.867 |
| $2Cu(OH)_2+2e^- \rightleftharpoons Cu_2O+2OH^-+H_2O$ | −0.080 | $N_2O_4+2H^++2e^- \rightleftharpoons 2HNO_2$ | 1.065 |
| $Fe^{2+}+2e^- \rightleftharpoons Fe$ | −0.447 | $N_2O_4+4H^++4e^- \rightleftharpoons 2NO+2H_2O$ | 1.035 |
| $Fe^{3+}+3e^- \rightleftharpoons Fe$ | −0.037 | $2NO+2H^++2e^- \rightleftharpoons N_2O+H_2O$ | 1.591 |
| $Fe^{3+}+e^- \rightleftharpoons Fe^{2+}$ | 0.771 | $2NO+H_2O+2e^- \rightleftharpoons N_2O+2OH^-$ | 0.76 |
| $Fe_2O_3+4H^++2e^- \rightleftharpoons 2FeOH^++H_2O$ | 0.16 | $HNO_2+H^++e^- \rightleftharpoons NO+H_2O$ | 0.983 |
| $[Fe(CN)_6]^{3-}+e^- \rightleftharpoons [Fe(CN)_6]^{4-}$ | 0.358 | $2HNO_2+4H^++4e^- \rightleftharpoons N_2O+3H_2O$ | 1.297 |
| $Fe(OH)_3+e^- \rightleftharpoons Fe(OH)_2+OH^-$ | −0.56 | $NO_2^-+H_2O+3e^- \rightleftharpoons NO+2OH^-$ | −0.46 |
| $2H^++2e^- \rightleftharpoons H_2$ | 0.00000 | $NO_3^-+3H^++2e^- \rightleftharpoons HNO_2+H_2O$ | 0.934 |
| $H_2+2e^- \rightleftharpoons 2H^-$ | −2.23 | $NO_3^-+4H^++3e^- \rightleftharpoons NO+2H_2O$ | 0.957 |
| $HO_2+H^++e^- \rightleftharpoons H_2O_2$ | 1.495 | $2NO_3^-+4H^++2e^- \rightleftharpoons N_2O_4+2H_2O$ | 0.803 |
| $2H_2O+2e^- \rightleftharpoons H_2+2OH^-$ | −0.8277 | $NO_3^-+H_2O+2e^- \rightleftharpoons NO_2^-+2OH^-$ | 0.016 |

续表

| 电极反应 | $\varphi^{\ominus}$/V | 电极反应 | $\varphi^{\ominus}$/V |
|---|---|---|---|
| $2NO_3^- + 2H_2O + 2e^- \rightleftharpoons N_2O_4 + 4OH^-$ | −0.85 | $PbO_2 + H_2O + 2e^- \rightleftharpoons PbO + 2OH^-$ | 0.247 |
| $Na^+ + e^- \rightleftharpoons Na$ | −2.71 | $PbO_2 + SO_4^{2-} + 4H^+ + 2e^- \rightleftharpoons PbSO_4 + 2H_2O$ | 1.6913 |
| $Ni^{2+} + 2e^- \rightleftharpoons Ni$ | −0.257 | $PbSO_4 + 2e^- \rightleftharpoons Pb + SO_4^{2-}$ | −0.3588 |
| $Ni(OH)_2 + 2e^- \rightleftharpoons Ni + 2OH^-$ | −0.72 | $PbSO_4 + 2e^- \rightleftharpoons Pb(Hg) + SO_4^{2-}$ | −0.3505 |
| $NiO_2 + 4H^+ + 2e^- \rightleftharpoons Ni^{2+} + 2H_2O$ | 1.678 | $S + 2e^- \rightleftharpoons S^{2-}$ | −0.47627 |
| $NiO_2 + 2H_2O + 2e^- \rightleftharpoons Ni(OH)_2 + 2OH^-$ | −0.490 | $S + 2H^+ + 2e^- \rightleftharpoons H_2S(aq)$ | 0.142 |
| $O_2 + 2H^+ + 2e^- \rightleftharpoons H_2O_2$ | 0.695 | $S + H_2O + 2e^- \rightleftharpoons SH^- + OH^-$ | −0.478 |
| $O_2 + 4H^+ + 4e^- \rightleftharpoons 2H_2O$ | 1.229 | $2S + 2e^- \rightleftharpoons S_2^{2-}$ | −0.42836 |
| $O_2 + H_2O + 2e^- \rightleftharpoons HO_2^- + OH^-$ | −0.076 | $S_2O_6^{2-} + 4H^+ + 2e^- \rightleftharpoons 2H_2SO_3$ | 0.564 |
| $O_2 + 2H_2O + 4e^- \rightleftharpoons 4OH^-$ | 0.401 | $S_2O_8^{2-} + 2e^- \rightleftharpoons 2SO_4^{2-}$ | 2.010 |
| $O_3 + 2H^+ + 2e^- \rightleftharpoons O_2 + H_2O$ | 2.076 | $S_4O_6^{2-} + 2e^- \rightleftharpoons 2S_2O_3^{2-}$ | 0.08 |
| $O_3 + H_2O + 2e^- \rightleftharpoons O_2 + 2OH^-$ | 1.24 | $H_2SO_3 + 4H^+ + 4e^- \rightleftharpoons S + 3H_2O$ | 0.449 |
| $O(g) + 2H^+ + 2e^- \rightleftharpoons H_2O$ | 2.421 | $SO_4^{2-} + 4H^+ + 2e^- \rightleftharpoons H_2SO_3 + H_2O$ | 0.172 |
| P(红)$+3H^+ + 3e^- \rightleftharpoons PH_3(g)$ | −0.111 | $2SO_4^{2-} + 4H^+ + 2e^- \rightleftharpoons S_2O_6^{2-} + 2H_2O$ | −0.22 |
| P(白)$+3H^+ + 3e^- \rightleftharpoons PH_3(g)$ | −0.063 | $SO_4^{2-} + H_2O + 2e^- \rightleftharpoons SO_3^{2-} + 2OH^-$ | −0.93 |
| $P + 3H_2O + 3e^- \rightleftharpoons PH_3(g) + 3OH^-$ | −0.87 | $Sb + 3H^+ + 3e^- \rightleftharpoons SbH_3$ | −0.510 |
| $H_3PO_2 + H^+ + 3e^- \rightleftharpoons P + 2H_2O$ | −0.508 | $Sb_2O_3 + 6H^+ + 6e^- \rightleftharpoons 2Sb + 3H_2O$ | 0.152 |
| $H_3PO_3 + 2H^+ + 2e^- \rightleftharpoons H_3PO_2 + H_2O$ | −0.499 | $SbO_2^- + 2H_2O + 3e^- \rightleftharpoons Sb + 4OH^-$ | −0.66 |
| $H_3PO_3 + 3H^+ + 3e^- \rightleftharpoons P + 3H_2O$ | −0.454 | $SbO_3^- + H_2O + 2e^- \rightleftharpoons SbO_2^- + 2OH^-$ | −0.59 |
| $HPO_3^{2-} + 2H_2O + 2e^- \rightleftharpoons H_2PO_2^- + 3OH^-$ | −1.65 | $Sn^{2+} + 2e^- \rightleftharpoons Sn$ | −0.1375 |
| $HPO_3^{2-} + 2H_2O + 3e^- \rightleftharpoons P + 5OH^-$ | −1.71 | $Sn^{4+} + 2e^- \rightleftharpoons Sn^{2+}$ | 0.151 |
| $H_3PO_4 + 2H^+ + 2e^- \rightleftharpoons H_3PO_3 + H_2O$ | −0.276 | $SnO_2 + 4H^+ + 2e^- \rightleftharpoons Sn^{2+} + 2H_2O$ | −0.094 |
| $PO_4^{3-} + 2H_2O + 3e^- \rightleftharpoons HPO_3^{2-} + 3OH^-$ | −1.05 | $SnO_2 + 4H^+ + 4e^- \rightleftharpoons Sn + 2H_2O$ | −0.117 |
| $Pb^{2+} + 2e^- \rightleftharpoons Pb$ | −0.1262 | $SnO_2 + 3H^+ + 2e^- \rightleftharpoons SnOH^+ + H_2O$ | −0.194 |
| $PbBr_2 + 2e^- \rightleftharpoons Pb + 2Br^-$ | −0.284 | $SnO_2 + 2H_2O + 4e^- \rightleftharpoons Sn + 4OH^-$ | −0.945 |
| $PbCl_2 + 2e^- \rightleftharpoons Pb + 2Cl^-$ | −0.2675 | $HSnO_2^- + H_2O + 2e^- \rightleftharpoons Sn + 3OH^-$ | −0.909 |
| $PbF_2 + 2e^- \rightleftharpoons Pb + 2F^-$ | −0.3444 | $Sn(OH)_6^{2-} + 2e^- \rightleftharpoons HSnO_2^- + 3OH^- + H_2O$ | −0.93 |
| $PbHPO_4 + 2e^- \rightleftharpoons Pb + HPO_4^{2-}$ | −0.465 | $Zn^{2+} + 2e^- \rightleftharpoons Zn$ | −0.7618 |
| $PbI_2 + 2e^- \rightleftharpoons Pb + 2I^-$ | −0.365 | $ZnO_2^{2-} + 2H_2O + 2e^- \rightleftharpoons Zn + 4OH^-$ | −1.215 |
| $PbO + H_2O + 2e^- \rightleftharpoons Pb + 2OH^-$ | −0.580 | $Zn(OH)_4^{2-} + 2e^- \rightleftharpoons Zn + 4OH^-$ | −1.199 |
| $PbO_2 + 4H^+ + 2e^- \rightleftharpoons Pb^{2+} + 2H_2O$ | 1.455 | $Zn(OH)_2 + 2e^- \rightleftharpoons Zn + 2OH^-$ | −1.249 |
| $HPbO_2^- + H_2O + 2e^- \rightleftharpoons Pb + 3OH^-$ | −0.537 | $ZnO + H_2O + 2e^- \rightleftharpoons Zn + 2OH^-$ | −1.260 |

表中数据摘自 Lide D R. CRC Handbook of Chemistry and Physics. 73rd. ed，8-17～8-22. Boca Roton：CRC Press，1992～1993。

## 7. 金属配合物累积生成常数（离子强度为 0，温度为 293～298K）

| 金属配合物 | | $\lg\beta_1$ | $\lg\beta_2$ | $\lg\beta_3$ | $\lg\beta_4$ | $\lg\beta_5$ | $\lg\beta_6$ |
|---|---|---|---|---|---|---|---|
| 1. $NH_3$ | Cd | 2.65 | 4.75 | 6.19 | 7.12 | 6.80 | 5.14 |
| | Co(Ⅱ) | 2.11 | 3.74 | 4.79 | 5.55 | 5.73 | 5.11 |
| | Co(Ⅲ) | 6.7 | 14.0 | 20.1 | 25.7 | 30.8 | 35.2 |
| | Cu(Ⅰ) | 5.93 | 10.86 | | | | |
| | Cu(Ⅱ) | 4.31 | 7.98 | 11.02 | 13.32 | 12.86 | |
| | Fe(Ⅱ) | 1.4 | 2.2 | | | | |
| | Mn(Ⅱ) | 0.8 | 1.3 | | | | |
| | Hg(Ⅱ) | 8.8 | 17.5 | 18.5 | 19.28 | | |
| | Ni | 2.80 | 5.04 | 6.77 | 7.96 | 8.71 | 8.74 |
| | Pt(Ⅱ) | | | | | | 35.3 |
| | Ag(Ⅰ) | 3.24 | 7.05 | | | | |

续表

| 金属配合物 | | $\lg\beta_1$ | $\lg\beta_2$ | $\lg\beta_3$ | $\lg\beta_4$ | $\lg\beta_5$ | $\lg\beta_6$ |
|---|---|---|---|---|---|---|---|
| | Zn | 2.37 | 4.81 | 7.31 | 9.46 | | |
| 2. $F^-$ | Al | 6.10 | 11.15 | 15.00 | 17.75 | 19.37 | 19.84 |
| | Fe(Ⅲ) | 5.28 | 9.30 | 12.06 | | | |
| 3. $OH^-$ | Al | 9.27 | | | 33.03 | | |
| | Sb(Ⅲ) | | 24.3 | 36.7 | 38.3 | | |
| | Cr(Ⅲ) | 10.1 | 17.8 | | 29.9 | | |
| | Cu(Ⅱ) | 7.0 | 13.68 | 17.00 | 18.5 | | |
| | Pb(Ⅱ) | 7.82 | 10.85 | 14.58 | | | 61.0 |
| | Zn | 4.40 | 11.30 | 14.14 | 17.66 | | |
| 4. $Cl^-$ | Sb(Ⅲ) | 2.26 | 3.49 | 4.18 | 4.72 | | |
| | Bi(Ⅲ) | 2.44 | 4.7 | 5.0 | 5.6 | | |
| | Cu(Ⅰ) | | 5.5 | 5.7 | | | |
| | Fe(Ⅱ) | 1.17 | | | | | |
| | Fe(Ⅲ) | 1.48 | 2.13 | 1.99 | 0.01 | | |
| | Pb | 1.62 | 2.44 | 1.70 | 1.60 | | |
| | Hg(Ⅱ) | 6.74 | 13.22 | 14.07 | 15.07 | | |
| | Pt(Ⅱ) | | 11.5 | 14.5 | 16.0 | | |
| | Ag(Ⅰ) | 3.04 | 5.04 | | 5.30 | | |
| | Sn(Ⅱ) | 1.51 | 2.24 | 2.03 | 1.48 | | |
| | Zn | 0.43 | 0.61 | 0.53 | 0.20 | | |
| 5. $CN^-$ | Cd | 5.48 | 10.60 | 15.23 | 18.78 | | |
| | Cu(Ⅰ) | | 24.0 | 28.59 | 30.30 | | |
| | Au(Ⅰ) | | 38.3 | | | | |
| | Fe(Ⅱ) | | | | | | 35 |
| | Fe(Ⅲ) | | | | | | 42 |
| | Hg(Ⅱ) | | | | 41.4 | | |
| | Ni | | | | 31.3 | | |
| | Ag(Ⅰ) | | 21.1 | 21.7 | 20.6 | | |
| | Zn | | | | 16.7 | | |
| 6. $SO_3^{2-}$ | Cu(Ⅰ) | 7.5 | 8.5 | 9.2 | | | |
| | Hg(Ⅱ) | | 22.66 | | | | |
| | Ag | 5.30 | 7.35 | | | | |
| 7. $SCN^-$ | Bi | 1.15 | 2.26 | 3.41 | 4.23 | | |
| | Cd | 1.39 | 1.98 | 2.58 | 3.6 | | |
| | Co(Ⅱ) | −0.04 | −0.70 | 0 | 3.00 | | |
| | Cu(Ⅰ) | 12.11 | 5.18 | | | | |
| | Au(Ⅰ) | | 23 | | 42 | | |
| | Fe(Ⅲ) | 2.95 | 3.36 | | | | |
| | Hg(Ⅱ) | | 17.47 | | 21.23 | | |
| 8. $S_2O_3^{2-}$ | Cd | 3.92 | 6.44 | | | | |
| | Cu(Ⅰ) | 10.27 | 12.22 | 13.84 | | | |
| | Pb | | 5.13 | 6.35 | | | |
| | Hg(Ⅱ) | | 29.44 | 31.90 | 32.24 | | |
| | Ag | 8.82 | 13.46 | | | | |
| 9. $I^-$ | Bi | 3.63 | | | 14.95 | 16.80 | 18.80 |
| | Cd | 2.10 | 3.43 | 4.49 | 5.41 | | |
| | Cu(Ⅰ) | | 8.85 | | | | |
| | $I_2$ | 2.89 | 5.79 | | | | |
| | Pb | 2.00 | 3.15 | 3.92 | 4.47 | | |
| | Hg(Ⅱ) | 12.87 | 23.82 | 27.60 | 29.83 | | |

续表

| 金属配合物 | | $\lg\beta_1$ | $\lg\beta_2$ | $\lg\beta_3$ | $\lg\beta_4$ | $\lg\beta_5$ | $\lg\beta_6$ |
|---|---|---|---|---|---|---|---|
| | Ag | 6.58 | 11.74 | 13.68 | | | |
| 10. $Br^-$ | Cd | 1.75 | 2.34 | 3.32 | 3.70 | | |
| | Cu(Ⅰ) | | 5.89 | | | | |
| | Au(Ⅰ) | | 12.46 | | | | |
| | Hg(Ⅱ) | 9.05 | 17.32 | 19.74 | 21.00 | | |
| | Pt(Ⅱ) | | | | 20.5 | | |
| | Ag(Ⅰ) | 4.38 | 7.33 | 8.00 | 8.73 | | |
| 11. 乙酸($CH_3COOH$) | Ag(Ⅰ) | 0.73 | 0.64 | | | | |
| | Hg(Ⅱ) | | 8.43 | | | | |
| | Mg(Ⅱ) | 0.8 | | | | | |
| | Mn(Ⅱ) | 9.84 | 2.06 | | | | |
| | Pb(Ⅱ) | 2.52 | 4.0 | 6.4 | 8.5 | | |
| 12. 草酸($H_2C_2O_4$) | Ag | 2.41 | | | | | |
| | Al | 7.26 | 13.0 | 16.3 | | | |
| | Ba | 2.31 | | | | | |
| | Ca | 3.0 | | | | | |
| | Cd | 3.52 | 5.77 | | | | |
| | Co(Ⅱ) | 4.79 | 6.7 | 9.7～20 | | | |
| | Co(Ⅲ) | | | | | | |
| | Cu(Ⅱ) | 6.16 | 8.5 | | | | |
| | Fe(Ⅱ) | 2.9 | 4.52 | 5.22 | | | |
| | Fe(Ⅲ) | 9.4 | 16.2 | 20.2 | | | |
| | Hg(Ⅱ) | | 6.98 | | | | |
| | Mg | 3.43 | 4.38 | | | | |
| | Mn(Ⅱ) | 3.97 | 5.80 | | | | |
| | Ni | 5.3 | 7.64 | 8.5 | | | |
| | Sr | 2.54 | | | | | |
| | Zn | 4.89 | 7.60 | 8.15 | | | |
| 13. 酒石酸 | Ba | | 1.62 | | | | |
| (HO—CH—COOH | Bi | | | 8.30 | | | |
| HO—CH—COOH) | Ca | 2.98 | 9.01 | | | | |
| | Cd | 2.8 | | | | | |
| | Co(Ⅱ) | 2.1 | | | | | |
| | Cu(Ⅱ) | 3.2 | 5.11 | 4.78 | 6.51 | | |
| | Fe(Ⅲ) | 7.49 | | | | | |
| | Mg | | 1.36 | | | | |
| | Sr | 1.60 | | | | | |
| | Zn | 2.68 | 8.32 | | | | |
| 14. 1,2-乙二胺-*N*,*N*,*N*,*N*-四乙酸(EDTA) | Ag | 7.32 | | | | | |
| | Al | 16.11 | | | | | |
| | Ba | 7.78 | | | | | |
| | Bi | 22.8 | | | | | |
| | Ca | 11.0 | | | | | |
| | Cd | 16.4 | | | | | |
| | Co(Ⅱ) | 16.31 | | | | | |
| | Cr(Ⅲ) | 23 | | | | | |
| | Cu(Ⅱ) | 18.7 | | | | | |
| | Fe(Ⅱ) | 14.33 | | | | | |
| | Fe(Ⅲ) | 24.23 | | | | | |

续表

| 金属配合物 | $\lg\beta_1$ | $\lg\beta_2$ | $\lg\beta_3$ | $\lg\beta_4$ | $\lg\beta_5$ | $\lg\beta_6$ |
|---|---|---|---|---|---|---|
| Hg(Ⅱ) | 21.80 | | | | | |
| Mg | 8.64 | | | | | |
| Mn(Ⅱ) | 13.7 | | | | | |
| Na | 1.66 | | | | | |
| Ni | 18.56 | | | | | |
| Pb | 18.3 | | | | | |
| Sn(Ⅱ) | 22.1 | | | | | |
| Sr | 8.80 | | | | | |
| Zn | 16.4 | | | | | |

表中数据摘自 Dean J A. Lange's Handbook of Chemistry. 14th. ed.，8.2.2，New York：McGraw Hill，1992。

# 附录三　常用指示剂

1.酸碱指示剂

| 序号 | 名称 | pH 变色范围 | 酸色 | 碱色 | p$K_a$ | 浓度 |
|---|---|---|---|---|---|---|
| 1 | 甲基紫(第一次变色) | 0.13～0.5 | 黄 | 绿 | 0.8 | 0.1%水溶液 |
| 2 | 甲酚红(第一次变色) | 0.2～1.8 | 红 | 黄 | — | 0.04%乙醇(50%)溶液 |
| 3 | 甲基紫(第二次变色) | 1.0～1.5 | 绿 | 蓝 | — | 0.1%水溶液 |
| 4 | 百里酚蓝(第一次变色) | 1.2～2.8 | 红 | 黄 | 1.65 | 0.1%乙醇(20%)溶液 |
| 5 | 茜素黄 R (第一次变色) | 1.9～3.3 | 红 | 黄 | — | 0.1%水溶液 |
| 6 | 甲基紫(第三次变色) | 2.0～3.0 | 蓝 | 紫 | — | 0.1%水溶液 |
| 7 | 甲基黄 | 2.9～4.0 | 红 | 黄 | 3.3 | 0.1%乙醇(90%)溶液 |
| 8 | 溴酚蓝 | 3.0～4.6 | 黄 | 蓝 | 3.85 | 0.1%乙醇(20%)溶液 |
| 9 | 甲基橙 | 3.1～4.4 | 红 | 黄 | 3.40 | 0.1%水溶液 |
| 10 | 溴甲酚绿 | 3.8～5.4 | 黄 | 蓝 | 4.68 | 0.1%乙醇(20%)溶液 |
| 11 | 甲基红 | 4.4～6.2 | 红 | 黄 | 4.95 | 0.1%乙醇(60%)溶液 |
| 12 | 溴百里酚蓝 | 6.0～7.6 | 黄 | 蓝 | 7.1 | 0.1%乙醇(20%) |
| 13 | 中性红 | 6.8～8.0 | 红 | 黄 | 7.4 | 0.1%乙醇(60%)溶液 |
| 14 | 酚　红 | 6.8～8.0 | 黄 | 红 | 7.9 | 0.1%乙醇(20%)溶液 |
| 15 | 甲酚红(第二次变色) | 7.2～8.8 | 黄 | 红 | 8.2 | 0.04%乙醇(50%)溶液 |
| 16 | 百里酚蓝(第二次变色) | 8.0～9.6 | 黄 | 蓝 | 8.9 | 0.1%乙醇(20%)溶液 |
| 17 | 酚　酞 | 8.2～10.0 | 无色 | 紫红 | 9.4 | 0.1%乙醇(60%)溶液 |
| 18 | 百里酚酞 | 9.4～10.6 | 无色 | 蓝 | 10.0 | 0.1%乙醇(90%)溶液 |
| 19 | 茜素黄 R (第二次变色) | 10.1～12.1 | 黄 | 紫 | 11.16 | 0.1%水溶液 |
| 20 | 靛胭脂红 | 11.6～14.0 | 蓝 | 黄 | 12.2 | 25%乙醇(50%)溶液 |

### 2. 混合酸碱指示剂

| 序号 | 指示剂名称 | 浓度 | 组成 | 变色点 | 酸色 | 碱色 |
|---|---|---|---|---|---|---|
| 1 | 甲基黄 | 0.1%乙醇溶液 | 1∶1 | 3.28 | 蓝紫 | 绿 |
| | 亚甲基蓝 | 0.1%乙醇溶液 | | | | |
| 2 | 甲基橙 | 0.1%水溶液 | 1∶1 | 4.3 | 紫 | 绿 |
| | 苯胺蓝 | 0.1%水溶液 | | | | |
| 3 | 溴甲酚绿 | 0.1%乙醇溶液 | 3∶1 | 5.1 | 酒红 | 绿 |
| | 甲基红 | 0.2%乙醇溶液 | | | | |
| 4 | 溴甲酚绿钠盐 | 0.1%水溶液 | 1∶1 | 6.1 | 黄绿 | 蓝紫 |
| | 氯酚红钠盐 | 0.1%水溶液 | | | | |
| 5 | 中性红 | 0.1%乙醇溶液 | 1∶1 | 7.0 | 蓝紫 | 绿 |
| | 亚甲基蓝 | 0.1%乙醇溶液 | | | | |
| 6 | 中性红 | 0.1%乙醇溶液 | 1∶1 | 7.2 | 玫瑰 | 绿 |
| | 溴百里酚蓝 | 0.1%乙醇溶液 | | | | |
| 7 | 甲酚红钠盐 | 0.1%水溶液 | 1∶3 | 8.3 | 黄 | 紫 |
| | 百里酚蓝钠盐 | 0.1%水溶液 | | | | |
| 8 | 酚　酞 | 0.1%乙醇溶液 | 1∶2 | 8.9 | 绿 | 紫 |
| | 甲基绿 | 0.1%乙醇溶液 | | | | |
| 9 | 酚　酞 | 0.1%乙醇溶液 | 1∶1 | 9.9 | 无色 | 紫 |
| | 百里酚酞 | 0.1%乙醇溶液 | | | | |
| 10 | 百里酚酞 | 0.1%乙醇溶液 | 2∶1 | 10.2 | 黄 | 绿 |
| | 茜素黄 | 0.1%乙醇溶液 | | | | |

注：混合酸碱指示剂要保存在深色瓶中。

### 3. 氧化还原指示剂

| 序号 | 名称 | 氧化型颜色 | 还原型颜色 | $E_{ind}$/V | 浓度 |
|---|---|---|---|---|---|
| 1 | 二苯胺 | 紫 | 无色 | +0.76 | 1%浓硫酸溶液 |
| 2 | 二苯胺磺酸钠 | 紫红 | 无色 | +0.84 | 0.2%水溶液 |
| 3 | 亚甲基蓝 | 蓝 | 无色 | +0.532 | 0.1%水溶液 |
| 4 | 中性红 | 红 | 无色 | +0.24 | 0.1%乙醇溶液 |
| 5 | 喹啉黄 | 无色 | 黄 | — | 0.1%水溶液 |
| 6 | 淀　粉 | 蓝 | 无色 | +0.53 | 0.1%水溶液 |
| 7 | 孔雀绿 | 棕 | 蓝 | — | 0.05%水溶液 |
| 8 | 劳氏紫 | 紫 | 无色 | +0.06 | 0.1%水溶液 |
| 9 | 邻二氮菲-亚铁 | 浅蓝 | 红 | +1.06 | (1.485g 邻二氮菲 + 0.695g 硫酸亚铁)溶于 100mL 水 |
| 10 | 酸性绿 | 橘红 | 黄绿 | +0.96 | 0.1%水溶液 |
| 11 | 专利蓝Ⅴ | 红 | 黄 | +0.95 | 0.1%水溶液 |

4. 配位指示剂

| 名称 | In 本色 | MIn 颜色 | 浓度 | 适用 pH 范围 | 被滴定离子 | 干扰离子 |
|---|---|---|---|---|---|---|
| 铬黑 T | 蓝 | 葡萄红 | 与固体 NaCl 混合物(1∶100) | 6.0～11.0 | $Ca^{2+}$,$Cd^{2+}$,$Hg^{2+}$,$Mg^{2+}$,$Mn^{2+}$,$Pb^{2+}$,$Zn^{2+}$ | $Al^{3+}$,$Co^{2+}$,$Cu^{2+}$,$Fe^{3+}$,$Ga^{3+}$,$In^{3+}$,$Ni^{2+}$,Ti(Ⅳ) |
| 二甲酚橙 | 柠檬黄 | 红 | 0.5%乙醇溶液 | 5.0～6.0 | $Cd^{2+}$,$Hg^{2+}$,$La^{3+}$,$Pb^{2+}$,$Zn^{2+}$ | — |
| | | | | 2.5 | $Bi^{3+}$,$Th^{4+}$ | |
| 茜素 | 红 | 黄 | — | 2.8 | $Th^{4+}$ | — |
| 钙试剂 | 亮蓝 | 深红 | 与固体 NaCl 混合物(1∶100) | >12.0 | $Ca^{2+}$ | — |
| 酸性铬紫 B | 橙 | 红 | — | 4.0 | $Fe^{3+}$ | — |
| 甲基百里酚蓝 | 灰 | 蓝 | 1%与固体 $KNO_3$ 混合物 | 10.5 | $Ba^{2+}$,$Ca^{2+}$,$Mg^{2+}$,$Mn^{2+}$,$Sr^{2+}$ | $Bi^{3+}$,$Cd^{2+}$,$Co^{2+}$,$Hg^{2+}$,$Pb^{2+}$,$Sc^{3+}$,$Th^{4+}$,$Zn^{2+}$ |
| 溴酚红 | 红 | 橙黄 | — | 2.0～3.0 | $Bi^{3+}$ | — |
| | 蓝紫 | 红 | | 7.0～8.0 | $Cd^{2+}$,$Co^{2+}$,$Mg^{2+}$,$Mn^{2+}$,$Ni^{3+}$ | — |
| | 蓝 | 红 | | 4.0 | $Pb^{2+}$ | — |
| | 浅蓝 | 红 | | 4.0～6.0 | $Re^{3+}$ | — |
| 铝试剂 | 酒红 | 黄 | — | 8.5～10.0 | $Ca^{2+}$,$Mg^{2+}$ | — |
| | 红 | 蓝紫 | | 4.4 | $Al^{3+}$ | — |
| | 紫 | 淡黄 | | 1.0～2.0 | $Fe^{3+}$ | — |
| 偶氮胂Ⅲ | 蓝 | 红 | — | 10.0 | $Ca^{2+}$,$Mg^{2+}$ | — |

5. 吸附指示剂

| 序号 | 名称 | 被滴定离子 | 滴定剂 | 起点颜色 | 终点颜色 | 浓度 |
|---|---|---|---|---|---|---|
| 1 | 荧光黄 | $Cl^-$,$Br^-$,$SCN^-$<br>$I^-$ | $Ag^+$ | 黄绿 | 玫瑰<br>橙 | 0.1%乙醇溶液 |
| 2 | 二氯(P)荧光黄 | $Cl^-$,$Br^-$<br>$SCN^-$<br>$I^-$ | $Ag^+$ | 红紫<br>玫瑰<br>黄绿 | 蓝紫<br>红紫<br>橙 | 0.1%乙醇(60%～70%)溶液 |
| 3 | 曙红 | $Br^-$,$I^-$,$SCN^-$<br>$Pb^{2+}$ | $Ag^+$<br>$MoO_4^{2-}$ | 橙<br>红紫 | 深红<br>橙 | 0.5%水溶液 |
| 4 | 溴酚蓝 | $Cl^-$,$Br^-$,$SCN^-$<br>$I^-$<br>$TeO_3^{2-}$ | $Ag^+$ | 黄<br>黄绿<br>紫红 | 蓝<br>蓝绿<br>蓝 | 0.1%钠盐水溶液 |
| 5 | 溴甲酚绿 | $Cl^-$ | $Ag^+$ | 紫 | 浅蓝绿 | 0.1%乙醇溶液(酸性) |

续表

| 序号 | 名称 | 被滴定离子 | 滴定剂 | 起点颜色 | 终点颜色 | 浓度 |
|---|---|---|---|---|---|---|
| 6 | 二甲酚橙 | $Cl^-$<br>$Br^-$,$I^-$ | $Ag^+$ | 玫瑰 | 灰蓝<br>灰绿 | 0.2%水溶液 |
| 7 | 罗丹明 6G | $Cl^-$,$Br^-$<br>$Ag^+$ | $Ag^+$<br>$Br^-$ | 红紫<br>橙 | 橙<br>红紫 | 0.1%水溶液 |
| 8 | 品　红 | $Cl^-$<br>$Br^-$,$I^-$<br>$SCN^-$ | $Ag^+$ | 红紫<br>橙<br>浅蓝 | 玫瑰 | 0.1%乙醇溶液 |
| 9 | 刚果红 | $Cl^-$,$Br^-$,$I^-$ | $Ag^+$ | 红 | 蓝 | 0.1%水溶液 |
| 10 | 茜素红 S | $SO_4^{2-}$<br>$[Fe(CN)_6]^{4-}$ | $Ba^{2+}$<br>$Pb^{2+}$ | 黄 | 玫瑰红 | 0.4%水溶液 |
| 11 | 偶氮氯膦Ⅲ | $SO_4{}^{2-}$ | $Ba^{2+}$ | 红 | 蓝绿 | — |
| 12 | 甲基红 | $F^-$ | $Ce^{3+}$<br>$Y(NO_3)_3$ | 黄 | 玫瑰红 | — |
| 13 | 二苯胺 | $Zn^{2+}$ | $[Fe(CN)_6]^{4-}$ | 蓝 | 黄绿 | 1%的硫酸(96%)溶液 |
| 14 | 邻二甲氧基联苯胺 | $Zn^{2+}$,$Pb^{2+}$ | $[Fe(CN)_6]^{4-}$ | 紫 | 无色 | 1%的硫酸溶液 |
| 15 | 酸性玫瑰红 | $Ag^+$ | $MoO_4{}^{2-}$ | 无色 | 紫红 | 0.1%水溶液 |

6. 荧光指示剂

| 序号 | 名称 | pH 变色范围 | 酸色 | 碱色 | 浓度 |
|---|---|---|---|---|---|
| 1 | 曙红 | 0～3.0 | 无荧光 | 绿 | 1%水溶液 |
| 2 | 水杨酸 | 2.5～4.0 | 无荧光 | 暗蓝 | 0.5%水杨酸钠水溶液 |
| 3 | 2-萘胺 | 2.8～4.4 | 无荧光 | 紫 | 1%乙醇溶液 |
| 4 | 1-萘胺 | 3.4～4.8 | 无荧光 | 蓝 | 1%乙醇溶液 |
| 5 | 奎宁 | 3.0～5.0<br>9.5～10.0 | 蓝<br>浅紫 | 浅紫<br>无荧光 | 0.1%乙醇溶液 |
| 6 | 2-羟基-3-萘甲酸 | 3.0～6.8 | 蓝 | 绿 | 0.1%其钠盐水溶液 |
| 7 | 喹啉 | 6.2～7.2 | 蓝 | 无荧光 | 饱和水溶液 |
| 8 | 2-萘酚 | 8.5～9.5 | 无荧光 | 蓝 | 0.1%乙醇溶液 |
| 9 | 香豆素 | 9.5～10.5 | 无荧光 | 浅绿 | — |

# 附录四　常用缓冲溶液的配制

| pH | 配制方法 |
|---|---|
| 0 | 1mol·$L^{-1}$ HCl |
| 1 | 0.1mol·$L^{-1}$ HCl |

续表

| pH | 配制方法 |
|---|---|
| 2 | 0.01mol·$L^{-1}$ HCl |
| 3.6 | 16g $CH_3COONa\cdot3H_2O$溶于水，加268mL 6mol·$L^{-1}$乙酸，用水稀释至1L |
| 4.0 | 40g $CH_3COONa\cdot3H_2O$溶于水，加268mL 6mol·$L^{-1}$乙酸，用水稀释至1L |
| 4.5 | 64g $CH_3COONa\cdot3H_2O$溶于水，加136mL 6mol·$L^{-1}$乙酸，用水稀释至1L |
| 5 | 100g $CH_3COONa\cdot3H_2O$溶于水，加68mL 6mol·$L^{-1}$乙酸，用水稀释至1L |
| 5.7 | 200g $CH_3COONa\cdot3H_2O$溶于水，加26mL 6mol·$L^{-1}$乙酸，用水稀释至1L |
| 7 | 154g $CH_3COONH_4$溶于水，用水稀释至1L |
| 7.5 | 120g $NH_4Cl$溶于水，加2.8mL氨水，用水稀释至1L |
| 8 | 100g $NH_4Cl$溶于水，加7mL氨水，用水稀释至1L |
| 8.5 | 80g $NH_4Cl$溶于水，加17.6mL氨水，用水稀释至1L |
| 9 | 70g $NH_4Cl$溶于水，加48mL氨水，用水稀释至1L |
| 9.5 | 60g $NH_4Cl$溶于水，加130mL氨水，用水稀释至1L |
| 10 | 54g $NH_4Cl$溶于水，加294mL氨水，用水稀释至1L |
| 10.5 | 18g $NH_4Cl$溶于水，加350mL氨水，用水稀释至1L |
| 11 | 6g $NH_4Cl$溶于水，加414mL氨水，用水稀释至1L |
| 12 | 0.01mol·$L^{-1}$ NaOH |
| 13 | 0.1mol·$L^{-1}$ NaOH |

# 附录五　常用基准物质的干燥条件

标定实验用的基准物质必须符合以下4条要求。①用作基准物的物质，应该非常纯净，纯度至少在99.9%以上；其组成应与其化学式完全相符。②要稳定，不易被空气所氧化，也不易吸收空气中的水分和$CO_2$等；在进行干燥时组成不变；尽量避免使用带结晶水的物质。③被标定的物质之间的反应应该有确定的化学计量关系，反应速度要快。④最好能采用具有较大摩尔质量的物质，这样可以减小称量误差。

常用基准物质的干燥条件如下表：

| 基准物质 | | 干燥后组成 | 干燥条件/℃ | 标定对象 |
|---|---|---|---|---|
| 名称 | 化学式 | | | |
| 碳酸氢钠 | $NaHCO_3$ | $Na_2CO_3$ | 270～300 | 酸 |
| 碳酸钠 | $Na_2CO_3\cdot10H_2O$ | $Na_2CO_3$ | 270～300 | 酸 |
| 硼砂 | $Na_2B_4O_7\cdot10H_2O$ | $Na_2B_4O_7\cdot10H_2O$ | 放在含NaCl和蔗糖饱和水溶液的干燥器中 | 酸 |
| 碳酸氢钾 | $KHCO_3$ | $K_2CO_3$ | 270～300 | 酸 |
| 草酸 | $H_2C_2O_4\cdot2H_2O$ | $H_2C_2O_4\cdot2H_2O$ | 室温空气干燥 | 碱或$KMnO_4$ |
| 邻苯二甲酸氢钾 | $KHC_8H_4O_4$ | $KHC_8H_4O_4$ | 110～120 | 碱 |
| 重铬酸钾 | $K_2Cr_2O_7$ | $K_2Cr_2O_7$ | 140～150 | 还原剂 |
| 溴酸钾 | $KBrO_3$ | $KBrO_3$ | 130 | 还原剂 |
| 碘酸钾 | $KIO_3$ | $KIO_3$ | 130 | 还原剂 |

续表

| 基准物质 | | 干燥后组成 | 干燥条件/℃ | 标定对象 |
|---|---|---|---|---|
| 名称 | 化学式 | | | |
| 铜 | Cu | Cu | 室温干燥器中保存 | 还原剂 |
| 三氧化二砷 | $As_2O_3$ | $As_2O_3$ | 室温干燥器中保存 | 氧化剂 |
| 草酸钠 | $Na_2C_2O_4$ | $Na_2C_2O_4$ | 130 | 氧化剂 |
| 碳酸钙 | $CaCO_3$ | $CaCO_3$ | 110 | EDTA |
| 锌 | Zn | Zn | 室温干燥器中保存 | EDTA |
| 氧化锌 | ZnO | ZnO | 900～1000 | EDTA |
| 氯化钾 | NaCl | NaCl | 500～600 | $AgNO_3$ |
| 氯化钾 | KCl | KCl | 500～600 | $AgNO_3$ |
| 硝酸银 | $AgNO_3$ | $AgNO_3$ | 220～250 | 氯化物 |

# 附录六　特殊试剂的配制

铝试剂：1g 铝试剂溶于 1L 水中。

茜红：在 95%酒精中的饱和溶液。

二乙酰二肟（丁二肟）：1g 二乙酰二肟溶于 100mL95%酒精中。

对硝基苯偶氮间苯二酚（镁试剂）：0.001g 镁试剂溶于 100mL 2mol·$L^{-1}$NaOH 中。

二苯胺：1g 二苯胺溶于 100mL 纯浓硫酸中。

硫代乙酰胺：5g 硫代乙酰胺溶于 100mL 水中。

打萨宗：0.01g 打萨宗溶在 100mL $CCl_4$ 或 $CHCl_3$ 中。

钼酸铵：5g 钼酸铵溶于 100mL 水中，将所得溶液加到 35mL $HNO_3$（密度 1.2kg·$L^{-1}$）中。

四硫代氰酸汞铵：8g $HgCl_2$ 和 9g $NH_4SCN$ 溶于 100mL 水中。

亚硝酰五氰合铁（Ⅲ）酸钠：3g $Na_2Fe(CN)_5NO \cdot 2H_2O$ 溶于 100mL 水中。

奈斯勒试剂：115g $HgI_2$ 和 80g KI 溶在水中，稀释为 500mL，再加 500mL 6mol·$L^{-1}$NaOH 溶液。如放置时产生沉淀，过滤除去沉淀，溶液保存在黑暗处。

醋酸铀酰锌：10g 醋酸铀酰锌溶于 100mL 水中。

钴亚硝酸钠：加钴亚硝酸钠于水中至溶液为深红色。

对氨基苯磺酸：0.5g 对氨基苯磺酸溶于 150mL 2mol·$L^{-1}$ 醋酸溶液中。

$\alpha$-萘胺：0.3g $\alpha$-萘胺与 20mL 水煮沸，在所得溶液中加入 150mL 2mol·$L^{-1}$ 醋酸。

品红：0.1g 品红溶于 100mL 水中。

亚硝基 R 盐：1g 亚硝基 R 盐溶于 100mL 水中。

# 参考文献

[1] 吴茂英，肖楚民主编. 微型无机化学实验. 第 2 版. 北京：化学工业出版社，2012.
[2] 周宁怀，宋学梓主编. 微型化学实验. 杭州：浙江科学技术出版社，1992.
[3] 周宁怀主编. 微型无机化学实验. 北京：科学出版社，2000.
[4] 于涛主编. 微型无机化学实验. 第 2 版. 北京：北京理工大学出版社，2011.
[5] 沈君朴主编. 实验无机化学. 第 2 版. 天津：天津大学出版社，2001.
[6] 大连理工大学无机化学教研室编. 无机化学实验. 第 2 版. 北京：高等教育出版社，2004.
[7] 北京师范大学无机化学教研室等编. 无机化学实验. 第 3 版. 北京：高等教育出版社，2002.
[8] 中山大学等校编. 无机化学实验. 第 3 版. 北京：高等教育出版社，2003.
[9] 钟山主编. 中级无机化学实验. 北京：高等教育出版社，2003.
[10] 黄典文，余倩，罗宗铭编. 分析化学实验. 广州：华南理工大学出版社，2000.
[11] 王芬. 分析化学实验技术. 长春：吉林科学技术出版社，1997.
[12] 王芬. 半微量分析化学实验. 北京：中国农业出版社，2003.
[13] 王芬，王艳芳. 分析化学实验. 北京：中国农业出版社，2007.
[14] 武汉大学. 分析化学实验. 第 5 版. 北京：高等教育出版社，2011.
[15] 武汉大学化学与分子科学学院实验中心. 分析化学实验. 第 2 版. 武汉：武汉大学出版社，2013.
[16] 武汉大学化学与分子科学学院实验中心. 无机及分析化学实验. 第 2 版. 武汉：武汉大学出版社，2003.
[17] 陈浩主编. 分析化学实验（应用化学专业用）. 北京：中国农业出版社，2006.
[18] 刘汉兰，陈浩，文利柏主编. 基础化学实验. 第 2 版. 北京：科学出版社，2009.

# 元素周期表

氧化态（单质的氧化态为0，未列入；常见的为红色）

以 $^{12}C=12$ 为基准的相对原子质量（注✦的是半衰期最长同位素的相对原子质量）

|  |  |
|---|---|
| 95 | 原子序数 |
| Am | 元素符号（红色的为放射性元素） |
| 镅▲ | 元素名称（注▲的为人造元素） |
| $5f^77s^2$ | 价层电子构型 |
| 243.06✦ | 相对原子质量 |
| +2 +3 +4 +5 +6 | 氧化态 |

s区元素　p区元素　d区元素　ds区元素　f区元素　稀有气体

| 周期＼族 | 1 IA | 2 IIA | 3 IIIB | 4 IVB | 5 VB | 6 VIB | 7 VIIB | 8 | 9 VIIIB | 10 | 11 IB | 12 IIB | 13 IIIA | 14 IVA | 15 VA | 16 VIA | 17 VIIA | 18 VIIIA | 电子层 |
|---|---|---|---|---|---|---|---|---|---|---|---|---|---|---|---|---|---|---|---|
| 1 | 1 H 氢 $1s^1$ 1.00794(7) (−1,+1) | | | | | | | | | | | | | | | | | 2 He 氦 $1s^2$ 4.002602(2) | K |
| 2 | 3 Li 锂 $2s^1$ 6.941(2) (+1) | 4 Be 铍 $2s^2$ 9.012182(3) (+2) | | | | | | | | | | | 5 B 硼 $2s^22p^1$ 10.811(7) (+3) | 6 C 碳 $2s^22p^2$ 12.0107(8) (−4,+2,+4) | 7 N 氮 $2s^22p^3$ 14.0067(2) (−3,−2,−1,+1,+2,+3,+4,+5) | 8 O 氧 $2s^22p^4$ 15.9994(3) (−2,−1) | 9 F 氟 $2s^22p^5$ 18.9984032(5) (−1) | 10 Ne 氖 $2s^22p^6$ 20.1797(6) | L K |
| 3 | 11 Na 钠 $3s^1$ 22.989770(2) (−1,+1) | 12 Mg 镁 $3s^2$ 24.3050(6) (+2) | | | | | | | | | | | 13 Al 铝 $3s^23p^1$ 26.981538(2) (+3) | 14 Si 硅 $3s^23p^2$ 28.0855(3) (−4,+2,+4) | 15 P 磷 $3s^23p^3$ 30.973761(2) (−3,−2,+1,+3,+5) | 16 S 硫 $3s^23p^4$ 32.065(5) (−2,+2,+4,+6) | 17 Cl 氯 $3s^23p^5$ 35.453(2) (−1,+1,+3,+5,+7) | 18 Ar 氩 $3s^23p^6$ 39.948(1) | M L K |
| 4 | 19 K 钾 $4s^1$ 39.0983(1) (−1,+1) | 20 Ca 钙 $4s^2$ 40.078(4) (+2) | 21 Sc 钪 $3d^14s^2$ 44.955910(8) (+3) | 22 Ti 钛 $3d^24s^2$ 47.867(1) (−1,0,+2,+3,+4) | 23 V 钒 $3d^34s^2$ 50.9415 (0,±1,+2,+3,+4,+5) | 24 Cr 铬 $3d^54s^1$ 51.9961(6) (−3,0,±1,±2,+3,+4,+5,+6) | 25 Mn 锰 $3d^54s^2$ 54.938049(9) (−2,0,±1,+2,+3,+4,+5,+6,+7) | 26 Fe 铁 $3d^64s^2$ 55.845(2) (−2,0,+1,+2,+3,+4,+5,+6) | 27 Co 钴 $3d^74s^2$ 58.933200(9) (0,±1,+2,+3,+4,+5) | 28 Ni 镍 $3d^84s^2$ 58.6934(2) (0,±1,+2,+3,+4) | 29 Cu 铜 $3d^{10}4s^1$ 63.546(3) (+1,+2,+3,+4) | 30 Zn 锌 $3d^{10}4s^2$ 65.409(4) (+1,+2) | 31 Ga 镓 $4s^24p^1$ 69.723(1) (+1,+3) | 32 Ge 锗 $4s^24p^2$ 72.64(1) (+2,+4) | 33 As 砷 $4s^24p^3$ 74.92160(2) (−3,+3,+5) | 34 Se 硒 $4s^24p^4$ 78.96(3) (−2,+2,+4,+6) | 35 Br 溴 $4s^24p^5$ 79.904(1) (−1,+1,+3,+5,+7) | 36 Kr 氪 $4s^24p^6$ 83.798(2) (+2,+4) | N M L K |
| 5 | 37 Rb 铷 $5s^1$ 85.4678(3) (−1,+1) | 38 Sr 锶 $5s^2$ 87.62(1) (+2) | 39 Y 钇 $4d^15s^2$ 88.90585(2) (+3) | 40 Zr 锆 $4d^25s^2$ 91.224(2) (+1,+2,+3,+4) | 41 Nb 铌 $4d^45s^1$ 92.90638(2) (0,±1,+2,+3,+4,+5) | 42 Mo 钼 $4d^55s^1$ 95.94(2) (0,±1,±2,+3,+4,+5,+6) | 43 Tc 锝▲ $4d^55s^2$ 97.907✦ (0,±1,+2,+3,+4,+5,+6,+7) | 44 Ru 钌 $4d^75s^1$ 101.07(2) (0,+1,±2,+3,+4,+5,+6,+7,+8) | 45 Rh 铑 $4d^85s^1$ 102.90550(2) (0,±1,+2,+3,+4,+5,+6) | 46 Pd 钯 $4d^{10}$ 106.42(1) (0,+1,+2,+3,+4) | 47 Ag 银 $4d^{10}5s^1$ 107.8682(2) (+1,+2,+3) | 48 Cd 镉 $4d^{10}5s^2$ 112.411(8) (+1,+2) | 49 In 铟 $5s^25p^1$ 114.818(3) (+1,+3) | 50 Sn 锡 $5s^25p^2$ 118.710(7) (+2,+4) | 51 Sb 锑 $5s^25p^3$ 121.760(1) (−3,+3,+5) | 52 Te 碲 $5s^25p^4$ 127.60(3) (−2,+2,+4,+6) | 53 I 碘 $5s^25p^5$ 126.90447(3) (−1,+1,+3,+5,+7) | 54 Xe 氙 $5s^25p^6$ 131.293(6) (+2,+4,+6,+8) | O N M L K |
| 6 | 55 Cs 铯 $6s^1$ 132.90545(2) (−1,+1) | 56 Ba 钡 $6s^2$ 137.327(7) (+2) | 57~71 La~Lu 镧系 | 72 Hf 铪 $5d^26s^2$ 178.49(2) (+1,+2,+3,+4) | 73 Ta 钽 $5d^36s^2$ 180.9479(1) (0,±1,+2,+3,+4,+5) | 74 W 钨 $5d^46s^2$ 183.84(1) (0,±1,±2,+3,+4,+5,+6) | 75 Re 铼 $5d^56s^2$ 186.207(1) (0,±1,+2,+3,+4,+5,+6,+7) | 76 Os 锇 $5d^66s^2$ 190.23(3) (0,+1,+2,+3,+4,+5,+6,+7,+8) | 77 Ir 铱 $5d^76s^2$ 192.217(3) (0,±1,+2,+3,+4,+5,+6) | 78 Pt 铂 $5d^96s^1$ 195.078(2) (0,+2,+3,+4,+5,+6) | 79 Au 金 $5d^{10}6s^1$ 196.96655(2) (+1,+2,+3,+5) | 80 Hg 汞 $5d^{10}6s^2$ 200.59(2) (+1,+2,+3) | 81 Tl 铊 $6s^26p^1$ 204.3833(2) (+1,+3) | 82 Pb 铅 $6s^26p^2$ 207.2(1) (+2,+4) | 83 Bi 铋 $6s^26p^3$ 208.98038(2) (−3,+3,+5) | 84 Po 钋 $6s^26p^4$ 208.98✦ (−2,+2,+4,+6) | 85 At 砹 $6s^26p^5$ 209.99✦ (±1,+5,+7) | 86 Rn 氡 $6s^26p^6$ 222.02✦ (+2) | P O N M L K |
| 7 | 87 Fr 钫▲ $7s^1$ 223.02✦ (+1) | 88 Ra 镭 $7s^2$ 226.03✦ (+2) | 89~103 Ac~Lr 锕系 | 104 Rf 𬬻▲ $6d^27s^2$ 261.11✦ | 105 Db 𬭊▲ $6d^37s^2$ 262.11✦ | 106 Sg 𬭳▲ $6d^47s^2$ 263.12✦ | 107 Bh 𬭛▲ $6d^57s^2$ 264.12✦ | 108 Hs 𬭶▲ $6d^67s^2$ 265.13✦ | 109 Mt 鿏▲ $6d^77s^2$ 266.13 | 110 Ds 𫟼▲ (269) | 111 Rg 𬬭▲ (272)✦ | 112 Uub▲ (277)✦ | 113 Uut (278) | 114 Uuq▲ (285)✦ | 115 Uup (288) | 116 Uuh (289)✦ | | | Q P O N M L K |

| | 57 | 58 | 59 | 60 | 61 | 62 | 63 | 64 | 65 | 66 | 67 | 68 | 69 | 70 | 71 |
|---|---|---|---|---|---|---|---|---|---|---|---|---|---|---|---|
| ★镧系 | La★ 镧 $5d^16s^2$ 138.9055(2) (+3) | Ce 铈 $4f^15d^16s^2$ 140.116(1) (+2,+3,+4) | Pr 镨 $4f^36s^2$ 140.90765(2) (+3,+4) | Nd 钕 $4f^46s^2$ 144.24(3) (+2,+3,+4) | Pm 钷▲ $4f^56s^2$ 144.91✦ (+3) | Sm 钐 $4f^66s^2$ 150.36(3) (+2,+3) | Eu 铕 $4f^76s^2$ 151.964(1) (+2,+3) | Gd 钆 $4f^75d^16s^2$ 157.25(3) (+3) | Tb 铽 $4f^96s^2$ 158.92534(2) (+3,+4) | Dy 镝 $4f^{10}6s^2$ 162.500(1) (+3,+4) | Ho 钬 $4f^{11}6s^2$ 164.93032(2) (+3) | Er 铒 $4f^{12}6s^2$ 167.259(3) (+3) | Tm 铥 $4f^{13}6s^2$ 168.93421(2) (+2,+3) | Yb 镱 $4f^{14}6s^2$ 173.04(3) (+2,+3) | Lu 镥 $4f^{14}5d^16s^2$ 174.967(1) (+3) |

| | 89 | 90 | 91 | 92 | 93 | 94 | 95 | 96 | 97 | 98 | 99 | 100 | 101 | 102 | 103 |
|---|---|---|---|---|---|---|---|---|---|---|---|---|---|---|---|
| ★锕系 | Ac★ 锕 $6d^17s^2$ 227.03✦ (+3) | Th 钍 $6d^27s^2$ 232.0381(1) (+3,+4) | Pa 镤 $5f^26d^17s^2$ 231.03588(2) (+3,+4,+5) | U 铀 $5f^36d^17s^2$ 238.02891(3) (+2,+3,+4,+5,+6) | Np 镎 $5f^46d^17s^2$ 237.05✦ (+3,+4,+5,+6,+7) | Pu 钚 $5f^67s^2$ 244.06✦ (+3,+4,+5,+6,+7) | Am 镅▲ $5f^77s^2$ 243.06✦ (+2,+3,+4,+5,+6) | Cm 锔▲ $5f^76d^17s^2$ 247.07✦ (+3,+4) | Bk 锫▲ $5f^97s^2$ 247.07✦ (+3,+4) | Cf 锎▲ $5f^{10}7s^2$ 251.08✦ (+2,+3,+4) | Es 锿▲ $5f^{11}7s^2$ 252.08✦ (+2,+3) | Fm 镄▲ $5f^{12}7s^2$ 257.10✦ (+2,+3) | Md 钔▲ $5f^{13}7s^2$ 258.10✦ (+2,+3) | No 锘▲ $5f^{14}7s^2$ 259.10✦ (+2,+3) | Lr 铹▲ $5f^{14}6d^17s^2$ 260.11✦ (+3) |

# 本书常用实验仪器

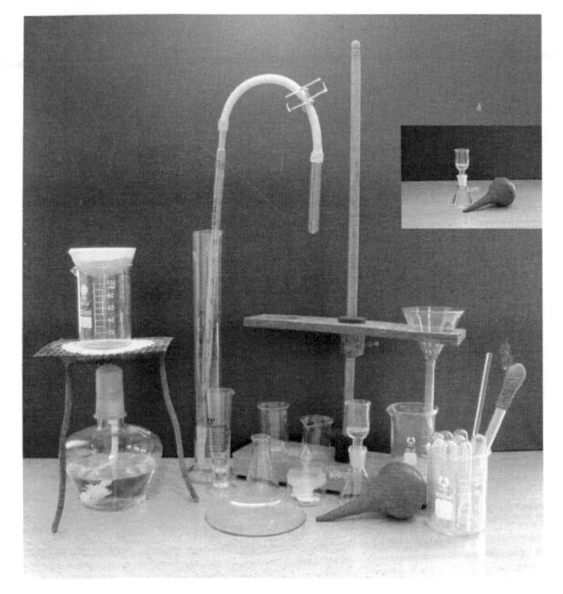

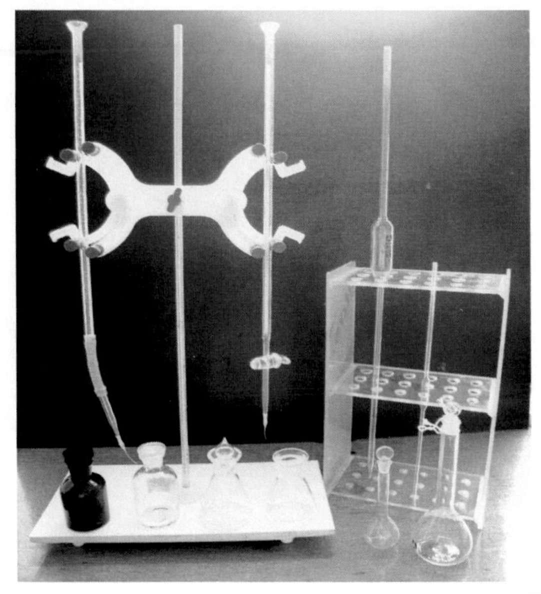

| 无机仪器 | | 公用仪器 | | | | 分析仪器 | |
|---|---|---|---|---|---|---|---|
| 品名 | 规格 | 品名 | 规格 | 品名 | 规格 | 品名 | 规格 |
| 试管 | (10×75)mm | 烧杯 | 25mL,100mL | 洗耳球 | 常规 | 滴定管[①] | 5mL |
| 吸量管 | 10mL | 量筒/量杯 | 10mL,100mL | 漏斗架 | 常规 | 移液管 | 2mL,25mL |
| 吸滤瓶 | 10mL | 普通漏斗 | 40mL | 酒精灯 | 常规 | 容量瓶 | 25mL,100mL |
| 布氏漏斗 | $\phi$20mL | (塑球)试剂瓶 | 60mL | 铁三角 | 常规 | 锥形瓶 | 50mL |
| 锥形瓶 | 15mL | 玻璃/塑料滴瓶 | 30mL/10mL | 石棉网 | 常规 | 碘量瓶 | 50mL |
| 蒸发皿 | 30mL | 表面皿 | 45mL | 止水夹 | 常规 | 滴定管架 | 常规 |

①配液滴体积为 0.004～0.005mL(即 200～250 滴·$mL^{-1}$)的塑料毛细滴嘴。

# 阶梯式试剂架

采用本书的微型实验体系，并配用如图所示的二人共用阶梯式试剂架，无机或分析化学实验常用试剂、材料可一次性上架，既可大大减少实验准备工作量，又可显著提高实验安排的灵活性和实验室利用率